Industrielles Luftfahrtmanagement

Martin Hinsch

Industrielles Luftfahrtmanagement

Technik und Organisation
luftfahrttechnischer Betriebe

2., aktualisierte Auflage

Dr. rer. pol. Martin Hinsch
Hamburg
Deutschland
mh@aeroimpulse.de

ISBN 978-3-642-30569-6   ISBN 978-3-642-30570-2 (eBook)
DOI 10.1007/978-3-642-30570-2

Die Deutsche Nationalbibliothek verzeichnet diese Publikation in der Deutschen Nationalbibliografie; detaillierte bibliografische Daten sind im Internet über http://dnb.d-nb.de abrufbar.

Springer Vieweg
© Springer-Verlag Berlin Heidelberg 2010, 2012
Das Werk einschließlich aller seiner Teile ist urheberrechtlich geschützt. Jede Verwertung, die nicht ausdrücklich vom Urheberrechtsgesetz zugelassen ist, bedarf der vorherigen Zustimmung des Verlags. Das gilt insbesondere für Vervielfältigungen, Bearbeitungen, Übersetzungen, Mikroverfilmungen und die Einspeicherung und Verarbeitung in elektronischen Systemen.

Die Wiedergabe von Gebrauchsnamen, Handelsnamen, Warenbezeichnungen usw. in diesem Werk berechtigt auch ohne besondere Kennzeichnung nicht zu der Annahme, dass solche Namen im Sinne der Warenzeichen- und Markenschutz-Gesetzgebung als frei zu betrachten wären und daher von jedermann benutzt werden dürften.

Springer Vieweg ist eine Marke von Springer DE. Springer DE ist Teil der Fachverlagsgruppe Springer Science+Business Media
www.springer-vieweg.de

Vorwort zur 2. Auflage

Die außerordentlich hohe Akzeptanz, die dieses Buch in Ausbildung, Wissenschaft und Praxis gefunden hat, machte eine 2. Auflage erforderlich. Besonders erfreulich ist die bisher durchweg positive Resonanz vieler Experten der Luftfahrttechnik wie z. B. von erfahrenen Ingenieuren und Instandhaltungsmechanikern, Trainern und Hochschullehrern sowie Führungskräften aller luftfahrtbetrieblichen Bereiche.

Wenngleich dieses Buch eine vollständig überarbeitete und im Umfang erweiterte Neuauflage ist, konnte die Grundkonzeption aufrechterhalten werden. Neben der Korrektur einiger orthographischer Fehler und inhaltlicher Ungenauigkeiten wurden an diversen Stellen des Texts Überarbeitungen und Ergänzungen vorgenommen sowie viele neue Graphiken eingefügt. Zudem wurde insbesondere das Kapitel zur Entwicklung in Teilen neu gegliedert, um den Musterzulassungsprozess transparenter darzustellen. Da sich in Deutschland und der Schweiz zahlreiche Unternehmen auf den Ausbau und die Ausstattung von VIP- und Regierungsflugzeugen spezialisiert haben, widmet sich ein neuer Abschnitt in Kapitel 8 auch diesem Themenfeld. Darüber hinaus wurde Kap. 11 um einen Abschnitt zum Safety-Managament erweitert. Nicht zuletzt wurden alle Verweise auf die Luftfahrt-Norm EN 9100 geprüft und ggf. aktualisiert, weil diese Norm seit der letzten Auflage erheblich überarbeitet wurde.

Um dem Leser eine bessere Vorstellung über die Vorgaben der EASA zu gewähren, wurde dem Text ein Anhang angefügt, der die Durchführungsbestimmungen (*EASA Implementing Rules*) zur Entwicklung, Herstellung und Instandhaltung im Wortlaut enthält.

Hamburg, im Sommer 2012 Martin Hinsch

Vorwort zur 1. Auflage

Die Entwicklung, Herstellung und Instandhaltung luftfahrttechnischer Produkte ist durch eine überdurchschnittliche Prozesskomplexität und durch sehr hohe Qualitätsanforderungen des Luftrechts gekennzeichnet. Beides gilt es im Rahmen der Leistungserbringung in Einklang zu bringen und zu halten. Dies kann jedoch nur dann gelingen, wenn alle Arbeiten in der vorgesehenen Reihenfolge und zum erforderlichen Zeitpunkt durch die zugewiesenen Stellen durchgeführt werden. Darüber hinaus ist eine anforderungsgerechte Arbeitsdurchführung nur im Umfeld einer klar strukturierten und nachvollziehbaren Aufbau- und Ablauforganisation mit unmissverständlich geregelten Verantwortlichkeiten möglich. Im Fokus des vorliegenden Buchs stehen daher die Funktionsweise und die Organisationsstrukturen luftfahrttechnischer Betriebe.

Ich habe dieses Buch geschrieben, weil zur Entwicklung, Herstellung und Instandhaltung luftfahrttechnischer Produkte eine umfassende und geschlossene Darstellung bisher nicht existiert. Überhaupt ist die allgemein zugängliche Literatur zu diesem Themengebiet sehr begrenzt. Der vorliegende Text soll daher als Basis-Lehrbuch dienen und ein angemessenes Verständnis der organisatorischen und rechtlichen Zusammenhänge von luftfahrttechnischen Betrieben vermitteln. Ein Kerncharakteristikum ist dabei die konsequente Praxisorientierung.

Ich habe mir daher Mühe gegeben, dass das Buch sowohl für das wissenschaftliche Studium herangezogen werden kann als auch für die außeruniversitäre Ausbildung (Fachhochschulen, berufliche Ausbildung, Fachausbildungen). Zudem hoffe ich, den Text so formuliert und gegliedert zu haben, dass dieser auch dem Praktiker mit wenig luftfahrtindustriellen Vorkenntnissen und ohne lange Einarbeitung eine Hilfestellung bietet.

Gerade angehenden Ingenieuren soll dieses Buch nicht nur fachlich helfen, sondern auch dazu dienen, realistische Erwartungen hinsichtlich der zukünftigen Berufsausübung zu erlangen. Denn luftfahrttechnische Entwicklung ist, entgegen der weit verbreiteten Erwartung, nicht nur mit Konstruieren verbunden, sondern umfasst in der betrieblichen Praxis zu einem wesentlichen Teil die Dokumentationserstellung (Herstellungs-, Instandhaltungs- und Betriebsvorgaben, Nachweise).

Bisweilen wird in diesem Buch zwischen deutschen und englischen Formulierungen hin- und hergesprungen. Man möge diese Zweisprachigkeit entschuldigen, sie entspricht jedoch der täglichen Praxis und erhöht so den Wert des Buchs für den betrieblichen Alltag.

Zudem bitte ich zu beachten, dass sich in der Luftfahrtindustrie in manchen Fällen bisher keine brancheneinheitlichen Begrifflichkeiten oder Verfahren durchgesetzt haben. So ist möglich, dass der Inhalt dieses Buchs punktuell nicht gänzlich mit den eigenen Erfahrungen oder dem Wissen aus anderen Quellen korrespondiert.

Mein herzlicher Dank gilt allen Bekannten, Kollegen sowie den Führungskräften zahlreicher Unternehmen, die mir bei der Erstellung des vorliegenden Textes geholfen haben. Mit ihren Anregungen und Hinweisen haben sie in den 18 Monaten zwischen der Idee und der Drucklegung zum Gelingen dieses Werks beigetragen. Besonderen Dank schulde ich Senior-Auditor Dirk Maue-Laute dafür, dass er mir über nahezu alle Kapitel mit seinem Rat zur Seite stand. Susanne Huemer bin ich zu Dank verpflichtet, weil sie mich als Expertin für den EASA Part 21/J beim Kapitel zur Entwicklung umfassend unterstützt hat. Für die Beratung auf dem komplexen Gebiet des Maintenance Managements danke ich Sven Pawliska und Marco Mogk von der Lufthansa Technik AG.

Den EN-Auditoren Gerhard Porath und Peter Sahm danke ich für den tieferen Einblick in einige Facetten der luftfahrtindustriellen Herstellung sowie für ihre konstruktive Kritik im Bereich der QM-Systeme. Daniel Sahli gab hilfreiche Impulse und Einbringungen für das Instandhaltungskapitel.

Hamburg, im Frühjahr 2010 Martin Hinsch

Inhaltsverzeichnis

1	**Einleitung**	1
2	**Behörden und Organisationen**	5
	2.1 Europäische Agentur für Flugsicherheit (EASA)	5
	2.2 Luftfahrt-Bundesamt (LBA)	8
	2.3 International Civil Aviation Organization (ICAO)	9
	2.4 Federal Aviation Administration (FAA)	10
3	**Regelwerke und Zulassungen**	13
	3.1 EASA-Regelwerk	13
	3.1.1 Aufbau des EASA-Regelwerks	13
	3.1.2 EASA Part 21/J – Entwicklung	17
	3.1.3 Exkurs: Bauvorschriften	20
	3.1.4 EASA Part 21/G – Herstellung	23
	3.1.5 EASA Part 145 – Instandhaltung	28
	3.1.6 EASA Part-M – Aufrechterhaltung der Lufttüchtigkeit	33
	3.2 Europäische Luftfahrtnormen	36
	3.3 Einführung in die Regelwerkstruktur des FAA-Raums	42
	3.3.1 FAA-Regelwerk	42
	3.3.2 FAA-Zulassungen	43
	Literatur	46
4	**Entwicklung**	47
	4.1 Basisanforderungen an Entwicklungsbetriebe	47
	4.2 Entwicklungsbetriebliche Grundstrukturen	49
	4.2.1 Konstruktionssicherungssystem	49
	4.2.2 Musterzulassungen	52
	4.2.3 Musterprüfleitstelle	53
	4.3 Design-Spezifikation von Entwicklungsvorhaben	55
	4.3.1 Definition und Aufgaben	55
	4.3.2 Formale Anforderungen an Design-Spezifikationen	56
	4.3.3 Inhaltlicher Aufbau von Design-Spezifikationen	58

4.4	Herstellungs-, Instandhaltungs- und Betriebsvorgaben		62
	4.4.1	Herstellungsvorgaben	62
	4.4.2	Betriebs- und Instandhaltungsdokumentation	64
	4.4.3	Verifizierung und Freigabe	64
4.5	Einstufung von Entwicklungen		66
4.6	Zulassungsprozess bei großen (major) Entwicklungen		68
	4.6.1	Musterprüf-/Zulassungsprogramm	68
	4.6.2	Nachweise	71
	4.6.3	Musterprüfung	76
	4.6.4	Musterzulassung	77
4.7	Grundlagen des Managements von großen Entwicklungen		80
	4.7.1	Aufgaben und Merkmale des Entwicklungsmanagements	80
	4.7.2	Projektvorbereitung	82
	4.7.3	Projektablauf	84
	4.7.4	Projektstrukturen	87
4.8	Zulassungsprozess bei kleinen (minor) Entwicklungen		91
4.9	Reparaturen		92
4.10	Bauteilentwicklung		96
	4.10.1	Spezifikation von Bauteilen	97
	4.10.2	Konstruktion von Bauteilen	98
	4.10.3	Qualifikation und Zulassung von Bauteilen	101
4.11	ETSO-Bauteile		103
4.12	PMA-Teile		105
Literatur			106

5 Maintenance Management 107

5.1	Aufgaben und Ziele des Maintenance Managements		107
5.2	Instandhaltungsprogramme		109
	5.2.1	Notwendigkeit von Instandhaltungsprogrammen	109
	5.2.2	Vom MRB-Report zum Maintenance Program	110
	5.2.3	Struktur und Inhalt von Instandhaltungsprogrammen	116
	5.2.4	Zeitverfolgung und Status-Reporting	120
5.3	Zuverlässigkeitsmanagement		122
	5.3.1	Zweck und Ziele des Zuverlässigkeitsmanagements	122
	5.3.2	Bestandteile eines Reliability-Programs	124
5.4	Behörden- und Herstellerbekanntmachungen		128
	5.4.1	Airworthiness Directives (ADs)	128
	5.4.2	Herstellerbekanntmachungen	132
Literatur			134

6 Grundlagen des luftfahrttechnischen Produktionsmanagements 135

6.1	Grundlagen der Herstellungs- und Instandhaltungsplanung	135
6.2	Arbeitskarten	136

Inhaltsverzeichnis

	6.3	Management technischer Dokumente	141
		6.3.1 Exkurs: Basisdokumentation in der Instandhaltung	143
	6.4	TOP-Voraussetzungen	145
		6.4.1 Technische Voraussetzungen	146
		6.4.2 Organisatorische Voraussetzungen	147
		6.4.3 Personelle Voraussetzungen	148
	6.5	Infrastruktur, Arbeitsumgebung und Betriebsmittel	149
		6.5.1 Infrastruktur und Arbeitsumgebung	149
		6.5.2 Betriebsmittel	150
	6.6	Freigabe- und Konformitätsbescheinigungen	152
		6.6.1 Zweck und Ablauf von Freigabe- und Konformitätsbestätigungen	152
		6.6.2 Arten der Freigabebescheinigung	153
	Literatur		158
7	**Herstellung**		**159**
	7.1	Grundlagen der Herstellung luftfahrttechnischer Produkte	159
	7.2	Qualitätssysteme in der Herstellung	162
		7.2.1 Grundlegende Qualitätsanforderungen und Genehmigungsvoraussetzungen	162
		7.2.2 Übergreifendes Steuerungs- und Qualitätssicherungssystem	164
		7.2.3 Unabhängige Funktion der Qualitätssicherung	166
		7.2.4 Qualitätssysteme bei 21/G-Zulieferern	167
	7.3	Teileherstellung, Komponenten- und Modulfertigung	168
		7.3.1 Produktionsplanung und -steuerung	169
		7.3.2 Produktseitige Qualitätssicherung und Abnahme	173
	7.4	Flugzeugherstellung	175
		7.4.1 Zusammenbau der Schalen und Rumpftonnen	175
		7.4.2 Exkurs: Von der Dock- zur Fließfertigung	178
		7.4.3 Montage der Tragflächen und Leitwerke	180
		7.4.4 Endlinie	180
		7.4.5 Boden- und Flugprüfungen	182
		7.4.6 Flugzeugübergabe	183
	7.5	Ausbau von VIP-Flugzeugen	184
		7.5.1 Marktstrukturierung	184
		7.5.2 Entwicklung und Ausbau einer VIP-Kabine	186
	7.6	Archivierung von Herstellungsaufzeichnungen	191
	Literatur		192
8	**Instandhaltung**		**193**
	8.1	Grundlagen der Flugzeuginstandhaltung	194
		8.1.1 Definitionen zur Instandhaltung	194
		8.1.2 Besonderheiten der Luftfahrzeuginstandhaltung	195
		8.1.3 Qualitätsanforderungen und Genehmigungsvoraussetzungen	196

	8.2	Unterscheidung von Line- und Base-Maintenance	198
	8.3	Geplante- vs. ungeplante Instandhaltung	199
		8.3.1 Geplante Instandhaltung	199
		8.3.2 Ungeplante Instandhaltung	200
	8.4	Aufbau eines Instandhaltungsbetriebs	202
	8.5	Arbeitsvorbereitung in der Instandhaltung	204
	8.6	Produktionssteuerung in der Instandhaltung	206
	8.7	Line-Maintenance	208
		8.7.1 Aufbau der Line-Maintenance	208
		8.7.2 Ablauf der Line-Maintenance – Terminal	210
		8.7.3 Ablauf der Line-Maintenance – Ramp und Hangar	212
	8.8	Base-Maintenance	213
		8.8.1 Basismerkmale der Base-Maintenance	213
		8.8.2 Ablauf einer Base-Maintenance Liegezeit in der Produktion	214
	8.9	Bauteilinstandhaltung	219
		8.9.1 Typische Struktur von Instandhaltungswerkstätten	219
		8.9.2 Ablauf der Bauteilinstandhaltung	221
	8.10	Triebwerk- und Propellerinstandhaltung	223
	8.11	Archivierung von Instandhaltungsaufzeichnungen	226
	Literatur		227
9	**Material- und Leistungsversorgung**		**229**
	9.1	Lieferantenauswahl und -überwachung	230
		9.1.1 Lieferantenauswahl	230
		9.1.2 Lieferantenbeurteilung und -freigabe	231
		9.1.3 Lieferantenüberwachung	233
	9.2	Materialsteuerung und Materialhandling	235
		9.2.1 Materialverfolgung (Rückverfolgbarkeit)	235
		9.2.2 Warenübernahme	237
		9.2.3 Lagerhaltung	241
		9.2.4 Materialhandling	243
		9.2.5 Fehlerhafte Produkte	246
		9.2.6 Suspected unapproved Parts	248
	9.3	Zulieferer und Fremdleistungen	250
		9.3.1 Vorbereitung und Begleitung einer Fremdvergabe	250
		9.3.2 Fremdvergaben im Rahmen der verlängerten Werkbank	254
		9.3.3 Fremdvergaben an behördlich anerkannte Zulieferer	257
		9.3.4 Fremdvergaben von Entwicklungsleistungen	258
		9.3.5 Besonderheiten beim Einkauf von Fremdpersonal	260
	Literatur		262
10	**Personal**		**265**
	10.1	Allgemeine Anforderungen an die Personalqualifizierung	265

	10.2 Qualifikation von Produktionspersonal	267
	10.2.1 Produktionspersonal ohne Freigabeberechtigung	267
	10.2.2 Freigabeberechtigtes Personal in der Herstellung	269
	10.2.3 Freigabeberechtigtes Personal in der Instandhaltung	271
	10.3 Qualifikation von Administrativ-Personal	274
	10.3.1 Qualifikationsanforderungen an Führungskräfte	274
	10.3.2 Qualifikationsanforderungen an ausführendes Administrativpersonal in der Herstellung und Instandhaltung	275
	10.4 Besonderheiten entwicklungsbetrieblicher Personalqualifikation	276
	10.5 Spezielle Personalqualifizierungen und -berechtigungen	278
	10.6 Human Factors	278
	10.7 Continuation Training	281
	Literatur	282
11	**Qualitäts- und Safety-Management**	**283**
	11.1 Qualitätsmanagementsysteme	284
	11.1.1 Grundlagen des Qualitätsmanagements	284
	11.1.2 Zweck und Ziele von Qualitätsmanagementsystemen	285
	11.1.3 Dokumentation eines Qualitätsmanagementsystems	288
	11.2 Safety-Management-Systeme	295
	11.2.1 Grundlagen des Safety-Managements	295
	11.2.2 Organisatorischer Rahmen	297
	11.2.3 Risikomanagement	299
	11.2.4 Safety-Überwachung	302
	11.2.5 Förderung des Safety-Wissens und der Safety-Kultur	302
	11.3 Überwachung	303
	11.3.1 Arten der Auditierung	304
	11.3.2 Interne Auditierung	306
	11.3.3 Externe Auditierung	311
	11.4 Fehlermeldesysteme	315
	11.5 Behördenbetreuung	317
	Literatur	318
Anhang		**321**
Sachverzeichnis		**353**

Abkürzungsverzeichnis

4 F	Form, Fit, Function, Fatigue
AC	Advisory Circular
AC	Aircraft
ACARS	Aircraft Communicaions Adressing and Reporting System
ACJ	Advisory Circular Joint
ACJ	Airbus Corporate Jet
AD	Airworthiness Directive (Lufttüchtigkeitsanweisung)
AECMA	European Association of Aerospace Industries
AGB	Allgemeine Geschäftsbedingungen
ALI	Airworthiness Limitation Items (Airbus)
AMC	Acceptable Means of Compliance
AML	Aircraft-Maintenance Licence
AMM	Aircraft-Maintenance Manual
AMOC	Alternative Method of Compliance
AOG	Aircraft On Ground
APIS	Approved Production Inspection Systems
APU	Auxiliary Power Unit (Hilfstriebwerk)
ATA	Air Transport Association of America
ATP	Acceptance Test Procedure
AWL	Airworthiness Limitation Items (Boeing)
BASA	Bilateral Safety Agreements
BBJ	Boeing Business Jet
BGB	Bürgerliches Gesetzbuch
CAM	Customer Acceptance Manual
CAT	Category (AML Lizenz-Typen A, B, C)
CDR	Critical Design Review
CMM	Component Maintenance Manual
CMR	Certification Maintenance Requirements
CNC	Computerized Numerical Control
CofC	Certificate of Conformity

CPI	FAA and Industry Guide to Product Certification
CRS	Certificate of Release to Service
CS	Certification Specification (EASA Bauvorschriften)
DDP	Declaration of Design & Performance
DGQ	Deutsche Gesellschaft für Qualität
DIN	Deutsches Institut für Normung
DO	Design Organization (21/J Entwicklungsbetrieb)
DOE	Design Organisation Exposition
EASA	European Aviation Safety Agency
EASA Form 1	Bauteilfreigabebescheinigung der EASA
EM	Engine Manual
EMI	Electro-magnetic Interference
EN	Europäische Norm
EO	Engineering Order
ERP	Emergency Response Plan
ETA	Event Tree Analysis
ETOPS	Extended-Range Twin-Engine Operational Performance Standards
ETSO	European Technical Standard Order
EU	Europäische Union
FAA	Federal Aviation Administration
FAI	First Article Inspection
FAR	Federal Aviation Regulations
FMEA	Failure Mode and Effect Analysis
FMECA	Failure Mode Effects and Critically Analysis
FTA	Fault Tree Analysis
GM	Guidance Material
ICAO	International Civil Aviation Organization
IEC	International Electrotechnical Commission
IPA	Implementation Procedures of Airworthiness
IPC	Illustrated Parts Catalogue
IR	(EASA) Implementing Rule
ISC	Industry Steering Committee
ISO	International Organization for Standardization
ITCM	Initial Technical Coordination Meeting
JAA	Joint Aviation Authorities
JAR	Joint Aviation Requirements
LBA	Luftfahrt-Bundesamt
LEP	List of effective Pages
LLP	Life Limited Parts

LMCC	Line-Maintenance Control Center
Luft BO	Betriebsordnung für Luftfahrtgerät
MAREPS	Maintenance Reports
MC	Means/Methods of Compliance
MCC	Maintenance Control Center
MEL	Minimum Equipment List
MoC	Means/Methods of Compliance
MOE	Maintenance Organisation Exposition
MPD	Maintenance Planning Document
MPL	Musterprüfleitstelle
MPS	Manufacturing Procedure Specification
MRB	Maintenance Review Board
MRO	Maintenance Repair & Overhaul
MS	Maintenance Schedule
MSG	Maintenance Steering Group
NDT	Non-Destructive Testing
OEM	Original Equipment Manufacturer
PDR	Preliminary Design Review
PIREPS	Pilot Reports
PMA	Parts Manufacturer Approvals
PO	Production Organization (21/G Herstellungsbetrieb)
POE	Production Organisation Exposition
PPS	Produktionsplanung und -steuerung
ProdHaftG	Produkthaftungsgesetz
PSCP	Project Specific Certification Plan
PSP	Partnership for Safety Plan
QEC-Kit	Quick Engine Change Kit
QM	Quality Management
o.V.	ohne Verfasser
QSF	Qualitätssicherung Fertigungsaufträge (Airbus-Begriff)
QTP	Qualification Test Plan
QTR	Qualification Test Report
RTCA	Radio Technical Commission for Aeronautics
SAR	Search and Rescue
SB	Service Bulletin
SIB	Safety Information Bulletin
SL	Service Letter
SMS	Safety-Management-System
Spec.	Specification

SPM	Standard Practices Manual
SRM	Structure Repair Manual
STC	Supplemental Type Certificate (Ergänzende Musterzulassung)
TAC	Technical Acceptance
TC	Type Certificate (Musterzulassung)
TCCA	Transport Canada Civil Aviation Directorate
TOP (Voraussetzungen)	Technische, operative, personelle (Voraussetzungen)
TOT	Transfer of Title
TSO	Technical Standard Order
UPN	Unapproved Parts Notification
WDM	Wiring Diagram Manual

Abbildungsverzeichnis

Abb. 2.1	EASA-Staaten	6
Abb. 3.1	EASA Basis-Regelwerk	14
Abb. 3.2	Aufbau des für dieses Buch relevanten EASA-Regelwerks	15
Abb. 3.3	Aufbau CS-25 – Large Aeroplanes	21
Abb. 3.4	Wesentliche Bauvorschriften im EASA Raum	22
Abb. 3.5	Exemplarisches PO/DO-Arrangement	26
Abb. 3.6	Modell eines prozessorientierten QM-Systems	38
Abb. 3.7	Grundstruktur des Partnership for Safety Plans	44
Abb. 3.8	FAA Roadmap to Certification	45
Abb. 4.1	Ablauf der Konstruktionssicherung	50
Abb. 4.2	Exemplarischer Aufbau eines Entwicklungsbetriebs	51
Abb. 4.3	Arten der Zulassung	53
Abb. 4.4	Bedeutende Betriebs- und Instandhaltungsdokumentation	65
Abb. 4.5	Zusammenhang zwischen Zulassungsart und Klassifizierung	67
Abb. 4.6	Anhaltspunkte zur Klassifizierung in major vs. minor (GM 21A.91)	68
Abb. 4.7	Zusammenhang Zulassungsprogramm, Quellnachweise und Compliance Document	75
Abb. 4.8	Ergänzende Dokumentation zur Musterzulassung	78
Abb. 4.9	Beispielhafte Grobstruktur eines Projektablaufs	82
Abb. 4.10	Matrix-Projektorganisation	88
Abb. 4.11	Reine Projektorganisation	90
Abb. 4.12	Zulassungswege für Reparaturen	95
Abb. 4.13	Prozessuale Kernstruktur einer Bauteilentwicklung	97
Abb. 4.14	Ablauf der Bauteilqualifizierung und -zulassung	103
Abb. 5.1	Herleitung der Wartungspunkte im Rahmen des MRB-Reports	111
Abb. 5.2	Organisatorische Entstehung des MRB-Reports	114
Abb. 5.3	Der Weg vom MRB-Report zum Instandhaltungsereignis	116
Abb. 5.4	Reliability-Management Tool *m/reliability* der Lufthansa Technik für Beispiel-Flotte	127

Abb. 5.5	Airworthiness Directives Publishing Tool der EASA	130
Abb. 5.6	Airworthiness Directive (AD) der EASA	131
Abb. 6.1	Instandhaltungsarbeitskarte der SWISS (aus AMOS System)	138
Abb. 6.2	TOP-Voraussetzungen	149
Abb. 6.3	Europäische Freigabe- und Konformitätsbescheinigungen	154
Abb. 6.4	Konformitätserklärung nach Luftfahrzeug-Herstellung	155
Abb. 6.5	Bauteil-Freigabebescheinigung EASA Form 1	157
Abb. 7.1	Wertschöpfungs- und Informationsflüsse in der Herstellung	162
Abb. 7.2	Kernelemente eines übergreifenden Qualitätssystems in der Herstellung	165
Abb. 7.3	Herstellungsverlauf aus primärer Perspektive der Produktionsplanung und -steuerung	171
Abb. 7.4	Produktionsverfahren in der Flugzeugherstellung	172
Abb. 7.5	Wesentliche Fertigungsschritte in der Flugzeugserienherstellung	176
Abb. 7.6	In Bauplatz eingelassene Rumpftonnen	177
Abb. 7.7	Ausrüstungsmontage	179
Abb. 7.8	Final Assembly Line bei der Airbus A320-Familie	181
Abb. 7.9	Boeing Business Jet	186
Abb. 7.10	Design-Studie *Project U*	190
Abb. 8.1	Prozessschritte in der ungeplanten Instandhaltung	202
Abb. 8.2	Typischer Aufbau eines Instandhaltungsbetriebs	203
Abb. 8.3	Grundlegender Ablauf einer Triebwerkinstandhaltung	224
Abb. 9.1	Zertifikat an einem zugelieferten Produkt	238
Abb. 9.2	Unserviceable (U/S) Tag für nichtverwendungsfähiges Material	245
Abb. 9.3	Zulässige und unzureichende Methoden der Verschrottung von Luftfahrzeugmaterial	247
Abb. 9.4	Mögliche Gründe für die Ablehnung von Material oder Teilen	249
Abb. 9.5	Alternativen im Rahmen des Wertschöpfungsbezugs	253
Abb. 10.1	Qualifikationsopportunitäten in der Produktion	269
Abb. 10.2	Mindestumfang der aufzuzeichnenden Daten für freigabeberechtigtes Personal	271
Abb. 10.3	Ausbildungsanforderungen an Certifying Staff – Herstellung vs. Instandhaltung	272
Abb. 10.4	Dirty Dozen	280
Abb. 11.1	Branchenunabhängige Elemente eines QM-System	287
Abb. 11.2	Aufbau der Dokumentationsstruktur eines QM-Systems	289
Abb. 11.3	Aufbau des prozessbasierten QM-Systems IQ MOVE der Lufthansa Technik	294
Abb. 11.4	Säulen des Safety-Managements	296

Abb. 11.5	Risikomanagement als kontinuierlicher Prozess..................................	299
Abb. 11.6	Risikomatrix..	301
Abb. 11.7	Auditformen..	305
Abb. 11.8	Grober Ablauf des Auditprozesses in der EN 9100er Normenreihe.......	313
Abb. 11.9	Prozessschritte eines Occurence Reportings..	315
Abb. 11.10	Eingabemaske eines Occurence Reportings (Beispiel)..........................	316

Tabellenverzeichnis

Tab. 3.1	Abschnitte (Subparts) des EASA Part 21 (Durchführungsbestimmung *Zulassung*)	17
Tab. 3.2	Abschnitte des EASA Part 21, Subpart J	18
Tab. 3.3	Übersicht über die EASA-Bauvorschriften	20
Tab. 3.4	Paragraphen des EASA Part 21, Subpart G	24
Tab. 3.5	Bestandteile des EASA Part 145	30
Tab. 3.6	Übersicht über die Subparts des EASA Part-M	34
Tab. 3.7	Gegenüberstellung des EASA und des FAA Subparts 21	43
Tab. 4.1	Beschreibung der Methods/Means of Compliance (MoC)	72
Tab. 5.1	Exemplarische Basisstruktur einer Zeitverfolgung	121
Tab. 8.1	Vergleich verschiedener Line- und Base-Maintenance Checks für Wide Bodies	199
Tab. 9.1	Beispielhafte Darstellung einer Bewertungsmatrix zur Lieferantenauswahl	231
Tab. 9.2	Beispielhafte Grundstruktur zur Clusterung der Lieferantenperformance	234
Tab. 11.1	Qualitätserwartungen der Anspruchsgruppen	285
Tab. 11.2	Zielsetzungen einer QM Dokumentation	290

Einleitung

Das vorliegende Buch widmet sich einem Themenfeld, das in der wissenschaftlichen Literatur bisher fast keine Beachtung gefunden hat: den luftfahrttechnischen Betrieben. Hierunter werden jene behördlich anerkannten Unternehmen subsumiert, die luftfahrttechnische Erzeugnisse entwickeln, herstellen oder instand halten. Es wird detailliert ausgeführt, wie diese Betriebe in Aufbau und Abläufen strukturiert sein müssen, um dabei vor allem den Vorgaben der europäischen Luftaufsichtsbehörde (EASA) gerecht zu werden. Darüber hinaus wird auch auf jene Betriebe der Luftindustrie eingegangen, die zwar über keine EASA Zulassung verfügen, jedoch eine EN 9100er Zertifizierung haben oder anstreben.

Um den Nutzen für die Praxis zu schaffen, wird dabei stets die Verbindung zwischen den anwendbaren Regelwerken einerseits und dem betrieblichen Alltag andererseits geschaffen.

Nachdem im folgenden Kapitel die wesentlichen Luftfahrtbehörden und -organisationen vorgestellt werden, widmet sich Kap. 3 der Einführung in die Regelwerk- und Zulassungsstruktur für luftfahrttechnische Betriebe. Damit soll ein Grundverständnis der gesetzlichen und normativen Vorgaben geschaffen werden. Im Fokus stehen dabei der EASA Part 21/J (Entwicklung), der EASA Part 21/G (Herstellung) und der EASA Part 145 (Instandhaltung). Darüber hinaus gewährt dieses Kapitel einen Einblick in die europäischen Luftfahrtnormen der EN 9100er-Reihe und in die luftfahrttechnische Gesetzgebung der USA.

Im darauf folgenden Kap. 4 wird die Entwicklung luftfahrttechnischer Produkte eingehend erklärt. Der Text hält sich dazu dicht am Ablauf des behördlich vorgegebenen Zulassungsprozesses. Schwerpunkte bilden die Spezifikationserstellung, die Klassifizierung von Entwicklungen, die Nachweiserbringung sowie die Musterprüfung und -zulassung. Darüber hinaus wird in diesem Kapitel auf die Besonderheiten von kleinen Entwicklungen sowie von Reparatur- und Bauteilentwicklungen eingegangen. Abschließend sind in den Abschn. 4.11 und 4.12 die Besonderheiten von ETSO- und PMA-Teilen dargestellt.

Kapitel 5 widmet sich dem Maintenance Management. Hierunter fallen alle Aktivitäten des Engineerings, die erforderlich sind, um die Aufrechterhaltung der Lufttüchtigkeit während des Lebenszyklus eines Luftfahrzeugs sicherzustellen. Ein wesentlicher Teil dieses Kapitels setzt sich mit dem Zweck, der Herleitung und dem Aufbau von Instandhaltungsprogrammen auseinander. Einen weiteren Schwerpunkt von Kap. 5 bildet die Darstellung des Reliability Managements, mit dem die Zuverlässigkeit eines Luftfahrzeugs während des Betriebs überwacht und bewertet wird. Ein letzter Fokus dieses Kapitels liegt auf Behörden- und Herstellerbekanntmachungen, insbesondere Lufttüchtigkeitsanweisungen (*Airworthiness Directives*) und *Service Bulletins*.

Im Kap. 6 werden die gemeinsamen Grundlagen luftfahrtindustrieller Herstellung und Instandhaltung detailliert dargestellt. Nach einer Einführung in die Arbeitsplanung und -vorbereitung wird das Management technischer Dokumente thematisiert. Ebenso findet in diesem Kapitel eine Auseinandersetzung mit den luftrechtlich notwendigen Produktionsanforderungen (TOP-Voraussetzungen) statt. Ein letztes Unterkapitel widmet sich den im EASA-Raum anwendbaren Freigabe- und Konformitätsbescheinigungen für Herstellung und Instandhaltung.

Im Kap. 7 zur Herstellung findet aufbauend auf einer allgemeinen Einführung eine ausführliche Auseinandersetzung mit herstellungsbetrieblichen Qualitätssystemen statt. Dabei wird auch explizit auf die Einbindung der Zulieferer eingegangen. Der Kern des Kapitels widmet sich den eigentlichen Herstellungsabläufen sowie deren angrenzende Prozesse. Dies erfolgt getrennt nach Komponenten- und Modulherstellung einerseits und dem Luftfahrzeugzusammenbau (*Assembly*) andererseits. Darüber hinaus widmet sich ein Abschnitt am Kapitelende den Besonderheiten beim Ausbau von VIP- und Geschäftsflugzeugen.

Im Anschluss an die Herstellung findet in Kap. 8 eine detaillierte Auseinandersetzung mit der Luftfahrzeuginstandhaltung statt. Dazu wird anfangs auf den Aufbau und die Arbeitsweise von Instandhaltungsbetrieben eingegangen. Der Blickwinkel richtet sich dann auf Struktur, Ablauf und Besonderheiten zuerst der Line-Maintenance, im Anschluss der Base-Maintenance. Anhand eines idealtypischen Ablaufs werden diese Instandhaltungsereignisse jeweils detailliert erklärt. In eigenen Unterkapiteln wird zudem auf die Spezifika der Bauteil- und Motoreninstandhaltung eingegangen. Im Zuge des gesamten Kap. 8 werden sukzessive alle wesentlichen Begriffe der Luftfahrzeuginstandhaltung wie z. B. Line- und Base-Maintenance, Routine- und Non-Routine-Instandhaltung, Zurückstellung von Beanstandungen und Flugzeugfreigaben erläutert.

Kapitel 9 widmet sich der Material- und Leistungsversorgung. Dieser kommt erhebliche Bedeutung zu, da luftfahrttechnische Betriebe einen hohen Teil der von ihnen verbauten Produkte extern beziehen. Betroffen sind dabei neben Rohmaterial, Betriebsstoffen oder Norm- und Standardteilen insbesondere auch Komponenten und Module. Analog dem realen Prozessablauf findet zunächst eine Auseinandersetzung mit der Auswahl, Beurteilung und Freigabe von Zulieferern statt, bevor der Text zur kontinuierlichen Lieferantenüberwachung überleitet. Einen zweiten Schwerpunkt dieses Kapitels bildet der innerbetriebliche Materialfluss vom Wareneingang über die Eigenarten der Lagerwirtschaft und des Materialhandlings bis zum Einbau. Ebenso werden die Materialkennzeichnung und die Rückverfolgbarkeit sowie der Umgang mit fehlerhaften Produkten und solchen zweifelhafter Herkunft thematisiert. Einen dritten Fokus bildet die Vorbereitung und Begleitung von Fremdvergaben. Ausführlich wird dazu auf die luftfahrttechnischen Spezifika eingegangen und die beiden luftrechtlich in Frage kommenden Arten der Fremdvergabe erörtert.

Kapitel 10 widmet sich der Personalqualifizierung im Rahmen des industriellen Luftfahrtmanagements. Dazu wird sowohl auf das produktive Personal in der Herstellung und in der Instandhaltung als auch auf die Qualifizierung freigabeberechtigter Mitarbeiter eingegangen. Darauf folgend findet eine Auseinandersetzung mit den Qualitätsanforderungen an administratives Personal und betriebliche Führungskräfte statt. In den letzten beiden Unterkapiteln wird der Umgang mit und die Grenzen der menschlichen Leistungsfähigkeit (Human Factors) thematisiert sowie Begriff und Spezifika des Continuation Training erörtert.

In Kap. 11 werden abschließend die Grundlagen des Qualitäts- und Safety-Managements in luftfahrttechnischen Betrieben erklärt. Hierzu erfolgt zunächst eine ausführliche Schilderung der Aufgaben, Strukturen und Ziele von Qualitätsmanagementsystemen. Darauf aufbauend findet eine detaillierte Auseinandersetzung mit den zugehörigen Dokumentationsbestandteilen statt. Sodann werden die Grundlagen des Safety-Managements thematisiert. Einen weiteren Schwerpunkt bildet zudem die Betriebsüberwachung (Auditierung). Hierzu wird auf die verschiedenen Audit-Arten, den idealtypischen Auditablauf und die externe Auditierung eingegangen. Als weiteres Überwachungsinstrument werden kurz vor dem Kapitelende zudem Fehlermeldesysteme erklärt. Buch und Kapitel schließen mit einer Darstellung wesentlicher Aufgaben der Behördenbetreuung ab.

2 Behörden und Organisationen

In diesem Kapitel werden die Organisationen und Behörden vorgestellt, die den gesetzlichen Rahmen luftfahrttechnischer Betriebe überwachen und zum Teil auch selber setzen. Mit ihrem Handeln bestimmen diese Institutionen somit maßgeblich den grundlegenden Aufbau und die generelle Funktionsweise der in diesem Buch betrachteten Betriebe.

Zunächst wird die europäische Luftfahrtagentur EASA vorgestellt und deren Aufgaben erklärt. Dem schließt sich eine ausführliche Darstellung der deutschen Luftaufsichtsbehörde, dem Luftfahrt-Bundesamt, an. In diesem Kontext werden die wesentlichen Unterschiede und die Aufgabenverteilung zwischen der europäischen und den nationalen Luftfahrtbehörden in den Grundzügen deutlich. In Unterkapitel 2.3 wird die Luftfahrtorganisation der UNO, die ICAO, beschrieben. Die ICAO setzt mit der Definition weltweiter Standards den groben Rahmen für die gesamte Luftfahrt und beeinflusst insoweit auch luftfahrttechnische Betriebe im deutschsprachigen Raum. Im vierten Unterkapitel wird zuletzt die US-amerikanische Luftfahrtbehörde, FAA, vorgestellt, weil diese mit ihren Entscheidungen vielfach Einfluss auf luftfahrttechnische Betriebe in Europa nimmt.

2.1 Europäische Agentur für Flugsicherheit (EASA)

Die Europäische Agentur für Flugsicherheit (*European Aviation Safety Agency* –EASA) ist die Luftaufsichtsbehörde der Europäischen Union. Die Gründung der EASA wurde 2002 durch Beschluss des Europäischen Parlaments und des Rates vollzogen, um ein EU-weit einheitliches Sicherheits- und Umweltschutzniveau im Bereich der zivilen Luftfahrt sicherzustellen.

Nachdem die rechtliche Basis dieser Behörde (in der Amtssprache: Agentur) mit der Verordnung (EG) 1592/2002 (Amtsblatt L 240 vom 7. September 2002) des Europäischen Parlaments und des Rates vom 15. Juli 2002 geschaffen wurde, nahm die EASA am 28. September 2003 ihre Arbeit auf und ist seit 2006 voll einsatzfähig. Seitdem stellen die

Abb. 2.1 EASA-Staaten

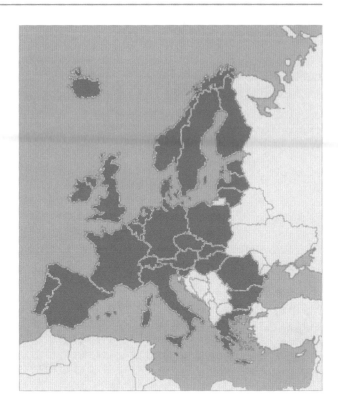

EASA-Regularien allgemeines Recht der Europäischen Union (EU) dar. Sie besitzen Gesetzescharakter und sind in allen europäischen Mitgliedsstaaten unmittelbar anzuwenden.

Aktuell gehören der EASA 31 Staaten an. Neben den EU-Nationen sind auch die Schweiz, Lichtenstein, Norwegen und Island Bestandteil des EASA-Raums (vgl. Abb. 2.1). Dienstsitz der Agentur ist Köln.

Im Zuge der Aufgabenerfüllung ist der EASA ein Verwaltungsrat (Management Board) zur Seite gestellt. Dessen Funktion ist es, Ziele und Prioritäten der Agentur festzulegen, das Budget zu genehmigen sowie den Behördenbetrieb zu überwachen. Dem Board gehören Vertreter der EASA-Mitgliedsstaaten und der Europäischen Kommission an.

Unterstützung erhält die Agentur zudem durch die nationalen Luftaufsichtsbehörden (z. B. im Rahmen der Betriebsüberwachung).

Die Aufgaben der Agentur bestehen darin, die Europäische Kommission mit ihrem Fachwissen auf den Gebieten der Flugsicherheit und der internationalen Luftfahrt-Harmonisierung zu beraten sowie einheitliche Sicherheits- und Umweltschutzbestimmungen für die zivile Luftfahrt zu entwickeln und festzulegen. Im Einzelnen zeichnet die EASA verantwortlich für:

2.1 Europäische Agentur für Flugsicherheit (EASA)

- Beratung der EU-Kommission bei der Ausarbeitung der Gesetzgebung, Umsetzung von Vorgaben der internationalen Luftfahrtorganisation ICAO in europäisches Recht in Form von Gesetzesentwürfen sowie der Entwicklung eigener Richtlinien.
- Erhebung und Analyse von Daten zur Verbesserung der Flugsicherheit mit der Zielsetzung eines einheitlichen Schutzniveaus der Bürger und der Erleichterung des freien Waren- und Personenverkehrs im EU-Binnenmarkt,
- Festlegung des rechtlichen Rahmens für Fluggesellschaften und Betriebe der Luftfahrtindustrie. Die EASA genehmigt im Bereich der Entwicklung, Herstellung, Instandhaltung, Wartung und Aufrechterhaltung der Lufttüchtigkeit tätige Unternehmen. Zudem ist die EASA für die Herausgabe von Umsetzungsempfehlungen sowie für die Definition von Bauvorschriften verantwortlich,
- Anleitung und Kontrolle der Mitgliedsstaaten und der Industrie bei der Umsetzung von Vorschriften,
- Zulassungen luftfahrttechnischer Produkte, Sicherheitsgenehmigungen außereuropäischer Airlines und Überwachung technischer Trainings für Personal, um ein EASA-weit einheitliches Qualifikationslevel zu schaffen und aufrecht zu erhalten.

Bereits vor Gründung der EASA gab es in Europa Aktivitäten zur Harmonisierung der Sicherheitsbestimmungen. Hierzu schlossen sich 1970 verschiedene zivile Luftfahrtbehörden Europas zur **Joint Aviation Authorities** (JAA) zusammen. Bis heute besteht die JAA aus 35 vollen Mitgliedern. Sie haben mit den Joint Aviation Requirements (JAR) umfangreiche Regelungen entworfen, die von den nationalen Luftfahrtbehörden umgesetzt und überwacht werden.

Als problematisch für die Harmonisierung erwiesen sich jedoch die unterschiedlichen nationalen Interpretationen zur Flugsicherheit. Erschwerend kam hinzu, dass eine Regelung nur dann im JAA- Raum für allgemein verbindlich erklärt werden konnte, wenn die Zustimmung aller Mitglieder erfolgte. Die Joint Aviation Authorities war und ist keine regulierende Behörde, sondern nur ein Zusammenschluss einzelner nationaler Luftfahrtbehörden.

Im Zuge ihrer Harmonisierungsaktivitäten orientierten sich die JAA-Staaten stark an den US-amerikanischen Regularien, so dass das von der JAA entwickelte und von der EASA weitestgehend übernommene Regelwerk eine hohe Ähnlichkeit mit dem der US-amerikanischen Luftfahrtbehörde aufweist.

Seit Gründung und Arbeitsaufnahme der EASA übernimmt diese sukzessive die Zuständigkeiten der JAA. In vielen Bereichen wie Flugsicherheit, Umweltzertifizierung und Zulassung von Fluggeräten, Triebwerken und Bauteilen liegt die Zuständigkeit bereits jetzt bei der EASA. Mittelfristiges Ziel ist die Auflösung der JAA. In Teilen verbleiben die Zuständigkeiten jedoch auch dann weiterhin bei den nationalen Luftfahrtbehörden, wie z. B. die Erteilung von Genehmigungen für Luftfahrtunternehmen (ausgenommen Entwicklungsbetriebe).

2.2 Luftfahrt-Bundesamt (LBA)

Die deutsche Luftfahrtbehörde, das Luftfahrt-Bundesamt (LBA) ist am 30. November 1954 in Braunschweig aus der ein Jahr zuvor in Bonn gegründeten „Vorläufigen Bundesstelle für Luftfahrtgerät und Flugunfalluntersuchung" entstanden. Das LBA ist eine Bundesbehörde und verantwortlich für Aufgaben der zivilen Luftfahrt in der Bundesrepublik Deutschland. Es unterliegt der Aufsicht des Bundesministeriums für Verkehr, Bau und Stadtentwicklung. Der Dienstsitz des LBAs ist Braunschweig. Neben dem Hauptsitz unterhält das LBA Außenstellen in Berlin, Düsseldorf, Frankfurt/Main, Hamburg, München und Stuttgart sowie die Verwaltungsstelle der Flugsicherung im südhessischen Langen.

Die Hauptaufgaben der Behörde umfassen technische Prüfungs- und Zulassungsaktivitäten, die Erarbeitung neuer Vorschriften sowie die Leitung der deutschen Such- und Rettungsdienste. Im Bereich des industriellen Luftfahrtmanagements verantwortet das LBA:

- im Auftrag der EASA die Genehmigung und Überwachung von Instandhaltungs-, Herstellungs- und Ausbildungsbetrieben sowie Continuing Airworthiness Organisationen,[1]
- Prüfung und Freigabe von Instandhaltungsprogrammen sowie die Herausgabe von Lufttüchtigkeitsanweisungen,
- Genehmigung, Überwachung, Prüfung sowie z. T. auch Ausbildung von (technischem) freigabeberechtigtem Personal der Herstellungs- und Instandhaltungsbetriebe,
- Beteiligung an der Erarbeitung von Gesetzesvorschlägen.

Zudem überwacht und betreut das LBA nationale Fluggesellschaften und andere Luftfahrzeughalter. In diesem Rahmen nimmt die Behörde teilweise in Zusammenarbeit mit der EASA oder der Deutschen Flugsicherung folgende Aufgaben wahr:

- Genehmigung und Überwachung deutscher Fluggesellschaften bzw. Luftfahrzeugbetreiber (Operator),
- Zulassung von Luftfahrzeugen (z. B. Flugzeuge (A/C), Hubschrauber, Ballone und Luftschiffe) sowie Erteilung von Luftfahrzeug-Kennungen,
- Verwaltung zentraler Luftfahrtdatenbanken, z. B. das Luftfahrzeugregister, die zentrale Luftfahrerdatei, die Luftfahrer-Eignungsdatei, das Deliktregister oder die Datei der Flugsicherungs-, Erlaubnis- und Berechtigungsinhaber,
- Erteilung von Einflug- oder Überflugerlaubnissen für Fluggesellschaften außerhalb des EASA Raums sowie Erteilung von Flugliniengenehmigungen an deutsche Luftfahrtunternehmen sowie die Ausstellung von Genehmigungen für Strecken des innergemeinschaftlichen Flugverkehrs.

---

[1] Die Verantwortung für die Zulassung und Überwachung von Entwicklungsbetriebe gem. EASA Part 21/J obliegt indes der EASA und nicht den nationalen Luftfahrtbehörden.

Um ein einheitliches Sicherheitsniveau im europäischen Luftverkehr zu wahren, überwacht das LBA darüber hinaus ausländische Fluggesellschaften auf deutschen Flughäfen. Dies erfolgt mit Hilfe von Stichproben, deren Schwerpunkt flugbetriebliche und technische Sicherheitskontrollen an außereuropäischen Charterunternehmen bilden. Unsicheren Airlines kann das LBA als zuständige Luftaufsichtsbehörde die Ein- oder Überfluggenehmigung entziehen. Dies geschieht stets in enger Abstimmung mit der EASA, um europaweit einheitliche Lösungen zu erzielen (Schwarze Liste, d. h. Liste der Luftfahrtunternehmen, gegen die in der EU eine Betriebsuntersagung ergangen ist).

2.3 International Civil Aviation Organization (ICAO)

Die International Civil Aviation Organization (ICAO) ist die für den zivilen Luftverkehr verantwortliche **Unterorganisation der Vereinten Nationen** (UN). Deren Kernaufgabe ist die Standardisierung und Regulierung im Bereich der zivilen Luftfahrt, mit dem Ziel, einen sicheren und effizienten Flugverkehr zu gewährleisten.

Die ICAO wurde 1944 auf Basis des Übereinkommens über die internationale Zivilluftfahrt (Chicagoer Abkommen) gegründet. Offiziell nahm die ICAO 1947 ihren Betrieb auf. Die Organisation hat ihren Sitz in Montréal (Kanada). Aktuell gehören der ICAO etwa 190 Staaten an. Die Bundesrepublik Deutschland wird bei der ICAO durch das Bundesministerium für Verkehr, Bau und Stadtentwicklung vertreten.

Die ICAO erstellt grundlegende Regeln auf allen Feldern der zivilen Luftfahrt. Hierbei handelt es sich beispielsweise um Vorgaben im Hinblick auf die Personalqualifizierung, Abkürzungen und Definitionen, Technik und Design, Infrastruktur, Kartierungen oder den Funkverkehr. Die von der ICAO festgelegten Regularien können sowohl den Charakter verbindlicher Mindeststandards oder nicht bindende Handlungsempfehlungen haben. Für die Umsetzung dieser Ausarbeitungen ist im Anschluss die nationalen Luftfahrtbehörden verantwortlich. Dabei ist es nicht unüblich, dass die Richtlinien nur die Basis einer auf nationaler Ebene weit detaillierteren Luftfahrtgesetzgebung bilden.

Die verbindlichen und empfehlenden Ergebnisse der bisherigen Standardisierungsaktivitäten sind in aktuell 18 **Annexen** (Anhängen) festgehalten. Die für das industrielle Luftfahrtmanagement relevanten Abschnitte sind:

Annex 1: Personnel Licening: In diesem Anhang sind die Basisanforderungen an die Personalqualifizierung im Hinblick auf Ausbildung, Fähigkeiten und Weiterbildung und deren Ernennung formuliert. Dahinter steht der Grundgedanke, dass die Lufttüchtigkeit und die Sicherheit des Flugbetriebs nur mit einem hinreichend geschulten Personal sichergestellt werden kann.

…

Annex 6: Operation on Aircraft: Aus dem Bereich des industriellen Luftfahrtmanagements werden in diesem Annex Anforderungen z. B. gestellt an Flugeigenschaften, Betriebsbeschränkungen, Merkmale von Bau- und Ausrüstungsteilen (z. B. in den Bereichen Navigation, Kommunikation, Sicherheit) sowie Anforderungen an die Instandhaltung oder die Flugzeugdokumentation.

…

Annex 8: Airworthiness of Aircraft: In diesem Anhang sind technische und prozessuale Minimalanforderungen und Standards im Hinblick auf die Entwicklung und Zulassung von Luftfahrzeugen, Triebwerken sowie Bau- und Ausrüstungsteilen definiert. Darüber hinaus werden grundlegende Verfahren zur Freigabe von Luftfahrzeugen nach Instandhaltung festgelegt. Im ICAO Annex 8 sind zudem grundlegende Regeln des Informationsaustauschs zwischen den an der Entwicklung und Instandhaltung beteiligten sowie den vom Betrieb betroffenen Ländern niedergelegt.

…

Annex 16: Environmental Protection: In diesem Abschnitt werden Grenzwerte für Flug-, Triebwerkslärm und Hilfstriebwerke (APUs) beschrieben. Darüber hinaus sind Obergrenzen für Schadstoffemissionen genannt.

Die hier nicht aufgeführten Annexe stehen nicht im direkten Zusammenhang zum industriellen Luftfahrtmanagement und regeln u. a. internationale Verkehrsrechte (Annex 2), Luftfahrtkarten (4), Messeinheiten zur Verwendung in der Luft und am Boden (5), die Zuteilung der sog. ICAO-Codes für Flughäfen und Flugzeugtypen (7), Search & Rescue (SAR) (12) oder Luftfahrzeug-Unfall- und Vorfall-Untersuchungen (13).

2.4 Federal Aviation Administration (FAA)

Die Federal Aviation Administration (FAA) ist die Luftaufsichtsbehörde der USA und damit das US-amerikanische Äquivalent zur EASA bzw. zum LBA. Zwar wurden in den Vereinigten Staaten bereits in den 1920er Jahren erste Institutionen der Luftfahrtüberwachung gebildet, jedoch kam es erst 1958 nach einigen schweren Luftfahrtunfällen zur Gründung der FAA. Die Behörde hat ihren Dienstsitz in Washington D.C. und ist dem US-amerikanischen Verkehrsministerium unterstellt.

Die Hauptaufgabe der FAA besteht in der Festlegung und Überwachung des rechtlichen Rahmens zur Gewährleistung eines sicheren und effizienten Flugverkehrs. FAA und EASA sind in ihrer Aufgabenwahrnehmung somit sehr ähnlich.

In diesem Buch wird bisweilen Bezug auf die FAA genommen, weil diese mit ihren Entscheidungen vielfach unmittelbaren Einfluss auf die europäische Luftfahrtindustrie nimmt. Umgekehrt beeinflusst auch die EASA die Entwicklung in der US-amerikanischen Luftfahrtbranche. Ursache für die wechselseitige Abhängigkeit ist deren enge Verzahnung, hervorgerufen durch einen regen Güter- und Dienstleistungstausch.

EASA und FAA bemühen sich daher seit Jahren um ein Fortschreiten bei der gegenseitigen Anerkennung von Verfahren und Regularien. Die bisherigen Aktivitäten haben ihren Niederschlag z. B. in der hohen Ähnlichkeit der Bauvorschriften oder in der wechselseitigen Anerkennung von Interpretationsmaterial zur luftfahrttechnischen Gesetzgebung gefunden. Dennoch gibt es noch immer einen hohen Harmonisierungs- und Abstimmungsbedarf.

Regelwerke und Zulassungen   3

Basis nahezu aller luftfahrttechnischen Aktivitäten sind gesetzliche und normative Vorgaben. Um hier ein Grundverständnis zu schaffen, bildet das folgende Kapitel eine Einführung in die Regelwerke luftfahrttechnischer Betriebe. Die Kenntnis dieser Anforderungen ist eine wichtige Voraussetzung für das Gesamtverständnis zur Aufbau- und Ablauforganisation von Betrieben der Luftfahrtindustrie.

Zunächst wird in Unterkapitel 3.1 das Regelwerk der EASA beschrieben. Nach einer Darstellung der grundlegenden Struktur richtet sich der Blickwinkel in den Abschn. 3.1.2 bis 3.1.5 auf die Verordnungen zur Entwicklung (EASA Part 21/J), zur Herstellung (EASA Part 21/G) und zur Instandhaltung (EASA Part 145) luftfahrttechnischer Produkte. Die Gesetzestexte werden dazu zusammenfassend dargestellt und erklärt. Um ein Verständnis für das Zusammenspiel zwischen den Instandhaltungsbetrieben und den Flugzeughaltern bei der Aufrechterhaltung der Lufttüchtigkeit zu schaffen, wird zudem der EASA Part-M kurz erklärt.

Damit auch die grundlegenden Vorgaben der zahlreichen nicht luftrechtlich zugelassenen Zulieferer Berücksichtigung finden, werden in Unterkapitel 3.2 die europäischen Luftfahrtnormen der EN 9100er-Reihe dargestellt. Kapitel 3 schließt mit einer einführenden Darstellung des US-amerikanischen Regelwerks, da dieses auch maßgeblichen Einfluss auf die luftfahrttechnischen Aktivitäten im EASA-Raum nimmt.

3.1 EASA-Regelwerk

3.1.1 Aufbau des EASA-Regelwerks

Die EASA hat Regeln erlassen, die die Entwicklung, Herstellung, Instandhaltung und den Betrieb von luftfahrttechnischen Produkten innerhalb ihres Verantwortungsbereichs in einheitlichen und sicheren Bahnen lenken. Die Einhaltung dieser Vorgaben muss durch alle Betriebe sichergestellt werden, die auf dem jeweiligen Gebiet tätig sind.

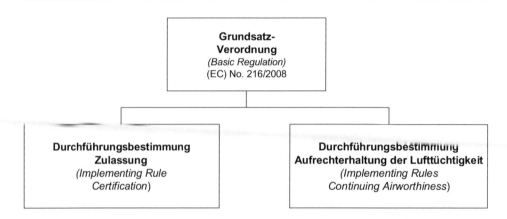

Abb. 3.1 EASA Basis-Regelwerk

Der für dieses Buch relevante Teil des EASA-Regelwerks setzt sich im Wesentlichen aus drei Verordnungen zusammen. Diese Bestimmungen haben als Executive Decision den legislativen Entscheidungsprozess der EU durchlaufen und weisen somit Gesetzescharakter auf. Anders als die meisten EU-Beschlüsse gelten Änderungen an diesem Regelwerk unmittelbar für alle Mitgliedsstaaten, ohne dass die Länderparlamente ihre Zustimmung erteilen müssen.

Das EASA-Regelwerk für luftfahrtindustrielle Betriebe ist mehrstufig aufgebaut und unterscheidet entsprechend Abb. 3.1 zwischen einer **Grundsatzverordnung (*Basic Regulation*)** sowie zwei untergeordneten **Durchführungsbestimmungen (*Implementing Rules*)**. Die Basic Regulation definiert den Aufbau des eigentlichen Regelwerks in Form des Geltungsbereichs, der Ziele und Begriffe.[1] Zudem gibt die Grundsatzverordnung den generellen Aufbau der EASA als Behörde vor.

Die Durchführungsbestimmungen sind weiterführend und geben den Behörden und den Luftfahrtbetrieben unmittelbare Vorgaben im Hinblick auf Anforderungen und Verfahren des jeweiligen technischen Betrachtungsfelds. Im Einzelnen sind unter der Grundsatzverordnung die folgenden beiden (für das industrielle Luftfahrtmanagement relevanten) Durchführungsbestimmungen aufgehängt:

- **Durchführungsbestimmung *Zulassung*** zur Erteilung von Lufttüchtigkeits- und Umwelterzeugnissen für Luftfahrzeuge, zugehörige Erzeugnisse, Teile und Ausrüstungen sowie für die Zulassung von Entwicklungs- und Herstellbetrieben (*Implementing Rule Certification*),
- **Durchführungsbestimmung *Aufrechterhaltung der Lufttüchtigkeit*** für Luftfahrzeuge, zugehörige Erzeugnisse, Teile und Ausrüstungen und die Erteilung von Genehmigungen für Organisationen und Personen, die diese Tätigkeiten ausführen (*Implementing Rule Continuing Airworthiness*).

---

[1] vgl. EASA – Grundsatzverordnung Nr. 216/2008.

3.1 EASA-Regelwerk

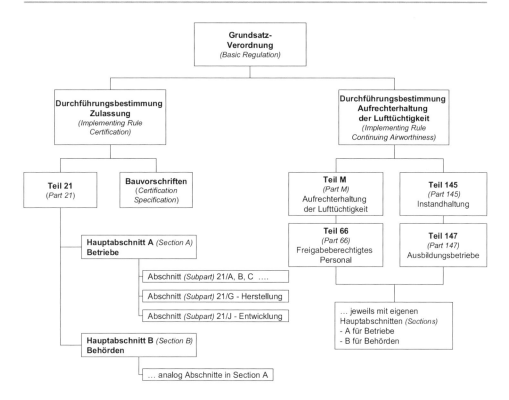

Abb. 3.2 Aufbau des für dieses Buch relevanten EASA-Regelwerks

Beide Durchführungsbestimmungen werden in **Teile (*Parts*)**, **Hauptabschnitte (*Sections*)** und **Abschnitte (*Subparts*)** unterteilt. Während die Hauptabschnitte die Zuständigkeit festlegen, bestimmen die Teile und Abschnitte die inhaltliche Schwerpunktlegung der darin aufgeführten Gesetzestexte.

Die Hauptabschnitte werden jeweils in A- und B-Abschnitte untergliedert. Während die A-**Abschnitte** technische Anforderungen an die Betriebe vorgeben, sind in den B-Abschnitten ausschließlich Verfahren für die zuständigen Behörden festgelegt. Aus betrieblicher Sicht sind somit ausschließlich die jeweiligen A-Abschnitte der Implementing Rules (IR) von Bedeutung.

Parts und Subparts definieren den inhaltlichen Schwerpunkt der Gesetzestexte. Dieser ist jeweils grob aus dem Titel erkennbar.

Abbildung 3.2 zeigt die Grundstruktur des in diesem Buch relevanten EASA-Regelwerks.

Im weiteren Verlauf liegt der Betrachtungsfokus auf der IR Certification mit dem Part 21 sowie der IR Continuing Airworthiness mit dem Part 145 und dem Part-M. In diesen zwei Teilen sind die für das vorliegende Buch relevanten Betriebsformen beschrieben. Dabei handelt es sich um:

- **Entwicklungsbetriebe** (Design-Organizations), EASA Part 21, Subpart J,
- **Herstellungsbetriebe** (Production-Organizations), EASA Part 21, Subpart G,
- **Instandhaltungsbetriebe** (Maintenance-Organizations), EASA Part 145,
- **CAMO-Organisationen** (Continuing Airworthiness), EASA Part M.

Die Mehrzahl der Parts/Subparts beinhaltet zudem Anhänge (*Appendices*), die Formvorschriften (z. B. in Form von Musterzertifikaten) oder spezielle Anforderungen (z. B. Ausfüllanleitungen) enthalten.

Die Parts/Subparts weisen nicht exakt die gleiche Struktur auf und unterscheiden sich zum Teil erheblich im Detaillierungsgrad. Während beispielsweise die Vorschriften des EASA Part 21/J (Entwicklung) vergleichsweise oberflächlich reguliert sind, weist der Part 145 (Instandhaltung) eine hohe Detailtiefe auf.

Ergänzt wird das EASA-Regelwerk um Interpretationen zu den Verordnungen. Unterschieden wird zwischen dem **Guidance Material (GM)** und den **Acceptable Means of Compliance (AMC)**.[2] Dieses Interpretationsmaterial wird – anders als die Implementing Rules – nicht von der EU, sondern von der EASA herausgegeben. Daher haben das Guidance Material und die Acceptable Means of Compliance formal keinen verbindlichen, sondern nur empfehlenden Charakter. Die Betriebe haben bei enger Orientierung an das GM und die AMC jedoch Gewissheit, dass ihr Handeln in Übereinstimmung mit den Vorschriften steht. Da Abweichungen von den Empfehlungen des GM oder der AMC zwar theoretisch möglich sind, in der Praxis jedoch sehr solide begründet sein müssen, bilden betriebsindividuelle Auslegungen einzelner EASA Vorschriften eher die Ausnahme. In der Praxis genießt das Interpretationsmaterial somit **quasi-verbindlichen Charakter**. AMC und Guidance Material liegen nur für etwa ein Drittel bis die Hälfte aller EASA Regeln vor.

Eine klare inhaltliche Unterscheidung zwischen Guidance Material und Acceptable Means of Compliance gestaltet sich nicht immer einfach. Grundsätzlich soll das GM erläuternden Charakter haben und weiterführende Informationen geben, ohne aber unmittelbare Umsetzungshinweise zu formulieren.

Demgegenüber liefern die AMC direkte Umsetzungsempfehlungen, mit deren Einhaltung sich die Konformität zu den Vorschriften nachweisen lässt. Die AMC sind quantitativ umfassender als das Guidance Material.

Die folgenden Kapitel geben einen Überblick über die wichtigsten Bestandteile der Implementing Rule Certification sowie die für das industrielle Luftfahrtmanagement bedeutenden Parts der Implementing Rule Continuing Airworthiness. Während bei der IR Continuing Airworthiness primär der Part 145 (Maintenance Organizations) und der Part-M (Continuing Airworthiness) im Fokus stehen, sind im Part 21 nahezu alle Unterabschnitte relevant und in Tab. 3.1 aufgeführt.

---

[2] Während die Gesetzestexte (Implementing Rules inkl. Parts und Subparts) in allen EU Landessprachen vorliegen, sind GM und AMC ausschließlich in englischer Sprache verfügbar.

3.1 EASA-Regelwerk

Tab. 3.1 Abschnitte (Subparts) des EASA Part 21 (Durchführungsbestimmung *Zulassung*)

Subparts des Part 21	Inhalt
A	Allgemeine Bestimmungen
B	Musterzulassungen
D	Änderungen an Musterzulassungen
E	Ergänzende Musterzulassungen
F	Herstellung ohne Genehmigung als Herstellungsbetrieb
G	Genehmigung als Herstellungsbetrieb
H	Lufttüchtigkeitszeugnisse
I	Lärmschutzzeugnisse
J	Genehmigung als Entwicklungsbetrieb
K	Bau- und Ausrüstungsteile
M	Reparaturen
O	Zulassung gem. Europäischer Technischer Standardzulassung (ETSO)
Q	Kennzeichnung von Produkten, Bau- und Ausrüstungsteilen

3.1.2 EASA Part 21/J – Entwicklung

Entwicklungsbetriebe im Sinne der EASA sind alle Betriebe, die luftfahrttechnische Erzeugnisse, Teile oder Ausrüstungen entwickeln bzw. Änderungen oder Reparaturverfahren an diesen definieren. Für derartige Aktivitäten müssen die Betriebe ihre Befähigungen nachgewiesen haben und über eine luftfahrtbehördliche Genehmigung verfügen. Die Anforderungen an diese sog. Entwicklungsbetriebe sind in der **Implementing Rule *Certification* EASA Part 21 Subpart J (kurz Part 21/J)** festgelegt.[3] Ergänzende Umsetzungshinweise werden durch zugehörige AMC und das entsprechende Guidance Material gegeben. Die behördliche Überwachung von Entwicklungsbetrieben erfolgt durch die EASA.

Die Kernaktivitäten von Entwicklungsbetrieben[4] umfassen

- die Erstellung von Konstruktionsunterlagen für luftfahrttechnische Produkte oder Änderungen daran sowie die Entwicklung von Reparaturverfahren an solchen,
- die Identifikation, Zuordnung und Interpretation der Bauvorschriften und umweltrechtlichen Grundlagen,
- die Nachweiserbringung, dass die Konstruktion sicher ist und den Lufttüchtigkeitsanforderungen der Bauvorschriften entspricht,
- die Erstellung der Betriebs- und Instandhaltungsvorgaben (Handbücher/Manuals),
- die Vorbereitung und Beantragung behördlicher Entwicklungszulassungen.

Als verwertbares Ergebnis erstellen Entwicklungsbetriebe genehmigte Herstellungsvorgaben (***Approved Design Data***) sowie genehmigte Instandhaltungsvorgaben (***Approved***

---

[3] vgl. IR Certification EASA Part 21–21A.231 ff.

[4] Entwicklungsbetriebe werden auch als Design Organisationen oder 21/J-Betriebe bezeichnet.

Tab. 3.2 Abschnitte des EASA Part 21, Subpart J

Abschnitt	Titel/Inhalt
21.A.231	Umfang
21.A.233	Berechtigung
21.A.234	Beantragung
21.A.235	Ausstellung der Genehmigung als Entwicklungsbetrieb
21.A.239	Konstruktionssicherungssysteme
21.A.243	Daten
21.A.245	Genehmigungsvoraussetzungen
21.A.247	Änderungen in Konstruktionssicherungssystemen
21.A.249	Übertragbarkeit
21.A.251	Genehmigungsbedingungen
21.A.253	Änderung von Genehmigungsbedingungen
21.A.257	Untersuchungen
21.A.258	Verstöße
21.A.259	Laufzeit und Fortdauer
21.A.263	Vorrechte
21.A.265	Pflichten der Inhaber

Maintenance Data). Auf Basis der o.g. Aktivitäten erteilt die EASA Lufttüchtigkeitszeugnisse (Musterzulassungen) sowie Zulassungen von Bauteilen und Ausrüstungen. Zudem genehmigt die EASA Reparaturverfahren.

Ein hohes Sicherheitsniveau der Produkte ist durch ein umfassendes System der Qualitätssicherung und -überwachung sicherzustellen. Dazu zählt auch, dass aus Gründen der Nachvollziehbarkeit, alle für die Lufttüchtigkeit relevanten Entwicklungstätigkeiten beschrieben, hinreichend detailliert und eindeutig sein müssen. Entwicklungsbetriebliche Aktivitäten sind zudem stets zu dokumentieren.

Grundsätzlich sind genehmigte 21/J-Betriebe berechtigt, Entwicklungsleistungen an nicht zugelassene Unternehmen unter zu vergeben. Die luftrechtliche Verantwortung für die Qualität der Leistungserbringung der Fremdfirma übernimmt dann jedoch stets der Entwicklungsbetrieb. Die Aktivitäten des Lieferanten finden somit unter der Genehmigungsurkunde (*Approval*) des beauftragenden Entwicklungsbetriebs statt. Dabei muss der 21/J-Betrieb gewährleisten, dass die für ihn gültigen Vorschriften auch bei seinem Lieferanten Anwendung finden.

Während Tab. 3.2 alle Paragraphen des Subparts auflistet, werden im Folgenden nur die Inhalte, der für den Tagesbetrieb notwendigen Paragraphen, jeweils in Zusammenfassung erklärt.[5]

---

[5] Der vollständige Originaltext der Implementing Rule Certification EASA Part 21/J findet sich im Anhang dieses Buchs.

Konstruktionssicherungssysteme – 21A.239 Der Entwicklungsbetrieb muss über ein nachhaltiges System zur Überwachung und Kontrolle der Konstruktionen und Änderungen verfügen. Insbesondere muss sichergestellt sein, dass die einschlägigen Bestimmungen eingehalten werden. Darüber hinaus muss der Entwicklungsbetrieb über die Strukturen und Ressourcen verfügen, um die vollständige Einhaltung der Bauvorschriften doppelt zu prüfen (Zweitkontrollen). Die dem zugrunde liegenden betrieblichen Systeme und Verfahren müssen einer regelmäßigen Überprüfung (in Form von Audits) standhalten.

Daten – 21A.243 Der Entwicklungsbetrieb muss über ein Betriebshandbuch verfügen, in dem die betrieblichen Verfahren, die Einrichtungen und der Organisationsaufbau sowie der Tätigkeits- bzw. Genehmigungsumfang beschrieben sind. Darüber hinaus muss dieses Handbuch Angaben zur Qualifikation der Führungskräfte und aller Personen enthalten, die mit ihrem Handeln Einfluss auf die Lufttüchtigkeit und den Umweltschutz nehmen. Dieses Dokument muss zudem beschreiben, wie die Einhaltung der luftrechtlichen Vorgaben auch dann gewährleistet werden kann, wenn die Leistungserbringung aufgrund von Untervergaben durch Dritte erfolgt.

Genehmigungsvoraussetzungen – 21A.245 Entwicklungsbetriebliche Aktivitäten dürfen nur dann ausgeführt werden, wenn ausreichend qualifiziertes Personal zur Verfügung steht, dieses für ihre Arbeiten berechtigt wurde und ihnen hierfür die nötigen betrieblichen Einrichtungen zur Verfügung stehen. Darüber hinaus wird explizit gefordert, dass zwischen den verschiedenen Abteilungen eine nachhaltige Zusammenarbeit mit einem vollständigen Informationsaustausch stattfindet.

Änderungen in Konstruktionssicherungssystemen – 21A.247 Größere Änderungen am System der Qualitätssicherung bedürfen der Zustimmung durch die EASA. Dabei muss der Betrieb nachweisen können, dass dieser auch nach einer Organisationsänderung in der Lage ist, alle Genehmigungsvoraussetzungen zu erfüllen.

Übertragbarkeit – 21A. 249 Die Anerkennung als zugelassener Entwicklungsbetrieb ist grundsätzlich nicht übertragbar.

Genehmigungsbedingungen – 21A.251 und 21A.253 Es ist vorgeschrieben, dass Art und Umfang der zulässigen Entwicklungsarbeiten definiert und im Betriebshandbuch aufgeführt sind. Änderungen an den Genehmigungsbedingungen bedürfen einer Zustimmung der EASA.

Vorrechte – 21A.263 Zugelassene Entwicklungsbetriebe sind berechtigt, Entwicklungstätigkeiten im Rahmen ihres Genehmigungsumfangs durchzuführen. Dabei dürfen sie die Einstufung von Entwicklungen vorschlagen und Änderungen, die als geringfügig eingestuft wurden, selbst genehmigen. Des Weiteren sind Entwicklungsbetriebe berechtigt,

Tab. 3.3 Übersicht über die EASA-Bauvorschriften

Abschnitt	Titel/Inhalt
CS-22	Segelflieger und Motorsegler (*sailplanes & powered sailplanes*)
CS-23	Motorflugzeuge (*normal, utility, aerobatic & commuter aeroplanes*)
CS-25	große Flugzeuge (*large aeroplanes*)
CS-27	kleine Rotorkraft betriebene Luftfahrzeuge (*small rotorcraft*)
CS-29	große Rotorkraft betriebene Luftfahrzeuge (*large rotorcraft*)
CS-34	Emissionen und Kraftstoffentlüftung bei Luftfahrzeugmotoren (*aircraft engine emissionen and fuel venting*)
CS-36	Lärmentwicklung (*aircraft noise*)
CS-APU	Hilfsgasturbinen (*auxiliary power units*)
CS-AWO	Allwetterbetrieb (*all weather operations*)
CS-E	Triebwerke (*engines*)
CS-ETSO	Technische Beschreibungen und Festlegungen für europaweit standardisierte Luftfahrtprodukte (*European technical standard orders*)
CS-definations	Begriffsbestimmungen und Abkürzungen (*definitions & abbreviations*)
CS-P	Propeller (*propellers*)
CS-VLA	Ultraleichtflugzeuge (*very light aeroplanes*)
CS-VLR	Rotorkraft betriebene Ultraleichtluftfahrzeuge (*very light rotorcraft*)
AMC-20	AMC für die technische Beschreibung und Festlegung luftfahrttechnischer Produkte, Bau- und Ausrüstungsteile (*general AMC for airworthiness of products, parts and appliances*)

erhebliche Reparaturverfahren freizugeben, sofern sie selbst Inhaber der Musterzulassung sind. Auch dürfen entwicklungsbetriebliche Informationen und Anweisungen herausgegeben werden.

Pflichten der Inhaber – 21.A265 Neben der Führung eines Betriebshandbuchs, das als grundlegendes Arbeitsdokument im Betrieb heranzuziehen ist, muss ein genehmigter Entwicklungsbetrieb sicherstellen, dass die Konstruktionen den relevanten Bestimmungen entsprechen und sich aus ihnen keine Sicherheitsgefahr ergibt. Des Weiteren sind die zugelassenen Betriebe verpflichtet, alle Entwicklungen, die nicht als „geringfügig" einzustufen sind, der EASA zur Freigabe vorzulegen.

3.1.3 Exkurs: Bauvorschriften

Bauvorschriften detaillieren die Zulassungsanforderungen an luftfahrttechnische Entwicklungen auf technischer Ebene. Sie spezifizieren somit die zukünftige Beschaffenheit von Produkten und geben dabei zugleich vor, wie Lufttüchtigkeit an diesen nachgewiesen wird. Die Bauvorschriften der EASA werden als **Certification Specification (CS)** bezeichnet. Diese liegen ausschließlich in englischer Sprache vor. Die Bauvorschriften der EASA werden auf Basis der in Tab. 3.3 aufgeführten Produktgruppen unterteilt.

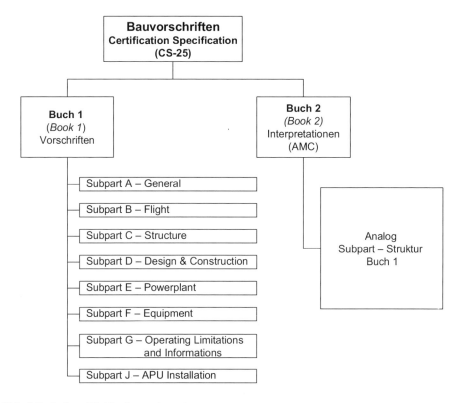

Abb. 3.3 Aufbau CS-25 – Large Aeroplanes

Jede einzelne Certification Specification untergliedert sich in zwei sog. Bücher (*Books*). Während Book 1 die eigentlichen Bauvorschriften aufführt, enthält Book 2 zugehörige Anwendungshinweise (AMC), die quasi-verbindlichen Charakter haben. Book 1 untergliedert sich in Subparts und Appendixe. Analog dazu orientiert sich Book 2 an dieser Struktur, siehe Abb. 3.3.

Für neue Musterzulassungen ist grundsätzlich die am Tage der Antragstellung gültige Bauvorschrift anzuwenden. Für Entwicklungen von Änderungen an existierenden Mustern kann die Bauvorschrift herangezogen werden, die Basis der Musterzulassung gewesen ist, sofern es sich nicht um eine signifikante Änderung handelt.[6] Da die EASA erst seit 2003 existiert, finden die CS insoweit erstmals für den A350 in der Praxis umfassend für ein ganzes Großflugzeug Anwendung.

---

[6] vgl. IR Certification EASA Part 21–21A.101. Eine Änderung wird automatisch als signifikant eingestuft, wenn die generelle Konfiguration oder Konstruktionsprinzipien verändert werden (z. B. bei Einbau einer anderen Antriebsart oder signifikante Änderungen an der Flugzeugstruktur, z. B. der Einbau einer zusätzlichen Cargo-Door), oder wenn bei der Musterzulassung getroffene Annahmen nicht mehr gelten (z. B. nachträgliche Zulassung für Flüge unter Vereisungsbedingungen).

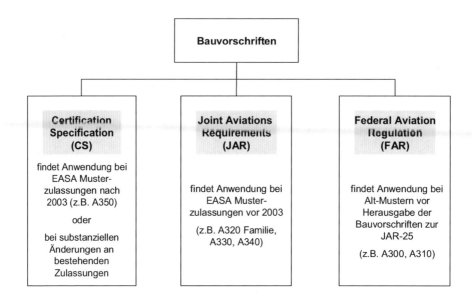

Abb. 3.4 Wesentliche Bauvorschriften im EASA Raum

Für den EASA-Raum sind daher auch die aus der JAA-Zeit gültigen **Joint Aviation Regulations (JAR)** und die US-amerikanischen Bauvorschriften, die **Federal Aviation Regulations (FAR)** relevant (vgl. Abb. 3.4). Die JAR ist zum Beispiel auch heute noch heranzuziehen, wenn Entwicklungen an einem Airbus-Flugzeugtyp vorgenommen werden, der die Musterzulassung erstmalig vor 2003 erhalten hat. Die FAR finden auch in Europa Anwendung, wenn es sich um Entwicklungen von Änderungen oder Reparaturverfahren an Altmustern vor Erstausgabe der JAR 25 handelt (z. B. Airbus A300, A310).[7] Sind FAR oder JAR Bauvorschriften anzuwenden, ist zu berücksichtigen, dass unter Umständen ergänzend aktuelle Certification Specification eingehalten werden müssen, um die Konformität mit den aktuellen europäischen Regularien zu gewährleisten.

Die Bauvorschriften von EASA, JAA und FAA sind in Aufbau und Struktur ähnlich und weisen auch inhaltlich in vielen Bereichen eine hohe Übereinstimmung auf. Grundsätzlich zu beachten sind jedoch die abweichenden Begriffsverwendungen für das Interpretationsmaterial. Die EASA bezeichnet dieses als **Acceptable Means of Compliance (AMC)**, während in den JAR von **Advisory Circular Joint (ACJ)** und Advisory Material Joint (AMJ) gesprochen wird. Im FAA-Raum werden sie als **Advisory Circular (AC)** geführt und sind aus dem FAR-Basisregelwerk ausgegliedert.

Nicht zu jeder EASA Bauvorschrift liegen AMC vor. In diesen Fällen ist es sinnvoll und durchaus gelebte Praxis, sich für die Auslegung der Vorschrift eines dazu passenden ACs

---

[7] Die EASA legt bei der Prüfung von Musterzulassungen aus Drittstaaten grundsätzlich die eigenen Bauvorschriften zugrunde und greift nur in begründeten Ausnahmefällen auf die Bauvorschriften der zulassenden Luftfahrtbehörde zurück, z. B. dort, wo keine eigenen entsprechenden Vorschriften existieren.

der FAA zu bedienen. Üblicherweise gibt es nämlich keine AMC für Bauvorschriften, für die bereits AC herausgegeben wurden (und umgekehrt).

Ergänzend zu den Bauvorschriften existieren Behördenforderungen, die erfüllt werden müssen, um neben der Musterzulassung auch die Verkehrs- bzw. Betriebszulassung zu erhalten. Diese operativen Vorgaben sind formal durch den Betreiber des Flugzeugs nachzuweisen und nicht Prüfbestandteil der Musterzulassung. Dennoch ist es erforderlich, diese Vorgaben bereits während der Entwicklungsphase zu berücksichtigen, um die spätere Genehmigung zum Betrieb nicht zu erschweren.[8]

3.1.4 EASA Part 21/G – Herstellung

Bei der luftfahrttechnischen Herstellung handelt es sich um alle Aktivitäten, die mit der Fertigung von Flugzeugen, Triebwerken sowie Bau- und Ausrüstungsteilen im unmittelbaren Zusammenhang stehen. Nur behördlich anerkannte Betriebe dürfen luftfahrttechnische Produkte herstellen.

Die Anforderungen an diese sog. Herstellungsbetriebe sind seitens der EASA durch die Implementing Rule Certification im Part 21 Subpart G (kurz: Part 21/G) definiert.[9] Analog zum Subpart J gibt es auch für die Herstellung ergänzendes Interpretationsmaterial (AMC bzw. Guidance Material).

Für die Herstellung muss der Betrieb seine Befähigung nachgewiesen haben, es muss eine Zulassung der EASA vorliegen und die Herstellungsaktivitäten müssen durch den genehmigten Herstellungsumfang gedeckt sein.

Herstellung im Sinne des 21/G darf nur auf Basis genehmigter Herstellungsvorgaben (Approved Design Data) erfolgen. Herstellungsbetrieben ist es mithin nicht gestattet, luftfahrttechnische Erzeugnisse „auf eigene Faust" zu konstruieren und anschließend herzustellen.

Ein Herstellungsbetrieb darf grundsätzlich keine Instandhaltung an den eigenen Bauteilen vornehmen. Dazu bedarf es einer zusätzlichen Genehmigung als Instandhaltungsbetrieb gemäß EASA Part 145.

Die operative Zuständigkeit für Herstellungsbetriebe liegt, anders als für Entwicklungsbetriebe, nicht bei der EASA, sondern bei den nationalen Luftaufsichtsbehörden, in Deutschland also beim LBA. Tabelle 3.4 gibt einen Überblick über alle Paragraphen des Subpart G.

Im Folgenden werden die für den betrieblichen Alltag wichtigsten Vorgaben des EASA Part 21 Subpart G zusammenfassend wiedergegeben:[10]

---

[8] Beispiele für derlei Betriebsvorschriften sind die JAR OPS 1 und die JAR-26 oder der Part-M in Europa sowie die FAR Part 91 und die FAR Part 121 im FAA-Raum.
[9] vgl. IR Certification EASA Part 21–21A.131 ff.
[10] Der vollständige Originaltext der Implementing Rule Certification EASA Part 21/G findet sich im Anhang dieses Buchs.

Tab. 3.4 Paragraphen des EASA Part 21, Subpart G

Abschnitt	Titel/Inhalt
21.A.131	Umfang
21.A.133	Berechtigung
21.A.134	Beantragung
21.A.135	Ausstellung der Genehmigung als Herstellungsbetrieb
21.A.139	Qualitätssysteme
21.A.143	Selbstdarstellung
21.A.145	Anforderungen zur Genehmigung
21.A.147	Änderungen in zugelassenen Herstellungsbetrieben
21.A.148	Standortänderungen
21.A.149	Übertragbarkeit
21.A.151	Genehmigungsbedingungen
21.A.153	Änderung von Genehmigungsbedingungen
21.A.157	Untersuchungen
21.A.158	Verstöße
21.A.159	Laufzeit und Fortdauer
21.A.163	Vorrechte
21.A.165	Pflichten der Inhaber

Qualitätssystem – 21A.139 Herstellungsbetriebe müssen ein nachhaltiges und wirkungsvolles Qualitätssystem vorweisen. Das System muss sicherstellen, dass durch unabhängige Prüfungen (Audits) die Einhaltung und Angemessenheit der Vorgaben bzw. Verfahren und Prozesse überwacht wird. Darüber hinaus muss es eine Feedbackschleife an die leitenden Personen und den verantwortlichen Betriebsleiter (*Accountable Manager*) beinhalten.

Selbstdarstellung – 21A.143 Herstellungsbetriebe müssen über ein Managementhandbuch verfügen, in dem die Organisation mit den wesentlichen Verfahren, dem Qualitätssystem, den personellen Ressourcen, den betrieblichen Einrichtungen, dem Aufbau und dem Tätigkeits- bzw. Genehmigungsumfang beschrieben ist. Auch die Verfahren zur Änderung der Organisationsstruktur müssen dargelegt sein. Darüber hinaus sind in einem solchen Handbuch Angaben zu Namen, Pflichten und Aufgaben der Führungskräfte zu machen. Namentlich aufgeführt sein müssen zudem das Management, das freigabeberechtigte Personal sowie die eingesetzten Fremdbetriebe.

Anforderungen zur Genehmigung – 21A.145 Der Betrieb muss in ausreichendem Umfang über die für eine Herstellung erforderlichen organisatorischen, personellen und betriebstechnischen Ressourcen verfügen. Zudem ist die Herstellung nur dann zulässig, wenn die vom zuständigen Entwicklungsbetrieb genehmigten Daten mit aktuellem Revisionsstand vollständig und korrekt im Betrieb verfügbar sind.

Der Betrieb muss Verantwortlichkeiten auf allen betrieblichen Ebenen definieren und den Betroffenen bekannt gemacht haben. Dabei ist sicherzustellen, dass die Mitarbeiter entsprechend ihrer Einsatzgebiete qualifiziert sind. Verschärfte Anforderungen gelten explizit für freigabeberechtigtes Personal.

Genehmigungsbedingungen – 21A.151 und 21A.153 Es ist vorgeschrieben, dass Art und Umfang der Herstellung (Produkte oder Produktkategorien) definiert, behördlich genehmigt und im Betriebshandbuch aufgeführt sind. Änderungen am Genehmigungsumfang bedürfen der Zustimmung der zuständigen Luftaufsichtsbehörde.

Vorrechte – 21A.163 Zugelassene Herstellungsbetriebe sind berechtigt, Luftfahrzeuge, sonstige Produkte sowie Bau- und Ausrüstungsteile im Rahmen ihres Genehmigungsumfangs herzustellen und mit einer offiziellen Freigabebescheinigung zu versehen.

Sofern Herstellbetriebe über die (behördliche) Genehmigung verfügen, vollständige Luftfahrzeuge herzustellen, dürfen sie für diese Lufttüchtigkeitszeugnisse ausstellen. Solange es sich um fabrikneue Luftfahrzeuge handelt, ist einem Hersteller zudem erlaubt, an seinen Luftfahrzeugen Instandhaltungsmaßnahmen durchzuführen und freizugeben.

Pflichten der Inhaber – 21A.165 Zugelassene Herstellungsbetriebe sind verpflichtet, ein Betriebshandbuch zu führen und die dort aufgeführte Vorgabedokumentation in der betrieblichen Praxis anzuwenden. Darüber hinaus muss der Betrieb sicherstellen, dass alle hergestellten Produkte vollständig den Designvorgaben des zuständigen Entwicklungsbetriebs entsprechen. Zu allen durchgeführten Arbeiten sind Aufzeichnungen zu führen und nach Abschluss derselben zu archivieren. Dabei muss der Herstellungsbetrieb gewährleisten, dass auch Daten der Zulieferer und Unterauftragnehmer langfristig aufbewahrt werden.

Zudem muss ein Störungsmeldesystem etabliert sein, welches Vorkommnisse, die eine Gefährdung der Lufttüchtigkeit darstellen können, erfasst und bewertet. Das System muss sicherstellen, dass diese Vorkommnisse wenn nötig sowohl dem zuständigen Entwicklungsbetrieb wie auch den zuständigen Behörden mitgeteilt werden.

Koordination zwischen Entwicklung und Herstellung – 21A.4 Weder dem Subpart J noch G zugeordnet, sondern unmittelbar aus dem Hauptabschnitt A, erwächst zudem die Forderung, dass die Zusammenarbeit zwischen einem Entwicklungs- und einem Herstellungsbetrieb der geordneten und dokumentierten Koordination unterliegt. Hierzu müssen beide Organisationen ihre Zusammenarbeit abstimmen und in einem Dokument nachvollziehbar niederschreiben. Ziel einer solchen Vereinbarung ist es, die fortdauernde Lufttüchtigkeit der Produkte zu gewährleisten. Es muss dazu sichergestellt sein, dass nicht nur die erstmalig herausgegebenen Vorgaben des Entwicklungsbetriebs an den Herstellbetrieb übermittelt werden. Es ist auch festzulegen, wie spätere Änderungen den Weg in das Produkt finden. Eine Nachhaltigkeit verlangt zudem die Sicherstellung eines Informationsflusses entgegen der eigentlichen Wertschöpfungskette. Denn nur wenn Erfahrungen und Wissen aus der Herstellung und der Betriebsüberwachung über ein strukturiertes Rück-

PO / DO ARRANGEMENT i.a.w. 21A.133(b) and (c)	
The undersigned agree on the following commitments:	relevant interface procedures
The design organisation [NAME] takes responsibility to • assure correct and timely transfer of up-to-date applicable design data (e.g., drawings, material specifications, dimensional data, processes, surface treatments, shipping conditions, quality requirements, etc.) to the production organisation approval holder [NAME] • provide visible statement(s) of approved design data	
The production organisation approval holder [NAME] takes responsibility to • assist the design organisation [Name] in dealing with continuing airworthiness matter and for required actions • assist the design organisation [Name] in case of products prior to type certification in showing compliance with airworthiness requirements • develop, where applicable, its own manufacturing data in compliance with the airworthiness data package	
The design organisation [Name] and the POA holder [Name] take joint responsibility to • deal adequately with production deviations and non conforming parts in accordance with the applicable procedures of the design organisation and the production organisation approval holder • achieve adequate configuration control of manufactured parts, to enable the POA holder to make the final determination and identification for conformity or airworthiness release and eligibility status.	
The scope of production covered by this arrangement is detailed in ... [DOCUMENT REFERENCE/ATTACHED LIST]	
[When the design organisation is not the same legal entity as the production organisation approval holder] Direct Delivery Authorisation This acknowledgment includes also [OR does not include] the general agreement for direct delivery to end users in order to guarantee continued airworthiness control of the released parts and appliances.	
[When the design organisation is not the same legal entity as the production organisation approval holder] Direct Delivery Authorisation This acknowledgment includes also [OR does not include] the general agreement for direct delivery to end users in order to guarantee continued airworthiness control of the released parts and appliances.	
for the [NAME of the design organisation/DOA holder] date signature xx.xx.xxxx ([NAME in block letters])	for the [NAME of the POA Holder] date signature xx.xx.xxxx ([NAME in block letters])

Abb. 3.5 Exemplarisches PO/DO-Arrangement. (AMC No. 2–21A.133(b) und (c))

meldungssystem erfasst werden, können Mängel bzw. Verbesserungspotenziale umfassenden Eingang in zukünftige Entwicklungsaktivitäten finden. In der Praxis werden die Vereinbarungen zwischen Entwicklungs- und Herstellungsbetrieb als PO/DO-Arrangement (*Production-Organization/Design-Organisation*) bezeichnet. Das von der EASA herausgegebene Muster ist in Abb. 3.5 abgedruckt.

> **Anonymes Fallbeispiel:**
> **Unser Weg zur Zulassung als EASA 21/G-Herstellungsbetrieb**
> Ausgangspunkt unserer Bemühungen für eine Zulassung als 21/G Herstellungsbetrieb war die Zusammenarbeit mit einem großen Luftfahrtkonzern. Nachdem wir für diesen bereits Bauteile für Kabinen-Modifikationen ohne eigene Zulassung im Rahmen der verlängerten Werkbank hergestellt hatten, „bat" uns dieser eine EASA 21/G Zulassung zu erlangen. So wollte unser Kunde seine produktionsbegleitenden Qualitätsbesuche mit Zwischenprüfungen in unseren Werkstätten vermeiden, den Aufwand der Materialbeistellung umgehen und schließlich Qualitätssicherungskosten reduzieren. Für uns selbst lag der Vorteil darin, attraktiver für andere potenzielle Kunden zu werden.
>
> Das Thema lag auch nicht gänzlich fern, da wir zu diesem Zeitpunkt bereits Erfahrung in der Luftfahrtindustrie sammeln konnten, insbesondere durch die Unterstützung seitens unseres Kunden. Als wir mit dem 21/G-Vorhaben begannen, hatten Konstrukteure und Techniker im Rahmen der Kundenprojekte bereits einige Zeit bei dem beauftragenden Luftfahrtkonzern vor Ort gearbeitet, um Know-how z. B. im Bereich der Dokumentationsanforderungen, Design-Standards oder Ausführung und Qualität der Verbindungstechniken zu erlangen und so die Delta-Anforderungen zur Luftfahrt zu erlernen. Dafür erhielten wir von unserem Kunden den für das LBA später wichtigen Unterweisungsnachweis für Standardverfahren in der luftfahrtindustriellen Teilefertigung.
>
> Bevor wir erstmals Kontakt mit dem LBA aufnahmen, haben wir das 21/G-Vorhaben als Projekt aufgesetzt und zunächst einen verantwortlichen QM-Manager (zugleich Projektleiter) benannt und diesen als solchen anerkannt ausbilden lassen. Parallel wurde der Accountable Manager festgelegt und das spätere freigabeberechtigte Personal ausgewählt. Der QM-Manager hat zudem den ersten Entwurf eines POE (21/G Managementhandbuch) geschrieben. Hierzu war ein Studium der EASA-Texte zum EASA Part 21/G unverzichtbar. Die POE Erstellung erfolgte in Anlehnung an die EN 9100er Struktur, ergänzt um ein 21/G Kapitel. Mit dieser soliden Vorbereitung haben wir dann Kontakt zum LBA in Braunschweig aufgenommen. Dieses hat uns eine Außenstelle zugewiesen und aufgefordert uns an diese mit ausgefülltem Erstantrag (EASA Form 50 und Form 4) und POE-Entwurf zu wenden.
>
> Im Erstgespräch wurden wir über Ablauf, Kosten und wichtige Voraussetzungen informiert. Im Anschluss haben wir das POE entsprechend der neuen Erkenntnisse

erweitert sowie die nötigen Prozess- und Verfahrensbeschreibungen entwickelt. Besondere Probleme bereiteten jene Anforderungen mit denen wir bisher nie konfrontiert wurden (Aufbau Auditsystem, Lieferantenbewertung, Kalibrierung, Rückverfolgbarkeit). Hier war uns ein Luftfahrtberater eine wichtige Unterstützung. Nach einigen Monaten haben wir sämtliche Dokumentation (POE, VA's, Organigramm, Formblätter, Betriebsflächen-Layout, Checklisten etc.) zur Prüfung an das LBA gesendet. Von dort erhielten wir dann Korrekturanforderungen, die nach mehreren Iterationen erfüllt werden konnten.

Das LBA führte dann ein eintägiges Vor-Audit durch, bei dem ein stichprobenartiger Abgleich zwischen betrieblichem Ist-Zustand und der bestehenden Vorgabedokumentation erfolgte. Hieraus ergaben sich weitere Anpassungsbedarfe. Diese konnten jedoch binnen weniger Wochen erfüllt werden und zogen schließlich das EASA-Hauptaudit nach sich. Während diesem haben zwei LBA-Prüfer den Betrieb und die Dokumentation zwei Tage lang auf EASA-Konformität geprüft. Auch dabei wurden nochmals rund zwei Dutzend kleinere und größere Beanstandungen identifiziert. Diese konnten wir jedoch binnen drei Monaten vollständig erfüllen, so dass wir rund zwei Monate nach dem Hauptaudit die 21/G Zulassungsurkunde in unseren Räumlichkeiten aufhängen konnten.

Der Gesamtprozess hat etwa 2 Jahre in Anspruch genommen. Viel Zeit kosteten die Rückmeldungen des LBAs, da dieses nach eigenen Angaben ein sehr hohes Arbeitsvolumen mit einer nur begrenzten Zahl von Mitarbeitern bewältigen muss.

Obwohl wir einige Luftfahrt-Vorerfahrung durch unsere Tätigkeit im Rahmen der verlängerten Werkbank vorweisen konnten, war die Hinzuziehung eines Luftfahrt-erfahrenen Beraters unverzichtbar. Als Branchenneuling ist es fast unmöglich, ohne Expertenunterstützung eine Zulassung zu erlangen. Es fehlt nicht nur luftfahrtindustrielles Fachwissen, es mangelt auch an Know-how für die Interpretation und betriebliche Umsetzung der gesetzlichen Vorgaben. Auch mussten wir eine Einschätzung für Denk- und Prüfweise (im Sinne der luftfahrtbetrieblichen Sicherheitskultur) von Auditoren bzw. dem LBA als Überwachungsorgan entwickeln.

3.1.5 EASA Part 145 – Instandhaltung

Instandhaltungsbetriebe im Sinne der EASA sind alle Betriebe, die luftfahrttechnische Erzeugnisse, Teile oder Ausrüstungen nach genehmigter Dokumentation instand halten. Bei den Aktivitäten kann es sich um Überholung, Austausch, Reparatur, Inspektionen oder Änderungen (Modifikationen) an Flugzeugen, Triebwerken und Bauteilen handeln. Für die Durchführung von Instandhaltungsmaßnahmen muss der Betrieb die Befähigungen nachgewiesen haben und über eine Zulassung der EASA verfügen.

Die Anforderungen an Instandhaltungsbetriebe (*Maintenance Organisationen*) sind seitens der EASA durch die Implementing Rule Continuing Airworthiness im Part 145 definiert.[11] Auch für diesen EASA Part gibt es ergänzendes Interpretationsmaterial (AMC und Guidance Material).

In Teilen ist eine Ähnlichkeit mit dem EASA Part 21/G für Herstellungsbetriebe erkennbar, wenngleich der EASA Part 145 eine deutlich höhere Detaillierungstiefe aufweist.

Auch Maintenance-Organisationen dürfen sämtliche Aktivitäten nur auf Basis genehmigter Instandhaltungsvorgaben (Approved Maintenance Data) eines Entwicklungsbetriebs ausführen. Die gängigsten Instandhaltungsvorgaben sind z. B. das Aircraft- sowie das Component Maintenance Manual (AMM bzw. CMM), das Engine Manual (EM) oder das Structure Repair Manual (SRM). Darüber hinaus gibt es mehrere Dutzend weitere spezifische Instandhaltungshandbücher. In dieser Dokumentation ist Art, Umfang und Ausführung der Instandhaltungsmaßnahmen beschrieben. Diese Handbücher sind stets auf nur ein Flugzeugmuster ausgerichtet und ausschließlich in englischer Sprache verfügbar.

Instandhaltung darf nur im Rahmen des behördlich zugelassenen Genehmigungsumfangs durchgeführt werden. Hierzu werden drei Basis-**Instandhaltungsumfänge** unterschieden, die die grundlegende Ausrichtung eines 145er-Betriebs bestimmen:

- **A-Rating** (Aircraft-Rating): Berechtigt zur Instandhaltung von Luftfahrzeugen. Dieser Genehmigungsumfang umschließt auch Luftfahrzeugbauteile (einschließlich Triebwerken und Hilfsgasturbinen), sofern sich diese im eingebauten Zustand befinden.[12]
- **B-Rating** (Triebwerk-Rating): Berechtigt zur Instandhaltung von ausgebauten Triebwerken und Hilfsgasturbinen (APUs) sowie diesen unmittelbar zugehörigen Luftfahrzeugbauteilen.
- **C-Rating** (Component-Rating): Berechtigt zur Instandhaltung von ausgebauten Luftfahrzeugbauteilen (hiervon ausgenommen sind ganze Triebwerke und APUs) (Tab. 3.5).

Darüber hinaus existiert das **D-Rating**, welches zur Durchführung von zerstörungsfreien Materialprüfungen (Non Destructive Testing – NDT) berechtigt. Diese Berechtigung ist nicht erforderlich, sofern es sich um Arbeiten handelt, die unmittelbar eigenen Aufträgen des A- oder B- oder C-Rating zuzuordnen sind. Ein D-Rating muss nur dann vorliegen, wenn NDT-Arbeiten als separater Auftrag (für einen anderen Betrieb) ausgeführt und freigegeben werden.

Im Folgenden werden die für den betrieblichen Alltag wichtigsten Vorgaben der Implementing Rule Continuing Airworthiness Part 145 zusammenfassend wiedergegeben:[13]

Genehmigungsumfang – 145.A.20 Der Betrieb ist nur berechtigt, Instandhaltungsarbeiten in dem Umfang vorzunehmen, wie es ihm durch die Behörde genehmigt wurde. Der Genehmigungsumfang ist im Instandhaltungsbetriebshandbuch (vgl. 145.A70) aufzuführen.

---

[11] vgl. IR Continuing Airworthiness EASA Part 145–145.A.10 ff.

[12] Das Bauteil oder Triebwerk darf jedoch auch im A-Rating ausgebaut werden, wenn dies in der Instandhaltungsdokumentation explizit angewiesen wird (z. B. zwecks besserer Zugänglichkeit). vgl. IR Continuing Airworthiness EASA Part 145 Anlage II (4)

[13] Der vollständige Originaltext der Implementing Rule Continuing Airworthiness EASA Part 145 findet sich im Anhang dieses Buchs.

Tab. 3.5 Bestandteile des EASA Part 145

Abschnitt	Titel/Inhalt
145.A.10	Geltungsbereich
145.A.15	Antrag
145.A.20	Genehmigungsumfang
145.A.25	Anforderung an die Betriebsstätte
145.A.30	Anforderung an das Personal
145.A.35	Freigabeberechtigtes Personal und Unterstützungspersonal der Kategorien B1 und B2
145.A.40	Ausrüstung, Werkzeuge, Material
145.A.42	Abnahme von Komponenten
145.A.45	Instandhaltungsunterlagen
145.A.47	Produktionsplanung
145.A.50	Instandhaltungsbescheinigung
145.A.55	Instandhaltungsaufzeichnungen
145.A.60	Meldung besonderer Ereignisse
145.A.65	Sicherheits- und Qualitätsstrategie, Instandhaltungsverfahren und Qualitätssystem
145.A.70	Instandhaltungsbetriebshandbuch
145.A.75	Rechte des Betriebes
145.A.80	Einschränkungen für den Betrieb
145.A.85	Änderungen beim genehmigten Betrieb
145.A.90	Fortdauer der Gültigkeit
145.A.95	Verstöße

Anforderung an die Betriebsstätte – 145.A.25 Der Betrieb muss sicherstellen, dass angemessene Betriebsstätten in Form von Büros, Hallen und Werkstätten existieren. Dies schließt das Vorhandensein von geeigneten Lagerkapazitäten für Bauteile, Ausrüstungen und Material sowie zugelassene Werkzeuge ein. Es muss eine sog. beherrschte Arbeitsumgebung gewährleistet sein (Sauberkeit, Licht, Lärm, Luftfeuchtigkeit, Temperatur).

Anforderung an das Personal sowie freigabeberechtigtes Personal und Unterstützungspersonal der Kategorien B1 und B2– 145A.30 und 145A.35 Der Betrieb muss mit seinem Personal qualitativ wie quantitativ in der Lage sein, die zugelassenen Instandhaltungsarbeiten durchzuführen. Dies umschließt nicht nur ausreichend Personal für die Planung und Durchführung, sondern ebenfalls für Überwachung und Qualitätssicherung sowie Personal für zerstörungsfreie Prüfungen ein. Darüber hinaus muss für diesen Personenkreis ein überwachtes Qualifikationssystem existieren. Der Umfang des erforderlichen freigabeberechtigten Personals (*Certifying*- oder *Releasing Staff*) richtet sich nach dem Genehmigungsumfang. Näheres zum freigabeberechtigten Personal ist im EASA Part 66 geregelt.

Darüber hinaus verlangt das Regelwerk das Vorhandensein von Führungskräften und einem namentlich benannten, verantwortlichen Betriebsleiter (*Accountable Manager*) zur allgemeinen Organisations-/Betriebsüberwachung. Dieser Person ist ein Verantwortlicher für die Überwachung der Qualität zur Seite zu stellen (Qualitätsmanagement-Beauftragter).

> **EASA Part 66 und EASA Part 147**
> Der EASA Part 66 spezifiziert die Anforderungen an freigabeberechtigtes Instandhaltungspersonal. Damit detailliert der Part 66 die entsprechenden Vorgaben des Part 145. So sind im Part 66 Einzelheiten zum Umfang der Berechtigungen, notwendige Erfahrungen und Kenntnisse für die Erteilung und Verlängerung von Freigabeberechtigungen (Lizenzen) sowie zu deren Geltungsbereich und Antragsverfahren festgelegt.
> Im EASA Part 66 ist zudem definiert, dass die theoretische Ausbildung für freigabeberechtigtes Instandhaltungspersonal ausschließlich durch zugelassene Ausbildungsbetriebe gemäß EASA Part 147 erfolgen darf. Nur diese 147er Betriebe dürfen Basis-Trainings sowie (Luftfahrzeug-) Musterlehrgänge durchführen, entsprechende Prüfungen im Namen der zuständigen Luftaufsichtbehörde abnehmen und die zugehörigen Urkunden ausstellen. Der größte 147er- Betrieb in Deutschland ist Lufthansa Technical Training. Darüber hinaus gibt es jedoch auch zahlreiche allgemein bekannte Weiterbildungsträger sowie staatliche Berufsschulen, die über eine solche Zulassung verfügen.

Ausrüstung, Werkzeuge, Material – 145.A.40 Ein Instandhaltungsbetrieb muss über die erforderlichen Betriebsmittel, Werkzeuge und Materialen zur Durchführung des genehmigten Arbeitsumfangs verfügen. Diese müssen im Normalfall dauerhaft zur Verfügung stehen. Es ist ggf. sicherzustellen, dass für die Betriebsmittel regelmäßige Kontrollen und Kalibrierungen durchgeführt werden.

Abnahme von Komponenten – 145.A42 Alle Materialien und Bauteile, die sich im Betriebskreislauf befinden, müssen klassifiziert und gekennzeichnet sein. Die vorgeschriebenen Unterscheidungskategorien sind:

- Bauteile in einem zufrieden stellenden, einsetzbaren Zustand,
- Nicht betriebstüchtige, aber instandsetzbare Bauteile,
- Nicht wieder verwertbare Teile,
- Normteile (*Standard Parts*),
- Roh- und Verbrauchsmaterialien.

Instandhaltungsunterlagen – 145.A.45 Die Durchführung der Arbeiten muss auf Basis aktueller und genehmigter Instandhaltungsunterlagen erfolgen (*Approved Maintenance Data*). Zu den Instandhaltungsunterlagen zählen wesentlich Behörden-, Hersteller- bzw. Entwicklungsbetriebsvorgaben sowie Kundenanweisungen. Von diesen darf nur dann abgewichen werden, wenn der Herausgeber der Daten die Zustimmung erteilt hat. Zudem muss ein System existieren, welches falsche, unvollständige oder unpräzise Instandhaltungsangaben erfasst und sicherstellt, dass diese Informationen dem Verfasser mitgeteilt werden.

Der Abschn. 145.A.45 beschreibt zugleich die Anforderungen an ein verpflichtendes Arbeitskartensystems, um eine strukturierte Durchführung und Überwachung der Instandhaltungsmaßnahmen zu gewährleisten.

Produktionsplanung – 145.A.47 Der Betrieb muss über ein angemessenes System zur Planung, Steuerung und Überwachung der betrieblichen Ressourcen (Personal, Werkzeug und Betriebsmittel, Material sowie Dokumentation) verfügen. Bei der Personalplanung ist insbesondere die menschliche Leistungsfähigkeit (*Human Factors*) zu berücksichtigen.

Instandhaltungsbescheinigung – 145.A.50 Die Freigabe von Flugzeugen und Komponenten darf erst nach ordnungsgemäßem Abschluss der Instandhaltungsarbeiten und ausschließlich durch dafür qualifiziertes Personal bescheinigt werden. Nur in Ausnahmen darf ein Luftfahrzeug oder eine Komponente auch nach nicht vollendeter Instandhaltung freigegeben werden.

Instandhaltungsaufzeichnungen – 145.A.55 Alle durchgeführten Instandhaltungsarbeiten müssen im Detail aufgezeichnet und mindestens zwei Jahre aufbewahrt werden. Dem Flugzeugbetreiber ist das Original bzw. eine Kopie jeder Freigabebescheinigung sowie etwaiger Änderungsunterlagen zur Verfügung zu stellen.

Meldung besonderer Ereignisse – 145.A.60 Jeder Instandhaltungsbetrieb muss über ein Meldesystem (*Occurrence Reporting*) verfügen, dass Vorkommnisse, die die Flugsicherheit gefährden oder hätten gefährden können, erfasst und bewertet.[14] Derlei Ereignisse müssen binnen 72 Stunden an die zuständige(n) Behörde(n) sowie an den Luftfahrzeugbetreiber gemeldet werden.

Sicherheits- und Qualitätsstrategie, Instandhaltungsverfahren und Qualitätssystem – 145.A.65 Der Betrieb muss über eine dokumentierte Qualitäts- und Sicherheitsstrategie verfügen. Diese ist in einem Qualitätssystem umzusetzen. Das System muss insbesondere in der Lage sein, die potenziellen Gefahren des begrenzten menschlichen Leistungsvermögens und die Risiken von Mehrfachfehlern und Irrtümern durch Unaufmerksamkeit bei kritischen Systemen zu minimieren. Das Qualitätssystem muss durch unabhängige Prüfungen (Audits) überwacht werden, um deren Wirksamkeit und deren Einhaltung der Vorgaben bzw. Verfahren und Prozessen im betrieblichen Alltag nachhaltig sicherzustel-

---

[14] vgl. auch Unterkapitel 11.4

len. Das System muss zugleich eine Feedbackschleife an die betrieblichen Führungskräfte (sog. *leitende Personen*) und den Betriebsleiter (*Accountable Manager*) beinhalten.

Instandhaltungsbetriebshandbuch – 145.A.70 Das Instandhaltungsbetriebshandbuch ist eine zusammenfassende Beschreibung des Betriebs primär im Hinblick auf die Verantwortlichkeiten, den Organisationsaufbau, die eingesetzten Ressourcen, den Genehmigungsumfang sowie die Qualitäts- und Sicherheitsstrategie. Änderungen an dieser schriftlichen Betriebsdarstellung bedürfen einer Zustimmung der zuständigen Luftfahrtbehörde.

Rechte des Betriebes – 145.A.75 Maintenance-Betriebe sind berechtigt, Instandhaltungsarbeiten im zugelassenen Umfang an den in der Genehmigung benannten Standorten auszuführen und in Ausnahmefällen weltweit Line-Maintenance durchzuführen. Dies umschließt auch die Freigabe der entsprechenden Luftfahrzeuge und Komponenten nach durchgeführter Instandhaltung. Zudem sind zugelassene Instandhaltungsbetriebe berechtigt, Arbeiten unter ihrem Approval innerhalb des gesetzlichen Rahmens unter zu vergeben.

3.1.6 EASA Part-M – Aufrechterhaltung der Lufttüchtigkeit

Im EASA Part-M der Implementing Rule Continuing Airworthiness ist definiert, welche Anforderungen der Betreiber eines Luftfahrzeugs für eine nachhaltige Aufrechterhaltung der Lufttüchtigkeit (*Continuing Airworthiness*) zu erfüllen hat. Der Part-M bildet damit die Nahtstelle zwischen dem Betreiber eines Luftfahrzeugs und dem Instandhaltungsbetrieb.

Die Aufrechterhaltung der Lufttüchtigkeit muss dabei durch eine eigene luftrechtlich zugelassene Betriebsform, der **Continuing Airworthiness Management Organisation (CAMO)**, gesteuert und überwacht werden.[15]

Die zu dieser Betriebsform zugehörigen luftfahrtbehördlichen Bedingungen sind im EASA Part-M Subpart G definiert.

Neben der Verpflichtung zur Sicherstellung der Aufrechterhaltung der Lufttüchtigkeit hat eine CAMO das Privileg Lufttüchtigkeitsprüfungen durchzuführen. Dies ist insoweit bedeutsam, weil auf Basis dieser Prüfungen in regelmäßigen Abständen die Gültigkeit von Lufttüchtigkeitszeugnissen (d. h. die Betriebszulassung) kontrolliert und erneuert wird.

Die Anforderungen an die Aufrechterhaltung der Lufttüchtigkeit sind im Part-M in neun Subparts auf etwas über 20 Seiten beschrieben (vgl. Tab. 3.6). Guidance Material gibt es für den Part-M nicht, wohl aber AMC.

---

[15] Meist nimmt der Betreiber bzw. Eigentümer eines Luftfahrzeugs die Aufgaben einer CAMO selbst war. Jedoch kann die CAMO-Funktion auch an entsprechend zugelassene Betriebe untervergeben werden.

Tab. 3.6 Übersicht über die Subparts des EASA Part-M

Subpart	Titel/Inhalt
A	Allgemeines
B	Zuständigkeit
C	Aufrechterhaltung der Lufttüchtigkeit
D	Instandhaltungsnormen
E	Komponenten
F	Instandhaltungsbetrieb
G	Unternehmen zur Führung der Aufrechterhaltung der Lufttüchtigkeit
H	Freigabebescheinigung (CRS)
I	Bescheinigung über die Prüfung der Lufttüchtigkeit

Allgemeines – Subpart A Der Subpart A beschreibt ausschließlich den Geltungsbereich des Part-M. Danach werden darin „die zur Sicherstellung der Aufrechterhaltung der Lufttüchtigkeit zu ergreifenden Maßnahmen, einschließlich Instandhaltung festgelegt und die von den mit der Führung der Aufrechterhaltung der Lufttüchtigkeit befassten Personen oder Unternehmen zu erfüllenden Bedingungen vorgegeben."[16]

Zuständigkeit – Subpart B In diesem Unterabschnitt sind die Verantwortlichkeiten im Rahmen des Part-M geregelt. Dies umschließt einerseits den groben technischen und organisatorischen Verantwortungsumfang sowie andererseits die personelle bzw. betriebliche Verantwortung.

Darüber hinaus ergibt sich aus dem Subpart B die Notwendigkeit zur Etablierung eines betrieblichen Meldeverfahrens (*Occurrence Reporting*) für Ereignisse, die die Flugsicherheit gefährden.

Aufrechterhaltung der Lufttüchtigkeit – Subpart C In diesem Subpart sind die notwendigen Aktivitäten zur Aufrechterhaltung der Lufttüchtigkeit umrissen. Danach sind u. a. regelmäßig Kontrollen, Instandhaltungsmaßnahmen sowie Korrekturen von Mängeln und Schäden vorzunehmen. Darüber hinaus schreibt der Subpart C die Erstellung, Pflege und Einhaltung von Instandhaltungsprogrammen vor und macht ferner detaillierte Vorgaben zu Aufzeichnungen über die Aktivitäten zur Aufrechterhaltung der Lufttüchtigkeit von Luftfahrzeugen.

Instandhaltungsnormen – Subpart D Subpart D definiert wesentliche Voraussetzungen, die vor einer Luftfahrzeuginstandhaltung erfüllt sein müssen. Danach dürfen Maintenance-Organisationen entsprechende Arbeiten ausschließlich auf Basis genehmigter und aktuell gültiger Instandhaltungsdokumentation durchführen. Darüber hinaus muss das durchführende Instandhaltungspersonal für die Aufgaben qualifiziert sein. Auch darf die Instandhaltung nur mit den vorgegebenen Betriebsmitteln und Materialien in angemesse-

---

[16] IR Continuing Airworthiness EASA Part M – M.A. 101

ner Arbeitsumgebung (frei von Staub, Schmutz und extremen Witterungseinflüssen etc.) durchgeführt werden. Der ausführende Instandhaltungsbetrieb muss nicht zuletzt eine mit dem Subpart D konforme Mängelbehebung gewährleisten.

Komponenten – Subpart E Eine CAMO muss sicherstellen, dass die Instandhaltung von Komponenten ausschließlich durch zugelassene Part 145 Betriebe oder durch solche entsprechend des Part-M Subpart F erfolgt. Darüber hinaus sind im Subpart E Zertifizierungsanforderungen aufgeführt, die vor einem Einbau von Komponenten in ein Luftfahrzeug erfüllt werden müssen. Zudem verpflichtet der Subpart E zu einer Überwachung lebenszeitbegrenzter und nicht betriebstüchtiger Komponenten.

Instandhaltungsbetrieb – Subpart F Der Subpart F findet ausschließlich für kleine Luftfahrzeuge Anwendung, die nicht für einen kommerziellen Flugbetrieb eingesetzt werden.[17] Für diese Luftfahrzeugbetreiber gelten vereinfachte Instandhaltungsbedingungen. So besteht hier alternativ zur Instandhaltung durch einen zugelassenen 145er-Betrieb die Möglichkeit, Maintenance auf Basis der Vorgaben dieses Subpart F vorzunehmen. Die entsprechenden Instandhaltungsanforderungen sind dem EASA Part 145 ähnlich, unterscheiden sich jedoch im Rahmen des (nicht existenten) Qualitätssystems und der Line-Maintenance.

Unternehmen zur Führung der Aufrechterhaltung der Lufttüchtigkeit – Subpart G In Abschn. G sind die Bedingungen für die Erteilung und Aufrechterhaltung an eine CAMO Genehmigung definiert. Danach sind im Wesentlichen die Anforderungen der übrigen Subparts des Part-M zu erfüllen. Darüber hinaus sind weitere Anforderungen zum Organisationsaufbau definiert (Handbuch, Qualitätssystem, Personalqualifikation, Aufzeichnungen, Fortdauer und Gültigkeit der Genehmigung, Vorgehen bei Verstößen etc.). Diese weisen Ähnlichkeit mit denen des EASA Part 145 auf.

Da eine wichtige Aufgabe der CAMO die Durchführung von Lufttüchtigkeitsprüfungen ist, sind in M.A. 710 deren Zweck und ein grober Prüfungsumfang sowie wesentliche Prüfungsbedingungen aufgeführt.

Freigabebescheinigung (CRS) – Subpart H Wird eine Luftfahrzeugfreigabe durch einen Betrieb vorgenommen, der keine Part 145 Zulassung besitzt, so sind für die Ausstellung der Freigabebescheinigung die Bedingungen des Subpart H zu erfüllen. Darin sind u. a. die technischen Voraussetzungen, der Inhalt der Freigabebescheinigung und die Mindestanforderungen an freigabeberechtigtes Personal geregelt.

Bescheinigung über die Prüfung der Lufttüchtigkeit – Subpart I Jährlich ist am Luftfahrzeug eine Lufttüchtigkeitsprüfung durchzuführen. Subpart I enthält neben grundlegenden Erklärungen zur Prüfung, Hinweise zu Verstößen sowie Festlegungen zur Gültigkeit der

---

[17] vgl. EASA (2008), S. 19

Bescheinigung über die Lufttüchtigkeitsprüfung. Darüber hinaus finden sich in diesem Unterabschnitt Vorgaben zur Prüfung bei in die EU importierten Luftfahrzeugen sowie Anweisungen bei deren Übertragung innerhalb der EU.

3.2 Europäische Luftfahrtnormen

Die Normung ist eine planmäßige, durch interessierte Kreise gemeinschaftlich durchgeführte Vereinheitlichungsarbeit von Verfahren, Systemen, Begriffen oder Produkteigenschaften zum Nutzen einer Anwendergruppe. Unterschieden werden Verfahrensnormen (z. B. Qualitätsmanagement nach ISO 9000) sowie technische (z. B. Schraubentyp, DIN A4) und klassifikatorische (z. B. Länderkennungen wie .de, .com, .jp) Normen. Die Zuständigkeit für Ausarbeitung, Verabschiedung und Überwachung von Normen liegt üblicherweise in Händen privater, nicht gewinnorientierter Organisationen.[18]

Ein wesentlicher Vorteil der Normierung liegt im Bereich der Qualitätssicherung. Es wird ein einheitlich, exakt definierter Standard geschaffen, gegen den geprüft werden kann. Dies erleichtert es, Qualität messbar und somit vergleichbar zu machen. Darüber hinaus werden gleiche Rahmen- und Wettbewerbsbedingungen geschaffen, die den Waren- und Dienstleistungsverkehr erleichtern. So leisten Normen der Effizienzsteigerung Vorschub, weil Planungsunsicherheiten sowie technische und finanzielle Anpassungshemmnisse entfallen. So wirken Normen zugleich unterstützend bei der Beseitigung nicht-tarifärer Handelsbarrieren.

Dabei haben Normen – zumindest formal-juristisch – mehrheitlich keinen verpflichtenden Charakter. Unternehmen können also nicht gezwungen werden, sich an eine Norm zu halten. Dennoch „sind einige Normen stärker als Gesetze: Wer sie nicht befolgt, den bestraft der Markt."[19] Beispielsweise ist es nicht untypisch, dass in zahlreichen Branchen gerade große Unternehmen nur dann Lieferbeziehungen eingehen, wenn der Lieferant die entsprechenden Normen anerkennt und diese so über Verträge verbindlich gemacht werden.

Zu den weltweit bedeutendsten Standardisierungen zählen die ISO-Normen und hier im Bereich der Verfahrensnormen insbesondere die **ISO9000er Reihe**. Deren Grundgedanke ist es, dass ein durch Dritte nachvollziehbares QM-System die beste Voraussetzung für ein angemessenes Qualitätsniveau darstellt. Deshalb wird die schriftliche Fixierung der Aufbau- und Ablauforganisation in den Fokus gerückt. Die wichtigsten Anforderungsschwerpunkte der ISO 9001 bilden dabei die:

---

[18] Bedeutende Normen setzende Non-Profit-Organisationen sind in Deutschland das Deutsche Institut für Normung e. V. (DIN), auf europäischer Ebene das Europäische Komitee für Normung (CEN) sowie weltweit die Internationale Organisation für Normung (ISO) und die Internationale Elektrotechnische Kommission (IEC). Unterstützt werden diese Organisationen durch Fachverbände, die mit ihren Eingaben die spezifischen Sachkenntnisse besteuern.

[19] Schneider (2005); abgerufen im www am 12.01.2010.

3.2 Europäische Luftfahrtnormen

- Verantwortung der Unternehmensleitung und Qualitätspolitik,
- Struktur des Qualitätsmanagementsystems einschließlich der zugehörigen Dokumentation (QM-Handbuch sowie Verfahrensanweisungen bzw. Prozessbeschreibungen),
- Planung und Durchführung von Konstruktionsarbeiten und Produktentwicklung,
- Auswahl, Überwachung und Steuerung von Lieferanten sowie Bewertung und Prüfung zugelieferter Materialien,
- Prozesslenkung und Prozessdokumentation mit dem Ziel einer ordnungsgemäßen Planung und Durchführung der betrieblichen Wertschöpfung,
- Handhabung, Lagerung, Konservierung und Verpackung,
- Lenkung von Dokumenten (insbesondere Prüfung, Herausgabe, Änderung, Einziehung),
- Prüfung, Überwachung, Kennzeichnung und Rückverfolgbarkeit von Produkten und Betriebsmitteln,
- Interne Betriebsüberwachung (Auditierung) und Qualitätsaufzeichnungen,
- Schulung der Mitarbeiter,
- Statistische Methoden.

Die Erzielung eines hohen Qualitätsniveaus wird als gesamtbetriebliche Aufgabe betrachtet, die an allen Kernelementen der Wertschöpfung von der Konstruktion und Entwicklung, über die Beschaffung, Produktion und Montage bis zur Wartung ansetzen muss. Dabei ist die Ausrichtung der ISO-Verfahrensnormen prozessorientiert, was deren Übersichtlichkeit, Verständlichkeit und schließlich die betriebliche Implementierung erleichtert. Den prozessualen Regelkreis eines ganzheitlichen QM-Systems gemäß ISO 9001 zeigt Abb. 3.6.

Inhaltlich bleibt die ISO 9000er Reihe überwiegend unspezifisch. Diese Normen schreiben nur die Anforderungen an Prozesse vor und überlassen deren detaillierte inhaltliche Ausgestaltung, also die Wahl der Mittel, dem betroffenen Betrieb.

Nachdem mit Hilfe einheitlicher Normen, vor allem im Automobilbau, branchenspezifische Anforderungen an die Ausgestaltung der Qualitätsmanagementsysteme von Zulieferbetrieben durchgesetzt werden konnten, gewinnen einheitliche Industriestandards auch in der Luftfahrtindustrie zunehmend an Bedeutung. Deutlichstes Anzeichen hierfür ist die erstmalige Veröffentlichung der drei zertifizierbaren europäischen Luftfahrtnormen im Zeitraum zwischen 2003 und 2005 sowie deren erhebliche Weiterentwicklung in 2009:[20, 21]

---

[20] Hierzu wurde die Europäische Vereinigung der Hersteller von Luft- und Raumfahrtgerät (AECMA) vom Europäischen Komitee für Normung (CEN) beauftragt, Europäische Normen (EN) für die Luft- und Raumfahrtindustrie auszuarbeiten.

[21] vgl. EN 9100-2009, EN 9110-2009 und EN 9120-2009. Darüber hinaus gibt es weitere allgemeingültige, jedoch nicht zertifizierbare Luftfahrtnormen, die hilfreiche Hinweise für die Prozessgestaltung liefern können (z. B. EN 9102 Erstmusterprüfung, EN 9200 Programm-Management - Richtlinie für eine Projektmanagement-Spezifikation oder EN 2898 Niete aus hochwarmfesten und korrosionsbeständigen Stählen - Technische Lieferbedingungen).

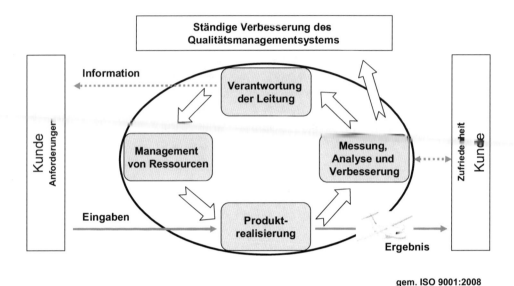

Abb. 3.6 Modell eines prozessorientierten QM-Systems. (In Anlehnung an EN 9100-2010-07. S. 6)

- EN 9100 Luft- und Raumfahrtnorm für Konstruktion, Entwicklung, Produktion, Montage und Wartung,
- EN 9110 Luft- und Raumfahrtnorm für Wartungsbetriebe,
- EN 9120 Luft- und Raumfahrtnorm für Händler und Lagerhalter.

Diese Normen basieren auf der ISO 9001 und sind in wesentlichen Teilen deckungsgleich. Jedoch wurden sie um die spezifischen Anforderungen der Luft- und Raumfahrtindustrie ergänzt.[22] Durch diese Erweiterung weisen insbesondere die EN 9100 und die EN 9110 in Teilen eine hohe Ähnlichkeit mit dem Regelwerk der EASA Herstellungs- und Instandhaltungsbetriebe auf. Zwar kommt die EN nicht immer an die Detailtiefe der EASA-Anforderungen heran, dafür jedoch setzen die europäischen Luftfahrtnormen eine andere Akzentuierung. Während die EASA-Bestimmungen den Schwerpunkt auf sicherheits- und umweltrelevante Aspekte der Entwicklung, Herstellung und Instandhaltung legen, nimmt die EN vor allem die Kundenperspektive in den Fokus und berücksichtigt daher alle Bestandteile der Wertschöpfungskette.

In der Praxis ist ein kontinuierlicher Bedeutungszuwachs der Luftfahrtnormen zu beobachten und es ist zu erwarten, dass sich dieser Trend in den nächsten Jahren weiter

---

[22] Die spezifischen Anforderungen der Luft- und Raumfahrtindustrie sind in den Normen in Fettdruck und Kursivschrift dargestellt und so deutlich von den klassischen ISO 9001er Bestandteilen zu unterscheiden.

verstärken wird. Im Vordergrund steht dabei nicht nur die Optimierung von Qualität und Sicherheit, sondern auch die Kostenreduzierung durch schnellere Fehlererkennung und Fehlervermeidung.

Einen weiteren Vorteil einer flächendeckenden EN-Zertifizierung bietet die damit einhergehende Aufwandsreduzierung im Bereich der Lieferantenüberwachung sowie ggf. beim Zulieferer die geringere Auditierungshäufigkeit. Mit einem Zertifizierungszwang betreiben insbesondere die Konzerne der Luftfahrtindustrie ein Outsourcing ihrer Lieferantenüberwachung. Die Zulieferer sind – finanziell und organisatorisch – selbst für den Nachweis ihrer Qualitätsfähigkeit verantwortlich, indem sie in regelmäßigen Abständen anerkannte Zertifizierungsinstitute beauftragen, die eigene EN-Normenkonformität zu prüfen und zu bestätigen. Das daraufhin ausgestellte Erst- oder Wiederholungszertifikat dient dem Lieferanten dann als Nachweis gegenüber seinem Auftraggeber.[23]

Die Vorteile von EN-Zertifizierungen mögen zwar auf den ersten Blick primär bei den Konzernen liegen, aber auch Zulieferbetriebe können von ihr profitieren. So verfügen zertifizierte Organisationen üblicherweise über ein ausgeprägteres Prozess- und Qualitätsbewusstsein. Denn ein normenkonformes Qualitätsmanagementsystem zwingt zu einer intensiven Auseinandersetzung mit den betrieblichen Prozessen und den Schnittstellen zum Kunden. Somit unterstützt es bei der klaren Strukturierung der Wertschöpfungskette und erleichtert die Identifizierung von Defiziten in der Aufbau- und Ablauforganisation.

Eine ISO- oder EN-Zertifizierung ist für den betroffenen Betrieb auch dann von Vorteil, wenn dieser eine luftfahrtrechtliche Zulassung (insb. Herstellung und Instandhaltung) anstrebt. In diesem Fall kann bereits auf ein anerkanntes Qualitätsmanagement zurückgegriffen werden, das organisatorisch nicht allzu fern von einer behördlichen Betriebsgenehmigung angesiedelt ist.

Jedoch ist eine Zertifizierung nicht gänzlich frei von Nachteilen. Problematisch ist diese insoweit, als dass nicht die Produktqualität zertifiziert wird, sondern die Aufbau- und Ablauforganisation des Unternehmens. Den Qualitätsansprüchen der Kunden reicht dies vielfach jedoch nicht. Um auch für die Produkte ein zufrieden stellendes Qualitätsniveau zu erzielen, fordern viele Kunden von ihren ISO oder EN zertifizierten Lieferanten nicht selten eigene über die Norm hinausgehende Qualitätsparameter. Ein weiterer Schwachpunkt formaler QM-Systeme resultiert bei kleinen und mittleren Unternehmen aus unnötiger Bürokratisierung. Es besteht dort stets die Gefahr, dass die vor einer Zertifizierung schlanken, auf mündlicher Kommunikation basierten Verfahren, mit deren schriftlicher Ausgestaltung fortan auch entsprechend formal gelebt werden.

---

[23] Details zum EN Zertifizierungsaudit finden sich in Abschn. 11.3.3.

Vier Fragen an Peter Kohberg,[24] Kenner der EN 9100er Normen-Reihe
Was sind die ersten Schritte für eine Zertifizierung der EN 9100er Reihe?
Ein Unternehmen muss sich zunächst über den betrieblichen Sinn und die Ziele der Zertifizierung im Klaren werden (z. B. nur Erhalt der Urkunde oder ganzheitlich funktionierendes QM-System).

Der nächste Schritt sollte die Auswahl eines Auditors (bzw. einer Zertifizierungsgesellschaft) sein, der/die das Vertrauen der Organisation genießt. In einem persönlichen Vorinformations-Gespräch werden alle weiteren Aktivitäten festgelegt, die letztlich zu der angestrebten Zertifizierung führen. Sehr ratsam ist es auch, ein Voraudit bei der Zertifizierungsgesellschaft zu beauftragen, um den Reifegrad der Zertifizierungsfähigkeit des Betriebs zu ermitteln. Wenn noch größere Lücken bestehen und wenig betriebliche Luftfahrt-Erfahrungen vorliegen, sollte für die Vorbereitungsphase zudem tageweise ein Berater ins Haus geholt werden.

Wie kann sich ein Betrieb auf den Zertifizierungsprozess vorbereiten?
Zunächst sollte sich mindestens der betriebliche Qualitätsbeauftragte inhaltlich mit der angestrebten Norm auseinandersetzen. Hierzu gibt es neben dem Normentext selbst auch unter dem Stichwort *ISO-Zertifizierung* eine Reihe von Büchern und Texten (auch im Internet), die für die Erstellung und den Aufbau eines QM-Systems der EN 9100er Reihe Hilfestellung bieten. Auch werden durch einige Zertifizierungsgesellschaften Seminare angeboten, welche für die Erlangung eine EN-Zertifizierung sehr nützlich sein können.

Die Anforderungen der angestrebten Norm sollten eingangs intensiv analysiert werden. Über eine Vergleichsliste (was ist vorhanden, wo ist noch Handlungsbedarf) ist zu bestimmen, welcher Aufwand im Einzelnen noch erforderlich ist, um die Norm-Erfüllung sicherzustellen.

Wo sind üblicherweise die größten Schwächen und Wissensdefizite?
QM-System (Kap. 4):
Probleme bereitet regelmäßig die Identifizierung der für das QM-System relevanten Prozesse sowie deren Darstellung im Hinblick auf Reihenfolge und Wechselwirkungen. Zudem tun sich viele Unternehmen schwer, Kriterien und Methoden festzulegen, um das wirksame Durchführen, Lenken und Überwachen der Prozesse sicherzustellen.
Verantwortung der obersten Leitung (Kap. 5):
Qualitätsziele und Qualitätspolitik sind nicht oder nicht betriebsindividuell definiert. Die Kundenorientierung ist in den dokumentierten Prozessen nicht erkennbar

---

[24] Peter Kohberg war Leiter des Qualitätsmanagements bei Fairchild Dornier. Im Anschluss arbeitete er viele Jahre als Luftfahrt-Berater und Auditor für die EN 9100. Inzwischen ist er primär als Trainer von Luftfahrt-Schulungen tätig.

oder wird in der täglichen Praxis nicht gelebt. Auch werden die Managementbewertungen oftmals nicht in Übereinstimmung mit der Norm durchgeführt (d. h. kein geschlossener Regelkreislauf, der aus Überwachung und Feedback zu Maßnahmen hinsichtlich Produktverbesserungen in Bezug auf Kundenanforderungen oder Ressourcenoptimierung führt).

Management von Ressourcen (Kap. 6):
Oftmals sind Schulungspläne unvollständig oder liegen nicht vor. Die Überprüfung der Wirksamkeit von Ausbildungsmaßnahmen wird nicht ermittelt. Auch sind Aufzeichnungen über die Qualifikation der Mitarbeiter teilweise unvollständig. Nicht selten werden Tätigkeiten an Mitarbeiter übertragen, für die sie nicht ausreichend qualifiziert sind.

Produktrealisierung (Kap. 7):
Allgemein bereiten die neuen Forderungen der EN 9100:2009 auf ganzer Breite z. T. erhebliche Probleme: 7.1.1 Projektmanagement, 7.1.2 Risikomanagement, 7.1.3 Konfigurationsmanagement, 7.1.4 Lenkung von Arbeitsverlagerung. Auch der komplette Beschaffungsprozess und die Durchführung von Lieferanten-Audits stellen die Betriebe vor erhebliche personelle und organisatorische Herausforderungen.

Messung, Analyse und Verbesserung (Kap. 8):
Sehr häufig werden Stichprobenprüfungen gemacht, ohne dass diese statistische Gültigkeit haben. Kritische Teile und Teile mit Schlüsselmerkmale sind oftmals nicht eindeutig definiert oder diese Daten stehen überhaupt nicht zur Verfügung. Um die Eignung und Wirksamkeit des QM-Systems darzulegen, sind Daten (Kennzahlen) zu ermitteln, zu erfassen und zu analysieren, weil nur so Schwachstellen und Verbesserungen im QM-System identifiziert werden können. Hier besteht in vielen Fällen ebenfalls eindeutiger Handlungsbedarf.

Welche Betriebe haben es bei der Vorbereitung für einer EN-Zertifizierung besonders leicht und wer besonders schwer?
In der Regel haben größere mittelständische Betriebe und Großunternehmen, welche über ausreichende technische, personelle und infrastrukturelle Ressourcen verfügen, weniger Probleme, die Forderungen der Normen EN 910 ff umzusetzen. Demgegenüber können kleinere Unternehmen aufgrund ihrer Flexibilität, die erforderlichen Vorgaben schneller umsetzen, jedoch fehlen ihnen sehr häufig die personellen und technischen Voraussetzungen, wie sie für den Aufbau des QM-Systems erforderlich sind.

Welche externen Kosten fallen bei einer EN-Zertifizierung an?
Die Kosten einer Auditierung hängen streng tabellarisch von der Betriebsgröße (Mitarbeiter, Standorte) und von eventuellen Ausschlüssen (z. B. Entwicklung) ab. Für ein Unternehmen mit 100 Mitarbeitern ist einschließlich einiger Gebühren erstmalig mit mindestens 10.000 EUR (8 Audittage) zu rechnen.

3.3 Einführung in die Regelwerkstruktur des FAA-Raums

3.3.1 FAA-Regelwerk

In den USA gibt es vergleichbar dem EASA Part 21 eine Gesetzgebung für die Zulassung luftfahrttechnischer Entwicklungen und Herstellungsaktivitäten (*FAR Part 21 – Certification Procedures for Products and Parts*). Analog zu den Instandhaltungsvorschriften des EASA Part 145 existieren in der FAA-Welt die *Federal Aviation Regulation for Repair Stations* (FAR 145).

Die für luftfahrttechnische Betriebe relevanten Regelwerkstrukturen in den USA und Europa weisen insgesamt eine hohe Ähnlichkeit auf. Dies ist wesentlich darauf zurückzuführen, dass die Europäer bei der Erstellung der Joint Aviation Requirements (JAR) die amerikanischen Strukturen in großen Teilen entweder übernommen oder sich zumindest an diesen orientiert haben. Durch dieses Vorgehen haben die europäischen Staaten in den beiden dominierenden luftfahrttechnischen Wirtschaftsräumen zu einer Vorschriften-Harmonisierung beigetragen und so die Arbeit der Luftfahrtindustrie erheblich erleichtert. Die Vereinfachungsbestrebungen zwischen den USA und der EU sind derweil nicht abgeschlossen. In den nächsten Jahren werden vor allem die Ergebnisse aus den Verhandlungen zur gegenseitigen Anerkennung von Zulassungen den Verwaltungsaufwand luftfahrttechnischer Betriebe reduzieren und volkswirtschaftlich nicht-tarifäre Handelshemmnisse beseitigen (BASA-IPA Abkommen[25]).

Wenngleich innerhalb der einzelnen Subparts viele Vorgaben übereinstimmen oder sich ähneln, so gibt es doch auch Differenzen. Beispielsweise existiert im FAA-Raum kein entwicklungsbetrieblicher Subpart J, obwohl die eigentlichen Zulassungsprozesse in den Grundpfeilern ähnlich ablaufen.

Tabelle 3.7 zeigt die Übereinstimmungen am Beispiel des EASA Part 21 und des FAA Part 21.

Strukturell unterscheidet sich das FAA-Regelwerk von dem der EASA durch die Anwendung eines ausgeprägten **Delegationsprinzips**. Luftfahrttechnische Betriebe müssen ihre Entwicklungs-, Herstellungs- oder Instandhaltungsaktivitäten durch einen FAA Beauftragten (*Designated Representitive*)[26] überwachen lassen. Diese können unmittelbar im

---

[25] Das BASA-IPA Abkommen dient der vereinfachten gegenseitigen Anerkennung luftfahrttechnischer Produkte, die durch grenzüberschreitenden Warentausch zwischen den USA und der EU gehandelt werden. Darüber hinaus wird mit dem Abkommen eine Verbesserung und Förderung der Zusammenarbeit in allen Angelegenheiten der Lufttüchtigkeit angestrebt. Das Bilateral Safety Agreements (BASA) besteht aus einem Basis-Vertrag, der bedarfsorientiert durch "Implementation Procedures of Airworthiness" (IPA) ergänzt wird. Mit diesem in Abstimmung befindlichem Vertragswerk soll in den vorbezeichneten Fachgebieten eine EU-weit einheitliche Lösung mit den USA erzielt werden. Die bestehenden nationalen Abkommen mit den USA verlieren mit Inkrafttreten der BASA-IPA-Verträge ihre Gültigkeit.

[26] Unterschieden werden Designated Engineering Representitives (DER), Designated Manufactoring Inspection Representitives (DMIR), Designated Airworthiness Representitives (DIR) und Organizational Designated Airworthiness Representitives (ODAR).

3.3 Einführung in die Regelwerkstruktur des FAA-Raums

Tab. 3.7 Gegenüberstellung des EASA und des FAA Subparts 21

Subparts 21	EASA	FAA
A	Allgemeine Bestimmungen	General
B	Musterzulassungen	Type certificates
C	–	Provisional type certificates
D	Änderungen an Musterzulassungen	Changes to type certificates
E	Ergänzende Musterzulassungen	Supplemental type certificates
F	Herstellung ohne Genehmigung als Herstellungsbetrieb	Production under type certificate only
G	Genehmigung als Herstellungsbetrieb	Production certificates
H	Lufttüchtigkeitszeugnisse	Airworthiness certificates
I	Lärmschutzzeugnisse	Provisional airworthiness certificates
J	Genehmigung als Entwicklungsbetrieb	Delegation option authorization procedures
K	Bau- und Ausrüstungsteile	Approval of materials, parts, processes, and appliances
L	–	Export airworthiness approvals
M	Reparaturen	Designated alteration station authorization procedures
N	–	Approval of engines, propellers, materials, parts, and appliances: import
O	Zulassung gem. Europäischer Technischer Standardzulassung (ETSO)	Technical standard order authorizations
Q	Kennzeichnung von Produkten, Bau- und Ausrüstungsteilen	–

Betrieb angestellt oder freiberuflich für diesen tätig sein. Damit werden die Beauftragten zwar durch den Betrieb entlohnt, gelten aber als betriebliche Vertreter der FAA. Im Rahmen ihres Verantwortungsumfangs sind sie für Zulassungen oder Freigaben bzw. Empfehlungen derselben für die FAA zuständig. Die FAA indes sieht ihre Aufgabe primär darin, die Designated Representitives zu überwachen, nicht aber die Betriebe.

3.3.2 FAA-Zulassungen

FAA Entwicklungsgenehmigungen Da der FAA die entwicklungsbetriebliche Organisationsstruktur der EASA fremd ist, kann grundsätzlich jede natürliche oder juristische Person ein **Design Approval** beantragen („Any interested person may apply for a type certificate").[27] Dennoch ist der Qualitätsanspruch an die Antragsteller mit dem der EASA vergleichbar. Es unterscheidet sich lediglich die **methodische Herangehensweise**. Während die EASA die betriebliche Aufbau- und Ablauforganisation in den Vordergrund stellt, legt die FAA den Fokus auf die Abwicklung des einzelnen Entwicklungsvorhabens. Dazu

---

[27] FAA – Subpart B, FAR § 21.13.

Abb. 3.7 Grundstruktur des Partnership for Safety Plans. (In Anlehnung an Federal Aviation Administration (Hrsg.) (2004), S. 3)

schließen Antragsteller und Behörde zu Beginn der Entwicklungsaktivitäten Vereinbarungen, um Einvernehmen über die Voraussetzungen und den Ablauf einer Entwicklung zu schaffen. Die hierfür notwendigen Abkommen, die zu Beginn einer Entwicklung zwischen Behörde und Antragsteller geschlossen werden und den spezifischen Entwicklungs- und Zulassungsprozess beschreiben, sind der *Partnership for Safety Plan* (PSP) und der *Project Specific Certification Plan* (PSCP). Die inhaltliche Grundstruktur dieser Pläne ist in Abb. 3.7 dargestellt.

Die gesetzlichen Vorgaben für die Zulassung von Entwicklungen sind unter FAR Part 21 sowie im Guidance Material Order 8110.4 (Type Certification) festgelegt. Zusammenfassend ist der designbezogene Zulassungsprozess im *FAA and Industry Guide to Product Certification* (CPI)[28] detailliert und in leicht verständlicher Form beschrieben. Die grundlegende Vorgehensweise für die Erlangung einer Entwicklungszulassung ist in der sog. *Roadmap to Certification* in Abb. 3.8 visualisiert.

FAA Herstellungsgenehmigungen Im Rahmen der Herstellung von Produkten sowie Bau- und Ausrüstungsteilen unterscheidet die FAA vier Genehmigungsarten:

1. Production Certificate (unter Subpart G),
2. Approved Production Inspection System (APIS) (unter Subpart F),
3. Parts Manufacturer Approval (PMA),
4. Technical Standard Order Authorization (TSO).

Der Inhaber eines **Production Certificates** ist berechtigt, luftfahrttechnische Produkte mit einer entsprechenden FAA-Zulassung herzustellen. Die Ausstellung der zugehörigen Lufttüchtigkeitszeugnisse erfolgt ohne Einzelprüfung auf Basis einer Musterzulassung. Das Production Certificate fußt auf den gleichnamigen Regularien der FAR 21 Subpart G und ist somit vergleichbar mit dem EASA Part 21/G.

Ein **Approved Production Inspection System** (APIS) ist eine beschränkte Herstellungsgenehmigung. In diesem Rahmen darf der Approval Holder die Herstellung für

---

[28] vgl. Federal Aviation Administration (Hrsg.) (2004).

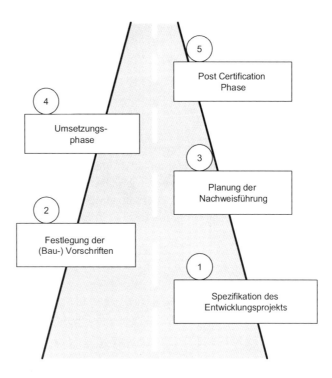

Abb. 3.8 FAA Roadmap to Certification. (Ähnlich Federal Aviation Administration (Hrsg.) (2004), S. 5)

die eigenen Musterzulassungen vornehmen. Voraussetzung für die anschließende Ausstellung eines Lufttüchtigkeitszeugnisses (*Certificate of Airworthiness*) ist jedoch eine von der FAA für jedes hergestellte Produkt individuell durchgeführte Lufttüchtigkeitsprüfung. Aufgrund dieser und weiterer Einschränkungen wird die APIS-Zulassung primär von Herstellern mit niedrigen Produktionsstückzahlen genutzt. Die Herstellung ist über die FAR 21 Subpart F *Production under Type Certificate only* geregelt und ist mit dem EASA Part 21/F vergleichbar.

Während die zwei bisher aufgeführten Genehmigungsarten eine Ausrichtung auf die Herstellung von Luftfahrzeugen, Triebwerken oder Propellern aufweisen, sind das **Parts Manufacturer Approval** (PMA) und die **Technical Standard Order Authorization** (TSO) Genehmigungen, die auf die Fertigung von Bauteilen abzielen. Dies wird insbesondere daran deutlich, dass es sich bei den Genehmigungen unter FAR 21 Subpart G und F um Betriebszulassungen handelt, während PMA- und der TSO-Authorizations kombinierte Zulassungen für die Entwicklung und Herstellung von Bauteilen sind.[29]

FAA Instandhaltungsgenehmigung Im Rahmen der **Instandhaltung** sieht die Luftfahrt-Gesetzgebung in den USA die Vergabe von Zulassungen für 145er Repair-Stations vor.

---

[29] An dieser Stelle wird jedoch auf eine Darstellung der PMA- und TSO-Bauteile verzichtet, da diese in Abschn. 4.11 und 4.12 hinreichend thematisiert werden.

Eine Instandhaltungsgenehmigung erhalten zudem auch alle kommerziellen US-Operator über die FAR 121.

Die gegenseitige Anerkennung von Instandhaltungsgenehmigungen ist mit vielen europäischen Staaten vergleichsweise weit fortgeschritten. Daher verfügen die großen europäischen Instandhaltungsbetriebe meist auch über eine Anerkennung als FAA 145er Repair-Station. Ein für den EASA-Raum einheitliches Abkommen existiert jedoch noch nicht.

Zwischen Deutschland und den USA regelt eine Maintenance Implementation Procedure die gegenseitige Anerkennung der 145er Betriebe.[30] Die Zusatzanforderungen, die eine deutsche Instandhaltungsorganisation erfüllen muss, um ein 145er FAA Approval zu erhalten, bewegen sich im Bereich des Überschaubaren. Während die Genehmigung dieser US-Zulassung über die FAA erteilt wird, erfolgt die laufende Betriebsüberwachung der 145er Repair-Stations durch das LBA.

Literatur

Deutsches Institut für Normung e. V.: *DIN EN 9100:2009- Qualitätsmanagementsysteme – Anforderungen an Organisationen der Luftfahrt, Raumfahrt und Verteidigung.* DIN EN 9100-2010-07, 2010

Deutsches Institut für Normung e. V.: *DIN EN 9110:2009 Luft- und Raumfahrt; Qualitätsmanagement – Qualitätssicherungsmodelle für Instandhaltungsbetriebe.* Deutsche und Englische Fassung EN 9110-2009, 2009

Deutsches Institut für Normung e. V.: *DIN EN 9120:2009 Luft- und Raumfahrt; Qualitätsmanagementsysteme – Anforderung für Händler und Lagerhalter.* Deutsche und Englische Fassung EN 9120-2009, 2009

Europäische Kommission: *Verordnung (EG) der Kommission zur Festlegung gemeinsamer Vorschriften für die Zivilluftfahrt und zur Errichtung einer Europäischen Agentur für Flugsicherheit, zur Aufhebung der Richtlinie 91/670/EWG des Rates, der Verordnung (EG) Nr. 1592/2002 und der Richtlinie 2004/36/EG [Grundsatzverordnung],* Nr. Nr. 216/2008, 2008

European Aviation Safety Agency – EASA: *Acceptable Means of Compliance and Guidance Material to Part 21.* Decision of the Executive Director of the Agency NO. 2003/1/RM, 2003

European Aviation Safety Agency – EASA: *Course Syllabus – Continuing Airworthiness Requirements (Commercial Air Transport) – Part-M (CAT).* Revision 05.11.2008, 2008

Federal Aviation Authority (Publ.): *The FAA and Industry Guide to Product Certification.* 2nd Ed., Washington, 2004

Government of the United States of America; Government of the Federal Republic of Germany: *Maintenance Implementation Procedure. Agreement for the Promotion of Aviation Safety between the Government of the United States of America and the Government of the Federal Republic of Germany,* Berlin, 1997

Schneider, R.U.: *Was die Welt zusammenhält.* In: NZZ Folio 02/05 und http://www.nzzfolio.ch/www/d80bd71b-b264-4db4-afd0-277884b93470/showarticle/344a6426-daa3-4e7e-9e81-afb14f5f8788.aspx, abgerufen am 12.01.2010, 2005

---

[30] vgl. Government of the United States of America; Government of the Federal Republic of Germany (1997).

Entwicklung 4

Am Anfang eines jeden Wertschöpfungsprozesses steht die Produktentwicklung. In der Entwicklung luftfahrttechnischer Produkte werden dabei hohe rechtliche Anforderungen an die Bauausführung, den Ablauf des Entwicklungsprozesses und die Zulassung sowie an den organisatorischen Aufbau der entwickelnden Betriebe gestellt.

In diesem Kapitel werden daher eingangs Basisanforderungen an die Betriebsstruktur und die Zulassung von Entwicklungen erläutert. Im Anschluss wird der Entwicklungsprozess detailliert dargestellt. Hierzu wird auf die Entwicklungsbeschreibung und Spezifikationserstellung eingegangen, bevor ausführlich die Einstufung von Entwicklungsvorhaben dargestellt wird. Der Text widmet sich darauf aufbauend der Erstellung der entwicklungsrelevanten Dokumentation und dem eigentlichen Zulassungsprozess. Ein Fokus liegt dabei auf der Nachweiserbringung, also der Beweisführung, dass die Entwicklung den Bau- und Umweltvorschriften entspricht. Da große Entwicklungen im Normalfall einen erheblichen Steuerungsaufwand erfordern, erfolgt zudem eine Einführung in das Management und den Organisationsaufbau entsprechender Projekte.

Im Anschluss wird in Unterkapitel 4.8 auf kleine Entwicklungsvorhaben und in 4.9 auf Reparaturentwicklungen eingegangen. Abschließend werden die Besonderheiten der Entwicklung und Zulassung von Bauteilen erklärt. Die letzten zwei Unterkapitel widmen sich ETSO- bzw. PMA-Teilen.

4.1 Basisanforderungen an Entwicklungsbetriebe

Am Beginn eines jeden Produktlebenszyklusses steht die Entwicklungsphase, die dazu dient, eine Idee in ein marktreifes Produkt zu verwandeln. Nach der Markteinführung spielen Entwicklungsaktivitäten erneut eine Rolle, wenn Modifikationen, Erweiterungen oder umfangreiche Reparaturen am Ursprungsprodukt vorgenommen werden. Entwicklungsaktivitäten in der Luftfahrtindustrie bilden über alle Industriebranchen insoweit eine Besonderheit, da diese einer außergewöhnlichen Lenkung und Kontrolle durch die öffentliche Hand unterliegen. **Strenge Vorgaben** an die Bauausführung des Produkts sowie an die Betriebsorganisation und Mitarbeiterqualifikation sollen dafür Sorge tragen, dass der Sicherheit und Zuverlässigkeit bereits in der Entwicklung luftfahrttechnischer Produkte große Aufmerksamkeit gewidmet wird.

Luftfahrttechnische Entwicklungsaktivitäten dürfen daher nur von Betrieben freigegeben werden, die über eine EASA Zulassung gemäß EASA Part 21 Subpart J verfügen. Insoweit bildet die Erfüllung der dort genannten **Genehmigungsvoraussetzungen** den Ausgangspunkt jedweder Entwicklungen:[1]

- Der Betrieb muss ein **Qualitätssystem** nachweisen, dass die Funktionsfähigkeit des gesamten Entwicklungsbetriebs im Allgemeinen steuert und überwacht. Im Speziellen muss durch ein **Konstruktionssicherungssystem** die Kontrolle und Überwachung sämtlicher Entwicklungsaktivitäten sichergestellt sein (vgl. Unterabschnitt 4.2.1).
- Der Betrieb muss in Umfang und Qualifikation über hinreichend **Personal** verfügen, um die geplanten Entwicklungsarbeiten ausführen zu können. Das Personal muss dabei sowohl mit den Bau- und Umweltvorschriften vertraut sein, als auch über Kenntnisse hinsichtlich der neuesten technischen Entwicklungen verfügen.
- Die **Einrichtungen** und die **Betriebsausstattung** müssen den Mitarbeitern eine Arbeitsausführung ermöglichen, die den Vorgaben an Lufttüchtigkeit und Umweltschutz gerecht wird. Dies schließt nicht nur das Vorhandensein von Konstruktionsbüros ein, sondern beinhaltet auch den Zugang zu Testlabors für die Nachweisführung und Produktionsstätten zur Prototypenherstellung.
- Die **Betriebsorganisation** muss eine vollständige und wirksame Zusammenarbeit zwischen und innerhalb der Abteilungen im Hinblick auf die Lufttüchtigkeit und den Umweltschutz ermöglichen. Dieser Aspekt mag zunächst selbstverständlich klingen, bereitet vielen Großunternehmen aufgrund der Komplexität der Aufgaben, hoher Arbeitsteilung sowie betriebsinterner und externer Schnittstellen in der täglichen Praxis jedoch Schwierigkeiten. Der Teufel steckt hier im Detail.[2]
- Der Betrieb muss über ein **Handbuch** verfügen, in dem Aufbau und Ablauf sowie Verantwortlichkeiten der Organisation festgelegt und beschrieben sind (vgl. Abschn. 11.1.3). Das Handbuch muss sich stets auf dem aktuellen Stand befinden.
- Die Aktivitäten müssen durch den **Genehmigungsumfang** gedeckt sein. Änderungen am Genehmigungsumfang müssen von der EASA zugelassen werden (vgl. 21A.253).

Vor erstmaliger Zulassung als Part 21/J-Entwicklungsbetrieb prüft die EASA die Erfüllung der Genehmigungsvoraussetzungen in Form eines Audits.[3] Diese werden in regelmäßigen Abständen wiederholt, um sicherzustellen, dass der Betrieb in der Lage ist, die Genehmigungsvoraussetzungen auch über den Zeitablauf aufrechtzuerhalten. In diesen Überwachungsaudits wird die Einhaltung der gesetzlichen Vorgaben stichprobenartig geprüft. So-

---

[1] vgl. IR Certification EASA Part 21–21A.245.
[2] Eine Detaillierung findet sich in den GM No. 1 to 21A.245 (4).
[3] Zur Erläuterung des Audit-Begriffs vgl. Unterkapitel 11.3

wohl vor erstmaliger Genehmigung als auch im laufenden Betrieb besteht dabei die Gefahr meist weniger darin, dass einzelne Genehmigungsvoraussetzungen in Gänze nicht erfüllt werden, sondern dass diese nicht vollständig den Anforderungen entsprechen. Häufige Defizite im Rahmen der Erfüllung von Genehmigungsvoraussetzungen sind:

- Abläufe sind nicht sauber beschrieben,
- die dokumentierten Abläufe sind den Mitarbeitern nicht hinreichend bzw. nicht vollständig bekannt,
- einzelne Mitarbeiter verfügen nicht über den erforderlichen Berechtigungsumfang.

4.2 Entwicklungsbetriebliche Grundstrukturen

4.2.1 Konstruktionssicherungssystem

Eine der wichtigsten Genehmigungsvoraussetzungen für die Zulassung als EASA Entwicklungsbetrieb ist das Vorhandensein eines Konstruktionssicherungssystems (**Design Assurance System**). Das bedeutet, dass der Betrieb über eine Aufbau- und Ablauforganisation verfügen muss, die in der Lage ist, Konstruktionen und Konstruktionsänderungen von Produkten wirksam zu steuern, zu überwachen und zu kontrollieren. Dies kann nur gelingen, wenn die Prozesse beherrscht werden, Verantwortlichkeiten festgelegt und Ressourcen sinnvoll geplant sind. Um dies bei europäischen Entwicklungsbetrieben einheitlich sicherzustellen, gibt die EASA gem. 21A.239 den groben aufbau- und ablauforganisatorischen Rahmen von Konstruktionssicherungssystemen vor (vgl. Abb. 4.1). Ein solches setzt sich im Wesentlichen zusammen aus:

- einer **Nachweiserbringung** (*Showing of Compliance*), die zeigt, dass die Konstruktionsaktivitäten in Übereinstimmung mit den anzuwendenden Bauvorschriften und Umweltvorgaben erfolgten,
- einer unabhängigen **Kontrolle der Nachweiserbringung** (*Compliance Verification*),
- einem **übergreifenden Qualitätssystems**.

Nachweiserbringung Ausgangspunkt eines jeden Design Assurance Prozesses bildet die Spezifikation bzw. die Beschreibung der geplanten Konstruktion. Nur wenn die Entwicklung in Grundzügen bekannt und beschrieben ist, lassen sich die für eine Konstruktion anzuwendenden Bauvorschriften und Umweltschutzanforderungen identifizieren. Darauf aufbauend bildet deren strukturierte Auflistung das Musterprüfprogramm (auch Zulassungsprogramm, *Certification- oder Type Investigation Program*). Gegen dieses Programm kann die spätere Entwicklungsdokumentation geprüft werden. Insofern dient das Musterprüfprogramm als Basis für die Nachweisführung. Mit der Nachweisführung wird durch Tests, Berechnungen, Analysen oder Inspektionen gezeigt, dass die Entwicklung in Übereinstimmung mit den anzuwendenden Bauvorschriften und Umweltschutzanforderungen steht.

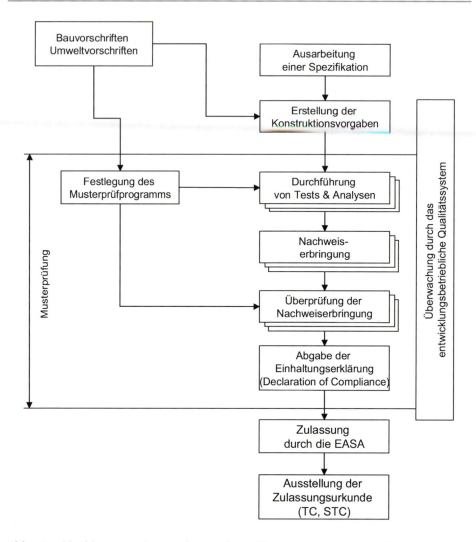

Abb. 4.1 Ablauf der Konstruktionssicherung. (In Anlehnung an GM No. 1 to 21A.239(a))

Kontrolle der Nachweiserbringung Ein Design Assurance System gem. 21A.239 erfordert ergänzend zur Nachweiserbringung deren unabhängige Kontrolle (*Compliance Verification*). In dieser zweiten Prüfung müssen die technischen Inhalte aller Nachweise im Hinblick auf Vollständigkeit, Richtigkeit, Plausibilität etc. verifiziert und bestätigt werden. Diese Qualitätssicherung umfasst alle Dokumente der Nachweisführung, die gemäß Zulassungsprogramm zu erbringen sind (einschließlich Testprogrammen und ergebnissen). Erst diese zweifach geprüften Nachweise dienen als Basis der behördlichen Zulassung luftfahrttechnischer Produkte.

4.2 Entwicklungsbetriebliche Grundstrukturen

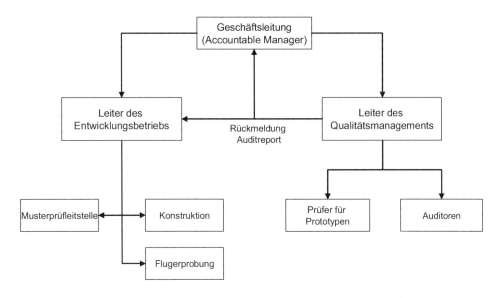

Abb. 4.2 Exemplarischer Aufbau eines Entwicklungsbetriebs

Übergreifendes Qualitätssystem Ein Konstruktionssicherungssystem erfordert neben der Entwicklung und Durchführung einer Musterprüfung das Vorhandensein eines übergreifenden Qualitätssystems,[4] um eine unabhängige, übergreifende Überwachung der dokumentierten Verfahren auf deren Einhaltung und Wirksamkeit sicherzustellen.

Art und Umfang eines übergreifenden **System-Monitoring**s ist im Part 21/J nur wenig spezifiziert. Hierzu kann der Betrieb auf ein bereits existierendes QM-System zurückgreifen (z. B. EN 9100 oder ISO 9001).

Ein Qualitätssystem, dass seiner Rolle innerhalb des entwicklungsbetrieblichen Konstruktionssicherungssystems gerecht wird, muss jedoch:

- die Design Organisation im Allgemeinen kontinuierlich analysieren sowie
- eine permanente Überwachung und Beurteilung des Entwicklungsprozesses im Speziellen sicherstellen.

Im Vordergrund stehen dabei die dokumentierten Verfahren, deren Umsetzung und Wirksamkeit im betrieblichen Alltag sowie Maßnahmen der kontinuierlichen Verbesserung.

Während Abb. 4.1 die Ablaufstruktur eines Design-Assurance Systems zeigt, illustriert Abb. 4.2 die typische Verteilung der Kernaufgaben innerhalb des Design-Assurance Systems.

---

[4] vgl. IR Certification EASA Part 21–21A.239(a) (3).

4.2.2 Musterzulassungen

Luftfahrzeuge, Triebwerke und Propeller dürfen auch von zugelassenen Entwicklungsbetrieben nicht ohne weiteres als luftfahrttechnisches Erzeugnis freigegeben werden.[5] Deren Konstruktion und technische Beschaffenheit muss im Staat der späteren Registrierung durch die zuständige Luftaufsichtsbehörde zugelassen sein. Dies wird in der heutzutage zumeist durch Serienfertigung geprägten Luftfahrtindustrie jedoch nicht für jedes Luftfahrzeug, Triebwerk oder jeden Propeller einzeln vorgenommen.[6] Es werden Musterzulassungen ausgesprochen, die dann für eine Bau- oder Modellreihe (Flugzeugmuster oder -typ) gültig sind.

Mit der Musterzulassung bestätigt die zuständige Luftaufsichtsbehörde, dass die zum Muster gehörenden Konstruktions-, Betriebs- und Instandhaltungsunterlagen sowie die Betriebsdaten und -eigenschaften den anzuwendenden Bau- und Umweltvorschriften sowie etwaiger weiterer national gültiger Vorgaben gerecht werden.

Die Zulassung großer Entwicklungen erfolgt in der Europäischen Union für zivil eingesetzte Luftfahrzeuge durch die EASA.

Nach der erfolgten Erstzulassung müssen auch alle nachfolgenden Änderungen, Ergänzungen und Reparaturen an einer Entwicklung zugelassen werden. Nachträgliche Anpassungen an der Konstruktion oder der technischen Beschaffenheit bedürfen somit ebenfalls der Genehmigung, mit der dann erneut die Übereinstimmung mit den anzuwendenden Vorschriften bestätigt wird.

Für die Musterzulassung militärischer Luftfahrzeuge und deren Ausrüstung zeichnet das Bundesamt für Wehrtechnik, welches dem Verteidigungsministerium untersteht, verantwortlich.

Arten der Musterzulassung Entwicklungsaktivitäten im Sinne des Subparts J haben zum Ziel, die behördliche Zulassung eines Flugzeugtyps, einer Änderung oder einer Reparatur an einem Luftfahrzeug sowie Triebwerk oder Propeller (Motoren) zu erwirken. Hierzu werden die folgenden Arten der Zulassung unterschieden (s. auch Abb. 4.3):

- **Musterzulassungen** (*Type Certificate – TC*) beziehen sich auf das Baumuster eines Luftfahrzeugs oder Motors. Der Zulassungsumfang umfasst nicht nur ein einzelnes Luftfahrzeug oder einen spezifischen Motor, sondern alle Produkte der gleichen Bauart (Modellreihe).
- **Änderungen an Musterzulassungen** (*Change of Type Certificate*) beziehen sich auf (nachträgliche) Änderungsentwicklungen an allen Luftfahrzeugen oder Motoren derselben Modellreihe. Solche Änderungen dürfen nur die Inhaber der (ursprünglichen) Musterzulassung beantragen.

---

[5] Musterzulassungen werden nicht nur für Luftfahrzeugmuster, sondern auch für Triebwerks- und Propellertypen ausgesprochen.

[6] Eine Ausnahme bilden Einzelstückzulassungen, z. B. für Experimentalflüge.

4.2 Entwicklungsbetriebliche Grundstrukturen

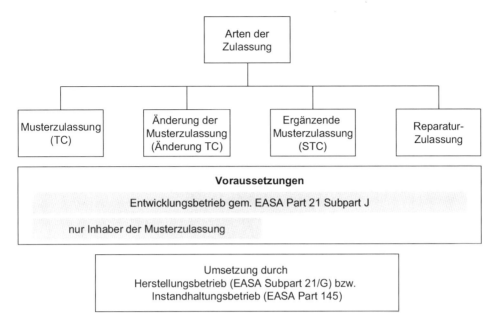

Abb. 4.3 Arten der Zulassung

- **Ergänzende Musterzulassungen** (*Supplemental Type Certificate – STC*) beziehen sich auf Änderungen an einer Musterzulassung für ein einzelnes bzw. für mehrere bestimmte Luftfahrzeuge oder Motoren. STCs müssen somit nicht für eine komplette Modellreihe Gültigkeit haben.
- **Reparaturzulassungen** (*Repair Approvals*) bzw. Reparaturentwicklungen können sich auf eine Musterzulassung, Änderung oder Ergänzung beziehen. Davon abhängig kann eine Reparaturzulassung somit auf ein einzelnes Luftfahrzeug oder auch auf eine ganze Modellreihe (Muster) Anwendung finden.

Während die Zulassungen von einer 21/J-Design Organisation nach entsprechenden Entwicklungsaktivitäten erwirkt werden, erfolgt die physische Umsetzung der Entwicklungsergebnisse durch einen 21/G-Herstellungsbetrieb bzw. einen 145er-Instandhaltungsbetrieb.

4.2.3 Musterprüfleitstelle

Entsprechend den Vorgaben des Subparts J haben EASA-Entwicklungsbetriebe eine Musterprüfleitstelle (*Office of Airworthiness*) einzurichten.[7] Diese trägt die Verantwortung für die Planung und Durchführung des Musterprüfprozesses, der Zulassung sowie der kons-

---

[7] vgl. GM No. 1 to 21A.239(a) 3.1.1.

truktionsbezogenen Aufrechterhaltung der Lufttüchtigkeit. Zudem fungiert die Musterprüfleitstelle (MPL) als Schnittstelle zwischen dem Entwicklungsbetrieb und der zuständigen Aufsichtsbehörde in allen Fragen des Musterzulassungsprozesses.

Im Einzelnen ist eine MPL verantwortlich für die:

- Erstellung des Musterprüfprogramms,
- Sicherstellung der ordnungsgemäßen Abarbeitung des Musterprüfprogramms (Nachweisführung),
- Zulassung kleiner Entwicklungen und Vorbereitung der Zulassung großer Entwicklungen,
- Unterstützung der zuständigen Luftaufsichtsbehörde,
- Aufrechterhaltung der Lufttüchtigkeit im Hinblick auf die Konstruktion.

Das Personal einer Musterprüfleitstelle verfügt in Abhängigkeit des Genehmigungsumfangs über Expertise für alle wichtigen Flugzeuggewerke wie Struktur, Systeme, Avionik, elektrische- und elektronische Systeme, Triebwerke, Kabinensicherheit etc. Die Mitarbeiter sind insbesondere mit den Bauvorschriften- und Umweltvorgaben vertraut.

Erstellung des Musterprüfprogramms Am Beginn der Entwicklungsaktivitäten ist die Musterprüfleitstelle für die Einstufung der geplanten Entwicklung als *major* bzw. *minor* auf Basis der Beschreibung der geplanten Entwicklung verantwortlich. Darauf aufbauend obliegt der MPL die Ausarbeitung und Bekanntgabe des Musterprüfprogramms. Der Tätigkeitsschwerpunkt liegt dabei in der Identifikation und Interpretation der anzuwendenden Bau- und Umweltvorschriften, Lufttüchtigkeits- und Sonderforderungen. Sofern es sich um eine große Entwicklung handelt, beinhaltet dies auch die Abstimmung der Zulassungsbasis mit der zuständigen Behörde.

Sicherstellung der Abarbeitung des Musterprüfprogramms Die Musterprüfleitstelle trägt die Verantwortung für die Überwachung und ordnungsgemäße Durchführung des gesamten Musterprüfprozesses innerhalb des Entwicklungsbetriebs. Daher steht die MPL auch den Mitarbeitern des Entwicklungsbetriebs zu allen Fragen des Zulassungsprozesses als zentraler Ansprechpartner beratend zur Verfügung. Nach außen fungiert die MPL als direkte Schnittstelle zur EASA. Aufgabe der MPL ist es ebenfalls, Standards zur Dokumentation der Nachweisführung zu definieren und eine kontinuierliche Weiterentwicklung der internen zulassungsrelevanten Verfahren und Prozesse sicherzustellen.

Zulassung kleiner Entwicklungen und Vorbereitung der Zulassung großer Entwicklungen (Declaration of Compliance) Nach Abschluss der Nachweiserbringung folgen die finalen Zulassungsaktivitäten, welche nahezu ausschließlich durch die MPL wahrgenommen werden. Bei kleinen Entwicklungen erteilt die Musterprüfleitstelle selbst die Zulassung (sofern in der EASA 21/J Genehmigungsurkunde entsprechend ausgewiesen), bei großen Entwicklungen bereitet die MPL die Ergebnisse des Musterprüfprogramms für die zuständige

Behörde auf und beantragt die Zulassung. Dafür muss die Musterprüfleitstelle die Vollständigkeit der erforderlichen Dokumentation sicherstellen. Ist dies gegeben, empfiehlt die MPL dem Leiter des Entwicklungsbetriebs die Unterzeichnung der sog. Übereinstimmungserklärung (*Declaration of Compliance*).

Unterstützung der zuständigen Luftaufsichtsbehörde Die Musterprüfleitstelle fungiert im Rahmen von Entwicklungsprojekten als zentraler Ansprechpartner für die Luftaufsichtsbehörden. Sie informiert die Behörde kontinuierlich über den Verlauf des Musterzulassungsprozesses und arbeitet dieser auf Anforderung zu. Darüber hinaus unterstützt die MPL die Luftaufsichtsbehörden auch losgelöst von einzelnen Entwicklungsprojekten. Beispielsweise berät die Musterprüfleitstelle die Behörde bei der Herausgabe von Lufttüchtigkeitsanweisungen.

Aufrechterhaltung der Lufttüchtigkeit Neben der Abarbeitung von Entwicklungen obliegt der Musterprüfleitstelle die Verantwortung für die laufende Überwachung der entwickelten Produkte, u. a. im Rahmen von Änderungen und Reparaturen. Desweiteren hat die Musterprüfleitstelle sicherzustellen, dass Erkenntnisse aus Vorfällen, Beanstandungen, Auswertungen und Betriebserfahrungen angemessene konstruktionsbezogene Maßnahmen nach sich ziehen. Zudem unterstützt die Musterprüfleitstelle bei der Erstellung von technischen Mitteilungen. Nicht zuletzt fungiert die MPL als zentraler Ansprechpartner für die eigenen Mitarbeiter in allen Fragen der Lufttüchtigkeit.

4.3 Design-Spezifikation von Entwicklungsvorhaben

4.3.1 Definition und Aufgaben

Eine Design-Spezifikation (kurz: *Spec.*)[8] ist die konkrete und **formalisierte Beschreibung** einer noch zu erbringenden Entwicklungsleistung, wobei die Anforderungen an das Ergebnis durch Kunde, Markt, betriebliches Management oder Gesetzgeber vorgegeben werden. Ziel einer Design-Spezifikation ist es, aus den Anforderungen eine möglichst **vollständige, schlüssige und eindeutige Beschreibung** zu erstellen, die als Grundlage zur Produktentwicklung herangezogen werden kann.

Die ideale Spec. enthält insofern keine Lösungen, sondern formuliert nur Anforderungen. Erklärungen, nach welchem Prinzip die Entwicklungsergebnisse funktionieren, liefert erst die Beschreibung des Vorhabens. Die Spezifikation dient den eigentlichen Entwicklungstätigkeiten damit idealerweise nur als Ausgangs- bzw. Basisdokument.

---

[8] Während in der Luftfahrtindustrie üblicherweise der Begriff der Design- oder Customer Specification verwendet wird, ist in anderen Branchen auch der Wortgebrauch der Fachspezifikation, des Sollkonzepts oder des Pflichtenhefts geläufig.

Ziel einer Design-Spezifikation ist es, ein einheitliches Bild zwischen dem Auftraggeber und dem Entwickelnden als Auftragnehmer über das Ergebnis der Entwicklung zu schaffen. Die Spezifikation wird üblicherweise vom Auftragnehmer erstellt[9] und muss vom Auftraggeber freigegeben und bestätigt werden, damit nachvollziehbar dokumentiert ist, dass beide Parteien dasselbe Bild im Hinblick auf die Leistungserbringung haben. Daraus ergibt sich, dass die Spec. ein verbindliches Dokument zwischen Auftraggeber und Auftragnehmer ist, an dem, nach dessen Unterzeichnung, Änderungen nur im gegenseitigen Einverständnis vorgenommen werden dürfen. Aus diesem Grund ist die Spezifikation zumeist Bestandteil des Angebots bzw. des Kundenvertrags.

Um den Erfüllungsgrad der Anforderungen im Nachgang bewerten zu können, ist es bedeutsam, in der Spezifikation objektiv messbare Merkmale zu definieren, gegen die das Produkt oder die Entwicklungsleistung bei der Übergabe geprüft werden kann. Der dabei festgestellte Erfüllungsgrad der Spec. entscheidet über die Abnahme durch den Auftraggeber. Aus dieser Perspektive ist eine Spec. immer nur so gut, wie es im Nachgang möglich ist, gegen die in ihr definierten Anforderungen zu prüfen. Damit wird deutlich, dass die Spec., wenngleich der Inhalt überwiegend technischer Natur ist, auch aus kaufmännischer und juristischer Perspektive Aufmerksamkeit verdient (z. B. Zahlungsverpflichtung, Mitwirkungspflicht, Gewährleistung, Haftung). Für den Auftragsnehmer bildet die Spezifikation die Grundlage des Zahlungsanspruchs.

Der Umfang einer Spec. orientiert sich an der Größe des Entwicklungsvorhabens. Für Entwicklungen auf Bauteilebene kann eine wenige Seiten umfassende Bauteilspezifikation ausreichend sein, während es sich bei komplexen Entwicklungsprojekten an Flugzeugen regelmäßig um ein Dokument mit mehreren tausend Seiten handelt. Bei solch umfangreichen Entwicklungsvorhaben nimmt der Detaillierungsgrad im Akquisitionsprozess, meist jedoch darüber hinaus bis zum sog. Critical Design Review (CDR) und bisweilen darüber hinaus, sukzessive zu. Es gelingt also nur in Ausnahmen mit dem „ersten Wurf" die finale Fassung zu formulieren. Die Spezifikation ist bei komplexen Entwicklungsaktivitäten ein iterativer Abstimmungsprozess.

4.3.2 Formale Anforderungen an Design-Spezifikationen

Design-Spezifikationen sollten losgelöst von deren Inhalt einige grundlegende Kriterien erfüllen, damit Auftraggeber und Ersteller effizient mit ihnen arbeiten können. Um dies zu erreichen, ist es sinnvoll, Spezifikationen auftrags- bzw. betriebsübergreifend so gut es geht zu standardisieren. Dies vereinfacht nicht nur deren Erstellung, weil sich der Entwickler stets entlang eines roten Fadens in Form einer Musterspezifikation bewegen kann. Eine **Standardisierung** trägt auch zu einer höheren Qualität der Beschreibung bei, weil diese die

---

[9] Bei Fremdvergaben von Entwicklungsleistungen stellen große bzw. erfahrene Luftfahrtbetriebe die Spezifikation dem Ausführenden (Subcontractor) jedoch auch oftmals bei.

4.3 Design-Spezifikation von Entwicklungsvorhaben

- Vollständigkeit und
- Übersichtlichkeit.

fördert. Darüber hinaus ist bei der Erstellung einer Spezifikation auf weitere allgemeine **Basisanforderungen** zu achten, u. a.:

- Verständlichkeit,
- Eindeutigkeit,
- Prüfbarkeit und
- Transparenz in der Dokumentation.

Vollständigkeit Eine Spezifikation muss die Leistungsanforderungen des Anforderers (z. B. Kunde oder interner Auftraggeber) vollständig beschreiben. Implizite Annahmen bergen die Gefahr späterer Klärungsbedarfe. Da Spezifikationen in der Luftfahrtindustrie sehr umfangreich sein können, kommt es darauf an, die Aktivitäten zur Erstellung zu planen und zu überwachen. Auch empfiehlt es sich, Kapazitäten für eine Qualitätssicherung zu berücksichtigen. Gerade bei komplexen Spezifikationen, an denen viele Mitarbeiter beteiligt sind, ist die Fehlerwahrscheinlichkeit hoch. Dies kann insoweit kritisch sein, weil es sich zum Zeitpunkt der Spec.-Erstellung um den Beginn der Wertschöpfung handelt. Unvollständige Angaben in diesem frühen Stadium können im weiteren Projektverlauf erhebliche Korrekturaufwände nach sich ziehen.

Verständlichkeit und Übersichtlichkeit Eine Spezifikation muss sowohl für den Auftraggeber wie auch für den Auftragnehmer verständlich beschrieben sein und einen übersichtlichen Aufbau vorweisen. Hier ist gesunder Menschenverstand gefragt. Als grober Maßstab sollte gelten, dass die Anforderungen in vertretbarem Aufwand gelesen und verstanden werden können.

Förderlich auf die Verständlichkeit und Übersichtlichkeit wirkt zudem ein klarer, konsistenter Aufbau, also eine nachvollziehbare Struktur mit Deckblatt, Inhaltsverzeichnis, Glossar, Revisionshistory, Unterteilung in Anforderungstypen und einheitliche Beschreibung der Anforderungen.

Eindeutigkeitn Spezifikationen müssen eindeutig und widerspruchsfrei formuliert sein, um Fehlinterpretationen zwischen den betroffenen Parteien auszuschließen. Dazu ist die Verwendung unverständlicher Umschreibungen oder betriebsspezifischer Fachtermini zu vermeiden. Gerade weil eine Spezifikation üblicherweise in englischer Sprache erstellt wird, sollte diese mit einfachen Worten beschreiben ohne durch unnötige Ausführungen zu verwirren. Daher ist es angeraten, der eigentlichen Beschreibung eine Begriffsexplikation voranzustellen, um Missverständnissen vorzubeugen (gängiges Beispiel ist die Festlegung der Worte *shall*, *should*, *must*, *will* und *may*).

Um die Eindeutigkeit zu gewährleisten, sollten die Anforderungen klar identifizierbar sein. Dies lässt sich am einfachsten umsetzen, indem jeder Anforderung eine Kennung oder Nummer zugewiesen ist. Die Eindeutigkeit kann optisch durch einen schlüssigen Aufbau verbessert werden, z. B. wenn nur eine Anforderung pro Abschnitt oder Satz beschrieben ist.

Prüfbarkeit Die Inhalte der Spezifikationen müssen sich mit der erbrachten Leistung abgleichen lassen. Die formulierten Anforderungen sind mithin nur dann gut, wenn der Kunde am Ende in der Lage ist, deren Erfüllung zu überprüfen. Schließlich möchte der Auftraggeber sicher gehen können, dass das fertige Produkt den in der Spezifikation definierten Anforderungen entspricht. Hierzu kann es sinnvoll sein, die Anforderungen aus der Spec. mit definierten Abnahmekriterien zu verknüpfen.

Transparente Dokumentation Da die Dokumentation in der Luftfahrtindustrie sehr komplex ist, besteht stets die Gefahr, die Übersichtlichkeit in den Dokumenten selbst, zwischen den Revisionsständen der gleichen Dokumente oder zwischen der Vielzahl referenzierter Dokumente zu verlieren. Um dieses Risiko einzugrenzen, empfiehlt es sich, für die Spezifikation ein einziges Dokument zu erstellen, in dem dann alle Anforderungen enthalten sind. Um die Dokumentationstransparenz weitestgehend aufrechtzuerhalten, ist – soweit möglich und sinnvoll – auf Referenzierungen zu anderen Dokumenten zu verzichten. Zudem sind Spezifikationen mit einer Revisionshistory zu versehen, damit eine Verfolgung der Änderungsaktivitäten gewährleistet werden kann. Revisionen sind stets von beiden Parteien schriftlich festzulegen und vom Auftraggeber nachvollziehbar zu genehmigen. Hierzu sollte idealerweise ein Prozess zwischen Auftragnehmer und Auftraggeber festgelegt sein, der u. a. Zeichnungsberechtigung oder Ansprechpartner definiert.

4.3.3 Inhaltlicher Aufbau von Design-Spezifikationen

Den Kern einer Spezifikationen bildet die eigentliche **Leistungsbeschreibung**. Dazu müssen die Anforderungen des Kunden strukturiert, vervollständigt und präzisiert sowie ein einheitliches Bild generiert werden.

Die Leistungsbeschreibung wird in verschiedene **Anforderungsstufen** unterschieden:

- *Muss-Kriterien*: für das Produkt unabdingbare Leistungsmerkmale, deren Erfüllung in jedem Fall sichergestellt sein muss,
- *Soll-Kriterien*: die Erfüllung ist nicht unmittelbar notwendig, eine Realisierung der entsprechenden Anforderungen wird jedoch angestrebt,
- *Kann-Kriterien*: die Erfüllung ist nicht notwendig, wird aber angestrebt, sofern der geplante Ressourceneinsatz dadurch nicht überschritten wird,
- *Abgrenzungskriterien*: mit diesen Anforderungen wird explizit darauf hingewiesen, dass bestimmte Kriterien nicht erreicht werden sollen (Ausschlussprinzip).

4.3 Design-Spezifikation von Entwicklungsvorhaben

Inhaltlich lassen sich die Anforderungen im Wesentlichen unterscheiden in:

- **allgemeine Angaben,**
- **funktionale Angaben,**
- **technische Angaben,**
- **Qualifikation.**

Allgemeine Angaben Der funktionalen und technischen Beschreibung sind üblicherweise allgemeine Daten zu den Produkt- bzw. Programmanforderungen vorangestellt. Diese haben Übersichtscharakter und sollen einen zusammenfassenden Einblick in das Vorhaben gewähren. Im allgemeinen Teil sind zudem Prämissen definiert und heranzuziehende Unterlagen sowie Referenzen auf weiterführende Dokumentation aufgeführt (z. B. Bauteil- oder Rahmenspezifikationen). In diesem Kontext werden üblicherweise auch die zugehörigen Revisionsstände sowie Zuständigkeit und Zeitpunkt der Dokumentenbeistellung definiert.

Im allgemeinen Teil der Spezifikation finden sich zudem Festlegungen hinsichtlich der Zulassungsbasis und damit auf einzuhaltende Gesetze, Bauvorschriften und Normen. Für den weiteren Verlauf der Spezifikationserstellung ist dann erhöhte Aufmerksamkeit geboten, wenn die Zulassung nicht (nur) unter der Genehmigung der großen Luftfahrtbehörden (EASA, FAA) erfolgt, weil dann unter Umständen weniger bekannte länderspezifische Zulassungsbedingungen zu berücksichtigen sind.

Nicht ungewöhnlich ist an dieser Stelle auch eine kurze Festlegung zum Projektvorgehen und zum Projektmanagement. Einen wesentlichen Baustein bilden dabei neben Entwicklungsmeilensteinen auch Reviews, also Abstimmungsmeetings zwischen Kunde und Auftragnehmer.

Desweiteren finden sich in diesem Abschnitt auch Bestimmungen zum Umgang mit geistigem Eigentum (Intellectual Properties).

Ergänzend zur konkreten Beschreibung der Leistung sind der Spezifikation üblicherweise weitere **Standard-Elemente** voran bzw. hinten angestellt. Hierzu zählen beispielsweise:

- Deckblatt mit Kopfdaten (z. B. Name des Kunden, Revisionsstand der Spezifikation, Flugzeugmuster und -registrierung, Kunde oder Operator, bei Bauteilen ATA-Kapitel sowie Unterschriften),
- Inhaltsverzeichnis,
- Einleitung,
- Abkürzungsverzeichnis,
- Glossar: Begriffsfestlegungen (z. B. shall, should, must, will und may),
- Ergänzungen.

Idealerweise handelt es sich bei den Angaben um Textbausteine, die bedarfsorientiert ergänzt, gestrichen oder angepasst werden.

Die **ATA-Systematik** ist ein Ordnungsmuster der Air Transport Association of America (ATA), nach dem sämtliche Bestandteile moderner Passagierflugzeuge erfasst und geordnet sind. Zunächst nur für den US-amerikanischen Raum gedacht, kommt die ATA-Struktur heutzutage bei fast allen Luftfahrzeugherstellern zum Einsatz. Mit der ATA-Struktur existiert somit ein weltweiter Standard hinsichtlich des grundlegenden Aufbaus der Flugzeugdokumentation, der teilweise darüber hinaus auch für die Vergabe von Teilenummern herangezogen wird. Die Verbreitung und Akzeptanz der ATA-Struktur ist nicht zuletzt darauf zurückzuführen, dass FAA und EASA in ihren Bauvorschriften auf diese zurückgreifen. Jedoch ist eine zunehmende Abkehr von der ATA-Systematik zu erkennen. Neue Flugzeugmuster werden bereits immer häufiger unter dem Dokumentenmanagement-Standard S1000D entwickelt.

Die weltweite Anerkennung der ATA-Struktur erleichtert die konstruktionstechnische Vergleichbarkeit der Flugzeugmuster unterschiedlicher Hersteller und ermöglicht vor allem einen einfacheren Informationsaustausch. So trägt der ATA-Standard u.a. zu einem höheren Sicherheitsniveau und einer effizienteren Arbeitsdurchführung (insbesondere in der Instandhaltung) bei.

Ausgangspunkt bilden die ATA-Nummernsystematik mit den ATA-Kapiteln in der obersten Gliederungsebene sowie Sections und Subjects in den darunter befindlichen Ebenen. Beispiel:

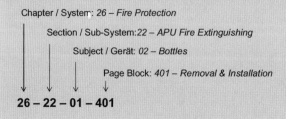

Funktionale Angaben In einer Spezifikation werden alle funktionsbezogenen Eigenschaften beschrieben. Es ist also die Frage zu beantworten, was das Produkt können bzw. beinhalten muss. Hierzu zählen vor allem:

- Design-Angaben (Farbe, Form, Ergonomie, Abmessungen, Oberflächen, Kabinenaufteilung, Bestuhlung etc.),
- allgemeine Leistungsmerkmale,
- Geräte, Systeme und deren Schnittstellen.

Bedarfsorientiert wird dabei nach Basis- und Optionsspezifikationen unterschieden.

Technische Angaben Um die allgemeinen und funktionalen Anforderungen realisieren zu können, müssen zu Beginn auch die technischen Voraussetzungen definiert werden. Diese technische Beschreibung sollte eine Detaillierungstiefe aufweisen, die es ermöglicht, gesichert festzustellen, ob das Produkt zulassungsfähig und konstruktiv umsetzbar ist. Typische Parameter zur Beschreibung der technischen Anforderungen sind:

- Toleranzen, Präzision, Gewicht,
- Bauelementequalität bzw. -leistung,
- anzuwendende Standards,
- Integration vorhandener Subkomponenten sowie Schnittstellen (elektrisch/mechanisch),
- Transport- und Lagervorgaben,
- Umweltschutz- und Gefahrstoffvorgaben,
- Materialvorgaben mit zu verwendenden und explizit nicht zu verwendenden Materialien,
- Betriebs- und Instandhaltungsvorgaben,
- Freigabezertifikate.

Spezifikationen, die kritische Bauteile beschreiben, sind idealerweise als solche zu kennzeichnen. Auf diese Weise ist rasch erkennbar, dass besondere Produktqualifizierungsmaßnahmen erforderlich sind.

Qualifikation Bereits in der Spezifikation werden die Zulassungs- und Testanforderungen z. B. auf Basis von Bauvorschriften oder allgemein anerkannter Teststandards (z. B. RTCA) formuliert. Häufig angewandte Qualifikationskriterien sind z. B.:

- Lebensdauer,
- Gewicht,
- Zuverlässigkeit,
- Fehlertoleranzen,
- Belastungsfähigkeit,
- Verträglichkeitsverhalten (*Electro-magnetic Interference – EMI*),
- Brennbarkeit.

Gegebenenfalls sind die Prüfvorgaben bereits in dieser Phase der Leistungserstellung zu einem groben Qualification Test Plan (QTP) zusammenzufassen.

Sofern die Spezifikation Leistungsumfänge beschreibt, bei denen der Betrieb in Art oder Umfang über wenig Erfahrung verfügt, ist es sinnvoll, alle beteiligten Bereiche (insbes. auch Produktion, Arbeitsvorbereitung, Engineering und Kundendienst) in die Erstellung der Spec. einzubeziehen, um bei späterer Leistungserbringung einen größtmöglichen Konsens vorweisen zu können und so Störungen im Entwicklungs- bzw. Herstellungsprozess zu vermeiden.

Parallel zur Spezifikation sind bereits frühzeitig die mit der Entwicklung verbundenen Aufwendungen zu kalkulieren. Hierzu zählen neben den Arbeitsstunden vor allem die Material- und Fremdleistungen. Die Kosten sind für den gesamten Entwicklungsprozess (Erstellung der Herstellungs- und Instandhaltungsvorgaben, Nachweisführung, Zulassung, Dokumentation) zu ermitteln.

4.4 Herstellungs-, Instandhaltungs- und Betriebsvorgaben

Die Erstellung von Herstellungs- und Instandhaltungsvorgaben sowie Betriebsanweisungen bildet neben der Nachweisführung eine der tragenden Säulen in der Entwicklung. Eine 21/J-Organisation muss für eigene Entwicklungen alle Angaben und Daten zur Verfügung stellen, die zur Herstellung, Instandhaltung, Prüfung und Nutzung des Produkts erforderlich sind. Die Ergebnisse jeglicher Entwicklungsaktivitäten müssen dabei folgenden Basiskriterien gerecht werden:[10]

- Erfüllung der Entwicklungseingaben, z. B. Bauvorschriften oder Kundenanforderungen,
- Festlegung von Daten bzw. Informationen, die für die Beschaffung und Produktion des Produkts sowie die zugehörige Dienstleistungserbringung erforderlich sind,
- Bereitstellung von Prüf- und Annahmekriterien für die Sicherstellung der Lufttüchtigkeit des Produkts,
- Bestimmung von Produkteigenschaften, die eine sichere Nutzung zulassen.

4.4.1 Herstellungsvorgaben

Bei den Herstellungsvorgaben[11] handelt es sich um alle Dokumente, die die Bauart einer Musterzulassung (*Type Design*) oder Änderungen bzw. Ergänzungen an dieser beschreiben. In der Sprache der EASA ist daher auch von **Type Design Definition Documents** die Rede. Diese Entwicklungsunterlagen müssen in Art und Umfang detailliert genug beschrieben sein, damit eine Herstellung in gleich bleibender Übereinstimmung mit den genehmigten Designvorgaben möglich ist. Insofern geht es um die Ausarbeitung einer detaillierten Design-Lösung, wie zum Beispiel Konstruktionszeichnungen und Schaltpläne, die als Basis für die spätere Herstellung herangezogen werden können.

Als Grundlage für diese Entwicklungsaktivitäten dient üblicherweise die Spezifikation (Kundenanforderung). Jedwede Art der Spezifikation beschreibt jedoch üblicherweise nur die Eigenschaften eines Produkts, nicht aber in vollem Umfang die Technik und Beschaf-

---

[10] vgl. IR Certification EASA Part 21–21A.239 (a) (1), 21A.265 (b, c), 21A.4 bzw. EN 9100 Sektion 7.3.3.

[11] Auch Designvorgaben, Bauunterlagen, Design Document oder Design Description.

4.4 Herstellungs-, Instandhaltungs- und Betriebsvorgaben

fenheit, mit der diese realisiert werden. Um also luftrechtliche Herstellanweisungen (*Approved Design Data*) zu entwickeln, sind Spezifikationen zu verfeinern und zu ergänzen.

Die Herstellungsvorgaben bilden den Output der Konstruktions- bzw. Entwicklungsaktivitäten. Bei diesen Daten handelt es sich um alle Informationen, welche die Funktionen und die Bauausführung des Produkts beschreiben, z. B.:[12]

- Zeichnungen, Spezifikationen, Layouts, Entwürfe, Schematics, Schaltpläne sowie System- oder Bauteilbeschreibungen, die die Konfiguration und die Konstruktionsmerkmale des Produkts definieren,
- Materialstücklisten und Angaben zur Beschaffenheit der einzusetzenden Werkstoffe,
- Hinweise zu Prozessen, Verfahren, Fertigungstechniken sowie Instruktionen zu Installationen oder zur Produktbearbeitung,
- Prüfanweisungen einschließlich erforderlicher Testschritte und ggf. zulässiger Ergebnisse und Toleranzen unter Berücksichtigung aller angrenzenden Systeme.

Während der Entwicklungs- bzw. Konstruktionsaktivitäten ist stets darauf zu achten, dass die (erwarteten) Ergebnisse nicht nur technisch umsetzbar, sondern auch **ökonomisch vertretbar** sind. Gerade bei komplexen Entwicklungen kann die Lösungsfindung mit erheblichem Konstruktionsaufwand verbunden sein.

Insbesondere muss die Entwicklung einschließlich der zugehörigen technischen Umsetzungsanweisungen den Bauvorschriften entsprechen, d. h. zugelassen werden können. Dies zu überwachen und zu prüfen ist Aufgabe jedes einzelnen Entwicklers, final jedoch der Musterprüfleitstelle.

Sämtliche Entwicklungsergebnisse müssen eindeutig, nachvollziehbar und vollständig sein. Die Entwicklungslösung ist in einem Detaillierungsgrad zu dokumentieren, der es dem ausführenden Herstellungsbetrieb ermöglicht, die Anweisungen ohne Rückfragen auszuführen. Dies schließt die Berücksichtigung der sich aus der Nachweisführung ergebenden Parameter und Bestimmungsgrößen (ggf. besondere Toleranzen) ein.

Der ausführende Herstellungsbetrieb erstellt aus den Vorgaben des Entwicklungsbetriebs detaillierte Bauunterlagen mit allen Maß- und Toleranzangaben. Der Detaillierungsgrad dieser Daten orientiert sich daran, ob die zur Verfügung gestellten Angaben ausreichen, die Sicherung der Produktkonformität sowie einen bestimmungsgemäßen Gebrauch zu gewährleisten.

Hilfreich für die Erstellung der Herstellungsdokumentation ist die Einhaltung betrieblicher oder branchentypischer Standards, z. B.:

- Format und Aufbau der Herstellungsvorgabe,
- Referenz auf Standard Procedures statt eigener Vorgaben,
- Verwendung von Formblättern,
- Anwendung von Textbausteinen, Verwendung von simplyfied English.

---

[12] vgl. IR Certification EASA Part 21–21A.31 sowie EN 9100 Sektion 7.3.3.

Die Herstellungsvorgabe selbst muss mit einer eindeutigen Dokumentennummer versehen sein. Überdies müssen Angaben zum Revisionsstand, zum ATA-Kapitel und zum Entwicklungsprojekt enthalten sein.

Die erstellten Herstellungsvorgaben sind zum Abschluss durch den oder die verantwortlichen Entwicklungsingenieure zu unterschreiben, um die ordnungsgemäße Ausarbeitung zu bestätigen.

4.4.2 Betriebs- und Instandhaltungsdokumentation

Wird in einer 21/J-Organisation eine Entwicklung angestoßen um ein TC, eine Änderung an einem TC oder ein STC zu erwirken, so reicht es nicht aus, nur Herstellvorgaben zu generieren. Der Halter einer Musterzulassung muss neben den Design-Unterlagen auch die zugehörige Betriebs- und Instandhaltungsdokumentation (*Maintenance and Operating Instructions*) bereitstellen. Nur so ist es dem Operator nach Inbetriebnahme möglich, die Lufttüchtigkeit seines Luftfahrzeug dauerhaft aufrechtzuerhalten.[13] Hierzu muss der TC-Halter die entsprechende Dokumentation, in Form von Handbüchern (**Manuals**) bereitstellen, die darstellen, wie das Flugzeug instandgehalten und betrieben wird. Der Entwicklungsbetrieb ist auch verantwortlich für deren fortlaufende Pflege und für etwaige Aktualisierungen (Revisionen). Handelt es sich um ergänzende Musterzulassungen, so muss der STC-Halter zudem die zu ändernden Manuals identifizieren, die Ergänzungen eigenverantwortlich ausarbeiten und den TC-Halter damit beauftragen, die entsprechenden Anteile der Instandhaltungs- und Betriebsvorgaben in die betroffene Dokumentation einzuarbeiten.

Das Vorgehen und die Bedingungen zur Ausarbeitung von Betriebs- und Instandhaltungsvorgaben ist weitestgehend mit denen der Erstellung von Herstellvorgaben identisch. Dennoch wird im Guidance Material explizit auf die Notwendigkeit einer **Prozess- und Organisationsstruktur** für die dauerhafte Dokumentationsbereitstellung hingewiesen. Denn die Aktualisierung, Freigabe, Herausgabe und Verteilung an die betroffenen Luftfahrzeugbetreiber hat einen kontinuierlich wiederkehrenden Ablaufcharakter und unterscheidet sich damit erheblich von einer einmaligen Erstellung der Herstellvorgaben. Der Umfang der existierenden Dokumentation, der in Abb. 4.4 auszugsweise dargestellt ist, macht überdies deutlich, dass nur ein sturkturierter Prozess die dauerhafte Dokumentenaktualität sicherstellen kann.

4.4.3 Verifizierung und Freigabe

Nach Abschluss der Konstruktions- und Entwicklungsaktivitäten und der Erstellung der zugehörigen Dokumentation ist die Entwicklungslösung durch einen zweiten Entwick-

---

[13] Diese Notwendigkeit ergibt sich aus IR Certification EASA Part 21–21A.57 und 21A.239 (a) sowie insbesondere dem zugehörigen GM 3.1.5.

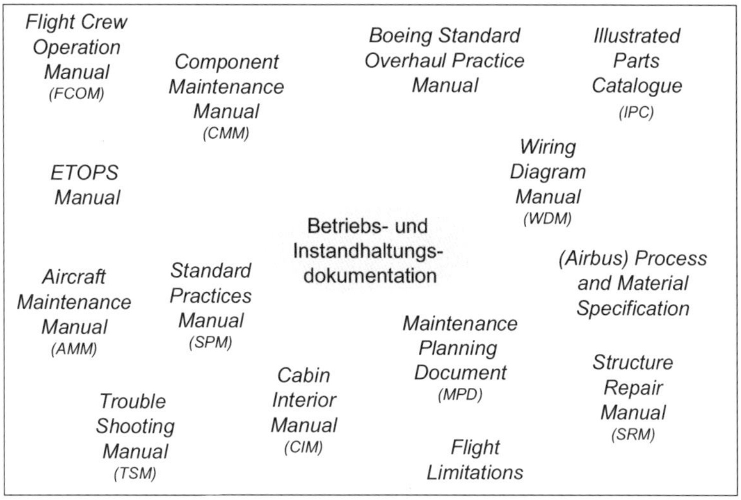

4.4 Herstellungs-, Instandhaltungs- und Betriebsvorgaben

```
Flight Crew                    Boeing Standard      Illustrated
Operation       Component      Overhaul Practice    Parts
Manual          Maintenance    Manual               Catalogue
(FCOM)          Manual                              (IPC)
                (CMM)
                                              Wiring
ETOPS                                         Diagram
Manual                                        Manual
                               Betriebs- und  (WDM)
                               Instandhaltungs-
Aircraft        Standard       dokumentation        (Airbus) Process
Maintenance     Practices                           and Material
Manual          Manual                              Specification
(AMM)           (SPM)          Maintenance
                               Planning
                Cabin          Document             Structure
Trouble         Interior       (MPD)                Repair
Shooting        Manual                              Manual
Manual          (CIM)                               (SRM)
(TSM)                          Flight
                               Limitations
```

Abb. 4.4 Bedeutende Betriebs- und Instandhaltungsdokumentation

lungsingenieur einer **unabhängigen Zweitkontrolle** (*Verification*) zu unterziehen. Hierbei handelt es sich sowohl um eine fachlich-inhaltliche als auch eine formale Prüfung der Unterlagen auf:

- Vollständigkeit, Richtigkeit und Plausibilität,
- Entwicklungsprämissen (z. B. Lastannahmen, Hitze, Interferance),
- Einhaltung der betrieblichen und branchenüblichen Vorgaben und Standards.

Idealerweise verfügt der Betrieb über Checklisten zur Verifizierung, um den prüfenden Ingenieuren eine Hilfestellung an die Hand zu geben und so zu gewährleisten, dass keine Prüfkriterien vergessen werden. Für die Wahrnehmung von Verifizierungsaufgaben muss ein Ingenieur über vertiefte Systemkenntnisse verfügen, so dass die für eine Verifizierung verantwortlichen Ingenieure vor ihrer Ernennung eine weiterführende Ausbildung durchlaufen haben müssen.

Im Anschluss an die Verifizierung prüft der verantwortliche Ingenieur in der Musterprüfleitstelle die Entwicklungsdokumentation unter zulassungsrelevanten Gesichtspunkten gemäß Musterprüfprogramm. Die Schwerpunktlegung liegt hier üblicherweise jedoch weniger auf einer generellen fachlich-inhaltlichen oder formalen Prüfung. Vielmehr wird durch die Musterprüfleitstelle abgeklärt, ob die Herstellungs-, Instandhaltungs- oder Betriebsanweisungen in Übereinstimmung zu den identifizierten Bauvorschriften gemäß Musterprüfprogramm stehen und die Vollständigkeit der Dokumentation gegeben ist.

Nach Erstellung, Prüfung und Unterzeichnung der Herstellungs-, Instandhaltungs- oder Betriebsanweisungen durch den verantwortlichen Ingenieur sowie nach anschließender Überprüfung und Unterzeichnung durch den Verification Ingenieur, gibt der für die Zulassung verantwortliche Ingenieur der Musterprüfleitstelle das entsprechende Dokument zur Zulassung frei. Sobald die Behörde das TCs oder STCs erteilt hat, gelten die Entwicklungsunterlagen als „Approved Data".

Neben den Approved Data selbst, sind gemäß 21A.55 und 21A.105 auch alle wichtigen Konstruktionsinformationen, Zeichnungen und Prüfberichte, einschließlich Berichten über Inspektionen an den getesteten Produkten so aufzubewahren, dass diese der Luftaufsichtsbehörde jederzeit zur Verfügung gestellt werden können.

4.5 Einstufung von Entwicklungen

Am Beginn eines Entwicklungsprozesses sind die geplanten Aktivitäten nach deren Umfang und Komplexität zu klassifizieren. Unterschieden werden die Entwicklungskategorien

- **minor (geringfügig/klein) und**
- **major (erheblich/groß).**

Als *geringfügig* werden alle Entwicklungsaktivitäten eingestuft, die „nicht merklich auf die Masse, den Trimm, die Formstabilität, die Zuverlässigkeit, die Betriebskenndaten, die Lärmentwicklung, das Ablassen von Kraftstoff, die Abgasemissionen oder sonstige Merkmale auswirken, die die Lufttüchtigkeit des Produkts berühren".[14] Alle anderen Entwicklungen gelten als *erheblich*.

Die Einstufung kann dabei durch einen zugelassenen Entwicklungsbetrieb vorgenommen werden oder auf Antrag durch die EASA erfolgen. Innerhalb des Entwicklungsbetriebs obliegt die Klassifizierungsentscheidung der Musterprüfleitstelle.

Die Einstufung einer Entwicklung ist erforderlich, weil sich der Ablauf des Zulassungsprozesses am Umfang der geplanten Entwicklungsaktivitäten orientiert. Der wesentliche Unterschied beider Entwicklungskategorien liegt darin, dass geringfügige Änderungen durch den 21/J-Entwicklungsbetrieb selbst freigegeben werden dürfen, während die Zulassung erheblicher Entwicklungen durch die EASA erfolgt.

Abb. 4.5 zeigt die verschiedenen Klassifizierungsopportunitäten im Kontext der Zulassungsart.

Für die Einstufung in major oder minor ist im Normalfall auf den durch die EASA im Guidance Material veröffentlichten und in Abb. 4.6 dargestellten Klassifizierungsprozess zurückzugreifen.

In den AMC[15] sind Umsetzungsempfehlungen formuliert, die als grobe prozessuale und inhaltliche Richtschnur dienen. Danach muss jede 21/J-Design Organisation über ein

---

[14] vgl. IR Certification EASA Part 21–21A.91.
[15] vgl. insbesondere AMC No. 1 to 21A.263 (c) (1).

4.5 Einstufung von Entwicklungen

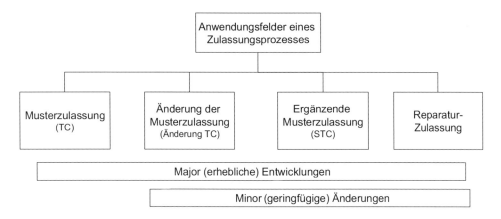

Abb. 4.5 Zusammenhang zwischen Zulassungsart und Klassifizierung

dokumentiertes Verfahren verfügen, das Einstufungen an Entwicklungen ermöglicht und nachvollziehbar ist.

Im Kern geht es darum, die Entwicklungsaufgabe zu identifizieren, zu beschreiben und zu begründen, um daraus eine nachvollziehbare Einstufungsentscheidung abzuleiten. Hierbei ist insbesondere die Frage zu klären, ob es sich:

- um eine erhebliche Änderung der Musterzulassung oder eine erhebliche Reparatur handelt,
- um eine geringfügige Änderung der Musterzulassung oder eine geringfügige Reparatur handelt, die eine erneute oder erweiterte Nachweisführung nötig macht bzw.
- um eine geringfügige Änderung oder Reparatur handelt, die keine erneute oder erweiterte Nachweisführung erfordert.

Da (neue) Musterzulassungen selbst stets als erhebliche Entwicklung gilt, ist eine Einstufung in diesem Fall nicht erforderlich.[16]

Durch eine klare Unterschriftenregelung ist sicherzustellen, dass die Verantwortlichkeiten und die Entscheidungen für jede einzelne Einstufung nachvollziehbar dokumentiert sind.

In der betrieblichen Praxis kommt es immer wieder vor, dass zum vorgesehenen Zeitpunkt der Klassifizierung nicht alle hierfür relevanten Daten vorliegen. Für diesen Fall ist die Entscheidungsfindung gem. GM to 21A.91 bis zur Verfügbarkeit der Daten zu vertagen.

Die Behörde ist immer dann in die Klassifizierungsentscheidung einzubinden, wenn Zweifel an der Einstufung bestehen oder wenn eine Reklassifizierung in Frage kommt.[17]

---

[16] vgl. IR Certification EASA Part 21–21A.97 (5) (1) i.V.m. 21A.33 und 21A.35.
[17] Zu den näheren Gründen einer Reklassifizierung siehe GM to 21A.91 (3.3).

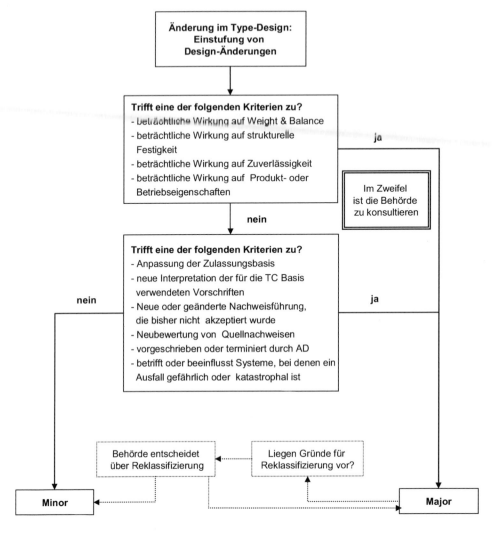

Abb. 4.6 Anhaltspunkte zur Klassifizierung in major vs. minor (GM 21A.91)

In Kap. 4.6 wird der Zulassungsprozess einer *erheblichen* Entwicklung erläutert. Der entsprechende Ablauf einer *kleinen* Änderung findet sich in Kap. 4.8.

4.6 Zulassungsprozess bei großen (major) Entwicklungen

4.6.1 Musterprüf-/Zulassungsprogramm

Im Anschluss an die Klassifizierung der Entwicklungsaktivität erfolgt die Festlegung des Musterprüf-/Zulassungsprogramms (*Certification Programm*). Das **Musterprüfprogramm** bildet die **Basis der Zulassung**. In diesem Schritt werden:

- die anwendbaren Bauvorschriften identifiziert und interpretiert,
- Art und Umfang der Nachweisführung abgeleitet,
- die einzelnen Bestandteile des Zulassungsprogramms zu einem ganzheitlichen Entwurf zusammengeführt,
- der Entwurf des Zulassungsprogramms zwischen Musterprüfleitstelle und zuständiger Luftfahrtbehörde abstimmt.

Identifikation und Interpretation der anzuwendenden Bauvorschriften In einem ersten Schritt sind die anzuwendenden Bauvorschriften zu identifizieren. Hierzu ist auf eine zusammenfassende technische Beschreibung der Entwicklungsumsetzung (*General Description*) zurückzugreifen. Bei (nicht substanziellen) Änderungen oder Reparaturverfahren an existierenden Musterzulassungen können jene Bauvorschriften als Grundlage herangezogen werden, die Basis der Musterzulassung gewesen sind. Diese sind üblicherweise dem Gerätekennblatt (*TC Data Sheet*/EASA Form 52) des entsprechenden Flugzeug- bzw. Triebwerkmusters zu entnehmen.

Abhängig vom Zulassungszeitpunkt und Zulassungsland handelt es sich bei den Bauvorschriften um:

- Federal Aviation Regulations (FAR),
- Joint Aviation Regulations (JAR),
- EASA Certification Specification (CS).

Nicht immer ist die Gültigkeit bzw. Anwendung einer Bauvorschrift für den spezifischen Einzelfall eindeutig, sodass diese der Interpretation bedarf. Kann keine innerbetriebliche Einigung in der Auslegung einer Bauvorschrift herbeigeführt werden, ist eine Klärung mit der zuständigen Behörde vorzunehmen. Zudem bedarf es bisweilen weiterer Abstimmungen, weil aus Behörden- oder auch Kundensicht bei der Entwicklung ergänzend anzuwendende Forderungen (z. B. für ETOPS- oder Allwetterflüge) zu berücksichtigen sind.

Neben Bauvorschriften sind in das Zulassungsprogramm immer auch die relevanten Umweltvorschriften (insbesondere aus dem EASA Part 21 bzw. ICAO Annex 16) zu integrieren. Darüber hinaus sollten bereits bei Erstellung des Musterprüfprogramms die länderspezifischen **Verkehrs- bzw. Betriebsvorschriften** berücksichtigt werden. Diese sind zwar für die Musterzulassung ohne Bedeutung, sehr wohl aber für die spätere Verkehrs- bzw. Betriebszulassung durch die Luftaufsichtsbehörde des entsprechenden Landes in dem das Flugzeug registriert werden wird (*State of Registration*). In Deutschland sind die Vorgaben der LuftBO (Betriebsordnung für Luftfahrtgerät) einzuhalten; in den USA handelt es sich um die FAR Part 91 und 121.

Kategorisierung der Nachweiserbringung Im Zuge der Erstellung des Musterprüfprogramms kommt neben der Identifizierung und Interpretation aller Bau- und Umweltvorschriften der Festlegung der Nachweisführung wesentliche Bedeutung zu. In diesem

Rahmen muss definiert werden, mit welchen Methoden nachzuweisen ist, dass die angestrebte Entwicklung den Bauvorschriften (z. B. bezüglich Festigkeit, Nicht-Brennbarkeit der verwendeten Materialien) und den umweltrechtlichen Vorgaben (hinsichtlich Emissionswerten, Lautstärke etc.) gerecht wird.

Die für den jeweiligen Fall anwendbare Art der Nachweisführung ergibt sich bisweilen unmittelbar aus den Bauvorschriften, oft jedoch beruht die korrekte Auswahl auf Erfahrungswerten der zuständigen Ingenieure aus den Entwicklungsabteilungen oder der Musterprüfleitstelle. Die gewählte Art der Nachweisführung ist durch den verantwortlichen Ingenieur der Musterprüfleitstelle festzulegen, zu begründen und schriftlich zu bestätigen.

Eine methodische Strukturierung der Nachweiserbringung erfolgt auf Basis der Means of Compliance (MoC). Die MoC (auch Methods of Compliance) kategorisieren die Nachweisführung in zehn Klassen (MoC 0– MoC 9).[18] Danach wird die Erfüllung der anwendbaren Bauvorschriften mit folgenden Mitteln nachgewiesen:

- Berechnungen, Analysen, Herleitungen, Design-Prüfungen oder Umsetzungsdokumentation,
- Spezifikationen, Zeichnungen, Schaltpläne oder Berichte,
- Testergebnisse- und -berichte unter Einbeziehung des Luftfahrzeugs, Triebwerks oder Bauteils.

Zusammenfassung, Abstimmung und Genehmigung des Zulassungsprogramms Nachdem die anzuwendenden Bauvorschriften identifiziert und die jeweilige Art der Nachweisführung festgelegt wurde, werden diese Angaben für das gesamte Projekt in einem aggregierten Dokument, dem Zulassungsprogramm, im Entwurfsstadium zusammengeführt. Diese Übersicht muss vollständig und eindeutig sein.

Parallel oder nach Festlegung des Zulassungsprogrammsentwurfs durch die Musterprüfleitstelle ist dieses mit den Vorstellungen der EASA in Einklang zu bringen.[19] Neben einer Präsentation des anstehenden Entwicklungsprojekts im Allgemeinen umfasst diese Abstimmung insbesondere eine Vorstellung des Zulassungsprogramms. Um Missverständnisse im weiteren Projektverlauf zu vermeiden, sollten die Ergebnisse zulassungsrelevanter Abstimmungsaspekte von beiden Seiten protokolliert werden. Nach Prüfung und etwaigen Änderungen am Programmentwurf genehmigt die Behörde das Musterzulassungsprogramm.

Schließlich ist es Aufgabe der Musterprüfleitstelle, das genehmigte Zulassungsprogramm in den betroffenen Abteilungen bekannt zu machen. In der betrieblichen Praxis erfolgt dieser Schritt vielfach noch vor dessen finaler Freigabe durch die Behörde. Gerade bei komplexen Entwicklungsprojekten hat es sich aus Zeitgründen als vorteilhaft erwiesen, noch während der Definition des Zulassungsprogramms mit der Erstellung der Design-

---

[18] Eine detaillierte Auseinandersetzung mit dem MoC findet sich in Abschn. 4.6.2.
[19] vgl. GM No. 1 to 21A.239 (a) 3.1.4.

vorgaben (Konstruktionsunterlagen, elektrische Schaltpläne etc.) und der Nachweiserbringung zu beginnen. Etwaige Änderungsbedarfe der Behörde werden dann nachträglich mit Genehmigung der Zulassungsbasis (jedoch noch vor der Zulassung!) angepasst.

4.6.2 Nachweise

Grundlagen Die Nachweisführung (***Showing of Compliance***) dient dem Zweck, die Übereinstimmung der Entwicklung mit den anzuwendenden Bauvorschriften zu prüfen und zu begründen. Bei der Nachweiserbringung handelt es sich um die strukturierte Validierung der Entwicklungsaktivitäten. Damit soll sichergestellt werden, dass das geplante Produkt in der Lage ist, die festgelegten Anforderungen an die Lufttüchtigkeit und den Umweltschutz zu erfüllen. Die Nachweisführung kann dabei abzielen auf eine Prüfung:

- der Baufestigkeit, Brennbarkeit bzw. Belastbarkeit (z. B. Ermüdungsfestigkeit, Lastannahmen),
- der Gestaltung und Bauausführung oder
- des Betriebsverhaltens, d. h. die Leistungs- und Betriebseigenschaften oder Betriebsgrenzen.

Die Notwendigkeit zur Nachweisführung ergibt sich aus dem Subpart 21/J sowie aus der EN 9100[20] und bildet einen Grundpfeiler des gesamten Entwicklungs- und Zulassungsprozesses. Aus diesem Grund wird die Nachweiserbringung durch die Musterprüfleitstelle begleitet und stichprobenartig durch die EASA überwacht.

Die Nachweisführung kann „auf dem Papier" beispielsweise in Form von Berechnungen, Analysen, Zeichnungen oder Simulationen erfolgen. Die Erbringung des Nachweises kann jedoch auch an den eingesetzten Werkstoffen sowie am fertigen Produkt, z. B. in Form von Simulationen, Labor-, Statik- oder Bodentests sowie Testflügen vorgenommen werden.

Branchenüblich ist eine Gruppierung entsprechend der in Tab. 4.1 aufgeführten **Methods bzw. Means of Compliance (MoC oder MC)**.

Ablauf der Nachweiserbringung In Abhängigkeit der Nachweismethode (MoC), die im Musterprüfprogramm festgelegt wurde, sind entsprechende Nachweise zu erbringen. Insbesondere Tests bedürfen dabei oftmals einer detaillierten Vorbereitung. Im Folgenden sind die wichtigsten Durchführungsbedingungen aufgeführt:[21]

---

[20] vgl. IR Certification EASA Part 21–21A.239 und EN 9100, Abschn. 7.3.5 und 7.3.6.
[21] vgl. IR Certification EASA Part 21–21A.33 und 21A.35 sowie EN 9100 Abschn. 7.3.6.1.

Tab. 4.1 Beschreibung der Methods/Means of Compliance (MoC)

MoC 0	Compliance statement	Die Erfüllung der Bauvorschrift ist durch Beschreibungen oder Erläuterungen zu begründen
MoC 1	Design review	Der Nachweis, dass die Bauvorschrift erfüllt ist, erfolgt durch Überprüfung der Vorgaben anhand von Dokumenten (Schaltplänen, Zeichnungen, Stücklisten)
MoC 2	Calculation/analysis	Die Nachweiserbringung erfolgt auf Basis von Berechnungen, Analysen oder Herleitungen
MoC 3	Safety assessment	Strukturierte Risikobeurteilung eines Systems und dessen Integration in das Flugzeug. Ein Assessment besteht üblicherweise aus einer Fehlerbewertung und einer oder mehreren Analysen (z. B. Fault Hazard Assessment, Fault Tree Analysis, Markov Analysis, Failure Mode Effektive Analysis)
MoC 4	Laboratory tests	Tests, die am Werkstoff oder Bauteil vorgenommen werden (z. B. Brandtest). Die Durchführung findet in Werkstätten und Labors statt
MoC 5	Test on aircraft (am boden)	Groundtest am Flugzeug nach Herstellung oder Modifikation. Die Übereinstimmung mit den Bauvorschriften wird über eine Prüfung der Funktionsfähigkeit oder der Verträglichkeit (z. B. Funktionstest, Tests zur elektromagnetischen Verträglichkeit) der betroffenen Systeme und Komponenten nachgewiesen
MoC 6	Flight test	Im Rahmen des Prüf-/Nachweisflugs werden Funktionsfähigkeiten bzw. Verträglichkeiten während eines Flugs getestet. Die Flüge sind mit der EASA abzustimmen und je nach Umfang der Nachweisführung durch Piloten des Halters oder ausschließlich durch Testpiloten durchzuführen
MoC 7	Inspection	Im Gegensatz zum Groundtest wird das System oder die Komponente nicht aktiviert, die Einhaltung der Bauvorschriften wird stattdessen anhand einer manuellen oder visuellen Zustandsprüfung nachgewiesen
MoC 8	Simulation	Der Test wird auf Basis eines Modells durchgeführt, um Erkenntnisse über das reale System zu gewinnen. Auf Simulationen wird z. B. zurückgegriffen, wenn reale Untersuchungen zu aufwändig, zu teuer, zu gefährlich sind oder wenn das reale System (noch) nicht existiert
MoC 9	Equipment qualification	Eine Gerätequalifikation muss nachgewiesen werden, sobald ein Einbau der entsprechenden Komponente in ein Luftfahrzeug oder Motor vorgesehen ist. Die Nachweiserbringung im Rahmen des MoC 9 kann alle zuvor genannten Nachweisformen (z. B. Tests, Analysen, Assessments, Inspections) umfassen. Verfügt das Bauteil bereits über eine behördliche Zulassung (z. B. im Rahmen eines TC, STC oder ETSO, TSO, PMA) so kann die Nachweiserbringung hierdurch hinreichend erbracht sein

- Es muss eine **Testbeschreibung** vorliegen, die aufzeigt, was getestet werden soll und welche Zielsetzungen mit dem Test verfolgt werden. In den Testplänen oder Spezifikationen sind das zu prüfende Produkt und die zu verwendenden Mittel idealerweise mit Referenz auf die entsprechenden Herstellungsvorgaben (Design-Documents) benannt sowie die Testbedingungen und die aufzeichnenden Parameter formuliert,
- **Testanweisungen** müssen eindeutig und vollständig festgelegt sein. Das bedeutet, dass notwendige Voraussetzungen (Einsatzmethoden und Inputs), die Durchführung des Tests, die Aufzeichnung der Ergebnisse sowie die Annahmekriterien beschrieben sind,
- **Testeinrichtungen** und Messgeräte, die beim Test zum Einsatz kommen, müssen geeignet und kalibriert sein.
- Der tatsächliche **Konfigurationsstand** des Testobjekts muss zum Zeitpunkt des Tests mit dem gültigen Stand der Vorgaben in Übereinstimmung stehen. Es muss also sichergestellt sein, dass die Einzelteile des Prüfstücks hinreichend den Vorgaben der Musterbauart genügen, dass also die Konstruktion, die Herstellungsprozesse und die Montage des Testprodukts gemäß den Anforderungen ausgeführt wurden.

Die Durchführung der Nachweiserbringung muss nicht notwendigerweise am Ende der Entwicklungsaktivitäten stehen. So kann es sinnvoll sein, Teilprüfungen am noch nicht vollständig hergestellten Produkt durchzuführen (z. B. bei Beschaffenheitstests mit Werkstoffen oder bei Prüfpunkten, die durch den Einbau nicht mehr zugänglich sind).

Notwendige Bedingungen für den erfolgreichen Abschluss einer Nachweiserbringung ist die Einhaltung des Testplans und der Testanweisungen einerseits sowie die Einhaltung der Annahmekriterien andererseits.[22] Die Ergebnisse müssen eindeutig sein und eine klare Aussage darüber zulassen, ob mit dem Testergebnis die Erfüllung der Forderung nachgewiesen wurde.

Die Ergebnisse der Nachweiserbringung sind in angemessener Form zu dokumentieren (z. B. Berichte, Berechnungen, Testreports). In der betrieblichen Praxis besteht der Nachweis im Normalfall aus einem zusammenfassenden Nachweisdokument (*Compliance Document*) sowie aus einem oder mehreren **Quellnachweisen**. Während ein Quellnachweis das Ergebnis der Nachweiserbringung festhält (z. B. eine Festigkeitsberechnung oder ein Brandtest-Report) und damit den Beweis beinhaltet, ist ein Compliance Document die formale Bestätigung dafür, dass der Nachweis erbracht wurde. Zugleich bildet ein Compliance Document das Bindeglied zwischen einem Quellnachweis und dem Zulassungsprogramm. Um eine eindeutige, rasche und transparente Zuordnung zwischen Quellnachweisen und Musterprüfprogramm zu ermöglichen, sollte ein Compliance Document einige der folgenden Angaben enthalten:

- Eine eindeutige Identifikationsnummer, um aus anderen Dokumenten eine Referenz zum Compliance Documents zu ermöglichen,

---

[22] Besondere Bedingungen gelten für Flugprüfungen (MoC 6), deren Anforderungen rudimentär unter 21A.35 beschrieben sind. Danach sind Flugprüfungen stets in enger Abstimmung mit der Behörde zu spezifizieren.

- Referenz auf die anzuwendenden Paragraphen der Bauvorschriften, abgeleitet aus dem Zulassungsprogramm,
- Referenz auf die zugehörigen Quellnachweise,
- Referenz auf die zugehörigen Design-Dokumente,
- Flugzeug-/Motorenmuster und/oder Flugzeugkennzeichen,
- das betroffene System/Komponente,
- Unterschriften der verantwortlichen Ingenieure sowie der Musterprüfleitstelle.

Der Zusammenhang zwischen Zulassungsprogramm, Quellnachweisen und Compliance Document ist in Abb. 4.7 (oberer Strang) visualisiert.

Nachweisverifizierung Im Anschluss an die Nachweiserbringung muss diese einer **unabhängigen Zweitkontrolle** (Verifizierung) unterzogen werden, um abzusichern, dass alle Entwicklungsergebnisse den Vorgaben der Spezifikation, den anzuwendenden Bauvorschriften und den Umweltanforderungen entsprechen.[23]

Die Zweitprüfung erstreckt sich sowohl auf formale wie auch auf fachlich-inhaltliche Aspekte der Nachweisführung und -dokumentation:

- Vollständigkeit,
- Plausibilität,
- Genauigkeit,
- Gültigkeit,
- Korrektheit zugrundegelegter Prämissen sowie
- Erfüllung der zugeordneten Bauvorschriften.

Um eine angemessene Wirksamkeit der Verifizierung zu gewährleisten, ist die unabhängige Zweitkontrolle durch eine Person durchzuführen, die nicht unmittelbar in die jeweilige Nachweiserbringung involviert war.[24]

Auch sollte jedem Prüfgebiet (z. B. Notbeleuchtung) nur ein Verifizierungs-Ingenieur zugeteilt werden, der für die zugehörigen Zweitkontrollen gänzlich verantwortlich zeichnet.[25]

Die unabhängige Zweitkontrolle ist aus Gründen der Rückverfolgbarkeit zu dokumentieren. Hierzu bestätigt der für die Verifizierung zuständige Ingenieur mit seiner Unterschrift auf den Compliance Documents, ggf. zusätzlich auf den Testvorgaben sowie den Testreports, dass er die Verifizierung unter Beachtung der o.g. Kriterien durchgeführt hat.

---

[23] vgl. EN 9100, Sektion 7.3.5; im Subpart 21/J finden sich die entsprechenden Hinweise zur Verifizierung in 21A.239 sowie insbesondere in den zugehörigen AMC und GM.

[24] Grundsätzlich jedoch ist eine enge organisatorische Verbindung zwischen dem für die Nachweiserbringung verantwortlichen Ingenieur und den für die Zweitkontrolle zuständigen Ingenieur zulässig (beide dürfen also z. B. in der gleichen Abteilung tätig sein).

[25] vgl. AMC 21A.239(b) (1).

4.6 Zulassungsprozess bei großen (major) Entwicklungen

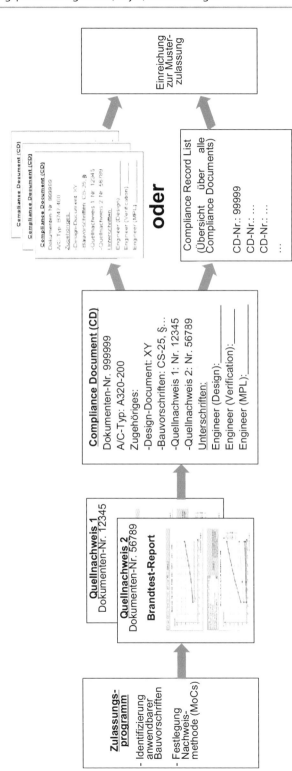

Abb. 4.7 Zusammenhang Zulassungsprogramm, Quellnachweise und Compliance Document

Aufgaben der MPL im Rahmen der Nachweisführung Während die Nachweiserbringung üblicherweise durch das Entwicklungsengineering vorbereitet und durchgeführt wird, obliegen der Musterprüfleitstelle in diesem Rahmen die folgenden Aufgaben:[26]

- Begleitung der Arbeiten zur Nachweiserstellung, ggf. Beratung,
- ggf. Teilnahme an Versuchen,
- Steuerung und Überwachung der Abarbeitung aller Nachweisaktivitäten,
- Prüfung der Vollständigkeit der Nachweisführung sowie der Compliance Documents,
- Freigabe der Nachweise,
- Schnittstelle zur Luftaufsichtsbehörde.

Die Nachweisführung findet stets in enger Abstimmung zwischen den Entwicklern und der Musterprüfleitstelle statt. Die Betreuung der MPL beginnt bereits in der Phase der Testvorbereitung und erstreckt sich über die Begleitung der Durchführung. Im Anschluss an die Nachbereitung und die Verifizierung muss der verantwortliche Ingenieur in der Musterprüfleitstelle die Nachweise freigeben. Dies erfolgt üblicherweise durch dessen Unterschrift auf dem Compliance Document.

Zudem zeigt die obige Aufgabenliste, dass die Musterprüfleitstelle auch bei der Nachweisführung als Bindeglied zur Behörde fungiert. So informiert die MPL über die geplanten Prüfungen und Versuche. Auch stimmt sie deren Vorbereitung bei Bedarf mit der Behörde ab.

Sind die Verifizierungsaktivitäten in Gänze abgeschlossen, wird die Nachweisdokumentation von der MPL zusammengeführt. Die Compliance Documents werden dann bei der Behörde entweder vollständig eingereicht oder es wird eine **Compliance Record List** erstellt. Bei dieser handelt es sich um eine Auflistung aller Compliance Documents mit Referenz auf die zugehörigen Compliance Documents (vgl. Abb. 4.7, unterer Verlauf).

4.6.3 Musterprüfung

Die Untersuchung der Entwicklungsaktivitäten durch die zuständige Luftaufsichtsbehörde wird als Musterprüfung bezeichnet. Sie ist notwendige Voraussetzung für Musterzulassungen der Kategorie *major*. Dies bedeutet, dass die Behörde jede große Entwicklung auf **Einhaltung der Bauvorschriften** prüft, ganz gleich, ob es sich um ein gänzlich neues Luftfahrzeug oder nur um eine Modifikation handelt. Darüber hinaus wird im Rahmen der Musterprüfung festgestellt, dass die Dokumentation in Form von Herstellungs- und Instandhaltungsvorgaben sowie Betriebsanweisungen den anzuwendenden Vorgaben entspricht.

Der Antragsteller großer Entwicklungen (21/J-Betrieb) ist verpflichtet, der EASA auf dessen Anforderung sämtliche Entwicklungsdokumentation zur Verfügung zu stellen und dieser die eigene Durchführung oder eine Begleitung von Inspektionen, Tests und Nach-

---

[26] vgl. GM No. 1 to 21A.239(a) (3.1.3).

weisflügen zu ermöglichen. Der Behörde wird so die Möglichkeit gegeben zu überprüfen, dass die Nachweiserbringung korrekt durchgeführt wurde, die Ergebnisse der Nachweisführung den Vorgaben entsprechen und die Dokumentation den einschlägigen Forderungen gerecht wird. Diese in **Stichproben** durchgeführten Prüfungen dienen der Gewährleistung, „dass die Sicherheit des Produkts durch kein Detail oder Merkmal für die Zwecke gefährdet wird, für die die Zertifizierung beantragt wurde".[27]

Die Musterprüfung ist keine zeitpunkt-, sondern eine zeitraumbezogene Untersuchung, die sich über die Spanne von der Herausgabe des Musterprüf-/Zulassungsprogramms bis zur Einreichung der Musterunterlagen erstreckt. Bei der Musterprüfung handelt es sich somit um eine **projektbegleitende Überwachung** der Entwicklungsaktivitäten durch die Luftaufsichtsbehörde. Aufgrund des Umfangs von Entwicklungen ist es der Behörde aus kapazitiven Gründen nicht möglich, alle Entwicklungsergebnisse zu prüfen. Aus diesem Grund wird im Zuge der Erstellung des Zulassungsprogramms ein sog. **Evaluationsprogramm** festgelegt, in dem die späteren Stichproben für die Musterprüfung definiert sind. Hierbei kann es sich um folgende Prüfaktivitäten handeln:

- Begleitung von Untersuchungen zur Feststellung der Lufttüchtigkeit des Musters,
- Prüfung der Entwicklungsdokumentation,
    - Nachweisdokumentation,
    - Bauunterlagen (Type Design Definition Documents),
    - Instandhaltungsvorgaben,
    - Betriebsanweisungen.

Die Abstimmung des Evaluationsprogramms findet zwischen der Behörde und der Musterprüfleitstelle statt. Auch im Zuge der Musterprüfung steht die MPL der Luftaufsichtsbehörde für alle Fragestellungen als Ansprechpartner zur Verfügung und fungiert zugleich als Schnittstelle zum Entwicklungsengineering.

4.6.4 Musterzulassung

Basis der Zulassung Sind alle Entwicklungsaktivitäten erfolgt, die zugehörige Nachweisführung erbracht und ist die Musterprüfung abgeschlossen, kann die Zulassung durch die EASA erfolgen. Als Grundlage für die Ausstellung einer Musterzulassung müssen vom Antragsteller die folgenden Dokumente eingereicht werden:

- Übereinstimmungserklärung,
- Musterunterlagen und Betriebsanweisungen,
- Musterprüfbericht,
- Verpflichtungserklärungen.

---

[27] IR Certification EASA Part 21–21A.33 (d).

Abb. 4.8 Ergänzende Dokumentation zur Musterzulassung

Design Documents	Compliance Documents
• Specification • Definitions • Descriptions • Drawings • List of Material • Analysis • Test Programs • Procedures & Methods • Instructions for Production	• Compliance Statement • Compliance Checklist • Compliance Record List / Summary Report • Inspection Reports • Tests • Simulations • Inspection Reports • Substantiation Reports • Qualification Test Reports • Supporting Engineering Data
Continued Airworthiness Documents	**Operating Limitations**
• Maintenance Manuals • Structural Repair Manual • Maintenance Instructions • Airworthiness Limitations • MRB Report • Instructions for Continued Airworthiness	• A/C Flight Manual • Weight & Balance Manual • ETOPS Manual

Übereinstimmungserklärung – Applicant's Declaration of Compliance Nachdem die Musterprüfleitstelle dem Leiter des Entwicklungsbetriebs den Abschluss der Nachweiserbringung und dessen Verifizierung gemeldet hat,[28] muss dieser für die Antragsstellung eine Übereinstimmungserklärung abgeben. Mit dieser sog. Applicants Declaration of Compliance bestätigt der Leiter des Entwicklungsbetriebs gegenüber der Behörde, dass alle im Rahmen der Musterprüfung erforderlichen Maßnahmen ordnungsgemäß abgeschlossen wurden und „die Einhaltung der einschlägigen Basis für die Musterzulassung und Umweltschutzanforderungen"[29] gewährleistet ist (Abb. 4.8).

Musterunterlagen Die Musterunterlagen (*Type Definition Documents*) bilden sämtliche Dokumentation, die die Konstruktion des Musters beschreiben. Diese Unterlagen setzten sich zusammen aus Zeichnungen, Layouts, Instruktionen, Stücklisten, Beschreibungen, kurz: alle einschlägigen Angaben zu Design und technischer Ausgestaltung, die zur Erfüllung der anzuwendenden Bau- und Umweltvorschriften erforderlich sind sowie alle

---

[28] vgl. GM to 21A.239 (a) 3.1.3 (q).
[29] IR Certification EASA Part 21–21A.97 (a) (3) für Änderungen und ergänzende Musterzulassungen, für Musterzulassungen findet sich eine ähnliche Formulierung in 21A.20 (b).

für die Herstellung der definierten Beschaffenheit des Luftfahrzeugs notwendigen (***Design Documents***) Angaben. Hierunter fallen insbesondere Informationen im Hinblick auf Fertigungs- und Montageverfahren, Bauweise und Eigenschaften von Bauteilen, Materialbedarfen sowie sonstigen Werkstoffen. Zu den Musterunterlagen zählen somit alle Anweisungen und Informationen, die erforderlich sind, um einen lufttüchtigen Nachbau des Musters sicherzustellen.

Darüber hinaus müssen auch alle vorläufigen Basisdaten sowie Betriebsanweisungen nachgewiesen werden. Diese Angaben umfassen neben den vorgesehenen Betriebskenndaten und Beschränkungen (*Operating Limitations*) die relevanten Informationen und Anweisungen zur Aufrechterhaltung der Lufttüchtigkeit, also der Nutzung und Instandhaltung (***Continued Airworthiness Documents***).

Bei Änderungen an bzw. Ergänzungen zu bestehenden Musterzulassungen ist eine Beschreibung der Änderung mit Angabe aller verwendeten Bauteile und Werkstoffe sowie der zugelassenen Handbücher, die von dieser Änderungsentwicklung betroffen sind, vorzuweisen.

Da der gesamte Zulassungsprozess in der betrieblichen Praxis in enger Zusammenarbeit mit der EASA erfolgt, ist diese auch stets in die aktuellen Entwicklungs- und Nachweisaktivitäten eingebunden. Daher ist es bei Einreichung der zulassungsrelevanten Unterlagen nicht immer erforderlich, die Entwicklungs- und Nachweisdokumentation in Gänze einzureichen. Diese wird meist nur in Teilen übermittelt oder es werden **Referenzlisten** eingereicht, die auf die entsprechenden Quelldokumente verweisen. Die zugehörige Dokumentation wird dann bei Bedarf nachgereicht.

Musterprüfbericht Für die Zulassung ist neben den Musterunterlagen auch die Nachweisdokumentation zur Entwicklung einzureichen (***Compliance Documents***). Der Antragsteller muss damit zusammenfassend zeigen, dass er die Einhaltung aller einschlägigen Anforderungen an die Basis der Musterzulassung und zum Umweltschutz nachgewiesen hat. Hierzu ist ein Musterprüfbericht (z. B. in Form der Compliance Record List) einzureichen, in dem die Nachweiserbringung, üblicherweise in Form einer Übersicht mit Referenz auf den entsprechenden Nachweis, dargelegt ist.

Bei Änderungen an und Ergänzungen zu bestehenden Musterzulassungen enthält der Musterprüfbericht auch Angaben zu etwaigen Wiederholungsuntersuchungen, um so auch die Übereinstimmung des geänderten Produkts mit den einschlägigen Bau- und Umweltvorschriften nachweisen zu können.

Verpflichtungserklärungen Mit der Verpflichtungserklärung bestätigt der Entwicklungsbetrieb als Antragsteller der Musterzulassung oder der Änderung für die Betriebsdauer, allen bekannten Nutzern Anweisungen zur Aufrechterhaltung der Lufttüchtigkeit verfügbar zu machen.[30]

---

[30] vgl. IR Certification EASA Part 21–21A.61, 21A.107, 21A.120 sowie 21A.449.

Da eine ergänzende Musterzulassung (STC) von jedem Entwicklungsbetrieb erwirkt werden kann, muss der Antragsteller bei diesen zudem einen Nachweis erbringen, dass von Seiten des Inhabers der Musterzulassung keine technischen Einwände gegen die beantragte Änderung bestehen. Darüber hinaus muss der Antragsteller eines STCs das Vorhandensein einer Absprache mit dem Inhaber der Musterzulassung nachweisen können, die beinhaltet, dass beide bei der Aufrechterhaltung der Lufttüchtigkeit des geänderten Produkts zusammenarbeiten.[31]

Musterzulassung Ist die Basis der Musterzulassung erbracht, bescheinigt die EASA die Lufttüchtigkeit des Musters und bestätigt die Übereinstimmung des Luftfahrzeugs mit den Bauvorschriften und den Umweltschutzanforderungen. Zudem wird erklärt, dass alle notwendigen Unterlagen, welche die Sicherheit des Produkts gewährleisten und die Merkmale und Eigenschaften beschreiben, vorhanden sind. Die Musterzulassung kann unter Auflagen, z. B. in Form von Betriebsbeschränkungen, erfolgen.

Musterzulassungen und deren Änderungen werden auf unbegrenzte Dauer ausgesprochen. Grundsätzlich besteht zwar für den Inhaber der Musterzulassung die Möglichkeit der Rückgabe und für die Behörde die Option zum Widerruf, jedoch bilden diese Vorgänge in der Praxis eine Ausnahme.

Mit der Musterzulassung werden aus den anwendbaren Entwicklungsunterlagen (*Applicable*, d. h. *non-approved Data*) genehmigte Herstellungs- bzw. Instandhaltungsvorgaben (**Approved Data**).[32] Der antragstellende Entwicklungsbetrieb wird durch die behördliche Zulassung zum Inhaber der Musterzulassung (*Type Certificate – TC*). Er wird damit zum **TC-Halter** (auch TC-Inhaber) bzw. STC-Halter.

4.7 Grundlagen des Managements von großen Entwicklungen

4.7.1 Aufgaben und Merkmale des Entwicklungsmanagements

Große Entwicklungsvorhaben weisen allein im Bereich des Engineerings Aufwände zwischen einigen hundert Arbeitsstunden, für kleinere Änderungen bzw. Reparaturen bis über mehrere Millionen für die Entwicklung eines neuen Flugzeugtyps auf. Derlei Vorhaben lassen sich weder organisatorisch noch betriebswirtschaftlich tragfähig bewältigen,

---

[31] Zu den besonderen Bedingungen ergänzender Musterzulassungen vgl. IR Certification EASA Part 21–21A.115 (c) i.V.m. 21A.113 (b).

[32] Im Guidance Material zum EASA Part 21 ist definiert, zu welchem Zeitpunkt und unter welchen Voraussetzungen Entwicklungsunterlagen zu *approved data* werden: „After issue of the TC, STC, approval of repair or minor change or ETSO authorisation, or equivalent, this design data is defined as ‚approved…" Vor diesem Zeitpunkt handelt es sich lediglich um *non approved data* (auch: Applicable Design Data, deutsch: anwendbare Entwicklungsunterlagen): „Prior to issue of the TC, STC, approval of repair or minor change design or ETSO authorisation, or equivalent, design data is defined as ‚not approved…", GM 21A.131.

4.7 Grundlagen des Managements von großen Entwicklungen

wenn diese nicht sinnvoll vorbereitet und gesteuert werden. Das hinter diesem Aufwand stehende Personal und sonstige Ressourcen wie Betriebsmittel, Infrastruktur und Material müssen detailliert geplant, gelenkt und überwacht werden, damit aus einer Idee bzw. einem Kundenauftrag, eine zulassungsfähige Entwicklung entstehen kann.

Um derlei komplexe Vorhaben erfolgreich zu realisieren, werden in der betrieblichen Praxis im Normalfall Projekte etabliert. Solche Vorhaben sind durch folgende Eigenschaften gekennzeichnet:

- Einmaligkeit,
- klare Zielvorgaben (zeitliche, finanzielle und personelle oder andere Begrenzungen),
- eindeutige Abgrenzung gegenüber anderen Vorhaben,
- projektspezifische Organisation.

Das Management von Projekten umfasst die Organisation, Planung, Überwachung und Steuerung im Hinblick auf Ablauf und Aufbau derartiger Vorhaben. Dabei sind insbesondere die vereinbarten Projektziele sowie die kapazitiven, technischen, terminlichen und finanziellen Projektrahmenbedingungen zu berücksichtigen.[33]

Das **Projektmanagement** stellt ein Leitungs- und Organisationskonzept dar, mit dessen Hilfe die sich oftmals gegenseitig beeinflussenden Projektelemente und bestandteile beherrscht und somit nicht dem Zufall oder der Genialität einzelner Personen überlassen werden.[34]

Die Vorgaben der Implementing Rule Certification Subpart J fordern zwar gem. 21A.245 (a) die Bereitstellung qualifizierter Ressourcen, sind aber im Hinblick auf Umsetzungsanforderungen unspezifisch. Anders die EN 9100, die das Vorhandensein eines betrieblichen Projektmanagement fordert.[35] Dabei darf zudem nicht vergessen werden, dass die Etablierung eines Projektmanagements die aus ökonomischer Perspektive sinnvollste Methode für eine systematische Projektabarbeitung ist.

Die Projektabwicklung lässt sich inhaltlich in mehrere Phasen untergliedern (vgl. Abb. 4.9). Eine dahingehende Ablaufstruktur sollte sich nicht nur theoretisch, sondern auch in der realen Abarbeitung des Projekts wiederfinden, weil dies die Steuerung und Überwachung komplexer Entwicklungsprojekte erleichtert.

Die grundlegende **Projektstruktur** ist dabei an allgemeinen Standards des Projektmanagements auszurichten. Diese sollten aber nur in eine Richtung weisen und stets um die spezifischen Bedingungen des jeweiligen Projekts ergänzt werden. Letztendlich muss die Projektstruktur eine individuelle Detaillierungstiefe aufweisen, die sowohl der Projektleitung die Steuerung und Überwachung als auch den Projektteams- bzw. -mitgliedern eine sinnvolle Operationalisierung der definierten Teilschritte ermöglicht.

---

[33] Eine umfassende Auseinandersetzung mit dem Management von Großprojekten in der Flugzeugherstellung findet sich bei Altfeld (2010) und als Zusammenfassung bei Altfeld (2012).
[34] vgl. Litke (1993), S. 19.
[35] vgl. EN 9100, Abschn. 7.1.1.

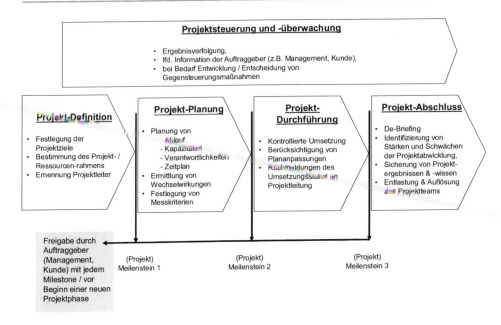

Abb. 4.9 Beispielhafte Grobstruktur eines Projektablaufs

4.7.2 Projektvorbereitung

Ausgangspunkt einer erfolgreichen Projektabwicklung ist eine sorgfältige Vorbereitung. Den ersten Schritt bildet die Projektdefinition, die in einem **Projektauftrag** zusammengefasst dokumentiert wird. Hierin sind neben dem Auftraggeber auch die verantwortliche Ausführungsinstanz und die Formulierung der Projektziele sowie eine grobe Terminplanung und ein ungefährer Ressourcenbedarf ausgewiesen. Ist der Projektauftrag ausformuliert, muss dieser durch den Auftraggeber und den Auftragnehmer (i.d. R Projektleiter) abgenommen werden. Der Auftraggeber erklärt damit sein Ziel für verbindlich, der Auftragnehmer bestätigt die Annahme des Projektauftrags unter den dort formulierten Rahmenbedingungen.

Die Informationen des akzeptierten Projektauftrags dienen als Grundlage für eine detaillierte Projektplanung. Diese muss soweit ausformuliert sein, dass damit die spätere Durchführung überwacht und gelenkt werden kann. Zunächst ist das Entwicklungsprojekt daher in abgegrenzte und überschaubare Projektbestandteile zu zerlegen. Die Bildung von **Arbeits-/Aufgabenpaketen** dient der Strukturierung des Vorhabens und erleichtert die Zuordnung von Terminen und Verantwortlichkeiten. Um die Steuerungswirkung der Arbeitspakete voll auszuschöpfen, müssen diese nach **Holzbaur** folgende Anforderungen erfüllen:[36]

---

[36] vgl. Holzbaur (2007), S. 109.

4.7 Grundlagen des Managements von großen Entwicklungen

- Umfang, Aufgaben und Ziele sind unmissverständlich formuliert,
- wohldefiniertes Ergebnis in Form eines Reviews und/oder einer abschließenden Dokumentation,
- die Voraussetzungen für deren Erfüllung sind eindeutig und realistisch,
- die Zuordnung an eine Person oder einen klar abgegrenzten Personenkreis.

Die Summe der Arbeitspakete mündet in einem **Ablaufplan**, in dem eine verbindliche Reihenfolge der Aufgabenschritte unter Berücksichtigung gegenseitiger Abhängigkeiten (z. B. Interdependenzen einzelner Flugzeugsysteme) festgelegt ist.

In die Phase der Projektvorbereitung fällt ebenfalls die **Kapazitäts- und Terminplanung**. Die Zuordnung der Personalkapazitäten zu den Arbeitspaketen erfolgt dabei einerseits auf Basis der Erkenntnisse aus dem Ablaufplan und andererseits unter Berücksichtigung der betrieblichen Ressourcenplanung. Spätestens jetzt müssen die Projektmitglieder mehrheitlich bestimmt und deren Verfügbarkeit für den vorgesehenen Abstellungszeitraum gewährleistet sein. Dabei ist zu berücksichtigen, dass die Personalkapazitäten in dieser frühen Projektphase nur auf einer Schätzung beruhen können und Adjustierungen im weiteren Projektablauf nicht ungewöhnlich sind.

Die Abschätzung der Kapazitätsbedarfe und die Festlegung des Realisierungszeitraums sind dabei in Zusammenarbeit mit den Ausführungsverantwortlichen vorzunehmen. Auf diese Weise wird die Gefahr unrealistischer Bearbeitungszeiten reduziert; zugleich lässt sich durch die aktive Einbindung der Projektmitglieder bzw. Teilprojektleiter deren implizite Zustimmung zum Vorgehen einholen.

Neben der Zuordnung der Personalkapazitäten fällt unter die Kapazitätsplanung auch die Bestimmung der notwendigen **Projekt-Infrastruktur**. Es müssen also die Rahmenbedingungen (z. B. Räumlichkeiten, Hard-/Software, Art und Umfang der projektinternen Kommunikation) geplant werden, um einen reibungslosen Projektablauf zu gewährleisten.

Nicht zuletzt fällt in die Phase der Projektvorbereitung auch die Eröffnung der kaufmännischen Projektaufträge, damit die Projektkosten bzw. -stunden der einzelnen Projektmitglieder aufwandsgerecht auf die Arbeitspakete gebucht werden können. Umfang und Qualität der Projektüberwachung in der späteren Durchführungsphase werden maßgeblich durch die in der Projektvorbereitungsphase festgelegte Kostenerfassungsstruktur bestimmt.

Aus den Erkenntnissen der Planung sind **Projekt-Meilensteine** (*Milestones*) abzuleiten. Bei diesen handelt es sich um klar definierte termingebundene Sachergebnisse. Ein Meilenstein gilt dabei erst zu dem Zeitpunkt als erreicht, wenn das geforderte Teilergebnis vollständig erbracht und durch den Auftraggeber abgenommen wurde. Milestones sind wesentliche Schlüsselereignisse eines Projekts, weil sie Orientierung geben, die Erfolgsmessung des Projekts erleichtern und es dem Auftraggeber zugleich erlauben, bei Abweichungen zeitnah Korrekturmaßnahmen einzufordern.[37]

---

[37] vgl. Litke (1993), S. 27.

4.7.3 Projektablauf

Basierend auf der strukturierten Projektplanung kann mit den eigentlichen Entwicklungsaktivitäten begonnen werden. Während dieser Durchführungsphase steht aus Perspektive des Projektmanagements die **Steuerung und Überwachung** der Abarbeitung sowie die Einhaltung der Plan- und Zielvorgaben im Vordergrund. Da Unwägbarkeiten in begrenztem Umfang in der Natur von Entwicklungen liegen, ist die Planung der damit verbundenen Aktivitäten üblicherweise ein rollierender, iterativer Prozess. Die ursprüngliche Planung muss dann entsprechend der neuen Erkenntnisse aktualisiert werden. Während kleinere Abweichungen eine rasche Anpassung in der Planung erlauben, sind bei signifikanten Planänderungen alle damit in Verbindung stehenden Folgen zu berücksichtigen. Diese können unter Umständen nicht nur das unmittelbar betroffene Arbeitspaket, sondern auch auf alle weiteren Projektteile sowie auf die daran hängende Ressourcenplanung Einfluss ausüben. Die Beherrschung der damit zusammenhängenden Komplexität, insbesondere im Hinblick auf die mittelbaren Folgenwirkungen einer Plananpassung, bildet in der betrieblichen Praxis den neuralgischen Punkt eines jeden (Entwicklungs-) Projekts.

Die **Projektsteuerung** findet auf unterschiedlichen Projekthierarchien statt. Die tages- und wochenbezogene Projektüberwachung liegt üblicherweise in der Verantwortung des Projektleiters oder seiner Teilprojektmanager. Im Blickwinkel liegt dabei die Entwicklung des Abarbeitungsgrads einzelner (Teil-) Arbeitspakete. Den Soll-Arbeitsfortschritten werden die in Anspruch genommenen Kapazitäten, meist auf Basis der von den Mitarbeitern auf das Aufgabenpaket gebuchten Stunden, gegenübergestellt. Ein solcher Abgleich erfolgt üblicherweise auf Basis tages- oder wochenaktueller Ist- und Sollwerte pro (Teil-) Arbeitspaketebene. Dies ermöglicht eine rasche Identifizierung von Planabweichungen sowie die Initiierung etwaiger Gegensteuerungsmaßnahmen.

Neben dieser kurzfristig ausgerichteten Projektverfolgung existiert die mittel- bis **langfristige Projektüberwachung**. Diese umfasst die Verfolgung großer Arbeitspakete oder ganzer Projektphasen, deren Fertigstellung in der Planungsphase durch Teilprojektziele bzw. Meilensteine markiert wurde. Die Erreichung solcher Schlüsselereignisse muss bestätigt und der Übergang in die folgende Entwicklungsphase freigegeben werden.[38] Für die Abnahme solch strategischer Projektzwischenziele reicht die Zustimmung der Projektleitung alleine nicht aus. Hierzu bedient man sich sog. **Design Reviews**, deren wichtigstes Ziel es ist, den Erfüllungsgrad der Anforderungen aus der Kundenspezifikation oder der Projektplanung zu bewerten und bei Abweichungen Korrekturmaßnahmen anzuordnen. An den Reviews nehmen neben dem Projektleiter sowie ggf. den Teilprojektleitern die Auftraggeber, z. B. Kunden, Führungskräfte bzw. Linienverantwortliche verschiedener Fachabteilungen oder Mitglieder der obersten Leitung teil. Der Teilnehmerkreis dieser Design Reviews wird oftmals als Review Board bezeichnet.

---

[38] vgl. EN 9100 Sektion 7.3.4.

> **Beispiele typischer Design Reviews**
> - *Programm Design Review*: Programmentwurf abgeschlossen.
> - *Preliminary Design Review* (PDR): Grobspezifikation liegt inkl. definierter Funktionen vor. Anforderungen sind überwiegend formuliert.
> - *Critical Design Review (CDR):* Definition der Anforderungen abgeschlossen. Kundenspezifikation abgeschlossen (Design-Freeze). Notwendige Änderungen zum PDR sind identifiziert und dokumentiert.
> - *Verification Review*: Nachweiserbringung abgeschlossen, Entwicklung fertig für Zulassung.

Als wesentliche Entscheidungsgrundlage dient den Mitgliedern des Design Reviews ein Projektstatusbericht, welcher bestehende Abweichungen und Risiken im Hinblick auf die Spezifikation und den Projektplan aufzeigt und Vorschläge für Korrekturmaßnahmen darlegt.

Eine regelmäßige, kritische Auseinandersetzung mit der Projektentwicklung auf übergeordneter Ebene in Form der Design Reviews ist sinnvoll, weil diese:

- die interdisziplinäre Kommunikation verbessern.[39] Dies gilt im Besonderen in Konzernstrukturen, in denen der hohe Grad der Arbeitsteilung zahllose Schnittstellen entstehen lässt. Informationen können hier leicht verloren gehen oder falsch weitergegeben werden. Auch lassen sich eher Risiken an der Projektperipherie identifizieren, weil im Review Board nicht nur die unmittelbar Projektverantwortlichen vertreten sind.
- Terminverzögerungen vermeiden oder reduzieren. Umfassende und systematische Betrachtungen des Projektstatus' können dazu beitragen, das Risiko von Planabweichungen früher zu erkennen. Zudem verfügt das Design Review üblicherweise über das Mandat nachhaltige Korrekturmaßnahmen anzuordnen. Beide Umstände begünstigen kürzere Entwicklungszeiten.
- die Gefahr späterer Änderungen verringern. Da ein sorgfältiges Vorgehen in der frühen Entwicklungsphase weniger Korrekturen und Nacharbeiten im späteren Projektverlauf oder in der Serienfertigung erfordert, tragen Design Reviews zu besseren Produktionsanläufen bei. Dies macht deren betriebswirtschaftliche Vorteile offensichtlich.
- bei guter Vorbereitung nur einen vergleichsweise geringen zeitlichen Aufwand erfordern, insbesondere wenn man diesem die verhinderten Mehraufwendungen einer Fehlerbeseitigung gegenüberstellt.[40]

---

[39] vgl. Ebel (2001), S. 272.
[40] vgl. Kamiske (1999), S. 58.

> **Aufgaben und Ziele von Design Reviews**
> - Abgleich der Entwicklungs(zwischen)ergebnisse mit den geplanten Ergebnissen bzw. den Spezifikationsanforderungen (Verifizierung).
> - Bewertung, ob die Entwicklung den beabsichtigten Zweck/Gebrauch erfüllen kann, d. h. Bewertung der Angemessenheit der Spezifikation (Validierung).
> - Prüfung, ob die Entwicklungsergebnisse einem technisch zeitgemäßen Stand entsprechen. (Ist die Entwicklung State of the Art?)
> - Bewertung und Abstimmung von Entwicklungsproblemen, -engpässen und -schwachstellen (Ressourcen, Kosten, Entwicklungsrealisierung, Zusammenbau, Instandhaltbarkeit, Testing/Nachweisführung, Beschaffung oder Herstellung).
> - Bewertung und Genehmigung von Entwicklungsänderungen.
> - Überwachung des Projektfortschritts und Genehmigung des Übergangs in die nächste Projektphase.
> - Bewertung der Projektsteuerungsinstrumente (Projektaufbau, Verantwortlichkeiten, Kommunikation, Dokumentation).

Während die bisherigen Betrachtungen zur Projektdurchführung den Fokus auf das Termin- und Ressourcenmanagement legten, blieb die soziale Komponente außer Acht. Der Projekterfolg hängt jedoch auch maßgeblich von der **Interaktionsqualität** zwischen den involvierten Akteuren ab.

Das Projektmanagement muss die Schnittstellen zwischen den verschiedenen an der Entwicklung beteiligten Gruppen lenken und aufrechterhalten. Dies kann über die gesamte Projektdauer nur dann gelingen, wenn einerseits die Verantwortung eindeutig zugeordnet ist und andererseits wirksame Kommunikationsstrukturen existieren, die den Risiken an Schnittstellen Rechnung tragen.

Gerade große luftfahrttechnische Betriebe stellt dies aufgrund der stark zergliederten Prozess- und Organisationsstruktur und der damit verbundenen hohen Zahl von Schnittstellen und Ansprechpartnern regelmäßig vor erhebliche Herausforderungen. Dies gilt in besonderem Maße bei multinationalen Projekten, räumlich getrennten Projektstandorten oder einem hohen Anteil outgesourcter Entwicklungsleistungen. Die typischen Störgrößen der Interaktionsqualität sind in Entwicklungsprojekten vor allem:

- Unsicherheit und Komplexität der Aufgabe,
- unterschiedliche Wahrnehmung der kritischen Projektbestandteile,
- kulturelle Unterschiede und subjektive Fremdartigkeit,
- geographische Distanz sowie
- mangelndes Vertrauen.

Kommen zu diesen ohnehin schwierigen Rahmenbedingungen divergierende Interessen oder Informationsasymmetrien zwischen einzelnen Projektmitgliedern, verschiedenen Abteilungen oder Projektgruppen hinzu, die die Akteure zu ihren Gunsten auslegen, so ist eine effiziente Projektsteuerung kaum mehr möglich.

Nach Erreichen der definierten Projektziele endet das Projekt mit der Entlastung der Projektleitung durch den Auftraggeber bzw. durch das Review Board. Das Projektteam sollte vor Auflösung die Projektabwicklung in einer Nachbetrachtung (*De-Briefing*) kritisch reflektieren und die Ergebnisse festhalten. Die dabei identifizierten Erkenntnisse können als Entscheidungshilfe in zukünftigen Projekten herangezogen werden. Die Erfahrungen der Vergangenheit in Verbesserungsmaßnahmen umzusetzen, setzt jedoch voraus, dass das Wissen nach Projektbeendigung in die Organisation kommuniziert wird.

4.7.4 Projektstrukturen

Eine auf die Projekt- und Betriebsbedürfnisse abgestimmte Organisationsstruktur bildet das Fundament für den Erfolg eines Entwicklungsprojekts.

In der Praxis des industriellen Luftfahrtmanagements kommen mehrheitlich Projektformen des Matrix-Projektmanagements sowie der reinen Projektorganisation zur Anwendung.

4.7.4.1 Matrix-Projektmanagement

Die Matrix-Projektstruktur ist durch eine Überlagerung von linien- und projektbezogenen Organisationsstrukturen gekennzeichnet, die formal einer Matrix gleicht.[41]

Die Projektmitglieder bleiben während der gesamten Projektphase weiterhin in ihren Linienbereichen disziplinarisch verankert. Die Mitarbeiterkapazitäten werden dem Projekt entsprechend den aktuellen Bedarfsanforderungen von den funktionalen Abteilungen zur Verfügung gestellt, während das Personal in der übrigen Zeit weiterhin in der Linie oder für andere Projekte tätig ist. Die Ressourcen werden dem Projekt somit nicht oder nur in Teilen fest zugewiesen. Die Struktur einer Matrix-Projektorganisation ist in Abb. 4.10 dargestellt.

Der Projektleiter ist für das Projekt verantwortlich und verfügt für die ihm zugewiesenen Ressourcen über volle Entscheidungs- und Weisungsbefugnis. Darüber hinausgehender Einfluss auf die Gesamtorganisation und deren Kapazitäten sind jedoch begrenzt und beschränken sich auf die das Projekt betreffenden Ressourcenanforderungen.[42] Umgekehrt bleibt es der Linienorganisation verwehrt, Einfluss auf das Projekt auszuüben.

Auf die Matrix-Projektstruktur wird primär bei kleinen bis mittelgroßen Projektvolumina sowie bei kurzen bis mittelfristigen Projektzeiträumen zurückgegriffen (z. B. Modifikationen oder Bauteilentwicklungen).

Wesentlicher Vorteil der Matrix-Projektstruktur ist dessen Flexibilität. Die Personalkapazitäten können dem Projekt entsprechend den aktuellen Anforderungen zugeteilt werden. Dies ermöglicht eine vergleichsweise effiziente Ressourcensteuerung, zumal eine Re-Integration nach Projektende vergleichsweise leicht umzusetzen ist.

Dem Projektleiter ist es bei der Matrix-Projektorganisation zudem möglich, sich gänzlich auf die Erreichung der Projektziele und den Projektfortschritt zu konzentrieren. Hier-

---

[41] vgl. Wöhe (1993), S. 194.
[42] vgl. Litke (2005), S. 84; Kieser und Walgenbach (2003), S. 151.

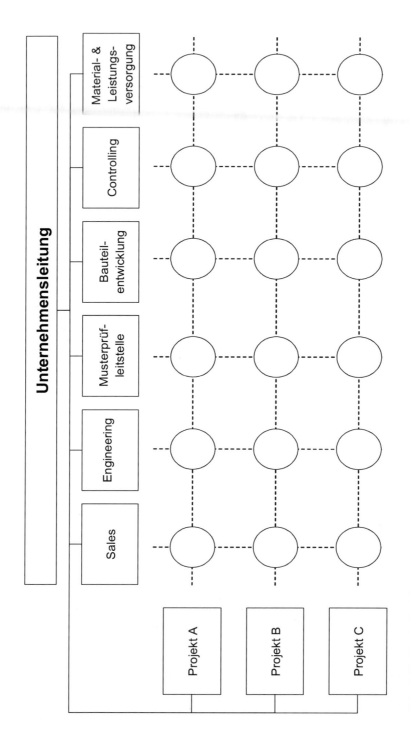

Abb. 4.10 Matrix-Projektorganisation

für verfügt er auch über die nötige Entscheidungs- und Weisungsbefugnis gegenüber den Projektteammitgliedern.

Der administrative Aufwand für die disziplinarische Mitarbeiterführung (z. B. Begleitung der Karriereentwicklung, Schulungen und Weiterbildung) verbleibt indes wesentlich in der Linienorganisation.

Nicht zuletzt erweist sich die Matrix-Projektstruktur als vorteilhaft, weil sie kaum Änderungen an der Organisationstruktur erfordert. So werden auch das Ansehen und die Macht der vorhandenen Führungskräfte in der Linie kaum beschnitten, weil sie auf ihre Mitarbeiter nur temporär verzichten müssen und zugleich die disziplinarische Verantwortung behalten.

Die Matrix-Projektorganisation birgt jedoch auch Konfliktpotenziale aufgrund überschneidender Kompetenz- und Weisungsbeziehungen zwischen Linien- und Projektgeschäft.

Zudem besteht bei Vorhandensein mehrerer Projekte immer auch das Risiko erheblicher Auseinandersetzungen im Ringen um die knappen Kapazitäten.[43] Insofern ist insbesondere dann mit einem hohen Kommunikations- und Koordinationsaufwand zu rechnen, wenn Projektleiter und Linienvorgesetzte nicht in der Lage sind, konstruktiv zusammenzuarbeiten. HOLZBAUR weist daher auf die Notwendigkeit der Festlegung klarer Kriterien und Regeln für die Bereitstellung und Abrechnung personeller Ressourcen hin.[44]

4.7.4.2 Reine Projektorganisation

Bei der reinen Projektorganisation wird eine Linienorganisation auf Zeit etabliert. Aus der bestehenden Organisationsstruktur werden entsprechend den Projektanforderungen Teile (Mitarbeiter, Teams, Infrastruktur) herausgelöst und in einer neuen Projekthierarchie zusammengefasst. Bei der reinen Projektorganisation integrieren sich die Projekte in Form eigenständiger Unternehmensstrukturen in die existierende Linienorganisation. Die Struktur der reinen Projektorganisation ist exemplarisch in Abb. 4.11 dargestellt.

Der Projektleiter erhält damit sowohl die fachliche wie auch die disziplinarische Verantwortung für die Mitarbeiter. Diese werden für die Dauer des Projekts aus ihrer bisherigen Linienorganisation herausgenommen und mit der gesamten Arbeitskraft ausschließlich dem Projekt zugeordnet. Der Projektleiter wird damit voll personalverantwortlich und ist einem Linienvorgesetzten gleichgestellt.

Das reine Projektmanagement wird primär bei großen, mehrjährigen Projekten etabliert, z. B. bei der Entwicklung neuer Flugzeug- oder Motorenmuster.

Die Vorteile der reinen Projektorganisation liegen vor allem in der eindeutig geregelten Verantwortung. Da die Mitarbeiter für die Dauer des Projekts voll abgestellt werden, ist eine von anderen Abteilungen und Projekten weitestgehend losgelöste und konfliktfreie Zielerfüllung möglich. Als weitere Vorzüge der reinen Projektorganisation gelten wegen der hierarchisch eindeutigen Personalzuordnung transparente, eindeutige Entscheidungs- und Kommunikationsstrukturen. Auch bewirkt die klare, langfristige Zuordnung im Vergleich zur Matrixprojektorganisation eine höhere Identifikation der Mitarbeiter mit dem Projekt.

---

[43] vgl. Kieser und Walgenbach (2003), S. 152.
[44] vgl. Holzbaur (2007), S. 102.

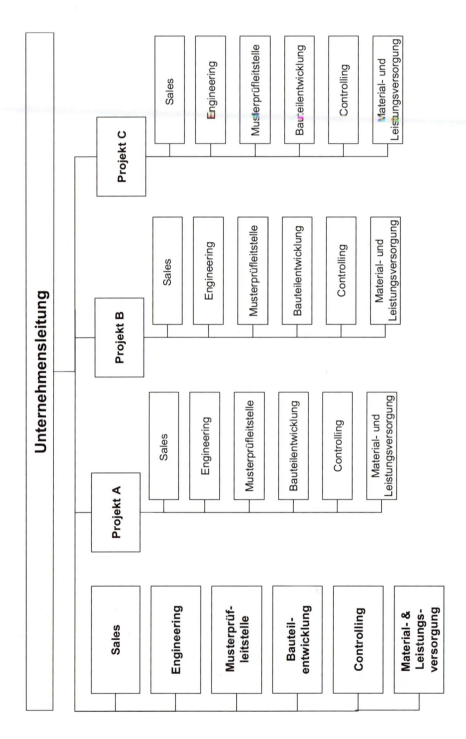

Abb. 4.11 Reine Projektorganisation

Der primäre Nachteil der reinen Projektorganisation liegt in der Gefahr des ineffizienten Ressourceneinsatzes. Es ist nicht untypisch, dass sich die Ausstattung der Projektressourcen am Spitzenbedarf orientiert und die Projektmitarbeiter bei Unterversorgung nicht entsprechend reduziert werden.

Ursächlich hierfür ist die Schwierigkeit, temporär andere Einsatzmöglichkeiten für die Ressourcen zu finden. Zudem zeigt sich in der Praxis zumeist eine mangelnde Bereitschaft des Projektleiters auf Ressourcen zu verzichten. Schließlich muss er dann damit rechnen, diese bei einem (Wieder-)Ansteigen des Ressourcenbedarfs nicht umgehend zurückzuerhalten.[45] Als weiteren Nachteil nennt LITKE die schwierige Wiedereingliederung der Projektmitarbeiter nach Beendigung des Projekts.[46]

4.8 Zulassungsprozess bei kleinen (minor) Entwicklungen

Nachdem in den Unterkapiteln 4.6 und 4.7 der Entwicklungs- und Zulassungsprozess für erhebliche Entwicklungen (Major Changes) erläutert wurde, setzt sich das nun folgende Kapitel mit dem Ablauf kleiner Entwicklungen auseinander.

Im Unterkapitel 4.5 wurde erläutert, dass als Faustformel jene Änderungen als geringfügig klassifiziert werden, die sich nicht merklich auf Masse, Trimm, Formstabilität, Zuverlässigkeit, Betriebskenndaten, Lärmentwicklung, Ablassen von Kraftstoff, Abgasemissionen oder auf sonstige Merkmale des Produkts auswirken. Bei kleinen Änderungen wird im Gegensatz zu erheblichen Änderungen kein Zulassungsprogramm erstellt; stattdessen wird meist nur die Einhaltung einiger weniger Bauvorschriften geprüft. Dementsprechend fällt bei Minor Changes auch der Aufwand für die Nachweisführung deutlich geringer aus als bei Entwicklungsprojekten. Teilweise sind gar erneute oder erweiterte Nachweise nicht erforderlich.

Für kleine Änderungen ist daher ein **vereinfachtes Zulassungsverfahren** vorgesehen.[47] Im Gegensatz zu erheblichen Änderungen dürfen Entwicklungsbetriebe kleine Entwicklungen auf Basis eines mit der EASA vereinbarten Verfahrens selbst zulassen. Bei Minor Changes ist die EASA damit üblicherweise nicht in die Überwachung einzelner Entwicklungsaktivitäten involviert. Die Agentur beschränkt sich auf ein Mitsprache- und Freigaberecht hinsichtlich des generellen Verfahrens.

Die Ausgestaltung des Zulassungsverfahrens für Minor Changes ist in den AMC spezifiziert. Daraus ergibt sich, dass jeder Entwicklungsbetrieb zwar „its own internal procedures following this AMC"[48] zu entwickeln hat, jedoch werden dort dennoch grobe Vorgaben zur Nachweisführung, Zulassung sowie an die Überwachung von Fremdvergaben gemacht.

---

[45] vgl. Kieser und Walgenbach (2003), 150f.
[46] vgl. Litke (2005), S. 83.
[47] vgl. IR Certification EASA Part 21–21A.95.
[48] AMC No. 1 to 21A.263(c) (2).

Danach wird für die Nachweisführung kleiner Entwicklungen zunächst ein Prozessschritt gefordert, der die Entwicklung begründet. Zudem muss der Prozess, soweit dies erforderlich ist, die Durchführung und Verifizierung ergänzender oder erneuter Nachweisführungen sicherstellen. Hierzu wird in den AMC ein formalisierter **Dokumentationsfluss** gefordert. In einem solchen sollten u. a. die folgenden Aspekte festgehalten sein:[49]

- Beschreibung der Entwicklung einschließlich eine Begründung für deren Notwendigkeit,
- anzuwendende Bau- und Umweltvorschriften sowie angewandte Nachweismethode (MoC),
- Referenz auf das Nachweisdokument (sofern anwendbar),
- Einfluss auf die bereits existierende Dokumentation (Approved Data) sowie Auswirkungen auf Betriebs- und Leistungsgrenzen,
- Durchführung der Verifizierung (Zweitkontrolle),
- Unterschrift und Datum der Genehmigung.

Um die Nachvollziehbarkeit zu erhöhen, muss die Erfüllung der Bauvorschriften bei Minor Changes grundsätzlich begründet und dokumentiert sein. Dies sollte auch dann geschehen, wenn naheliegende Bauvorschriften keine Anwendung finden. Hierzu kann es ausreichen, die Einhaltung mehrerer Bauvorschriften kumuliert in einem Satz oder einem kurzem Text zu bestätigen, ohne auf jede von diesen separiert einzugehen.

Sobald die betroffene technische Dokumentation erstellt oder ergänzt sowie die Nachweise vollständig erbracht wurden und alle relevanten Bauvorschriften erfüllt sind, kann eine kleine Entwicklung vom Entwicklungsbetrieb (ohne Behördenbegleitung) unmittelbar zugelassen werden. Die **Zulassung** muss auch nicht notwendigerweise durch die Musterprüfleitstelle erfolgen, wohl aber sind die Personen, die zur Genehmigung kleiner Entwicklungen autorisiert sind, gem. AMC namentlich und unter Angabe des Berechtigungsumfangs zu benennen.

4.9 Reparaturen

Der bisherige Betrachtungsschwerpunkt lag auf Neu- und Änderungsentwicklungen an Luftfahrzeugen und Motoren. Darüber hinaus fallen jedoch auch Reparaturen unter die entwicklungsbetriebliche Hoheit, die im EASA Part 21 Subpart M[50] geregelt sind.

Reparaturen sind dann definiert als Maßnahmen, die der Beseitigung von Schäden und/oder der **Wiederherstellung eines lufttüchtigen Zustands** dienen.[51] Einschränkend

---

[49] vgl. AMC No. 2 to 21A.263(c) (1).
[50] Es handelt sich hierbei um den EASA Part 21/M (Implementing Rule *Certification*), der nicht zu verwechseln ist mit dem Part-M (Implementing Rule *Continuing Airworthiness*).
[51] vgl. IR Certification EASA Part 21–21A.431 (b).

4.9 Reparaturen

gelten im luftrechtlichen Sinne des Subparts M nur solche Arbeiten als Reparaturen, die Konstruktionsmaßnahmen erfordern. Weniger komplexe Schäden, die ohne Entwicklungsanteil behoben werden können, z. B. weil deren Reparaturmethode eindeutig in einem **Reparaturhandbuch** (*Structure Repair Manual – SRM*) beschrieben ist, fallen unter die Instandhaltung.[52]

21/J-Betriebe sind grundsätzlich berechtigt, Reparaturentwicklungen vorzunehmen und deren Zulassung zu beantragen. Jedoch muss der Entwicklungsbetrieb über die notwendige Kompetenz zur Reparatur des Luftfahrzeugs, Triebwerks oder Propellers verfügen. Andernfalls ist eine Abstimmung mit dem Zulassungsinhaber erforderlich.

Darüber hinaus dürfen auch Nicht-Entwicklungsbetriebe Reparaturentwicklungen vornehmen, sofern a) es sich um kleine Reparaturen handelt, b) die Kompetenz des Entwicklers nachgewiesen ist und c) die Zulassung durch die EASA erfolgt.

Der **Ablauf des Zulassungsprozesses für Reparaturen** ist weitestgehend identisch mit den Verfahren bei Musterzulassungen, Änderungen an diesen oder ergänzenden Musterzulassungen. Am Beginn eines Reparaturverfahrens steht die Klassifizierung in geringfügige (minor) bzw. erhebliche (major) Entwicklungsaktivitäten. Die Entscheidungskriterien richten sich auch bei Reparaturen danach,[53] ob die Entwicklungsaktivitäten Einfluss nehmen auf Struktur oder Systeme, auf Weight & Balance, auf Betriebseigenschaften oder andere Faktoren, die die Lufttüchtigkeit beeinflussen. Reparaturen, die eine Klassifizierung als erheblich (major) erforderlich machen, liegen auf jeden Fall vor, wenn z. B. folgende Aktivitäten nötig sind:[54]

- Nachweiserbringung zu signifikanten Abweichungen von Verschleiß-, Ermüdungs-, Statik- oder Schadenstoleranzgrenzen (einschließlich Tests),
- Anwendung unüblicher Reparaturverfahren einschließlich Verwendung unüblichen Materials, Anwendung untypischer Reparaturmethoden, -praktiken oder -techniken.

Im Gegensatz dazu werden Reparaturen üblicherweise als *minor* klassifiziert, wenn das Luftfahrzeug oder der Motor trotz Reparatur in Übereinstimmung mit den Bauvorschriften verbleibt und sonst keine oder nur sehr geringe Änderungen an der bestehenden Nachweisbasis erforderlich sind.

Im Anschluss an die Klassifizierung gilt es, die Reparatur zu beschreiben, um hieraus die Reparaturvorgaben und eine ggf. erforderliche Nachweisführung abzuleiten. Die Reparatur kann in der Regel über eine schriftliche Darlegung des Schadens beschrieben werden. Dabei ist auch auf die Schadensursache einzugehen.

Für die Entwicklung eines Reparaturverfahrens bietet es sich zumeist an, auf die bestehende Herstellungs- oder Instandhaltungsdokumentation des TC- oder STC Inhabers

---

[52] vgl. IR Certification EASA Part 21–21A.431 (c).
[53] vgl. zur Klassifizierung auch IR Certification EASA Part 21–21A.91 bzw. Unterkapitel 4.5.
[54] vgl. GM 21A.435(a).

zurückzugreifen. Auch die Dokumentation ähnlicher Schäden in der Vergangenheit kann nützliche Hilfestellung für die aktuelle Problemlösung bieten.[55]

Als Ergebnis einer Reparaturentwicklung müssen für Umsetzung und Nachweis, soweit anwendbar, folgende Daten vorliegen:[56]

- Übersicht der anzuwendenden Bauvorschriften inkl. einer Begründung für deren Anwendungsnotwendigkeit (und damit zugleich Begründung für die Klassifizierungsentscheidung),
- Konstruktionsdaten, Zeichnungen, Testberichte, Reparaturvorgaben,
- etwaige Abstimmungskorrespondenz mit dem Zulassungsinhaber,
- Strukturnachweise, z. B. statische Berechnungen, Ermüdungskalkulationen, Schadenstoleranzen, Schwingungsverhalten (*Flutter*) oder Referenzen auf diese Daten,
- besondere Testanforderungen.

Desweiteren müssen aus der Reparaturentwicklung Angaben zum möglichen Einfluss auf:

- Flugzeug, Triebwerke und Systeme (z. B. Leistungsfähigkeit, Wechselwirkungen, Flugeigenschaften, Betriebs- oder Leistungsgrenzen),
- Instandhaltungsprogramm, Flight- und Operating Manual,
- Gewicht und Schwerpunktlage.

hervorgehen. Liegen alle diese Daten vor und wurden auch die notwendigen Elemente einer etwaigen Nachweisführung erbracht, kann die Zulassung erfolgen.

In Abhängigkeit der Klassifizierung und des betrieblichen Berechtigungsumfangs lassen sich verschiedene Wege der Zulassung von Reparaturverfahren unterscheiden. Einen Überblick gibt Abb. 4.12.[57]

In jedem Fall muss der Antragsteller einer Reparaturentwicklung vor Zulassung:[58]

- Nachweisen und formal erklären, dass die Basis der Musterzulassung und die Umweltschutzanforderungen durch die Reparatur nicht an Gültigkeit verlieren und zugleich.
- Der Agentur auf Anforderung die Nachweisführung in vollem Umfang zur Verfügung stellen können, um damit zu belegen, dass die Reparaturentwicklung die Bedingungen der anzuwendenden Vorschriften erfüllt.
- Eine entsprechende Vereinbarung mit dem Zulassungsinhaber vorweisen, sofern der Antragsteller ressourcenseitig nicht in der Lage ist, die zuvor genannten Anforderungen zu erfüllen.

---

[55] Im Übrigen ist gem. GM 21A.437 (2) eine (erneute) Reparaturentwicklung dann nicht erforderlich, wenn eine genehmigte Reparaturentwicklung vorliegt, die als Reparaturlösung für den identifizierten Schaden herangezogen werden kann.

[56] vgl. AMC 21A.433 (a) und AMC 21A.447.

[57] vgl. hierzu IR Certification EASA Part 21–21A.437 sowie 21A.432 i.V.m. 21A.432B.

[58] vgl. IR Certification EASA Part 21–21A.433(a).

4.9 Reparaturen

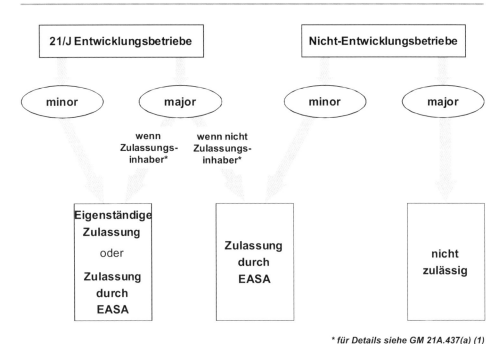

Abb. 4.12 Zulassungswege für Reparaturen

Erfolgt die Zulassung durch die EASA, so geschieht dies nicht im Rahmen eines STCs, sondern durch eine eigenständige Genehmigung (***Major Repair Approval*** bzw. ***Minor Repair Approval***).

Erfolgt die Reparaturzulassung indes durch den Entwicklungsbetrieb, so bedürfen zwar die einzelnen Reparaturen nicht immer einer behördlichen Freigabe, wohl aber muss das grundsätzliche Zulassungsverfahren mit der Agentur abgestimmt sein. Ein solches **Eigenzulassungsverfahren** unterliegt dann einer laufenden behördlichen Überwachung. Hierzu muss der Entwicklungsbetrieb jederzeit in der Lage sein, einerseits die Vorgabendokumentation zu Prozessen und Verantwortlichkeiten nachzuweisen sowie andererseits die Zulassungsdokumentation der Reparaturen schnell und vollständig vorzulegen.

Eine Reparaturzulassung ist dann nicht möglich, „wenn die Änderungen in der Konstruktion, der Leistung, dem Schub oder der Masse nach Ansicht der Agentur so erheblich sind, dass eine praktisch vollständige Prüfung auf Einhaltung der einschlägigen Basis der Musterzulassung erforderlich"[59] wird. In diesem Fall muss die bestehende Musterzulassung ungültig erklärt und eine neue beantragt werden.

Die auf eine Zulassung folgende Abarbeitung der Reparaturentwicklung am Produkt ist nur durch einen genehmigten Instandhaltungsbetrieb (EASA Part 145) auf Basis der genehmigten Reparaturvorgaben des Entwicklungsbetriebs zulässig.

---

[59] IR Certification EASA Part 21–21A.19.

4.10 Bauteilentwicklung

Den Schwerpunkt der bisherigen Betrachtung bildeten Entwicklungen, die unmittelbar am Luftfahrzeug stattfinden. Im Folgenden widmet sich der Text nun der Entwicklung von Bauteilen. Inhaltlich unterscheidet sich die Bauteilentwicklung nur wenig von der Luftfahrzeugentwicklung. Organisatorisch und luftrechtlich nimmt die Entwicklung von Bauteilen jedoch eine Sonderrolle ein, da diese üblicherweise nur mittelbar durch einen zugelassenen Entwicklungsbetrieb durchgeführt wird. Die 21/J Organisation nimmt meist nur im Rahmen des In- und Outputs Einfluss auf die Bauteilentwicklung:

- Formulierung der Entwicklungsanforderungen
- Prüfung und Freigabe der Spezifikation
- Prüfung und Freigabe der relevanten Bauteildokumentation
- Entwicklungstechnische Integration des Bauteils in das Luftfahrzeug.

Dies sind die Mindestaufgaben, die dem Entwicklungsbetrieb durch den EASA Part 21/J vorgegeben sind. Die eigentliche Entwicklung, also auch die Konstruktion des Bauteils, findet indes formal in einer luftrechtlichen Grauzone statt, weil die Bauteilentwicklung im EASA Part 21/J nicht explizit geregelt ist.

In der betrieblichen Praxis wird diese Lücke von vielen großen Entwicklungsbetrieben genutzt, indem die detaillierte Konstruktion und Design von Bauteilen an Zulieferer ohne eigene 21/J Zulassung outgesourct wird.

Auch in der Zulassung unterscheiden sich Luftfahrzeug- und Bauteilentwicklungen. Bauteile haben **keine eigene Zulassung**. Sie erhalten diese nur in Verbindung mit einer Luftfahrzeugzulassung bzw. einer Änderungszulassung (z. B. einem Type Certificate oder Supplemental Type Certificate).[60]

Nichtsdestotrotz weist die Bauteilentwicklung insgesamt eine hohe Ähnlichkeit mit den Entwicklungen von/an Luftfahrzeugen oder Motoren auf. Die geringen Unterschiede erweisen sich in der betrieblichen Praxis durchaus als hilfreich, da die großen Entwicklungsbetriebe bereits einen bedeutenden Teil ihrer Bauteilentwicklung an Zulieferer abgeben. Die Lieferanten erhalten die entwicklungsbetrieblichen Vorgaben in Form der Anforderungen oder maximal in Form einer Bauteilspezifikation und können im Rahmen dieser Vorgaben vergleichsweise selbständig agieren. Zudem benötigen die Entwickler von Bauteilen keine formale luftrechtliche 21/J- Zulassung.

Der in Abb. 4.13 illustrierte Prozessablauf lässt die Ähnlichkeit der Bauteil- mit der Luftfahrzeugentwicklung erkennen. Sobald aber diese Beschreibungsebene verlassen wird und der Detaillierungsgrad zunimmt, werden die Unterschiede eindeutig sichtbar. Diese Differenzen werden in den folgenden Abschnitten erläutert.

---

[60] Eine Ausnahme bilden ETSO Produkte und PMA-Teile, vgl. hierzu Abschn. 4.11 und 4.12.

4.10 Bauteilentwicklung

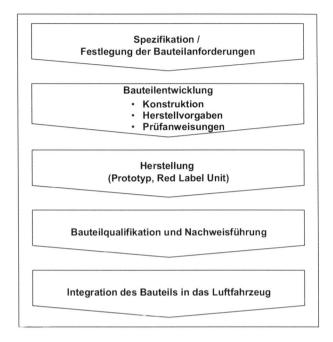

Abb. 4.13 Prozessuale Kernstruktur einer Bauteilentwicklung

4.10.1 Spezifikation von Bauteilen

Am Beginn des Entwicklungsprozesses steht auch bei Bauteilen die Festlegung der **Entwicklungsziele**. Dafür ist eine Spezifikation zu erstellen, in der dargelegt ist, wie das geplante Bauteil auszusehen hat und welche Eigenschaften erfüllt werden müssen. Hierzu zählen insbesondere die unter den sog. „**4F**" (*Form, Fit, Function, Fatigue*) subsummierten funktionalen und technischen Basisanforderungen. Darüber hinaus werden im Normalfall weitergehende Anforderungskriterien, wie z. B. Qualitäts-, Instandhaltungs-, Material- oder Transport- und Lagervorgaben definiert.[61]

Insbesondere ist im Rahmen der Spezifikation die Bedeutung (Kritikalität) des Bauteils für die Aufrechterhaltung der Lufttüchtigkeit im eingebauten Zustand zu bestimmen. In Abhängigkeit dessen können über das normale Maß hinausgehende Konstruktions- und **Qualifikationsanforderungen** erforderlich werden, die dann oftmals in den Bauvorschriften aufgeführt sind. Sind die Bauvorschriften dahingehend jedoch nicht spezifiziert, kann die Definition der Qualifikationsanforderungen auf Basis einer **Risikoeinstufung** erfolgen. Danach ergibt sich dann das Niveau der Bauteilqualifizierung aus der Fehler- bzw. Ausfallwahrscheinlichkeit.

Im Folgenden ist die Risiko-Klassifizierung nach RTCA DO178 (Software Level Definitions) dargestellt, die auf Software und elektronische Bauteile ausgerichtet ist, jedoch ebenso für die Beurteilung mechanischer Bauteile herangezogen werden kann:[62]

---

[61] Zu Details der Spezifikationserstellung siehe auch Unterkapitel 4.3.
[62] vgl. RTCA (1992).

- *Level A*: Software, die bei einem Fehlverhalten oder Ausfall zur Fehlfunktion eines Flugzeugsystems beiträgt oder eine solche auslöst und katastrophale (*catastrophic*) Folgen für den Zustand des Flugzeugs hat (d. h. viele Todesopfer, Totalverlust des Flugzeugs).
- *Level B*: Software, die bei einem Fehlverhalten oder Ausfall, zur Fehlfunktion eines Flugzeugsystems beiträgt oder eine solche auslöst und verheerende Folgen (*hazardous*) für den Zustand des Flugzeugs hat (d. h. Schwerverletzte oder wenige Todesopfer, schwere Schäden am Flugzeug).
- *Level C*: Software, die bei einem Fehlverhalten oder Ausfall, zur Fehlfunktion eines Flugzeugsystems beiträgt oder eine solche auslöst und signifikante (*major*) Folgen für den Zustand des Flugzeugs hat (einige Verletzte, Überschreitung der Leistungsgrenzen von Crew bzw. Flugzeug).
- *Level D*: Software, die bei einem Fehlverhalten oder Ausfall, zur Fehlfunktion eines Flugzeugsystems beiträgt oder eine solche auslöst und geringe (*minor*) Folgen für den Zustand des Flugzeugs hat (Flugbetrieb findet an der Leistungsgrenze von Crew oder Flugzeug statt, Anwendung von Notfallverfahren).
- *Level E*: Software, die bei einem Fehlverhalten oder Ausfall, zur Fehlfunktion eines Flugzeugsystems beiträgt oder eine solche auslöst, jedoch keinerlei Folgen für den Zustand des Flugzeugs, den Flugbetrieb oder die Arbeitslast der Piloten hat.

Wesentlichen Bestandteil der Bauteilspezifikation bilden nicht zuletzt die Anforderungen an die spätere **Nachweiserbringung**. Es muss im Vorfeld der Entwicklung identifiziert werden, unter welchen Voraussetzungen eine Zulassung des Bauteils möglich ist. Es müssen also die Bedingungen für eine erfolgreiche Verifzierung definiert werden. Das Vorgehen für die Nachweis-Erbringung ergibt sich dabei aus den den Vorgaben der **MoC 9 (Gerätequalifikation)** sowie bei Zulieferern primär aus den Kundenvorgaben.

Eine Bauteilspezifikation ist gem. GM 21A.131 durch einen zugelassenen Entwicklungsbetrieb freizugeben. Bei Fremdvergaben ist es nicht ungewöhnlich, dass der Entwicklungsbetrieb die Bauteilanforderungen vorgibt, während die eigentliche Spezifikationserstellung durch den beauftragten Zulieferer erfolgt. Abschließend gibt der 21/J-Betrieb die Spezifikation frei.

4.10.2 Konstruktion von Bauteilen

Die Spezifikation dient als Basis für die eigentlichen Entwicklungstätigkeiten. Während in der Spezifikationsphase primär In- und Output der Entwicklungsaktivitäten definiert wurden, geht es im Zuge der darauf folgenden Bauteilentwicklung vor allem darum, ein technisches Konzept für eine optimale Umsetzung zu finden und zu beschreiben. Dabei lässt sich die damit in Zusammenhang stehende Lösungssuche, insbesondere bei komplexen Bauteilentwicklungen, durch eine weitere Phasenkonkretisierung vereinfachen. Gängig ist die Unterteilung in:

- **Konzeptionierung**: Zunächst ist eine Systematisierung der Spezifikationsanforderungen und eine methodische Festlegung der Herangehensweise (Konstruktionsmethodik) zu bestimmen. Neben der Festlegung eines technischen und organisatorischen Konzepts ist dabei vielfach der Trade-off zu bewältigen, einerseits den Anforderungen der Spezifikation gerecht zu werden und andererseits einen kostengünstigen Lösungsweg zu beschreiben.
- **Entwurf**: In dieser zweiten Phase steht die Anwendung der gewählten Konstruktionsmethodik im Vordergrund. Hierzu sind konkrete Lösungsmöglichkeiten herauszuarbeiten und deren Umsetzung zu spezifizieren, ohne sich dabei allzu sehr in Details zu verlieren. Helfen können z. B. Checklisten, Kataloge, Vorlagen, Formblätter, Muster oder die Dokumentation ähnlicher Bauteile. In einem fließenden Übergang vom Entwurfsstadium zur Ausarbeitung nimmt der Konkretisierungsgrad kontinuierlich zu.
- **Ausarbeitung**: In der Phase der Ausarbeitung wird die Entwicklungsbeschreibung soweit verfeinert, dass es einem 21/G Herstellungsbetrieb möglich wird, das Bauteil auf dieser Basis zu fertigen, zu prüfen und freizugeben. Hierzu sind spätestens in der Ausarbeitungsphase alle erforderlichen Informationen zu erstellen bzw. zusammenzustellen, wie z. B. Spezifikationen, Zeichnungen, Wiringdiagrams, erforderliche Subbauteile, Materialbedarfe, Kennzeichnungen, anwendbare Standards, Beschreibungen von Fertigungsschritten (*Manufacturing Procedure Specification* (MPS)), Prüfpunkte, Testvorgaben für die Serienfertigung (*Acceptance Test Procedures* – ATP) etc.

Sofern die Bauteilentwicklung nicht durch einen zugelassenen 21/J-Betrieb vorgenommen wurde, sind die Ausarbeitungen spätestens nach Abschluss durch diesen zu prüfen und freizugeben. Des Weiteren ist es Aufgabe des Entwicklungsbetriebs, dem Luftfahrzeugbauteil eine **Part-Nummer** zuzuweisen. Die Nummer wird einmal festgelegt und muss dauerhaft gültig bleiben und darf nicht verändert werden. Eine Ausnahme besteht nur dann, wenn das Bauteil modifiziert wird und mit dieser Bauzustandsänderung Einfluss auf die *4F* genommen wird. In diesem Fall muss eine neue Part-Nummer generiert werden, weil die Austauschbarkeit mit dem ursprünglichen Bauteil nicht mehr gewährleistet ist. Bei einer Änderung unterhalb der *4F* wird nur der Modifikationsstatus geändert, nicht aber die Partnummer.[63] Spätere Nachbestellungen beziehen sich somit immer auf das Bauteil mit den bekannten und erwarteten Funktions- und Leistungsmerkmalen.

---

[63] Dies ist dann einem Partnummernzusatz in Form von Buchstaben oder Abkürzungen zu entnehmen (z. B. Mod 1, Mod A).

Konfigurationsmanagement
Bei einer Konfiguration handelt es sich um die Definition einer Produkzusammensetzung oder eines Bauzustands. Konfigurationsmanagement ist folglich die systematisch Steuerung und Dokumentation der damit in Zusammenhang stehenden Aktivitäten.[64] Einen wesentlichen Teil nimmt dabei die vollständig dokumentierte Produktbeschreibung ein, weil diese notwendig ist, um die zugehörigen Produktbestandteile und -eigenschaften zu jedem Zeitpunkt der gesamten Lebensdauer nachvollziehen zu können.

Dem Konfigurationsmanagement liegt der Gedanke zugrunde, die entwicklungstechnische Leistungserbringung als eine Abfolge von Änderungen gegenüber den anfänglich definierten Vorgaben oder Anforderungen sowie deren Wechslewirkungen auf andere Produkte (z. B. Next higer Assy) aufzufassen. Damit soll Konfigurationsmanagement helfen, im evolutionär ähnlichen Prozess der Produktentwicklung Ordnung zu halten und so Fehler zu minimieren oder zumindest nachvollziehbar zu machen.[65]

Neben der Definition der Anfangskonfiguration (Referenzkonfiguration) liegt der Fokus des Konfigurationsmanagements vor allem auf dem Änderungswesen, welches einem überwachten Genehmigungsprozess unterworfen wird.[66]

Ausgangspunkt jedes Konfigurationsmanagements bildet der Aufbau einer sachlogischen Ordnungsstruktur (Nummerierungssystematik), die in der Dokumentation (Dokumentennummer) und am Produkt (Teile-/Serialnummer) durchgängig Anwendung findet. Mit Hilfe des Konfigurationsmanagements muss es zu jedem Zeitpunkt und zu jedem gefertigten Produkt möglich sein, folgende Fragen beantworten zu können:
– Wie wurde das Produkt entwickelt? (Welche Entwicklungsdokumentation liegt dem Produkt zugrunde?)
– Wie wurde das Produkt gefertigt? (In welchem physischen Bauzustand befindet sich das Produkt?)
– Wie wurde das Produkt getestet? (Welche Testumgebung, Testparameter und Testergebnisse lagen der Produktfreigabe zugrunde?)
– Wie wurde das Produkt ausgeliefert? (In welchem Bauzustand befand sich das Produkt zum Zeitpunkt der Auslieferung?)
– Wie beeinflussen Änderungen andere Produkte? (Welche Auswirkungen haben Produktänderungen auf andere Bauteile und Systeme?)

---

[64] Die Notwendigkeit zur Etablierung eines Konfigurationsmanagements ergibt sich aus der EN 9100er Reihe Kap. 7.1.3., wobei dort auf die zugehörige ISO EN 10007 zum Konfigurationsmanagement verwiesen wird. Die EASA Gesetzgebung fordert ein Konfigurationsmanagement nur implizit über IR Certification EASA Part 21–21A.239 sowie 21A.139 b) (1) (iv).

[65] vgl. Saynisch (1985) S. 10.

[66] Einen guten Überblick über die Grundlagen des Hardware-Konfigurationsmanagements gibt Saynisch (1984) und (1985), wenngleich es sich um ältere Quellen handelt.

4.10.3 Qualifikation und Zulassung von Bauteilen

Einen wichtigen Bestandteil der Entwicklung bildet die Qualifikation der Bauteile. In diesem Zuge muss nachgewiesen werden, dass die Konstruktionsergebnisse sowohl der Spezifikation wie auch den Sicherheits- und Zuverlässigkeitsanforderungen (z. B. Bauvorschriften) gerecht werden.

Die für Bauteile anzuwendenden MoC 9 (*Equipment Qualification*) erfordern neben theoretischen **Nachweismethoden** (z. B. Simulationen, Safety Assessments) im Normalfall auch Maßnahmen der physischen Bauteilprüfung. Dabei müssen üblicherweise mindestens die folgenden Risikoeigenschaften geprüft werden:

- Brenn-/Entflammbarkeit (*Flamibility*),
- Schutzmechanismen im Hinblick auf elektrische Überlastung (*Electrical Overload*) und Überhitzung (*Overtemperature Protection*),
- Verträglichkeitsverhalten (EMI),
- Festigkeit (*Rigidity*, insbesondere unter Berücksichtigung von Druckänderungen, Temperaturänderungen, Vibrationen).

Bei mathematisch-statistischen Gefährdungs- bzw. Fehleranalysen wird theoretisch abgeschätzt, welche Risiken von dem Bauteil ausgehen. Diese analytischen Methoden der Zuverlässigkeitstechnik beruhen überwiegend auf Wahrscheinlichkeitsrechnung. Dabei haftet den Analyseverfahren jedoch zumeist der Makel an, dass deren Inputs letztlich nur auf Erfahrung und Wissen beruhen und somit bereits in den Prämissen immer auch ein Unsicherheitsfaktor liegt.

Typische Gefährdungs- bzw. Fehleranalyseverfahren

FMEA	Failure Mode and Effect Analysis (Fehlermöglichkeits- und Einflussanalyse)
FMECA	Failure Mode Effects and Critically Analysis (erweiterte Fehlermöglichkeit und Einflussanalyse)
FTA	Fault Tree Analysis (Fehlerbaumanalyse)
ETA	Event Tree Analysis (Ereignisbaumanalyse)
MTBF	Mean Time between Failure (Zuverlässigkeitsanalyse)

Allen Nachweismethoden gemeinsam ist das Ziel, Sicherheit bzw. Zuverlässigkeit planbar zu machen. Die Qualifizierungsanforderungen und -aktivitäten sind, soweit diese nicht bereits aus der Spezifikation hervorgehen, in enger Abstimmung mit dem Entwicklungsbetrieb zu bestimmen und umzusetzen.

Da die Testergebnisse (bzw. zugehörige Quellnachweise) die Einhaltung der Bauvorschriften bestätigen sollen, ist eine sorgfältige und vollständige Testvorbereitung und

-durchführung zwingend erforderlich. Wesentliche Fragestellungen im Rahmen einer Festlegung der Testvorgaben sind:

- Was soll getestet werden?
- Wie soll getestet werden (Testaufbau) und welche Testparameter sind definiert?
- Was wird für den Test benötigt (Testumgebung)?
- Soll ein einzelnes Bauteil oder ein bereits systemintegriertes Bauteil getestet werden?
- Wie sind Testergebnisse zu bewerten (z. B. Annahmebereich)?

Für eine strukturierte Vorbereitung, die diese Fragen berücksichtigt, kann oftmals auf Teststandards z. B. gemäß RTCA oder FAR zurückgegriffen werden. Ist dies z. B. aufgrund hoher Testspezifität jedoch nicht möglich, so ist ein individueller Qualifikationsplan (*Qualification Test Procedure – QTP*) zu erstellen, welcher dann den Testablauf im Detail beschreibt.

Die Tests finden im Normalfall an einer sog. Red Label Unit statt. Hierbei handelt es sich um ein fertiges Bauteil, welches nach entwicklungsbetrieblichen Vorgaben hergestellt wurde. Ein solches Bauteil dient der Qualifizierung und Nachweiserbringung und ist daher noch nicht zugelassen (über ein TC, STC).[67]

Im Anschluss an den Test dienen die gewonnenen Ergebnisse entweder unmittelbar als Quellnachweis oder diese werden zu einem Testreport (*Qualification Test Report – QTR*) zusammengefasst. In beiden Fällen wird zumeist ein zugehöriges Nachweisdokument (*Compliance Document*) erstellt. Mit diesem bestätigt der Entwickler, dass das Testergebnis in Übereinstimmung mit den zuvor definierten Testvorgaben (z. B. aus den Bauvorschriften und/oder der Spezifikation) steht.[68]

Über das Compliance Document kann das Bauteil bzw. dessen Part Nummer in ein entwicklungsbetriebliches Installationsdokument (z. B. Herstellungsvorgabe) integriert werden. Die Musterprüfleitstelle prüft dann das gesamte Installationsdokument (mit dem darin enthaltenen Bauteil). Sobald die Behörde das TC oder STC erteilt hat, werden die Konstruktions- und Instandhaltungsunterlagen des Bauteils zu Approved Data. Das Bauteil gilt dann für die entsprechende Musterzulassung als genehmigtes Luftfahrzeugbauteil.

Abbildung 4.14 zeigt den grundlegenden Ablauf von der Nachweiserbringung bis zur Zulassung des Bauteils über ein TC oder STC.

Bauteile erhalten somit üblicherweise keine eigene entwicklungsbetriebliche Zulassung. Alle Bauteilentwicklungen sind im Zusammenhang mit der Luftfahrzeug- bzw. Motorenentwicklung (Type Certificate) oder bei nachträglichen Modifikationen im Rahmen einer ergänzenden Musterzulassung (Supplemental Type Certificate) zuzulassen. Die auf Basis einer Zulassung hergestellten Bauteile werden anfänglich als *Black Label* und nach Abschluss der Anlaufphase als *Production Unit* bezeichnet.

---

[67] Im Gegensatz dazu ist der Prototyp streng genommen nicht für die Qualifikation und Nachweiserbringung vorgesehen. Der Prototyp ist ein erstes auf der Spezifikation basierendes Bauteil, das zur Weiterentwicklung und für vorlaufende Tests herangezogen wird.

[68] Zur Unterscheidung Quellnachweis und Compliance Document siehe auch Ende Abschn. 4.6.2.

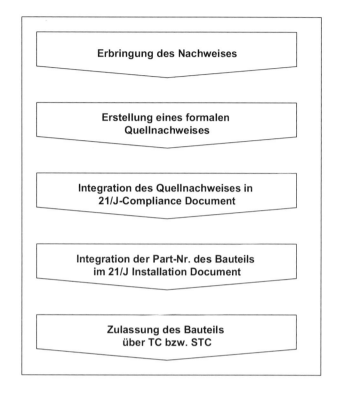

Abb. 4.14 Ablauf der Bauteilqualifizierung und -zulassung

Wird das Bauteil zu einem späteren Zeitpunkt in andere Entwicklungen integriert, muss diese Integration wieder zugelassen werden, da sich die Umgebungsbedingungen (Druck, Temperatur etc.) deutlich unterscheiden können. Sind die Parameter indes sehr ähnlich, kann es für die Nachweisführung ausreichend sein, auf die bereits existierende behördliche Anerkennung (z. B. TC, STC, PMA) zu referenzieren. Als Quellnachweis dient dazu die Kopie des entsprechenden behördlichen Dokuments. Zu Approved Data werden die Daten für diese neuerliche Entwicklung sobald hierfür eine eigene behördliche Zulassung vorliegt.

4.11 ETSO-Bauteile

Der **European Technical Standard Order** (ETSO) ist ein Standard für ausgewählte Bauteile, Geräte und Materialien, die in zivilen Luftfahrzeugen verbaut werden.[69] Dieser legt Mindestanforderungen an das Leistungs- oder Eigenschaftsniveau der betroffenen Produkte fest, die in zugehörigen Bauvorschriften definiert sind (CS-ETSO). Typische Bau-

---

[69] Das US-amerikanische Äquivalent ist der Technical Standard Order (TSO). Die spezifischen Produkteigenschaften sind in den AC 20-110 L festgelegt.

teile, die dem ETSO-Standard unterliegen, sind z. B. Instrumente, Sitze, Reifen, Rettungs- und Sicherheitsausrüstung sowie APUs.

Das Vorgehen zur Entwicklung, Zulassung und Herstellung von ETSO-Produkten ist im EASA Part 21 Subpart O geregelt. Danach kann eine ETSO-Zulassung grundsätzlich von jedem Betrieb beantragt werden, der für das Produkt die notwendige Konstruktionspraxis und die Ressourcen nachweist.[70]

Voraussetzung einer spezifischen Produktzulassung durch die EASA ist die dortige Einreichung umfassender Informationen hinsichtlich Bauausführung und Leistungseigenschaften (*Declaration of Design & Performance – DDP*). Die folgende Box macht deutlich, dass es sich vor allem um Daten zur Konstruktion und Nachweisführung, zum Betrieb sowie zur Aufrechterhaltung der Lufttüchtigkeit handelt.

> **Inhalte der Declaration of Design & Performance für ETSO Produkte**[71]
> - Angaben zur Konstruktion und zu Testverfahren sowie zur Produktbezeichnung
> - Informationen zur Nennleistung des Artikels
> - Nachweiserklärung, dass der Artikel der entsprechenden ETSO genügt
> - Verweise auf Testberichte
> - Verweise auf die zugehörigen Instandhaltungs- und Reparaturhandbücher
> - Konformitätsstufen, sofern solche gemäß der ETSO zulässig sind
> - Liste zulässiger Abweichungen.

Da es sich bei ETSO um einen **Mindeststandard** handelt, berechtigt die damit verbundene Zulassung nicht automatisch zum Einbau in jedem beliebigen Luftfahrzeug. Es wird nur die Übereinstimmung des ETSO-Produkts mit dem Standard bestätigt, nicht aber deren individuelle Einbaufähigkeit. So kann es für den Einbau aufgrund individueller Systemzusammenhänge z. B. erforderlich sein, dass das ETSO-Produkt über den Mindeststandard hinausgehende Eigenschaften aufweist und weitergehende Bauvorschriften erfüllt werden müssen. Die Installation ins Flugzeug bedarf somit einer eigenen Zulassung über ein TC oder STC.

Während die Beantragung einer ETSO Zulassung keine luftrechtliche Betriebsgenehmigung erfordert, benötigt der Zulassungsinhaber für die Herstellung seiner ETSO-Produkte eine Betriebsgenehmigung gemäß EASA 21/G.[72] Entsprechend ist für die Instandhaltung von ETSO-Produkte eine Zulassung als 145er-Betrieb nötig.

---

[70] vgl. IR Certification EASA Part 21–21A.602B (b); eine Ausnahme von dieser Regel bilden jedoch Hilfstriebwerke (APU), für deren Entwicklung eine Zulassung als 21/J Design-Organisation erforderlich ist.

[71] vgl. IR Certification EASA Part 21–21A.608.

[72] vgl. IR Certification EASA Part 21–21A.602B, alternativ: Zulassung als Betrieb EASA Part 21/F.

4.12 PMA-Teile

Bei PMA-Parts (*Parts Manufacturer Approval*) handelt es sich um **Teile mit eigener behördlicher Zulassung**. Während Bauteile üblicherweise mit dem Flugzeug oder Motor über ein TC oder STC zugelassen werden, erhalten PMA-Parts eine eigene behördliche Zulassung. Diese Teile können somit unmittelbar in ein Luftfahrzeug eingebaut werden, ohne dass sich die Zulassungsbasis (TC bzw. STC) ändert.

Das besondere dabei ist, dass der Inhaber der PMA-Zulassung nicht notwendigerweise über die originalen Designvorgaben verfügen muss. Insoweit können PMAs **Entwicklungskopien von Teilen** sein, die der Luftfahrzeughersteller als OEM in seinen Produkten verbaut. Unter Einhaltung der gesetzlichen Regeln dürfen die PMA-Parts dann als Alternativbauteile in das entsprechende Luftfahrzeug oder Triebwerk eingebaut werden, ohne dass für dieses eine erneute Zulassung erwirkt werden muss.

PMAs sind ein **Spezifikum des FAA-Raums** und werden üblicherweise auf Basis eines kombinierten Entwicklungs- und Herstellungsapprovals erteilt. Die Zulassung wird als Parts & Manufacturer Approval bezeichnet. Wenngleich PMA-Parts eine US-Besonderheit sind, so werden die Teile auch von der EASA anerkannt, sofern sie mit der amerikanischen Freigabebescheinigung FAA Form 8130-3 ausgeliefert werden. Durch die Importmöglichkeit entsprechender Teile werden in Europa vor allem Instandhaltungsbetriebe mit PMA-Teilen konfrontiert.[73] Mit Ausnahme von PMA-Teilen darf in der EU jedes Luftfahrzeugbauteil ausschließlich in Verbindung mit einem TC oder STC zugelassen und eingebaut werden.

Unterschieden werden das PMA Design Approval und das PMA Production Approval.

Ausgangspunkt für die Ausstellung eines **PMA Design Approvals** bildet ein von der FAA genehmigtes Produktdesign. Der Antragsteller hat dafür mit den gängigen Methoden (MoC) nachzuweisen, dass sein Produkt nach Installation im Luftfahrzeug, Triebwerk oder Propeller den Bauvorschriften (FARs) entspricht. Auf diese Form der Nachweiserbringung darf nur dann verzichtet werden, wenn das Design und die Leistungseigenschaften gänzlich mit denen des zugelassenen OEM-Produkts übereinstimmen und durch eine Erklärung seitens des Zulassungsinhabers bestätigt wird. Mit dem PMA Design Approval wird sodann die Austauschbarkeit des PMA-Parts mit dem entsprechenden Original-Produkt des OEM bestätigt.

Demgegenüber steht das **PMA Production Approval**, welches zur Herstellung und zum Verkauf von PMA-Parts berechtigt. Das Approval schließt die Genehmigung zum Einbau entsprechend der genehmigten Austauschbarkeiten in Luftfahrzeuge ein. Die Hersteller von PMA-Parts stehen unter Aufsicht der FAA und müssen nachweisen, dass sie über ein Qualitätssystem zur Produktionsüberwachung verfügen, um eine dauerhafte Produktkonformität gemäß den PMA Design Vorgaben sicherstellen zu können.

---

[73] Zwar gibt es mit den EPA-Teilen (EASA Part 21/K) ein europäisches Pendant zu den PMAs. Jedoch haben diese bei internationalen Luftfahrtbetrieben bisher keine nachhaltige Akzeptanz gefunden und sind daher auf dem Markt kaum verbreitet.

Ein PMA ist unbegrenzt gültig, sofern es nicht zurückgegeben oder eingezogen wird. Die Genehmigung selbst ist nicht übertragbar, wohl aber die der Genehmigung zugrunde liegenden Daten.

Eine beachtliche Bedeutung haben PMA-Teile im **Ersatzteilmarkt** für Luftfahrtprodukte (und dort insbesondere im Triebwerksbereich) eingenommen. PMA-Teile sind für die Flugzeugbetreiber vor allem wegen ihrer geringeren Kosten interessant. Ein Preisvorteil von bis zu 50 % gegenüber den entsprechenden OEM-Produkten[74] hat maßgeblich dazu beigetragen, dass PMA-Parts gegenwärtig etwa fünf bis zehn Prozent des Ersatzteilmarkts ausmachen.

Literatur

Altfeld, H.H.: *Commercial Aircraft Projects: Managing the Development of Highly Complex Products.* Farnham 2010

Altfeld, H.H.: *Erfordernisse der Kommunikation in komplexen Produkt-Entstehungsprojekten.* In: Hinsch, M.; Olthoff, J.: Impulsgeber Luftfahrt – Industrial Leadership durch luftfahrtbetriebliche Aufbau- und Ablaufkonzepte (geplante Veröffentlichung Ende 2012)

Deutsches Institut für Normung e.V.: *ISO 10007:2003 Qualitätsmanagement. Leitfaden für Konfigurationsmanagement.* Deutsche, englische und französische Fassung DIN ISO 10007:2004-12

Deutsches Institut für Normung e.V.: *DIN EN 9100:2009- Qualitätsmanagementsysteme – Anforderungen an Organisationen der Luftfahrt, Raumfahrt und Verteidigung.* DIN EN 9100-2010-07, 2010

Ebel, B.: *Qualitätsmanagement.* Herne, Berlin, 2001

European Comission: *Commission Regulation (EC) laying down implementing rules for the airworthiness and environmental certification of aircraft and related products, parts and appliances, as well as for the certification of design and production organisations [Implementing Rule Certification].* No. 1702/2003, 2003

European Aviation Safety Agency – EASA: *Acceptable Means of Compliance and Guidance Material to Part 21.* Decision of the Executive Director of the Agency No. 2003/1/RM, 2003

Holzbaur U.: *Entwicklungsmanagement.* Berlin und Heidelberg, 2007

Kamiske, G. F.: *Qualitätsmanagement von A bis Z – Erläuterung moderner*

Kieser, A.; Walgenbach, P.: *Organisation.* 4. Aufl., Stuttgart, 2003

Litke, H.D.: *Projektmanagement.* 2. Aufl., München und Wien, 1993

Litke, H.D. (Hrsg.): *Projektmanagement – Handbuch für die Praxis.* München und Wien, 2005

Roland Berger Strategy Consultants; engine bavAIRia (2008): *Positionierung und Stärkung der bayerischen Triebwerkswertschöpfungskette.* Präsentation der Studienergebnisse, München

RTCA: *Software Considerations in Airborne Systems and Equipment Certification.* DO178B/ED-12B, 1992

Saynisch, M: *Konfigurationsmanagement – fachlich-inhaltliche Entwurfssteuerung, Dokumentation und Änderungswesen im ganzheitlichen Projektmanagement.* Diss., Köln 1984

Saynisch, M.: *Einführung in die Thematik des Konfigurationsmanagement.* In: Symposium Konfigurationsmanagement. Schelle, H.; Saynisch, M (Hrsg.): München 1985, S. 9–24

Wöhe, G.: *Einführung in die allgemeine Betriebswirtschaftslehre.* 18. Aufl., München, 1993

---

[74] vgl. Roland Berger; engine bavAIRia (2008), S. 13.

Maintenance Management 5

Maintenance Management dient dem Zweck, die Aufrechterhaltung der Lufttüchtigkeit während des Lebenszyklus eines Luftfahrzeugs sicherzustellen. Dazu sind einerseits grundlegende Instandhaltungsmaßnahmen vor erstmaligem Betrieb festzulegen und andererseits ist deren spätere Umsetzung zu überwachen. Zugleich muss im Rahmen des Maintenance Managements die frühzeitige Identifizierung von Tatbeständen, die die Lufttüchtigkeit gefährden können, sichergestellt werden.

Ein erster Schwerpunkt dieses Kapitel richtet sich auf das Instandhaltungsprogramm (*Maintenance Program*), in dem alle geplanten Instandhaltungsaktivitäten während der Produktlebenszeit eines Luftfahrzeugs definiert sind. In den Unterkapiteln 5.1 und 5.2 wird dazu auf die Notwendigkeit, die Entstehung sowie auf Struktur und Inhalt von Instandhaltungsprogrammen eingegangen.

Einen zweiten Fokus dieses Kapitels bilden Reliability-Programme, mit denen die Zuverlässigkeit einzelner Bestandteile eines Luftfahrzeugs während des Betriebs überwacht und bewertet werden.

In einem abschließenden Unterkapitel werden Aufgaben von sowie das Vorgehen bei Behörden- und Herstellerbekanntmachungen erläutert. Den Schwerpunkt bilden Lufttüchtigkeitsanweisungen (*Airworthiness Directives*) und Service Bulletins.

5.1 Aufgaben und Ziele des Maintenance Managements

Eine nachhaltige und andauernde Lufttüchtigkeit während der Lebens- bzw. Betriebsdauer eines Luftfahrzeugs kann nur dann erzielt werden, wenn dieses einer ständigen betriebstechnischen Überwachung unterliegt. Aus diesem Grund hat die Europäische Union mit dem EASA Part-M eine Vorschrift erlassen, die Regeln zur **Aufrechterhaltung der Lufttüchtigkeit** (*Continuing Airworthiness*) definiert. Der Part-M stellt eine eigenständige und verpflichtende Betriebszulassung für Eigentümer bzw. Betreiber von Luftfahrzeugen dar und beinhaltet u. a. Mindestanforderungen an die Lufttüchtigkeit und Instandhaltung. Im Wesentlichen zählen hierzu:[1]

- die Sicherstellung sämtlicher Instandhaltung auf Basis eines behördlich genehmigten Instandhaltungsprogramms,
- die Behebung von Mängeln und Schäden, die den sicheren Betrieb beeinflussen sowie die Durchführung von Änderungen und Reparaturen, auf Basis genehmigter Instandhaltungsdokumentation und Reparaturvorgaben,
- ein System zur Bewertung der Wirksamkeit des Instandhaltungsprogramms (*Reliability Monitoring*),
- die Befolgung von Lufttüchtigkeitsanweisungen und allen sonstigen behördlich erlassenen Maßnahmen.

Die Vielzahl und die Komplexität dieser Aufgaben lassen sich nur dann bewältigen, wenn die Aufrechterhaltung der Lufttüchtigkeit strukturiert geplant, gesteuert und überwacht wird. Notwendig ist mithin ein umfassendes Management der Instandhaltungsaktivitäten. Dies gilt umso mehr, wenn neben den gesetzlichen Vorgaben auch wirtschaftliche Aspekte berücksichtigt werden müssen. So liegt der Fokus des Maintenance Managements zunehmend auf einer Ausrichtung der Instandhaltungsplanung sowie einer Optimierung der technischen Zuverlässigkeit unter ökonomischen Gesichtspunkten. Die von den Luftaufsichtsbehörden vorgeschriebenen Anforderungen bilden in der betrieblichen Praxis vielfach nur noch eine selbstverständliche Basisleistung. Ziel ist heutzutage nicht mehr nur die Vorbeugung von System- oder Komponentenausfällen, sondern vielmehr die Minimierung der Betriebskosten durch Ermittlung, Analyse und Behebung von Zustandsveränderungen bei zeitgleicher Optimierung instandhaltungsbedingter Bodenzeiten.

Maintenance Management Aufgaben können Betreiber von Luftfahrzeugen (bzw. Part-M Organisationen) selbst durchführen oder diese Dienstleistung ganz oder in Teilen an qualifizierte Unternehmen untervergeben. Die Verantwortung für die Überwachung und Umsetzung aller Aktivitäten verbleibt jedoch stets bei der zuständigen Part-M Organisation.

Der Vorteil bei der Zusammenarbeit mit Dritten besteht üblicherweise darin, dass es sich bei den Auftragnehmern um Spezialisten (z. B. Part 145 oder andere Part-M Organisationen) mit einem breiten Erfahrungsschatz und umfassendem Know-how in der Instandhaltung und im Maintenance Management handelt. Insbesondere Airlines mit kleiner Flotte bietet die Fremdvergabe dieser Leistungen die Möglichkeit, an den Erfahrungen und Größenvorteilen großer Maintenance-Organisationen zu partizipieren, um so die eigenen Betriebs- und Instandhaltungskosten zu reduzieren.

Im Folgenden werden die klassischen Maintenance Management Leistungen beschrieben, zu denen die Betreiber von Luftfahrzeugen verpflichtet sind:

---

[1] vgl. IR Continuing Airworthiness EASA Part-M–M.A.301.

5.2 Instandhaltungsprogramme

- Entwicklung, Pflege und Umsetzungsüberwachung von Instandhaltungsprogrammen (Unterkapitel 5.2),
- Entwicklung und Betrieb von Zuverlässigkeits-/Zustandsmonitoring-Systemen zur Sicherstellung der Wirksamkeit des Instandhaltungsprogramms (Unterkapitel 5.3),
- Verfolgung, Beurteilung und Anweisung von Behördenforderungen und Herstellerempfehlungen (Unterkapitel 5.4).

5.2 Instandhaltungsprogramme

5.2.1 Notwendigkeit von Instandhaltungsprogrammen

Viele Bestandteile eines Luftfahrzeugs sind in ihrer Nutzungsdauer begrenzt, so dass diese dann entweder ausgetauscht oder instand gehalten werden müssen. Typische Parameter, die die Einsatzfähigkeit von Luftfahrzeugen, Triebwerken und Propellern sowie Bau- und Ausrüstungsteilen beeinflussen, sind:

- die Zeit seit der Inbetriebnahme,
- die Flugstunden (*Flight Hours*),
- die Anzahl der Starts und Landungen (*Flight-Cycles*),
- das Einsatzgebiet des Luftfahrzeugs. So reduzieren neben sehr hohen oder niedrigen Außentemperaturen auch Luftfeuchtigkeit und der Staub- oder Salzgehalt in der Luft die Leistungsfähigkeit und Einsatzdauer von luftfahrttechnischem Gerät (z. B. Triebwerke, APU, Klimaanlage).

Da Abnutzung und Verschleiß insofern auch vor Luftfahrzeugen nicht halt machen, sind für eine nachhaltige Aufrechterhaltung der Lufttüchtigkeit umfassende Instandhaltungsaktivitäten erforderlich. Dadurch sollen insbesondere Ermüdungsschäden (*Fatigue Damages*), umgebungsbedingte Abnutzung (*Environmental Deterioration*) und Unfallschäden (*Accidental Damages*) rechtzeitig entdeckt bzw. verhindert werden.

Aufgrund der hohen technischen Komplexität von Luftfahrzeugen sind diese Maßnahmen strukturiert und für den gesamten Einsatzzyklus des Luftfahrzeugs bzw. seiner Bestandteile festzulegen. Die Auflistung aller (zukünftig) durchzuführenden Instandhaltungsaufgaben während des Betriebslebenszyklusses erfolgt in einem Instandhaltungsprogramm ((*Aircraft-*) **Maintenance Program**). Darin sind im Detail Umfang und Häufigkeit der Instandhaltungsereignisse an Flugzeugstruktur, Systemen, Triebwerken, Komponenten und Teilen aufgeführt. Zugleich umfassen Instandhaltungsprogramme so auch die Umfangsbeschreibung und Periodizität von Checks.

Eigentümer bzw. Betreiber von Luftfahrzeugen sind gemäß EASA Part-M verpflichtet, für jedes ihrer Flugzeuge ein Maintenance Program vorzuweisen, anzuwenden und mindestens einmal jährlich auf Aktualität und Angemessenheit zu überprüfen. Die Durchführung dieser Aktivitäten unterliegt einer behördlichen Überwachung. Darüber hinaus bedürfen sowohl Erstausgabe als auch Änderungen (Revisionen) an Instandhaltungsprogrammen stets der Genehmigung durch die zuständige Luftaufsichtsbehörde.

Zwar wird der Rahmen eines Maintenance Programs üblicherweise durch den Hersteller vorbestimmt, jedoch müssen die Eigentümer bzw. Betreiber ihre Instandhaltungsprogramme an die jeweilige Flugzeugkonfiguration und die individuellen Anforderungen ihrer Flotte anpassen. Daher unterscheiden sich in der betrieblichen Praxis nicht nur die Instandhaltungsprogramme der verschiedenen Flugzeugmuster; auch bei gleichen Mustern variiert die Ausgestaltung des Maintenance Programs zwischen den Airlines in Abhängigkeit des Einsatzgebiets und der Nutzung bzw. den individuellen Betriebserfahrungen. Zudem reflektieren Instandhaltungsprogramme mehr oder weniger deutlich immer auch die Maintenance-Philosophien des Operators (z. B. block- oder phasenbezogene Instandhaltung, Schwerpunkt auf Prävention oder maximale Ausnutzung der zulässigen Grenzen).

5.2.2 Vom MRB-Report zum Maintenance Program

5.2.2.1 Maintenance-Review-Board-Report

Bis zur Entwicklung der Boeing 747 Ende der 1960er Jahre musste jede Airline nach einer Flugzeugneuentwicklung oder Indienststellung einen gänzlich individuellen Instandhaltungsplan für das betreffende Flugzeugmuster erstellen. Seitdem ist die Luftfahrtindustrie bei der Neuentwicklung von Aircraft-Typen dauerhaft dazu übergegangen, das Know-how aller an der Instandhaltung von Luftfahrzeugen direkt oder indirekt Beteiligten zusammenzutragen, um zum Nutzen aller Interessensgruppen ein Basisinstandhaltungsdokument für jedes Flugzeugmuster zu erstellen.

Das Ergebnis dieser Aktivitäten ist der Maintenance-Review-Board-Report (**MRB -Report**), den der Hersteller mit der Musterzulassung veröffentlicht. Der MRB-Report ist eine Art Leitfaden, der Mindestanforderungen an die Instandhaltung eines Flugzeugmusters aufführt. Der MRB-Report dient heutzutage als allgemein anerkannter Ausgangspunkt für die Entwicklung eines Maintenance Programs und gilt unter den Aufsichtsbehörden und luftfahrttechnischen Betrieben als zentrales **Basisdokument für die Instandhaltung** eines Flugzeugmusters. Denn der Report ist auf die gesamte Weltflotte eines Aircraft-Typs ausgerichtet und nimmt zugleich Rücksicht auf unterschiedliche Bauausführungen sowie individuelle Nutzungsart und -umfang.

Den Ausgangspunkt bildet die Einsetzung eines Maintenance Review Boards, das sich aus Vertretern der für die Genehmigung des MRB-Reports zuständigen Behörden (z. B. EASA, FAA, Transport Canada) zusammensetzt.

Zugleich konstituiert sich das *Industry Steering Committee* (ISC). Dieses ISC besteht aus Vertretern des Herstellers bzw. TC-Antragstellers, der betroffenen Triebwerkhersteller, bedeutenden Zulieferern sowie aus Experten von Fluggesellschaften bzw. Instandhaltungsbetrieben. Teilnehmer sind also alle Betriebe, die auf eine nachhaltige Aufrechterhaltung der Lufttüchtigkeit des betrachteten Aircraft-Musters entweder unmittelbar Einfluss nehmen werden oder Erfahrungen beisteuern können. In beobachtender Funktion sind im ISC darüber hinaus MRB-Mitglieder vertreten.

5.2 Instandhaltungsprogramme

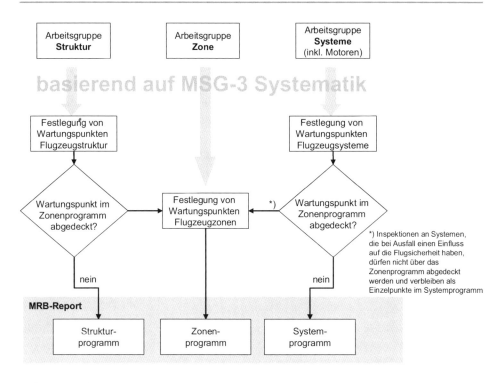

Abb. 5.1 Herleitung der Wartungspunkte im Rahmen des MRB-Reports

Das ISC ernennt und überwacht **Arbeitsgruppen** (*Maintenance-Working-Groups*), die sich aus Spezialisten zuvor definierter Fachgebiete (üblicherweise für die Gewerke Struktur, Systeme, Motoren und Flugzeugzonen) zusammensetzen.[2] Auf Basis eines standardisierten Bearbeitungsschemas arbeiten die Maintenance-Working-Groups im Rahmen ihres Themenfelds Vorschläge für den Instandhaltungsumfang und die Instandhaltungshäufigkeit des betrachteten Flugzeugmusters und dessen Bestandteile aus. Als Informationsgrundlage dienen z. B. vergleichbare oder erwartete technische Eigenschaften und Abnutzungscharakteristika sowie sonstige Daten zu tatsächlichen oder theoretisch ermittelten Ausfall- oder Austauschraten. Auf dieser Basis bestimmen die Maintenance-Working-Groups die Mindestanforderungen an die Instandhaltung des Luftfahrzeugs bzw. dessen Bestandteile unter zur Hilfenahme der MSG-3-Methodik. Bei der Ausführung ihrer Tätigkeit stehen den Arbeitsgruppen das MRB und das ISC beratend zur Seite.

Die Working Groups bestimmen auf Basis der **MSG-3-Systematik** die für das zukünftige Luftfahrzeug geltenden Instandhaltungspunkte, einschließlich der Maßnahmen und Intervalle. Das Vorgehen zur Bestimmung von Instandhaltungsart und -umfang im Rahmen der Erstellung des MRB-Reports ist in Abb. 5.1 skizziert.

---

[2] Die Mitglieder der Arbeitsgruppen sind Mitarbeiter des Luftfahrzeug- und Triebwerkherstellers, der Zulieferer, großer Airlines und großer Instandhaltungsbetriebe.

Zunächst erfolgt planerisch eine Zerlegung des Flugzeugs in einzelne Zonen, (Struktur-)Bauteile und Systeme. Darauf aufbauend wird eine MSG 3-Analyse dieser Flugzeugbestandteile durchgeführt. Das bedeutet, dass alle Bauteile, Zonen und Systeme untersucht werden im Hinblick auf ihre Funktionen, Sicherheit, Ausfallrisiken, Fehlerauswirkungen, Inspektionszugänglichkeit und Schadenserkennbarkeit sowie die auf sie wirkenden Umwelteinflüsse. Basierend auf dieser Analyse werden anschließend Inspektionsintervalle (z. B. alle 500 Flugstunden), Inspektionsintensitäten (z. B. Kontrolltiefe), Tests (z. B. Funktionstest) und Wartungsmaßnahmen (z. B. abschmieren) festgelegt.

Eine solche Untersuchung wird nun jeweils unabhängig voneinander in den Arbeitsgruppen Struktur, Systeme und Zone vorgenommen. Um später in der Betriebsphase des Luftfahrzeugs unnötige (Mehrfach-) Kontrollen zu vermeiden, werden im Anschluss alle in den Arbeitsgruppen ermittelten Wartungspunkte konsolidiert. Dies erfolgt, indem zu den definierten Wartungspunkten der Bereiche Struktur und Systeme geprüft wird, ob für diese bereits vergleichbare Wartungspunkte im Zonenwartungsprogramm definiert wurden. Ist dies der Fall, so wird der Wartungspunkt aus dem Struktur- bzw. Systemprogramm nicht übernommen, weil dieser bereits über das Zonenprogramm Eingang in den MRB-Report findet.

Im Ergebnis setzt sich der MRB-Report dann mindestens aus den Kapiteln Zone, Struktur und Systeme (einschließlich Triebwerken) zusammen.[3]

Die von den Maintenance-Working-Groups ausgearbeiteten Vorschläge werden im Anschluss dem Industry Steering Committee vorgelegt.[4] Basierend auf den Ergebnissen der MRB Working Groups entwickelt das ISC einen Entwurf des MRB-Reports, den sog. *Maintenance-Program-Proposal* und reicht diesen an den Vorsitzenden des MRBs zurück. Nach gemeinsamer Prüfung mit seinen Fachberatern gibt der MRB-Vorsitzende den Entwurf im Anschluss als offiziellen MRB-Report zur Veröffentlichung frei.

MRB-Reports unterliegen einer kontinuierlichen Bewertung hinsichtlich Aktualität und Angemessenheit. Nur so kann den Betriebserfahrungen und "lessons learned" Erkenntnissen Rechnung getragen und eine kontinuierliche Verbesserung erzielt werden. Entsprechend müssen im Bedarfsfall Anpassungen am ursprünglichen MRB-Report vorgenommen und der Nutzerkreis informiert werden.

Wenngleich der MRB-Report über den gesamten Musterlebenszyklus gültig ist, entfaltet er für die Airlines den größten Nutzen, wenn diese noch keine eigenen Erfahrungswerte mit den Instandhaltungszeiträumen sammeln konnten.

---

[3] Je nach Anzahl der Working-Groups. Für den Airbus A340 wurden beispielsweise nicht nur drei, sondern sechs Working Groups gebildet: 1) Systeme (Flight Controls, Fahrwerke); 2) mechanische Systeme; 3) APU & Triebwerk; 4) elektrische Systeme; 5) Struktur; 6) Zonal; 7) Systeme (Fuel); vgl. Airbus SAS (2010), S. 788 ff.

[4] vgl. EASA (2009), S. 8.

MSG-3 Analyse[5]

In den frühen Tagen der Luftfahrtgeschichte wurde die Flugzeugwartung auf Basis von Erfahrungen der Mechaniker durchgeführt. Erst mit Beginn des Jet-Zeitalters und der Gründung von Luftaufsichtsbehörden fand ein Paradigmenwechsel hin zur strukturierten, ingenieursseitig geplanten Instandhaltung statt. Die Wartungsaktivitäten beruhten jedoch auf dem Leitgedanken, dass die Maßnahmen umso wirkungsvoller seien, je mehr von ihnen durchgeführt würden („Viel hilft viel"). Erst in den 1960er Jahren erhärtete sich die Erkenntnis, dass sich diese Philosophie nicht mit den praktischen Erfahrungen deckte. Daraufhin setzte sich, erstmals im Rahmen der B747-Entwicklung, eine zustandsabhängige Instandhaltung durch (sog. MSG-1 bzw. MSG-2).

Seit 1980 wird für die Festlegung der Instandhaltungsintensität die MSG-3 Logik angewendet. Dieser Ansatz ist vorbeugend ausgerichtet und orientiert sich neben Sicherheitsaspekten auch an flugbetrieblichen und ökonomischen Notwendigkeiten. Das Prinzip der MSG-3-Logik basiert auf einer Fehlermöglichkeits- und -einflussanalyse (engl.: *Failure-Mode-and-Effects Analysis – FMEA*). Hierbei handelt es sich um eine standardisierte Entscheidungsbaum-Methodik mit dessen Hilfe Instandhaltungsmaßnahmen abgeleitet werden. Die MSG-3-Technik stellt dabei nicht allgemein das Auftreten eines Fehlers, sondern dessen Auswirkungen in den Mittelpunkt der Analyse (*Consequence of Failure Approach*). Entscheidend ist weniger, ob ein Fehler oder Ausfall auftritt, sondern vielmehr, wie dieser den Flugbetrieb beeinflusst.

Zudem ist der MSG-3-Ansatz aufgabenorientiert (*task-oriented*) ausgerichtet (vgl. Ende Abschn. 5.3.2). Anders als bei früheren Verfahren werden beim MSG-3 Ansatz für die Aufrechterhaltung der Lufttüchtigkeit eines jeden Flugzeugbestandteils konkret benannte Instandhaltungsaufgaben angewiesen (z. B. abschmieren, Funktionskontrollen, Austausch). Der MSG-3-Ansatz gilt insofern als chirurgisch präzises Verfahren, das individuell und flexibel an den spezifischen Instandhaltungsanforderungen ausgerichtet werden kann.

Der MRB-Report ist das Ergebnis eines komplexen Entstehungsprozesses, der in Abb. 5.2 visualisiert ist.

5.2.2.2 Maintenance Planning Document

Da die Angaben des MRB-Reports für die unmittelbare Instandhaltungsdurchführung aufgrund unzureichender Strukturierung und Detaillierung nur wenig geeignet sind, bieten die Luftfahrzeughersteller ihren Kunden zusätzlich ein muster- bzw. bauartspezifisches Dokument zur Instandhaltungsplanung und -durchführung an. Bei Boeing wird dieses

---

[5] vgl. Hinsch (2011).

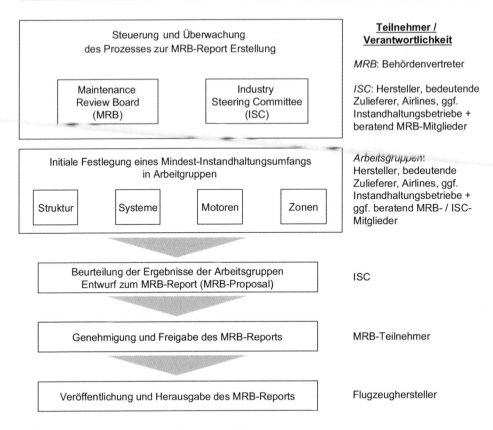

Abb. 5.2 Organisatorische Entstehung des MRB-Reports

als *Maintenance Planning Data Document* (MPD), bei Airbus als *Maintenance Planning Document* (MPD) bezeichnet.

Das **MPD** ist eine Weiterentwicklung und stellt im betrieblichen Alltag zugleich einen Ersatz zum MRB-Report dar. Es fungiert damit als zentrales Ausgangsdokument für die Entwicklung von Instandhaltungsprogrammen. Es bietet den Luftfahrzeughaltern **weiterführende Informationen** zur Instandhaltungsausführung, z. B. hinsichtlich der Strukturierung, der Abarbeitungsreihenfolge der Instandhaltungsaufgaben (*Maintenance-Tasks*), detaillierte Referenzen auf Instandhaltungshandbücher, einzusetzende Betriebsmittel sowie Hinweise und Abbildungen zu Zugängen (*Access-Panels* oder *Doors*). Zudem sind hierin Instandhaltungsangaben zu Komponenten enthalten, die im MRB-Report nicht berücksichtigt sind, aber dennoch Bestandteil des gesamten Instandhaltungsumfangs sind. Des Weiteren enthält das MPD Herstellerforderungen oder -empfehlungen.

Um die Planung der Instandhaltungsereignisse in den Maintenance-Organisationen zu erleichtern, sind im MPD zudem durchschnittliche Zeitangaben für die Ausführung der beschriebenen Aktivitäten aufgeführt. Jedoch beziehen sich diese Werte ausschließlich auf die Maßnahme selbst, ohne dabei die Zeitbedarfe für Material-, Betriebsmittel- und Dokumentationsbeschaffung oder für Freilegungen der Bauteile etc. zu berücksichtigen. Daher

5.2 Instandhaltungsprogramme

müssen diese Richtwerte durch die Arbeitsplanung im jeweiligen Instandhaltungsbetrieb individuell angepasst werden.

Für den Luftfahrzeugbetreiber liegt der Nutzen des MPDs darin, dass dieser eine detaillierte Grundstruktur für das eigene Maintenance Program aufzeigt sowie wichtige muster- bzw. bauartspezifische Basisangaben für die Instandhaltung auflistet. Besonderen Nutzen entfaltet das MPD im Rahmen der Ersterstellung eines Maintenance Programs, wenn dem Betreiber noch keine eigenen Erkenntnisse mit dem entsprechenden Flugzeugtyp vorliegen.

Wenngleich der MPD eine angemessene Struktur und Detaillierung aufweist und damit bereits sehr viel geeigneter für die Erstellung eines Maintenance Programs ist als der MRB-Report, reichen die darin enthaltenen Aufgaben noch immer nicht aus. Denn auch das MPD ist nur als ein allgemein gültiger Instandhaltungsleitfaden des Herstellers zu verstehen, der zahlreiche wichtige Basisangaben liefert, jedoch den individuellen Bauzustand des Flugzeugs und die Erkenntnisse aus den spezifischen Betriebsbedingungen des Operators unberücksichtigt lässt.

5.2.2.3 Herleitung von Maintenance Programs

Der MRB-Report bzw. das darauf aufbauende MPD bilden im Normalfall das allgemein anerkannte Fundament für die Instandhaltung moderner Verkehrsflugzeuge. Daher ist eines der beiden Dokumente stets als Ausgangspunkt für die Erstellung von Maintenance Programs heranzuziehen.[6] Das MPD bietet den Vorteil, dass dieses bereits detaillierte und für eine Instandhaltung unmittelbar anwendbare Vorgaben enthält.

Ein Instandhaltungsprogramm muss jedoch darüber hinaus auf die individuelle Flugzeugkonfiguration und auf die Nutzung des Eigentümers bzw. Halters zugeschnitten sein. So sind in Ergänzung zum MPD die spezifischen Anforderungen des Operators und die grundlegenden (organisatorischen) Verfahren des Instandhaltungsmanagements zu berücksichtigen. Zudem enthält ein Maintenance Program Instandhaltungsangaben über weitere im Flugzeug verbaute Komponenten, auch dann, wenn diese nicht im MRB-Report oder MPD aufgeführt sind. Nicht zuletzt müssen in einem Maintenance Program, die individuellen Betriebs- und Instandhaltungserfahrungen, die sich aus individueller Nutzungsart und -umfang von Flugzeug bzw. Flotte ergeben, Berücksichtigung finden. Hierzu sind ggf. die vorgegebenen Instandhaltungsintervalle und Inspektionsintensitäten anzupassen oder zusätzliche Maßnahmen einzuplanen.

Für jedes Luftfahrzeug muss ein Instandhaltungsprogramm vorliegen. In der betrieblichen Praxis, in der die Betreiber zumeist nicht einzelne Flugzeuge, sondern eine Flotte von Flugzeugen gleicher Bauart einsetzen, kommt jedoch oftmals nur ein einziges Maintenance Program zum Einsatz.

Der Hauptgrund liegt in einem reduzierten Pflegeaufwand beim Instandhaltungsprogramm. Zusätzlich wird die Vergleichbarkeit der Betriebs- und Instandhaltungserfahrungen mit den Flugzeugen innerhalb eines Musters vereinfacht und damit die Qualität der Zuverlässigkeitsprogramme gesteigert.

---

[6] vgl. AMC M.A.302 (c) (1).

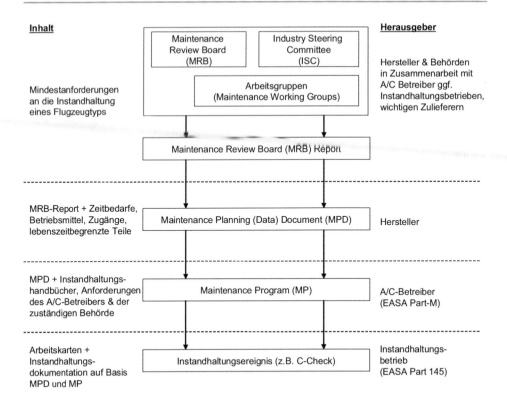

Abb. 5.3 Der Weg vom MRB-Report zum Instandhaltungsereignis

Wenngleich die großen Hersteller von Luftfahrzeugen (Airbus, Boeing, BAe, Embraer) stets ein MRB-Report und ein MPD herausgeben, so gilt dies nicht für alle Anbieter. Entsprechend können Instandhaltungsprogramme anstatt auf allgemein anerkannten auch auf spezifisch genehmigten Instandhaltungsstandards basieren (Abb. 5.3).

5.2.3 Struktur und Inhalt von Instandhaltungsprogrammen

Der Gesetzgeber hat einige grundlegende Anforderungen an den Inhalt von Instandhaltungsprogrammen, an deren Pflege und Überprüfung sowie an Änderungen formuliert. Hinsichtlich des Umfangs muss ein Maintenance Program mindestens folgende Grundelemente aufweisen:[7]

- Angaben zu allen auszuführenden Instandhaltungsarbeiten und Instandhaltungsintervallen, einschließlich etwaiger Sondermaßnahmen,

---

[7] vgl. IR Continuing Airworthiness EASA Part-M–M.A.302 (c) und (d).

5.2 Instandhaltungsprogramme

- Berücksichtigung von allen Anweisungen zur Aufrechterhaltung der Lufttüchtigkeit, unabhängig, ob diese von der Luftfahrtbehörde oder dem Hersteller herausgegeben wurden (z. B. Lebenszeitbegrenzungen von Teilen, Lufttüchtigkeitsanweisungen),
- ein Zuverlässigkeitsprogramm.

Neben den gesetzlichen Vorgaben hat die EASA-Empfehlungen zum Aufbau von Instandhaltungsprogrammen herausgegeben.[8] Danach sollten diese eingangs einen einleitenden Teil mit folgenden Informationen enthalten:

- Angaben zum Flugzeug, u. a. Registrierung, Flugzeug-Triebwerk-Konstellation sowie Angabe zur APU,
- Detaillierte Angaben zum Eigentümer bzw. Halter des Luftfahrzeugs sowie ggf. zusätzliche Angaben zur verantwortlichen EASA Part-M Organisation,
- Ausgabedatum und Ausgabenummer des Maintenance Programs,
- Inhaltsverzeichnis und Informationen zu Revisionstatus sowie Ergänzungen und Korrekturen (*Amendments*),
- Beschreibung der Verfahren zur Änderung von Instandhaltungszyklen, Erklärungen des Eigentümers, Operators bzw. der verantwortlichen Part-M Organisation, dass
  - das Maintenance Programs regelmäßig überprüft und soweit erforderlich aktualisiert wird und dass die Instandhaltung des entsprechenden Luftfahrzeugs auf Grundlage dieser Vorgaben durchgeführt wird.
  - die Instandhaltungsanweisungen und -verfahren den Standards des TC-Halters entsprechen. Sollte von diesen abgewichen werden, muss dies aus der Erklärung deutlich werden.

Den Kernbestandteil eines Maintenance Programs sollte dann die Auflistung der eigentlichen Instandhaltungsmaßnahmen mit den zugehörigen Instandhaltungsintervallen bilden. Ergänzend ist zu jedem Maintenance-Task eine entsprechende Referenz zum MPD oder zum MRB-Report sowie ggf. zu entsprechenden Abschnitten in der Instandhaltungsdokumentation aufzuführen.

Neben Angaben zu Systemen, Komponenten und Triebwerken sollte das Maintenance Program ein besonderes Augenmerk auf die Strukturelemente nehmen und dabei auch spezifische Instandhaltungsmaßnahmen berücksichtigen.[9]

Nicht zuletzt sollte ein Maintenance Program Informationen und Referenzen zum zugehörigen Zuverlässigkeitsprogramm (Reliability-Management, Health- oder Condition Monitoring) beinhalten.

---

[8] vgl. Appendix I to AMC M.A.302 and AMC M.B.301 (b).
[9] vgl. Appendix I to AMC M.A.302 and AMC M.B.301 (b).

> **Kernbestandteile eines Maintenance Programs**[10]
> - Art und Umfang von Pre-Flight Maintenance, die durch Instandhaltungspersonal durchgeführt wird.
> - Instandhaltungsaufgaben und Periodizitäten für alle Bestandteile des Luftfahrzeugs, der Triebwerke bzw. Propeller, der APU sowie der Systeme.
> - Instandhaltungs-, Prüf- und Austauschintervalle für Komponenten.
> - Sondermaßnahmen der Strukturinstandhaltung (d. h. ggf. ein spezifisches Struktur-Wartungsprogramm, herausgegeben vom TC-Halter). Darin sind dann z. B. folgenden Aktivitäten festzulegen:
>   - Wartungsvorgaben zu Strukturteilen sowie Maßnahmen für ergänzende Strukturinspektionen, insbesondere bei besonderen Schadenstoleranzen
>   - Maßnahmen der Korrosionskontrolle und -prävention
>   - Verfahren für Repair Assessments
>   - Kontrollmaßnahmen zur Vorbeugung von allgemeinen Ermüdungsschäden (z. B. Dauerschwingungsrisse).
> - Soweit verfügbar, Angaben zu strukturbezogenen Nutzungsgrenzen (Starts/Landungen, Flugstunden, kalendarische Begrenzungen).
> - Verweise auf Dokumente, die vertiefende Informationen zur Durchführung verpflichtender Behördenanweisungen (z. B. lebenszeitbegrenzte Teile oder Lufttüchtigkeitsanweisungen) enthalten.
> - Detaillierte Angaben zum oder Verweise auf eingesetzte Reliability Programme, Stichproben insbesondere zur Bestimmung des Strukturzustands, Condition-Monitoring-Aktivitäten oder sonstige statistische Methoden zur Überwachung einer nachhaltigen Aufrechterhaltung der Lufttüchtigkeit.

Das Maintenance Program ist ein „lebendes" Dokument, das regelmäßig auf Aktualität und Angemessenheit zu prüfen ist. Die Überprüfung des Maintenance Programs muss mindestens einmal jährlich vorgenommen werden. Lufttüchtigkeitsanweisungen der Behörden bedürfen – losgelöst von Überprüfungsintervallen – einer umgehenden Einarbeitung.[11]

Dabei ist mindestens zu untersuchen, ob Änderungen am MRB-Report bzw. MPD vorgenommen oder ob andere Herstellerbekanntmachungen herausgegeben wurden, die einer Einarbeitung in das Instandhaltungsprogramm bedürfen. Darüber hinaus ist eine periodische Bewertung der eigenen Betriebs- und Instandhaltungserfahrungen (z. B. auf Basis des Zuverlässigkeitsprogramms) vorzunehmen. Werden auf Basis der individuellen Nutzung (Flugstunden, Starts und Landungen, Einsatzgebiet) Anpassungsnotwendigkeiten in der Instandhaltungshäufigkeit identifiziert, sind entsprechende Adjustierungen in Amendments und Revisionen zum Instandhaltungsprogramm vorzunehmen. Die Änderungen von Instandhaltungsintervallen müssen jedoch durch die tatsächliche oder geplante Nutzung des Flugzeugs gerechtfertigt und erklärbar sein. Ist keine angemessene

---

[10] In Anlehnung an Appendix I to AMC M.A.302 and AMC M.B.301 (b).
[11] vgl. AMC M.A.302 (3).

5.2 Instandhaltungsprogramme

Vorhersage der Nutzung möglich, sind im Maintenance Program neben den Intervallen ergänzend Kalenderangaben festzulegen.

Alle Änderungen am Maintenance Program bedürfen der Zustimmung durch die zuständige Luftaufsichtsbehörde (in Deutschland das LBA). Soll der Wechsel zu einem gänzlich neuen Maintenance Program vorgenommen werden oder ist eine maßgebliche Änderung vorgesehen, so muss hierfür die Genehmigung der Luftaufsichtsbehörde eingeholt werden. Unter Umständen ist darüber hinaus ein Transfer-Check am Luftfahrzeug durchzuführen.[12]

Typisierung der Instandhaltungsaktivitäten Wenngleich in nahezu allen MRB-Reports ausschließlich aufgabenorientierte Instandhaltung angewiesen wird, existieren grundsätzlich vier Instandhaltungsarten nebeneinander:

- Hard Time Maintenance
- On Condition Maintenance
- Condition Monitoring
- Task-orientierte Maintenance.

Von **Hard-Time-Maintenance** wird immer dann gesprochen, wenn fixe Instandhaltungsintervalle definiert sind. Dies bedeutet, dass der Austausch oder die Instandhaltung in festgelegten Intervallen (*Hard-Time-Limits*) vorzunehmen ist, z. B. nach Kalenderzeitablauf, Flugstunden oder Flight-Cycles.[13] Da mit diesem Vorgehen ein Ausfall oder ein Verschleiß vorgebeugt werden soll, handelt es sich bei der Hard-Time-Maintenance um ein präventives Instandhaltungsverfahren. Beispiele für Hard-Time-Items sind Generatoren, Fahrwerke, diverse Triebwerksbestandteile sowie lebenszeitbegrenzte Teile.

On-Condition-Maintenance liegt vor, wenn Instandhaltungsmaßnahmen von periodisch durchzuführenden Inspektionen oder Tests abhängig gemacht werden. Sobald definierte Zustandsgrenzen (z. B. *Scrap Limits, Serviceable Limits*) überschritten werden, ist die festgelegte Instandhaltungsmaßnahme oder der Austausch betroffener Teile durchzuführen. Somit handelt es sich auch bei der On-Condition-Maintenance um ein präventives Instandhaltungsverfahren. Insbesondere in der Triebwerkinstandhaltung ist die Anwendung der On-Condition-Maintenance zum Teil vom Vorhandensein eines Condition Monitorings abhängig. Typische Verfahren zur Zustandsermittlung sind z. B. Sichtkontrollen, das Non-Destructive Testing (NDT) oder Boroskopien. Beispiele für On-Condition Items sind mechanische Komponenten.

Das **Condition Monitoring** stellt ein Verfahren der inspektionslosen Zustandsüberwachung von Luftfahrzeugsystemen, Komponenten und Triebwerken dar. Etwaige Instandhaltungsmaßnahmen leiten sich aus den Ergebnissen und Analysen der Überwachungsaktivitäten ab. Als Eingangsgrößen dienen Leistungskennzahlen wie zum Beispiel Temperaturentwicklungen, Leistungsreduktionen oder Ausfälle. Damit ist dieses Verfahren nicht präventiv, sondern reaktiv ausgerichtet, welches ein Eingreifen erst nach Abweichung von

---

[12] vgl. AMC M.A.302 (2).
[13] vgl. Kinnison (2004), S. 19.

den definierten Standardwerten ermöglicht. Das Condition Monitoring kommt insbesondere dort zum Einsatz, wo kein unmittelbarer Zusammenhang zwischen Einsatz- bzw. Lebensdauer und Ausfallwahrscheinlichkeit festgestellt werden kann.

Neben diesen drei Maintenance-Ansätzen gibt es die **aufgabenorientierte (task-orientierte) Instandhaltung**. Hierbei kann es sich um zustandsabhängige Instandhaltung (On-Condition-Maintenance oder Condition Monitoring) oder um feste Intervalle (Hard-Time-Maintenance) handeln. Anders als bei den zuvor erläuterten Verfahren werden im Zuge der task-orientierten Instandhaltung für jedes Luftfahrzeugbestandteil konkret benannte Instandhaltungsverfahren und -aufgaben (Maintenance Tasks) angewiesen (z. B. abschmieren, Funktionskontrollen, Austausch). Dieser Ansatz gilt als chirurgisch präzise und zugleich individueller und flexibler als die zuvor genannten Verfahren. Die task-orientierte Instandhaltung bildet heute den am stärksten verbreiteten Ansatz, insbesondere weil dieser im Rahmen der MSG-3 Methodik verwendet und somit über die MRB-Reports verbreitet wird.

5.2.4 Zeitverfolgung und Status-Reporting

Die vorgeschriebene Lebens- oder Einsatzdauer sämtlicher Bestandteile eines Luftfahrzeugs darf unter keinen Umständen überschritten werden.[14] Um diese Vorgabe erfüllen zu können, ist für bestimmte Teile eine Lauf- bzw. Lebenszeitverfolgung notwendig.

Es reicht nicht aus, die Elemente des Maintenance Programs vor der Inbetriebnahme des Luftfahrzeugs festzulegen und im betrieblichen Alltag auf die rechtzeitige Umsetzung zu hoffen. Es muss strukturiert sichergestellt werden, dass im späteren Betrieb alle vorgeschriebenen Instandhaltungsaufgaben fristgerecht durchgeführt werden. Hierzu müssen die Maintenance-Tasks (einschließlich Behörden- und Herstellerbekanntmachungen) geplant, d. h. rechtzeitig konkreten Instandhaltungsereignissen zugeordnet und die Durchführung nach erfolgter Umsetzung zurückgemeldet werden.

Alle vorgeschriebenen Maintenance-Tasks müssen einer ständigen Zeitverfolgung unterliegen und bei anstehender Fälligkeit inhaltlich passend und rechtzeitig einzelnen Instandhaltungsereignissen zugeordnet werden. Dies fällt für einige Instandhaltungsaufgaben vergleichsweise leicht, da deren Fälligkeit mit einem festen Instandhaltungsereignis (*Check*) verbunden ist. Für andere Maintenance-Tasks gestaltet sich die Zuordnung indes weniger einfach. So ist eine frühzeitige Planung nur eingeschränkt möglich, weil die erforderlichen Vorgaben zum Teil kurzfristig eingesteuert werden (beispielsweise aufgrund von Lufttüchtigkeitsanweisungen, Herstellerempfehlungen). Insbesondere gestaltet sich die Zuordnung von Maintenance-Tasks aber auch deshalb nicht leicht, weil die Instandhaltungsdurchführung oftmals nicht an feste Ereignisse, sondern an Flugstunden oder Starts und Landungen bzw. an Kalenderzeitintervalle gekoppelt ist.

Bei derlei vom Hersteller oder der Behörde vorgegebenen Betriebs- oder Lebenszeitbegrenzungen bedarf es einer aufwendigen Zeitverfolgung sowie einer strukturierten Durchführungsplanung und -kontrolle.

---

[14] vgl. IR Continuing Airworthiness, EASA Part-M–M.A.503.

5.2 Instandhaltungsprogramme

Tab. 5.1 Exemplarische Basisstruktur einer Zeitverfolgung

Source	Frequency/threshold	Last performed	Next due
Ursprung des Maintenance Tasks	Intervall/Durchführungszeitpunkt	Letzte Durchführung	Nächste Fälligkeit
MP Task 1	1C	Im C5 Check	Im C6 Check
MP Task 2 (FH)	5.000	4.358	9.358
...			
MP Task 342	alle 30 Tage	28.07.2010	27.08.2010
...			
SB Task xy	15.06.2014	–	15.06.2014
SB Task xz (FC)	1.500	2.270	3.770
...			
AD abc	Max 1.500 FH oder 16 Monate nach Inkrafttreten der AD, wobei der frühere Termin bindend ist	–	9.507 FH bzw. 10.10.2013 (Tag des Inkrafttretens: 10.06.2012, Flugzeugzählerstand 8.007 FH)

FH Flight Hours (Flugstunden), *FC* Flight Cycle (Anzahl Starts/Landungen), *MP* Maintenance Program, *SB* Service Bulletin (vgl. Kap. 5.4.2), *AD* Airworthiness Directive (vgl. Kap. 5.4.1)

Die Zeitverfolgung erfolgt in der betrieblichen Praxis über IT-Tools, in denen sämtliche Instandhaltungsaufgaben eines Luftfahrzeugs hinterlegt sind. Exemplarisch ist der Inhalt und die Struktur eines solchen Tools grob in Tab. 5.1 dargestellt.

Wenngleich die Systeme zwar meist in der Lage sind, die in naher Zukunft fälligen Maintenance-Tasks anzuzeigen, muss der zuständige Planungsingenieur dennoch die konkrete Terminierung der Durchführung vornehmen. Dieser Zuweisung kommt eine erhebliche Bedeutung zu. Denn auf dieser Planungsebene sind intelligente Lösungen gefragt, die nicht nur den luftrechtlichen Forderungen gerecht werden, sondern auch in der Lage sind, die ökonomischen Potenziale durch optimale Instandhaltungsdurchführung auszuschöpfen. Dazu sind die jeweils zur Instandhaltung fälligen Elemente des Maintenance Programs sowie etwaige weitere Maßnahmen (ADs, SBs, Modifikationen) kostenoptimal zusammenzufügen. Möglichkeiten der Optimierung bieten einerseits Verzögerungen der Instandhaltung bis an die zulässigen Intervallgrenzen sowie das Vorziehen von Instandhaltungsmaßnahmen zwecks maximaler Ausnutzung ohnehin vorgesehener Bodenzeiten. Diesen Trade-off gilt es durch eine vorausschauende Planung mit passgenauen Arbeitspaketen langfristig zu optimieren.

Nach Entwicklung der Arbeitspakete werden diese im Flugbetrieb und in der Produktion terminiert und entsprechend den Anweisungen und der Ereigniszuordnung umgesetzt.

Im Anschluss an die Durchführung der angeordneten Maintenance-Tasks erfolgt eine Rückmeldung von der Produktion an das Engineering oder die zuständige Planungsabteilung. Nach Verarbeitung der Daten in den IT-Tools des Maintenance Managements werden dort die nächsten Fälligkeiten ermittelt und im System vorgemerkt.

5.3 Zuverlässigkeitsmanagement

5.3.1 Zweck und Ziele des Zuverlässigkeitsmanagements

Jeder Flugzeughalter muss sicherstellen, dass er über ein Analysesystem zur Beurteilung der Zuverlässigkeit seiner Instandhaltungsprogramme verfügt. Dies erfolgt mit Hilfe des Zuverlässigkeitsmanagements (**Reliability Management**). Ein solches Instrument dient dem primären Ziel, die Qualität und Wirksamkeit des Maintenance Programs durch kontinuierliche Verbesserung zu steigern. Zugleich sollen auf diese Weise betriebstechnische und instandhaltungsbedingte Gefährdungen der Lufttüchtigkeit frühzeitig identifiziert und minimiert werden.

Weiterhin wird über das Reliability Management die Zuverlässigkeit jener Systeme überwacht, die aufgrund ihrer Architektur nicht durch das Instandhaltungsprogramm kontrolliert werden müssen.

Die Operationalisierung dieser Ziele erfolgt durch ein **Reliability Program**. Hierin sind die Überwachungsobjekte aus Instandhaltung und Flugbetrieb im Einzelnen festgelegt und der zugehörige Überwachungsumfang aufgeführt. Die Kernelemente eines Reliability Programs bilden insofern:

- Bestandteile (z. B. Systeme, Bauteile, Triebwerke),
- Parameter (z. B. Verbräuche, Temperaturen, Fehlermeldungen, Findings, Ausfälle),
- Häufigkeiten (z. B. permanent, wöchentlich, monatlich, nur bei Vorkommnissen),
- Anforderungen an die Auswertung (Analyseumfänge, Handlungsbedarfe, Kommunikationsstrukturen und Meldeverfahren).

Basierend auf einem solchen Programm-Gerüst wird ein kontinuierliches Zustands- und Trendmonitoring entwickelt und kontinuierlich durchgeführt. Aus den gewonnenen Daten muss das Engineering die technische Zuverlässigkeit ableiten und Anpassungsbedarfe im Instandhaltungsprogramm identifizieren oder andere Maßnahmen festlegen. Dies kann sowohl eine Reduzierung als auch eine Ausweitung der Maintenance-Aktivitäten nach sich ziehen. Neben Änderungen im Instandhaltungsprogramm sind bei eingeschränkter technischer Zuverlässigkeit bedarfsorientiert darüber hinausgehende Korrekturmaßnahmen zu entwickeln und umzusetzen. Die Wirksamkeit solcher Maßnahmen ist zu überwachen.

Zukunftsweisende Zuverlässigkeitsprogramme werden jedoch nicht nur zur Verbesserung der Luftsicherheit genutzt. Deren Funktionalitäten gehen über das luftrechtlich Notwendige hinaus und zielen auf eine **ökonomische Optimierung** der Einsatzbedingungen ab. Der Fokus richtet sich dabei auf eine Minimierung der Betriebs- und Instandhaltungskosten. Die dafür erforderlichen Ansatzpunkte bilden z. B. eine Minimierung des Instandhaltungsumfangs, Minimierung der Bodenzeiten (*Downtime*), Maximierung der Lebensdauer oder Minimierungen des Verbrauchs von Treibstoff, Betriebsstoffen und Material.

5.3 Zuverlässigkeitsmanagement

Art und Umfang eines Zuverlässigkeitsprogramms orientieren sich an der Größe der Flotte. Das Spektrum reicht dabei von einer einfachen Bauteil-Ausfall-Überwachung (*Component-Defect-Monitoring*) für kleine Part-M Betriebe[15] bis hin zu komplexen Maintenance-Managementprogrammen für große Part-M Organisationen. Letztere verfügen neben dem eigentlichen *Aircraft-Reliability-Program* über weitere **Zuverlässigkeitssubsysteme** wie z. B. für:

- Luftfahrzeugbauteile (*Component Reliability Monitoring*),
- Triebwerke (*Engine Condition Monitoring*),
- Hilfsgasturbinen (*APU Health Monitoring*) oder
- Strukturbestandteile (*Sampling Programme*) für eine stichprobenbezogene Zustandsbestimmung).

Aus luftrechtlicher Perspektive sind Reliability Programme zwar nicht grundsätzlich vorgeschrieben, jedoch ist durch die im Part-M formulierten Vorgaben ein Verzicht eher ungewöhnlich. Das Vorhandensein eines Reliability Management ist nämlich immer dann obligatorisch:[16]

- wenn das Maintenance Program Bestandteile einer zuverlässigkeitsorientierten Instandhaltung beinhaltet (d. h. Condition Monitored und nicht ausschließlich Hard-Time- oder On-Condition Maintenance).
- sofern im Maintenance Program nicht für alle wichtigen Systembestandteile Instandhaltungsintervalle festgelegt sind.
- falls das Instandhaltungsprogramm auf der sog. MSG-3-Logik basiert (für die Praxis bedeutet dies: falls dem Instandhaltungsprogramm ein MRB oder MPD zugrunde liegt).
- soweit dies im MRB oder MPD angewiesen ist.

Das europäische Luftrecht gestattet es Part-M Betrieben, Aktivitäten des Reliability Managements teilweise an luftfahrttechnische Betriebe unterzuvergeben. Dies kann auch sinnvoll sein, weil Instandhaltungsbetriebe viele der erforderlichen Daten ohnehin erfassen oder zumindest sammeln könnten. Zudem verfügen sie über ein umfassenderes

---

[15] Da Part-M Organisationen mit kleinen Flotten (weniger als sechs Flugzeuge gleichen Musters) nur auf eine eingeschränkte Datenbasis zurückgreifen können, gelten für sie im Rahmen des Reliability-Managements besondere Bedingungen. So sollte einerseits eine verstärkte Ausrichtung auf Quellen gelegt werden, die eine hinreichende Datenmenge liefern. Andererseits kommt den Untersuchungen und Beurteilungen des Engineerings eine größere Bedeutung zu. Das Engineering sollte daher für eine Absicherung der Entscheidungen versuchen, entweder Reliability Daten vom Hersteller oder von anderen Part-M Betrieben heranzuziehen (vgl. Appendix I to AMC M.A.302 and AMC M.B.301 (b), Abschn. 6.2). Zwecks Nutzung ökonomischer Größenvorteile kann daher gerade bei kleinen und mittelgroßen Part-M Betrieben der Einkauf von Maintenance- bzw. Reliability Management Leistungen gegenüber der eigenen Durchführung Vorteile bieten.

[16] vgl. AMC M.A.302 sowie AMC M.B.301 (d) 6.1.1.

technisches Know-how in der Maintenance als die Flugzeughalter. Letzteres bedingt, dass Instandhaltungsorganisationen dann nicht nur die Datenerfassung übernehmen, sondern auch Vorschläge für Korrekturmaßnahmen entwickeln. Die Umsetzung solcher Empfehlungen muss jedoch über den zuständigen Part-M Betrieb angewiesen werden, da bei diesem auch im Fall einer Fremdvergabe die finale Verantwortung verbleibt.

5.3.2 Bestandteile eines Reliability-Programs

Am Beginn des Reliability Management steht einmalig die grundlegende Zieldefinition und die Festlegung dessen, welche Bestandteile mit dem Reliability Program überwacht werden sollen. Ist hierüber Klarheit geschaffen, gilt es, Kenngrößen zu bestimmen, die überwachungstauglich sind. Das bedeutet, dass die Informationen unter angemessenem Aufwand zu erheben sein müssen und Rückschlüsse auf die gewünschten Ursache-Wirkungszusammenhänge zulassen. So macht es vereinfacht gesprochen, wenig Sinn, Fluggastzahlen zu verfolgen, wenn die Ölverbräuche der Triebwerke im Fokus einer Überwachung stehen.

Neben einer Festlegung der einzelnen Überwachungsobjekte und zugehörigen Bewertungsparameter, müssen zudem Strukturen und Prozesse etabliert werden, um die Funktionsfähigkeit des Reliability Managements im betrieblichen Alltag zu gewährleisten. Die dabei notwendigen **Kernbestandteile** umfassen die:

1. Datensammlung,
2. Festlegung und Identifizierung von Schwellwerten,
3. Datenauswertung und -analyse,
4. Datenaufbereitung,
5. Entwicklung und Überwachung von Korrekturmaßnahmen.

Datensammlung Die kontinuierliche Datensammlung bildet die Grundlage für jedwede Aktivitäten im Rahmen des Reliability Managements. Eine realistische Beurteilung der betrachteten Leistungsparameter setzt eine ausreichende Datenbasis voraus. Dabei ist zu beachten, dass im Normalfall nicht die Daten des gesamten Flugzeugbestands einer Airline herangezogen werden. Bei Zuverlässigkeitsprogrammen wird eine Gegenüberstellung der Leistungsdaten zwischen Flugzeugen gleichen Musters (z. B. alle A320 oder alle B747) vorgenommen.

Als Quellen werden typischerweise die folgenden Daten aus Flugbetrieb und Instandhaltung herangezogen:[17]

- Maintenance Reports (MAREPS), wie Zurückstellungen, Beanstandungen etc.,
- Technical Logs oder Pilot Reports (TechLogs bzw. PIREPS),

---

[17] vgl. Appendix I to AMC M.A.302 and AMC M.B.301 (b), Abschn. 6.5.4.2.

- Werkstattaufzeichnungen (z. B. Findings, unjustified oder unscheduled Removals),
- Reports zu speziellen Inspektionen und Untersuchungen (z. B. zu ADs, SBs, EOs),
- Air Safety Reports und Occurrence Reportings,
- Einfluss technischer Störungen oder Vorfälle auf den Flugbetrieb (Operational Irregularities, Aircraft Substitution, Aborted Take-Off, Air Turnback, Aircraft On Ground (AOG)),
- ETOPS Daten,
- Flight Data Recorder Aufzeichnungen.

Festlegung und Identifizierung von Schwellwerten Eine wesentliche Aufgabe des Reliability Monitorings ist es, Abweichungen von einem definierten Standard zu identifizieren. Hierzu ist es notwendig, kritische Schwellwerte festzulegen, deren Über- bzw. Unterschreiten die Abweichung vom Normalzustand definiert und Handlungsbedarf aufzeigt.

Für die Festlegung von Grenzwerten (z. B. Verbräuche, Temperaturen, Intervalle) spielen unter anderem die folgenden Parameter eine wichtige Rolle:

- Nutzung des Flugzeugs (Airline, Charter, Low-Cost, VIP, bzw. hoch, gering, saisonal, Einsatzgebiet, Flight Cycle/Hour Verhältnis etc.),
- Flottenstruktur,
- Genauigkeit der gesammelten Daten,
- Betriebs- und Instandhaltungsverfahren und -vorgaben.

Sind die Grenzwerte definiert, werden diese bei Überschreitungen in den heutzutage eingesetzten IT-basierten Systemen automatisch in Form von Warnmeldungen angezeigt oder sie lassen sich zumindest rasch heraus filtern. Kumuliert finden die jeweiligen Grenzwertüberschreitungen zudem Eingang in das Reporting.

Ein solches Warnsystem soll Sicherheit schaffen, indem es eindeutige und dokumentierte Grenzen formuliert. Daher sind im Reliability Program stets die Prozesse zur Bestimmung und Änderung der Schwellwerte zu fixieren. Zudem müssen solche Programme immer auch eine Beschreibung der Überwachungsintensität bzw. -häufigkeit und der organisatorischen Verantwortlichkeit für das Grenzwertmonitoring beinhalten.

Datenauswertung und -analyse Basierend auf den gesammelten Informationen muss regelmäßig eine Beurteilung, Analyse und Interpretation der Zuverlässigkeitsdaten erfolgen, idealerweise durch qualifiziertes Personal des Engineerings. Die Analyse wird durch automatische Warnmeldungen bei Grenzwertverletzungen zwar erleichtert, darf sich jedoch nicht nur auf diese beschränken. Die Analyse muss ganzheitlich auf alle Daten des Reliability Programs ausgerichtet sein, wenngleich Schwerpunkte auf Auffälligkeiten zu setzen sind.

Art und Umfang der Datenanalyse und -interpretation orientieren sich an der Größe der Flotte und den besonderen Eigenheiten des Reliability Programs. Mindestens sind folgende Quellen bei Auswertungsaktivitäten einzubeziehen:[18]

- Befunde aus der Maintenance,
- Störungs-/Ausfallverhalten von Systemen und Geräten während des Flugbetriebs,
- Ergebnisse von (Struktur-) Sampling Programmen.

Analysen und Interpretationen sollten eine Zustandsbeschreibung sowie eine Ursachenerläuterung beinhalten, auf Auswirkungen und Wiederholungsgefahren hinweisen und eine Benennung wesentlicher Risiken oder Probleme umfassen. Typische Aktivitäten im Rahmen der Datenauswertung sind z. B. Untersuchung von Fehlerhäufungen, Trendanalysen und Zuverlässigkeitsprognosen sowie Interpretationen.

Der Analyse-Prozess sollte dabei nicht nur auf die Zuverlässigkeitsüberwachung ausgerichtet sein, sondern auch die Leistungsfähigkeit des Reliability Programms selbst im Blickfeld haben.

Datenaufbereitung Im Anschluss an die Datensammlung und -auswertung muss sichergestellt sein, dass die Ergebnisse einschließlich etwaiger Warnmeldungen in angemessener Weise visualisiert werden. Hierzu bieten sich graphische und tabellarische Darstellungen an. Während jedoch die Datenerfassung auf Ebene der einzelnen Flugzeuge bzw. Überwachungsobjekte stattfindet, ist die periodische Datenaufbereitung auf Flottenebene (d. h. Flugzeuge des gleichen Musters) und somit kumuliert ausgerichtet.

Die Darstellungen sollen neben dem Ist-Zustand auch Entwicklungen und Trends anzeigen, Highlights hervorheben und wichtige Zusammenhänge, die im Rahmen der Datenerfassung erkennbar werden, sichtbar machen. Das Reporting ist sowohl an die operativ Ausführenden als auch an die betrieblichen Entscheidungsträger adressiert. Darüber hinaus werden dem Hersteller regelmäßig ausgewählte Daten des Reliability Monitorings für weiterführende Auswertungen und Analysen zur Verfügung gestellt.

Der Aufbau eines Reliability Reportings erfolgt üblicherweise nach ATA-Kapiteln, soweit die Auswertung nicht in gesonderten Zuverlässigkeitsprogrammen (z. B. Engine-, APU-, Struktur-Programmen) dargestellt wird.

Neben periodisch wiederkehrenden Reportings (meist monatlich) werden Reliability Reports auch bedarfsorientiert auf Anforderung erstellt. Diese beinhalten dann gezielte Informationen zu ausgewählten Sachverhalten oder Überwachungsobjekten (Flugzeuge, Triebwerke, Bauteile etc.). Abbildung 5.4 zeigt exemplarisch die Datenaufbereitung bei der Lufthansa Technik AG für die 737-Flotte einer Muster-Airline.

---

[18] vgl. Appendix I to AMC M.A.302 and AMC M.B.301 (b), Abschn. 6.5.6.3.

5.3 Zuverlässigkeitsmanagement

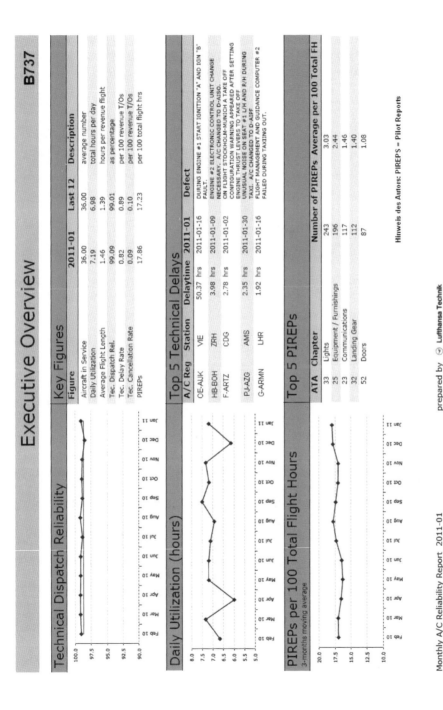

Abb. 5.4 Reliability-Management Tool m/reliability der Lufthansa Technik für Beispiel-Flotte

Entwicklung und Überwachung von Korrekturmaßnahmen Wurde aufgrund von Grenzwertüberschreitungen und Analysen die Notwendigkeit eines Handlungsbedarfs ausgemacht, sind Korrekturmaßnahmen zu entwickeln und umzusetzen bzw. anzuweisen. Die Führung hat dabei üblicherweise das Engineering inne, das in Abhängigkeit des Befunds andere technische Abteilungen (Logistik, Produktion, Musterprüfleitstelle, Qualitäts- und Schulungsmanagement), den Flugbetrieb oder auch den Hersteller zur Entscheidungsfindung oder Realisierung hinzuzieht. Bei den Korrekturmaßnahmen kann es sich z. B. handeln um:

- Änderung von Instandhaltungsmaßnahmen. Dies kann eine Ausweitung oder Reduzierung der Instandhaltung umfassen, d. h. eine Ergänzung, Änderung oder Streichung von Maintenance-Tasks,
- Anpassung von Betriebsabläufen, Verfahren oder Trainingsinhalten,
- Durchführung von Modifikationen,
- Sonderprüfungen an der Flotte oder einzelnen Flugzeugen.

Um die Wirksamkeit der Korrekturmaßnahmen sicherzustellen, ist deren Umsetzung zu überwachen. Zusätzlich sind für eine angemessen Nachhaltigkeit ggf. Follow-Up-Aktivitäten und Analysen durchzuführen.

5.4 Behörden- und Herstellerbekanntmachungen

5.4.1 Airworthiness Directives (ADs)

Eine Airworthiness Directive (Lufttüchtigkeitsanweisung) ist eine behördlich angeordnete Maßnahme zur Wiederherstellung ausreichender Sicherheit an einem Luftfahrzeug. ADs richten sich an die Eigentümer und Betreiber von Luftfahrzeugen. Deren Umsetzung ist vorgeschrieben.

Die Luftfahrtbehörde entscheidet dann zugunsten der Veröffentlichung einer AD, wenn:[19]

- an einem Luftfahrzeug, einem Triebwerk bzw. Propeller oder einem Bau- bzw. Ausrüstungsteil ein Mangel vorliegt, der die Lufttüchtigkeit gefährdet *und*
- dieser Zustand auch bei anderen Luftfahrzeugen besteht oder auftreten könnte.

Üblicherweise betreffen ADs einzelne oder wenige Flugzeug- oder Triebwerkmuster bzw. bestimmte Geräte oder Systeme.

Bei Veröffentlichung von ADs liegen Mängel vor, die im Musterzulassungsprozess noch nicht absehbar waren. Diese werden dann vielfach während des Flugbetriebs oder im Rahmen der Instandhaltung durch die Airlines bzw. luftfahrttechnischen Betriebe festgestellt.

---

[19] vgl. IR Certification EASA Part 21–21A.3B (b).

5.4 Behörden- und Herstellerbekanntmachungen

Nach Meldung an die zuständige Luftfahrtbehörde sowie den zuständigen Entwicklungsbetrieb wird von diesen das Gefahrenpotenzial ermittelt. Je nach Gefährdung werden zwei Kategorien von ADs unterschieden:

1. Emergency ADs von unmittelbarer Dringlichkeit. Deren Erfüllung erfordert sofortiges Handeln. Emergency ADs treten üblicherweise zwei Tage nach Ausgabedatum in Kraft.
2. ADs von abgeschwächter Dringlichkeit. Deren Erfüllung ist innerhalb eines bestimmten Zeitraums oder eines festgelegten Nutzungsintervalls (z. B. Flugstunden, Flight-Cycles) nachzuweisen.

Wird eine AD ungenehmigt überzogen (d. h. im vorgegebenen Zeitraum nicht durchgeführt), so gilt das betroffene Luftfahrzeug als nicht lufttüchtig und darf bis zur Umsetzung der angeordneten Maßnahmen nicht mehr im Flugbetrieb eingesetzt werden.

ADs, die auf technischen Mängeln beruhen, werden zumeist erstmalig durch die Luftfahrtbehörde jenes Landes veröffentlicht, in dem der TC- oder STC-Halter ansässig ist. In jedem Fall werden technisch begründete ADs weltweit bekanntgegeben und innerhalb der Luftfahrtbranche verbreitet. Jede Luftaufsichtsbehörde muss dann entscheiden, ob sie diese für ihren Zuständigkeitsraum für mitgeltend erklärt. Neben technischen Mängeln basieren Airworthiness Directives gelegentlich auch auf Änderungen in nationalen oder internationalen Luftfahrt-Regelwerken.

In Europa werden Airworthiness Directives von der EASA herausgegeben. Diese veröffentlicht alle in ihrem Zuständigkeitsbereich gültigen ADs auf ihrer Homepage über das sog. **Airworthiness Directives Publishing Tool** (s. auch Abb. 5.5).[20] ADs ausländischer Behörden werden im Normalfall direkt von der EASA übernommen und nicht noch einmal als eigene AD herausgegeben. Die nationalen Behörden innerhalb der EU (LBA etc.) unterstützen bei der Verbreitung.

Um eine korrekte und zeitgerechte Behebung sicherheitsgefährdender Mängel gewährleisten zu können, enthalten ADs mindestens die folgenden Angaben (vgl. auch Abb. 5.6)[21]:

- Beschreibung des unsicheren Zustands oder Mangels,
- Benennung des betroffenen Luftfahrzeugtyps,
- Beschreibung der durchzuführenden Maßnahmen,
- Fristsetzung zur Durchführung der verpflichtenden Maßnahmen,
- Datum des Inkrafttretens der AD.

Bei der Herausgabe von ADs sind die Luftfahrtbehörden vielfach auf die Unterstützung des betroffenen TC- oder STC Halter angewiesen. Meist kann nur dieser präzise Informationen zu Art und Umfang des Mangels liefern und zugleich die betroffenen Luftfahrzeuge identifizieren.

---

[20] http://ad.easa.europa.eu.
[21] vgl. IR Certification EASA Part 21–21A.3B (d).

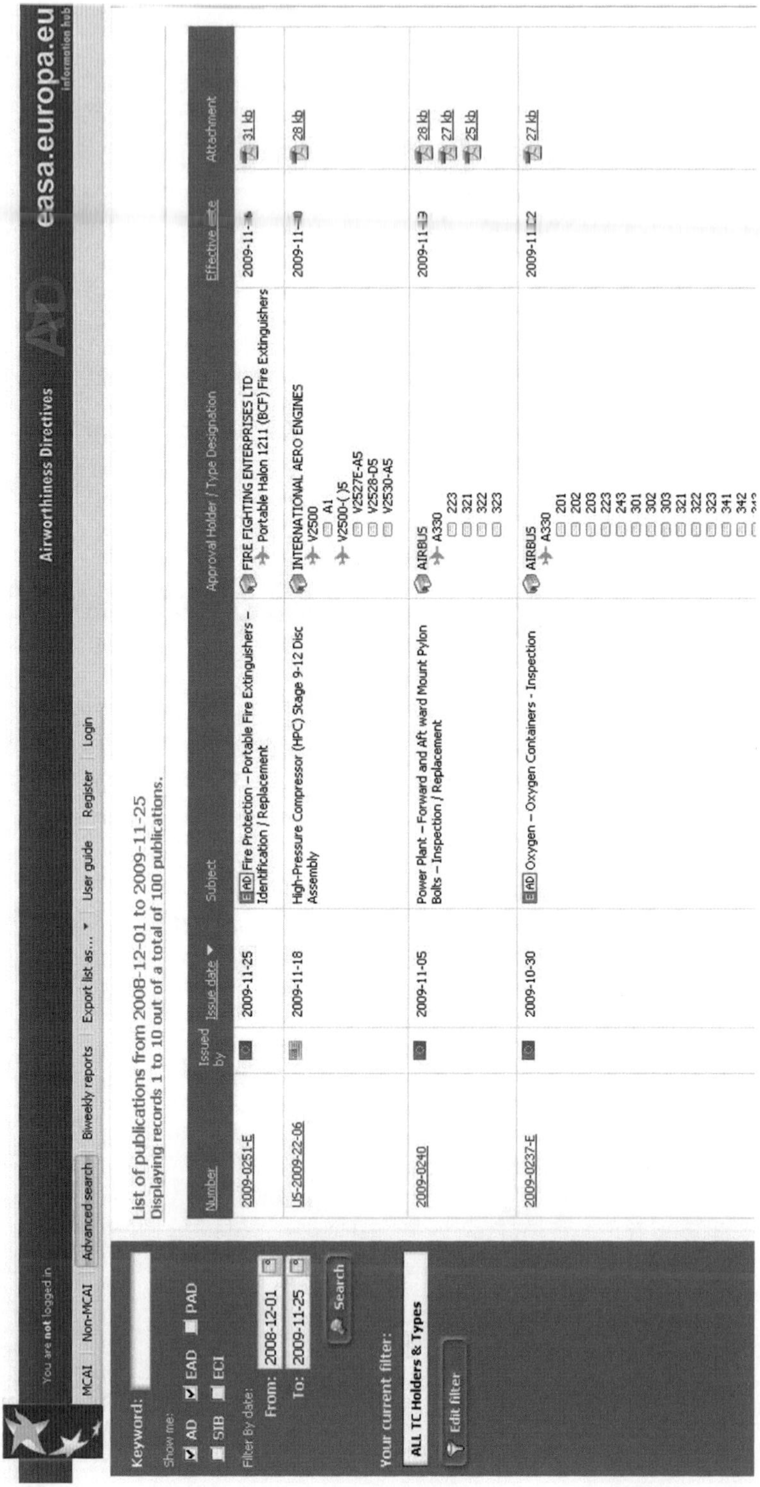

Abb. 5.5 Airworthiness Directives Publishing Tool der EASA

5.4 Behörden- und Herstellerbekanntmachungen

EASA	NOTIFICATION OF A PROPOSAL TO ISSUE AN AIRWORTHINESS DIRECTIVE
	PADNo.: 10-001
	Date: 04 January 2010
	Note: This Proposed Airworthiness Directive (PAD) is issued by EASA, acting in accordance with Regulation (EC) No 216/2008 on behalf of the European Community, its Member States and of the European third countries that participate in the activities of EASA under Article 66 of that Regulation.

In accordance with the EASA Continuing Airworthiness Procedures, the Executive Director is proposing the issuance of an EASA Airworthiness Directive (AD), applicable to the aeronautical product(s) identified below.

All interested persons may send their comments, referencing the PAD Number above, to the e-mail address specified in the 'Remarks' section, prior to the consultation closing date indicated.

Type Approval Holder's Name :	Type/Model designation(s) :

ATA 27	Flight Controls – Trimmable Horizontal Stabilizer Actuator (THSA) Upper Attachment – Inspection
Manufacturer(s):	Airbus (formerly Airbus Industrie)
Applicability:	Airbus A300 aeroplanes, all models, all serial numbers.
Reason:	In accordance with design regulation, the THSA has a failsafe design. Its upper attachment to the aeroplane has two load paths, a Primary Load Path (PLP) and a Secondary Load Path (SLP), which is only engaged in case of PLP failure. Following the design intent, engagement of the SLP leads to jam the THSA, indicating the failure of the PLP.
Required Action(s) and Compliance Time(s):	Required as indicated, unless accomplished previously: (1) Within 2 500 Flight Hours (FH) after the effective date of this AD and thereafter at intervals not to exceed 2 500 FH, perform a detailed visual inspection of the THSA upper attachment and screw shaft in accordance with the instructions of Airbus Service Bulletin (SB) A300-27-0203, as applicable to aeroplane model.
Ref. Publications:	Airbus Service Bulletin A300-27-0203 original issue. The use of later approved revisions of this document is acceptable for compliance with requirements of this AD.
Remarks :	1. This Proposed AD will be closed for consultation on 01 February 2010. 2. Enquiries regarding this PAD should be referred to the Airworthiness Directives, Safety Management & Research Section, Certification Directorate, EASA. E-mail ADs@easa.europa.eu. 3. For any questions concerning the technical content of the requirements in this PAD, please contact: AIRBUS SAS – EAW …

Abb. 5.6 Airworthiness Directive (AD) der EASA (zu Darstellungszwecken gekürzt)

Auch ist üblicherweise nur der TC- bzw. STC Halter in der Lage, aus den Mängeln wirkungsvolle Nachbesserungsmaßnahmen z. B. in Form von Inspektionen, Modifikationen oder Reparaturen abzuleiten und genehmigte Umsetzungsanweisungen (Approved Maintenance Data) zu formulieren. Daher ist der TC- oder STC Halter auch dazu verpflichtet, die Behörde bei der Verbreitung einer AD zu unterstützen. Diese müssen – parallel mit der Veröffentlichung einer AD durch die Behörde – allen bekannten Benutzern oder Besitzern des betreffenden Produkts, Bau- oder Ausrüstungsteils und auf Anforderung allen sonstigen Personen, die nötigen Informationen und Durchführungsanleitungen zur Verfügung stellen.[22]

Die EASA kann den Luftfahrzeugeigentümern oder Haltern in begründeten Fällen die Möglichkeit einräumen, von Airworthiness Directives abzuweichen. In einem solchen Fall ist eine **Alternative Method of Compliance (AMOC)** zu erbringen. Dazu muss nachgewiesen werden können, dass auch die Abweichung von der AD den Mangel am luftfahrttechnischen Gerät zu beheben vermag. Zudem muss mit einer AMOC nicht nur ein hinreichendes, sondern auch ein mit der AD vergleichbares Sicherheitsniveau erzielt werden.

Neben ADs veröffentlicht die EASA **Safety Information Bulletins (SIB)**. Bei diesen Veröffentlichungen handelt es sich um Umsetzungsempfehlungen der EASA, die zwar sicherheitsrelevanten Charakter aufweisen, deren Nichtbefolgung jedoch keine Gefährdung der Lufttüchtigkeit nach sich zieht. SIB werden somit immer dann herausgegeben, wenn das Risikopotenzial eines Mangels nicht die Veröffentlichung einer AD begründet.

5.4.2 Herstellerbekanntmachungen

Neben verpflichtenden Airworthiness Directives, die durch die Luftfahrtbehörden publiziert werden, geben die Hersteller bzw. TC-Halterer von Luftfahrzeugen und Triebwerken regelmäßig unverbindliche **Service Bulletins (SBs)** an ihre Kunden heraus. Die Umsetzung von SBs ist freiwillig, da deren Inhalt im Normalfall keine oder nur geringe Sicherheitsrelevanz aufweist.[23]

Service Bulletins stellen nicht notwendigerweise einen Qualitätsmangel dar, so dass die Veröffentlichung eines SBs auch nicht mit einem Rückruf vergleichbar ist. So ist der Hersteller weder verpflichtet, SBs zu veröffentlichen, noch SBs für den Kunden durchzuführen oder die Kosten für deren Umsetzung zu übernehmen.

Üblicherweise beinhalten Service Bulletins technische Maßnahmen (z. B. Modifikationen), die der Optimierung des Flugbetriebs oder der Erhöhung des Passagierkomforts dienen. Mit dem SB stellt der Hersteller detaillierte Informationen (z. B. zu Ausführung,

---

[22] vgl. IR Certification EASA Part 21–21A.3B (c) sowie 21A.61, 21A.107, 21A.120 bzw. 21A.449.

[23] Unter Umständen kann aus einem SB eine Umsetzungsverpflichtung entstehen, wenn die Behörden diese (ggf. zu einem späteren Zeitpunkt) aufgreifen und auf das Service Bulletin eine Airworthiness Directive veröffentlichen.

5.4 Behörden- und Herstellerbekanntmachungen

Material und Betriebsmittel) für deren Durchführung bereit. Üblicherweise hat die zugehörige Dokumentation bereits den Charakter von Approved Maintenance Data.

Vielfach basieren SBs auf neuen Erkenntnissen der TC-Halter im Rahmen aktueller Entwicklungsaktivitäten. SBs finden ihren Ursprung jedoch ebenso im Erfahrungsaustausch zwischen Herstellern einerseits und Eigentümern bzw. Betreibern sowie Instandhaltungsbetrieben andererseits. Das so gewonnene Wissen greifen die Hersteller auf, entwickeln es ggf. weiter und geben es in Form von SBs an ihre Kunden weiter.

Da Service Bulletins freiwilligen Charakter haben, entscheiden die Halter oder deren Instandhaltungsbetriebe im Rahmen einer SB-Analyse für jeden Einzelfall über eine Umsetzung. Einige Hersteller klassifizieren ihre SBs[24] um den Betreibern die Entscheidungsfindung zu erleichtern.

Neben der Prüfung einer allgemeinen Anwendbarkeit, stellt das zuständige Engineering Vorteile bzw. Nutzen, den Nachteilen bzw. Kosten einer Ausführung gegenüber. Auf dieser Basis spricht das Engineering eine Empfehlung für bzw. gegen die Durchführung der SB-Maßnahme aus.

Ist die Entscheidung zugunsten einer SB-Umsetzung gefallen, muss diese individuell durch jede Airline oder jeden Instandhaltungsbetrieb operationalisiert werden. Bei Maintenance relevanten SBs geschieht dies üblicherweise durch die Umwandlung der Hersteller-Informationen in Engineering Orders. Das Engineering greift hierzu üblicherweise auf die genehmigten SB-Umsetzungsvorgaben des Herstellers zurück und terminiert die Ausführung der SB-Maßnahme. Einige Fluggesellschaften verzichten bewusst (z. B. aus Kostengründen) und regelmäßig auf die Umsetzung von Service Bulletins und konzentrieren sich weitestgehend auf die Erfüllung von ADs.

Neben Service Bulletins publizieren einige Hersteller regelmäßig **Service Letter** (SL) oder auch **Service Information Letter** (SIL). Bei diesen handelt es sich um Empfehlungen für die Optimierung der Instandhaltungsausführung. Diese Letter beinhalten Informationen, die die Arbeit in der Instandhaltung erleichtern, beschleunigen oder den Aufwand reduzieren können. Darüber hinaus werden über derlei Rundschreiben alternative Austauschteile (Part-Nummern) veröffentlicht. Auch werden auf diesem Weg Änderungen im Aircraft-Maintenance Manual bekanntgegeben, die noch nicht über eine offizielle Revision veröffentlicht wurden. Vorab werden die Kunden somit über anstehende Anpassungen informiert, bevor diese verbindlichen Charakter annehmen. Service (Information) Letter haben somit überwiegend Convenience Charakter, so dass keine Verpflichtung zu deren Beachtung besteht.

---

[24] Klassifizierungsoptionen z. B. wertig (*desireable*), empfohlen (*recommended*), dringend empfohlen (*alert*), verpflichtend (*mandatory*).

Literatur

Airbus SAS: *Maintenance Review Board Report A340*. Rev. July 2010, Appendix 5, Blagnac 2010

European Comission: Commission Regulation (EC) on the continuing airworthiness of aircraft and aeronautical products, parts and appliances, and on the approval of organisations and personnel involved in these tasks[Implementing Rule Continuing Airworthiness]. No. 2042/2003, 2003

European Comission: *Commission Regulation (EC) laying down implementing rules for the airworthiness and environmental certification of aircraft and related products, parts and appliances, as well as for the certification of design and production organisations [Implementing Rule Certification]*. No. 1702/2003, 2003

European Aviation Safety Agency – EASA: *Acceptable Means of Compliance and Guidance Material to Part 21*. Decision of the Executive Director of the Agency No. 2003/1/RM, 2003

European Aviation Safety Agency – EASA: *Acceptable Means of Compliance and Guidance Material to Commission Regulation (EC) No 2042/2003*. Decision No. 2003/19/RM of the Executive Director of the Agency, 2003

European Aviation Safety Agency – EASA: *Work Instruction Control Sheet – Maintenance Review Board*. Doc C.I011-01, 2009

Hinsch, M.: *MSG-3 – Eine Einführung in die Bestimmung grundlegender Instandhaltungsmaßnahmen bei Verkehrsflugzeugen,* Hamburg 2011, abgerufen am 26.5.2012: http://www.aeroimpulse.de/MSG-3-Einfuehrung.pdf

Kinnison, H.A.: *Aviation Maintenance Management*. New York u. a., 2004

Grundlagen des luftfahrttechnischen Produktionsmanagements

6

In diesem Kapitel werden Basisanforderungen an die Produktion, welche für Herstellung und Instandhaltung gleichermaßen gelten, erklärt. Im Vordergrund stehen dabei primär vorbereitende Tätigkeiten, also Anforderungen, die aus luftrechtlicher oder ökonomischer Perspektive erfüllt sein müssen, um mit Produktionsaktivitäten beginnen zu können. Hierzu zählt insbesondere die im ersten Unterabschnitt in Grundzügen dargestellte Herstellungs- und Instandhaltungsplanung ebenso wie die Bereitstellung der in Unterkapitel 6.2 ausführlich erklärten Arbeitskarten. Gleichermaßen unverzichtbar für die Durchführung luftfahrtindustrieller Herstellung und Instandhaltung, wenn auch wenig spektakulär ist das Management technischer Dokumentation. Dieses ist in Unterkapitel 6.3 ausgeführt. In einem Exkurs werden zudem die Basisdokumente der Instandhaltung erklärt. Dem schließt sich eine Darstellung der luftrechtlich notwendigen Produktionsanforderungen (TOP-Voraussetzungen) in Unterkapitel 6.4 an. Partiell weisen diese Ähnlichkeit mit den darauffolgend dargestellten Anforderungen an Infrastruktur, Arbeitsumgebung und Betriebsmittel auf.

Der letzte Teil dieses Kapitels widmet sich Freigabe- und Konformitätsbescheinigungen, die keine Produktionsvoraussetzung, sondern ein Produktionsergebnis sind. In diesem Zusammenhang wird zunächst auf deren Zweck detailliert eingegangen, im weiteren Verlauf werden zudem die für den EASA-Raum bedeutenden Freigabe- und Konformitätsbescheinigungen erklärt.

6.1 Grundlagen der Herstellungs- und Instandhaltungsplanung

Am Beginn eines jeden Herstellungs- oder Instandhaltungsprozesses steht die strukturierte Vorbereitung. Diese umfasst die systematische Informationsgewinnung über den zukünftigen Ablauf durchzuführender Arbeit sowie die gedankliche Vorwegnahme des notwendigen Handelns.[1] Von erfolgreichen Planungsaktivitäten kann dann gesprochen werden, wenn die Planung mit ihrem Wirken zu dem aus luftrechtlicher und ökonomischer Perspektive erwarteten Ergebnis oder dessen Übererfüllung beigeträgt.

Art und Umfang der Planungsaktivitäten sind seitens der EASA nicht explizit geregelt. Diese müssen jedoch der Größe des luftfahrttechnischen Betriebs und der Komplexität des jeweiligen Herstellungs- oder Instandhaltungsereignisses gerecht werden.[2] Das entsprechende Planungssystem kann daher einerseits durch einfache Strukturen, Prozesse und Tools für die Herstellung simpler Bauteile oder die Durchführung kleiner Instandhaltungsereignisse für ein oder wenige Flugzeugmuster gekennzeichnet sein. Andererseits sind z. B. bei einer Serienfertigung unterschiedlicher Aircraft-Typen oder einer mehrgleisigen Base-Maintenance komplexe Planungssysteme einschließlich individueller IT-Tools erforderlich.

Unbenommen von der Betriebsgröße bzw. dem Arbeitsumfang hat jeder genehmigte luftfahrttechnische Betrieb ein Arbeitskarten- bzw. Arbeitsblattsystem bereitzustellen.[3] Mit dessen Hilfe ist das geplante Arbeitspaket durch Zerlegung in einzelne Arbeitsschritte zu strukturieren und übersichtlich zu halten. Zudem lassen sich durch Zerlegung des Arbeitspakets die für eine Abarbeitung erforderlichen Personalbedarfe bestimmen. Über einen Buttom-Up orientierten Planungsansatz lassen sich dabei nicht nur der Umfang, sondern auch die (Gewerke-) Qualifikationen und die Bereitstellungszeitpunkte des Personals vorhersagen. Das Bindeglied zwischen der Abarbeitungsreihenfolge einerseits und den entsprechenden Approved Data andererseits stellen dabei Arbeitskarten her.

Für die Arbeitsdurchführung sind neben der Festlegung von Arbeitsschritten, der Bereitstellung von Arbeitskarten für die Produktion und der Bestimmung der dortigen Personalbedarfe auch der für eine Arbeitsdurchführung erforderliche Materialbedarf zu ermitteln und bereitzustellen. Die Materialplanung erfolgt im Normalfall jedoch nicht über die Arbeitsplanung, sondern über den Einkauf und die Logistik. Deren Aufgabe ist es, die beauftragen Materialbedarfe zu identifizieren, die Bedarfstermine festzulegen und die termingerechte Bereitstellung sicherzustellen.

6.2 Arbeitskarten

Alle im Rahmen der Herstellung und Instandhaltung durchzuführenden Arbeiten sind strukturiert anzuweisen, d. h. in klare Arbeitsschritte zu untergliedern. Nur so lassen sich die Tätigkeiten auf der operativen Ebene systematisch durchführen und eine Rückverfolgung derselben gewährleisten.[4]

---

[1] In Anlehnung an Platz; Schmelzer (1986), 131f.
[2] vgl. IR Continuing Airworthiness EASA Part 145–145.A.47 (a) und IR Certification EASA Part 21–21A. 145.
[3] vgl. IR Continuing Airworthiness EASA Part 145–145A.45 (e).
[4] Ähnlich AMC M.A.401 (c).

Um dies zu erreichen, werden die geplanten Aufgaben und Tätigkeiten in Arbeitskarten (auch: *Job Cards, Job- oder Shop Orders, Routers, Laufkarten*) abgebildet und soweit erforderlich, ablauforganisatorisch zugeordnet. Abbildung 6.1 zeigt exemplarisch eine Instandhaltungsarbeitskarte der SWISS.

Mit Hilfe von Arbeitskarten wird das gesamte Arbeitspaket in einzelne Arbeitsabschnitte und -schritte aufgegliedert. Arbeitskarten unterstützen so das Produktionspersonal bei der Strukturierung ihrer anstehenden Arbeit.

Dabei stellen Arbeitskarten zugleich unmittelbare **Arbeitsanweisungen** auf der untersten operativen Hierarchieebene dar, weil sie im Normalfall eine (Grob-) Beschreibung bzw. Inhaltsangabe der durchzuführenden Arbeitsschritte beinhalten. Detaillierte Angaben zur Ausführung der dort angewiesenen Tätigkeiten finden sich üblicherweise in den Anhängen zur Arbeitskarte. Während Arbeitskarten vorgeben, was und von wem durchzuführen ist, finden sich in den Anhängen die Design- bzw. Instandhaltungsvorgaben, die erklären, wie eine Arbeit auszuführen ist.

Erstellung und Änderung von Arbeitskarten Arbeitskarten sind nach einem betrieblich fest definierten Verfahren zu erstellen und zu ändern. Die Erstellung von Job Cards oder deren Änderung darf nur von qualifiziertem und betrieblich berechtigtem Personal vorgenommen werden. Selbst erstellte Arbeitskarten müssen einen innerbetrieblichen Freigabeprozess durchlaufen haben, bevor diese in die Produktion gelangen.

Job Cards können in Papierform oder digital zur Verfügung gestellt werden. Üblicherweise werden Arbeitskarten in englischer Sprache abgefasst.

Für die Erstellung von Arbeitskarten ist es sinnvoll, das gesamte Arbeitspaket zunächst in größere Einzelteile und anschließend in Arbeitsaufgaben zu unterteilen. In den Arbeitskarten ist die Arbeitsdurchführung schließlich sinnvoll, in Arbeitsschritte zu zerlegen. Diese sind überschaubar, sachlogisch und eindeutig darzustellen. Hinsichtlich der Strukturierung bietet sich – soweit möglich – eine Aufteilung der Arbeit entsprechend des Prozessflusses an: Vorbereitung, Arbeitsdurchführung sowie Arbeitsabschluss einschließlich Prüfungen und Tests. Die Formulierungen müssen korrekt, vollständig, klar und verständlich sein.

Auf den Arbeitskarten ist die Berechtigung bzw. der Qualifikationsgrad des Durchführenden auszuweisen. Dies ist im betrieblichen Alltag nicht immer eindeutig definiert.

Seitens der Planungsabteilung ist im Rahmen der Erstellung oder Änderung von Arbeitskarten zu beachten, dass ausschließlich genehmigte Design- bzw. Instandhaltungsvorgaben (Approved Data) angewiesen werden.[5] Dabei können diese Tätigkeitsvorgaben auf unterster Arbeitsebene unmittelbar und vollständig aus dem Ursprungsdokument (z. B. Designvorgaben, genehmigte Instandhaltungshandbücher) auf die Arbeitskarten

---

[5] Eine Ausnahme bildet die Herstellung, wenn für diese noch keine finale behördliche Genehmigung, d. h. noch kein TC bzw. STC vorliegt (z. B. Prototyp oder Einzelfertigung). In diesem Fall muss es sich jedoch um Design Data handeln, die zwar nicht behördlich, so doch aber durch den zuständigen Entwicklungsbetrieb freigegeben wurden.

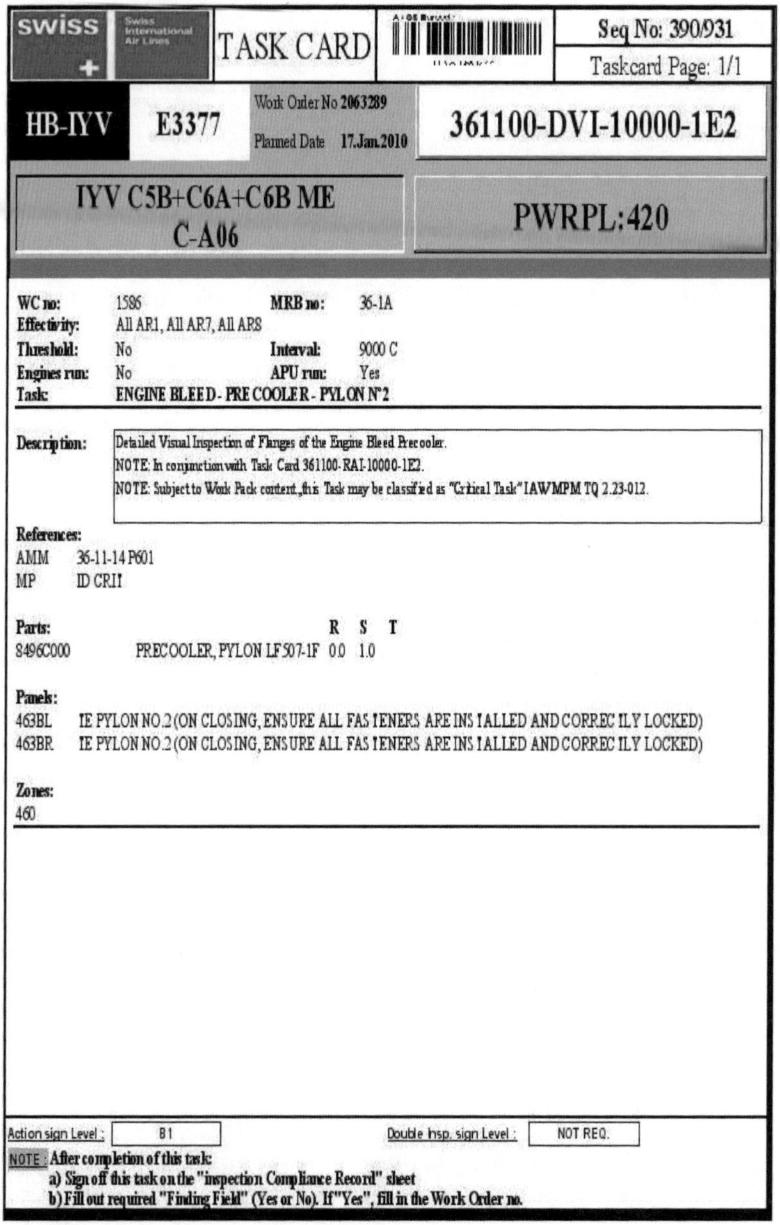
swiss Swiss International Air Lines

TASK CARD

Seq No: 390/931

Taskcard Page: 1/1

HB-IYV E3377

Work Order No 2063289

Planned Date 17.Jan.2010

361100-DVI-10000-1E2

IYV C5B+C6A+C6B ME C-A06

PWRPL:420

WC no:	1586	**MRB no:**	36-1A
Effectivity:	All AR1, All AR7, All AR8		
Threshold:	No	**Interval:**	9000 C
Engines run:	No	**APU run:**	Yes
Task:	ENGINE BLEED - PRE COOLER - PYLON N°2		

Description: Detailed Visual Inspection of Flanges of the Engine Bleed Precooler.
NOTE: In conjunction with Task Card 361100-RAI-10000-1E2.
NOTE: Subject to Work Pack content, this Task may be classified as "Critical Task" IAW MPM TQ 2.23-012.

References:
AMM 36-11-14 P601
MP ID CRIT

Parts: R S T
8496C000 PRECOOLER, PYLON LF507-1F 0.0 1.0

Panels:
463BL TE PYLON NO.2 (ON CLOSING, ENSURE ALL FASTENERS ARE INSTALLED AND CORRECTLY LOCKED)
463BR TE PYLON NO.2 (ON CLOSING, ENSURE ALL FASTENERS ARE INSTALLED AND CORRECTLY LOCKED)

Zones:
460

Action sign Level: B1 Double Insp. sign Level: NOT REQ.

NOTE: **After completion of this task:**
a) Sign off this task on the "Inspection Compliance Record" sheet
b) Fill out required "Finding Field" (Yes or No). If "Yes", fill in the Work Order no.

Abb. 6.1 Instandhaltungsarbeitskarte der SWISS (aus AMOS System) übertragen werden. In der betrieblichen Praxis wird üblicherweise ein alternativer Weg gewählt, indem lediglich auf die Ursprungsdokumentation referenziert wird. Die entsprechenden Dokumente sind dann ausgedruckt und als Anhang zur Arbeitskarte beigefügt. Eine zusätzliche Ausarbeitung oder Aufbereitung der genehmigten Design- oder Instandhaltungsvorgaben (Approved Data) ist dazu im Normalfall nicht erforderlich.[6]

Eine Arbeitskarte muss dabei den Revisionsstand der zu verwendenden Herstellungs- bzw. Instandhaltungsvorgaben enthalten. Der jeweils gültige Stand, der auf den Arbeitskarten ausgewiesen ist, muss vor allem mit den tatsächlichen Revisionsständen der Arbeitskarteninhalte bzw. Anhänge übereinstimmen. Hier zeigen sich in der betrieblichen Praxis bisweilen Defizite. (Diese müssen über die Arbeitskarten ausgewiesen und verwechselungsfrei bereitgestellt werden!).

Werden Arbeitskarten nicht selbst erstellt, sondern gekauft oder vom Kunden beigestellt, sind diese zwecks innerbetrieblicher Arbeitsvorbereitung auf die eigenen betrieblichen Notwendigkeiten anzupassen oder zu ergänzen. So muss z. B. die Arbeitskarte mit einer betriebsindividuellen Identifikationsnummer versehen oder die Zuordnung von untergeordneten Auftragspaketen vorgenommen werden. Zudem ist der Aufbau und die Darstellung einer kaufmännischen Erfassungsstruktur sicherzustellen und es muss der geplante Durchführungszeitpunkt oder -zeitraum und die Stundenbewertung vorgenommen werden.[7]

Im Rahmen der Erstellung von Arbeitskarten muss die Planung mit ihrem Teil dazu beitragen, das Risiko von Irrtümern und Mehrfachfehlern bei der Arbeitsausführung so gering wie möglich zu halten. Komplexe Arbeiten oder solche, die den Einsatz verschiedener Gewerke oder Fertigungsbereiche erfordern, ebenso wie schichtübergreifende Arbeiten, sind zusätzlich in einzelne Arbeitsschritte zu untergliedern.[8] Der vorgesehene Durchführungszeitraum eines Arbeitsschrittes sollte die Dauer einer Schicht nicht überschreiten. Diese Regeln zielen auf eine klare Strukturierung ab und sollen Transparenz und Nachvollziehbarkeit der Arbeitsdurchführung unterstützen. Dies kann z. B. geschehen durch:

- Aufteilung des Arbeitspakets in sinnvolle und Human Factors berücksichtigende Arbeitsschritte (So sollten z. B. Arbeiten an kritischen Systemen nicht für Nachtschichten angewiesen werden),
- Hinweise bei Arbeiten an kritischen Luftfahrzeugbestandteilen (*Critical Tasks*), Gefährdungswarnungen (*Warnings*, *Cautions*) besondere Durchführungsinformationen oder Hinweise zu Gefahrstoffen,

---

[6] Auf Instandhaltungsarbeitskarten ist – soweit anwendbar – zusätzlich eine Referenz auf den zugehörigen Abschn. (Task) des Instandhaltungsprogramms bzw. den zugehörigen Inspection Task Code zu schaffen. vgl. Abb. 6.1 „*MRB no: 36-1A*".

[7] Im Rahmen der Maintenance ist darüber hinaus zu beachten, dass Instandhaltungsvorgaben die vom Kunden bereitgestellt werden, auch angewendet werden müssen. Die Maintenance Organisation ist also nicht berechtigt, andere als die vom Kunden vorgegebenen Daten heranzuziehen. vgl. 145A.45 (e) und (f).

[8] vgl. AMC 145.A.45 (f).

- korrekte Anweisung von Zweitkontrollen. Beispielsweise ist bei einer Instandhaltungsaufgabe, in deren Verlauf mehrere Komponenten desselben Typs in mehr als ein System desselben Luftfahrzeugs einzubauen sind, darauf zu achten, dass nicht ein und dieselbe Person mit der Durchführung *und* der Inspektion der Arbeiten beauftragt wird,[9]
- Hinweise auf einzusetzende Betriebsmittel,
- Schichtkonforme Verteilung der Abstempelpunkte, da sich diese aus Gründen der Nachvollziehbarkeit nicht über mehrere Berechtigte verteilen dürfen.

Zudem muss ein Lenkungsprozess existieren, in dem u. a. beschrieben ist, wie Fehler in Arbeitskarten identifiziert, kommuniziert und korrigiert werden.

Arbeitskarten als Dokumentationsmedium Der Einsatz von Arbeitskartensystemen ist sowohl in der Herstellung als auch in der Instandhaltung nicht nur aus Gründen der Durchführungsstrukturierung, sondern auch zum Zwecke einer transparenten Nachvollziehbarkeit vorgeschrieben.[10]

Arbeitskarten dienen nämlich neben ihrer Strukturierungsfunktion als **Dokumentationsmedium**. Damit Arbeitskarten dieser Funktion gerecht werden, sind die durchgeführten Arbeiten von dem Herstellungs- bzw. Instandhaltungsberechtigen abzuzeichnen, dem die Abarbeitung der Arbeitskarte zugewiesen wurde. Die Bescheinigung erfolgt im Normalfall mit personenbezogenem Stempel und Unterschrift oder Kurzzeichen.[11] In einigen Betrieben geschieht dies mit Hilfe eines elektronischen Verfahrens. Durch Bescheinigung der durchgeführten Arbeiten dokumentiert der Mitarbeiter, dass

- die Arbeiten entsprechend den Herstellungs- bzw. Instandhaltungsvorgaben und unter Einhaltung der Verfahren des betrieblichen Qualitätssystems durchgeführt wurden *und*
- die eingesetzten Betriebsmittel zugelassen und verwendetes Material mit einem gültigen Herkunftsnachweis versehen waren *und*
- der Mitarbeiter zur Durchführung der Arbeit berechtigt gewesen ist. Der Mitarbeiter bestätigt mit der Bescheinigung die Übereinstimmung der eigenen Berechtigung mit der in der Arbeitskarte ausgewiesenen Berechtigungsvorgabe.

---

[9] Steht indes nur eine Person für die Durchführung der angewiesenen Aufgabe zur Verfügung (z. B. auf Outstations), ist seitens der Arbeitsplanung sicherzustellen, dass auf der Arbeitskarte eine erneute Inspektion der Arbeiten des gleichen Mitarbeiters nach abgeschlossener Arbeitsdurchführung angewiesen wird. vgl. 145.A.65 (b) (3).

[10] vgl. IR Continuing Airworthiness EASA Part 145–145A.45 (e); IR Certification EASA Part 21/G–21.139 (b).

[11] Bei Verwendung von Kurzzeichen muss eine Referenzliste vorhanden sein, damit diese dem entsprechenden Mitarbeiter zugeordnet werden können.

6.3 Management technischer Dokumente

Jeder luftfahrttechnische Betrieb muss über ein revisionssicheres Dokumentenmanagement verfügen.[12] Ein solches muss vor allem in der Lage sein, die für Herstellung bzw. Instandhaltung unmittelbar relevanten technischen Dokumente in ihrer jeweils gültigen Version vorzuhalten und den entsprechenden Betriebsteilen bei Bedarf zur Verfügung zu stellen.

Der Mindestumfang kontrolliert bereitzustellender Dokumente orientiert sich am betrieblichen Genehmigungsumfang des jeweiligen Herstellungs- bzw. Instandhaltungsstandorts. Grundsätzlich zählen dazu die für eine Herstellung notwendigen Approved Design Data (d. h. jegliche Herstellungsdokumentation) und die für eine Instandhaltung erforderlichen Approved Maintenance Data sowie das Instandhaltungsprogramm. Zudem umfasst die technische Dokumentation – unabhängig, ob Herstellung oder Instandhaltung – die betriebseigenen technischen Anweisungen (z. B. NDT Manuals) und anzuwendenden Standards, die von der EASA als gute Herstellungs- oder Instandhaltungsnormen anerkannt sind.[13]

Diese Vielzahl an Dokumenten kann nur dann transparent gesteuert werden, wenn der Betrieb über einen kontrollierten, innerbetrieblichen Dokumentenfluss verfügt, der auch rückwirkend nachvollziehbar ist. Es muss mithin ein Dokumentenmanagement etabliert sein, das im Wesentlichen die folgenden Aufgaben erfüllt:[14]

- Prüfung der Dokumente vor ihrer Herausgabe hinsichtlich Eignung und Angemessenheit. Insofern sind technische Dokumente vor ihrer Herausgabe freizugeben. Dokumente externer Herkunft sind entsprechend zu kennzeichnen.
- Bewertung der Dokumente im Hinblick auf Aktualität und Richtigkeit. Bedarfsorientiert ist eine Aktualisierung bzw. Korrektur und ggf. eine erneute Dokumentenfreigabe vorzunehmen.
- Sicherstellung, dass die jeweils aktuell gültige Fassung der technischen Dokumente an den betrieblichen Einsatzorten verfügbar ist und zugleich Verhinderung einer unbeabsichtigten Nutzung veralteter Dokumente.
- Kennzeichnung geänderter Dokumententeile einschließlich des Revisionsstatus.

Soweit Herstellungs- und Instandhaltungsbetriebe eigene technische Dokumente herausgeben (z. B. Arbeitskarten, Standards, Gefahrstofflisten), sind diese vor deren Herausgabe auf **Eignung und Angemessenheit** zu prüfen und formal von einer dazu berechtigten Per-

---

[12] Die Notwendigkeit zur Steuerung der technischen Dokumentation ergibt sich für die Herstellung aus der IR Certification EASA Part 21–21A.165 (c) und (d) sowie für die Instandhaltung aus der IR Continuing Airworthiness EASA Part 145–145.A.45. Im Rahmen der europäischen Normen EN 9100 und EN 9110 ist das Dokumentenmanagement jeweils in Abschn. 4.2.3 geregelt.
[13] vgl. IR Continuing Airworthiness EASA Part 145–145.A.45 (b) 4 sowie AMC 145.A.45 (b) 2–4.
[14] In Anlehnung an EN 9100er Reihe Abschn. 4.2.3.

son freizugeben. Unter Umständen sind hierbei Zweitkontrollen durchzuführen. Externe Dokumente sind vor der betrieblichen Inverkehrbringung auf ihre Anwendbarkeit bzw. Gültigkeit zu prüfen.[15] Unter Umständen ist darüber hinaus ein Vollständigkeitsabgleich durchzuführen, auf den beim Empfänger jedoch nicht selten bei der heutzutage elektronischen Dokumentenverteilung im betrieblichen Alltag verzichtet wird.

Es muss ein Verfahren existieren, dass die **Aktualität und Richtigkeit** der Dokumente sicherstellt. Dieses hat üblicherweise vor der Herausgabe durch den Dokumentenverantwortlichen zu erfolgen. Darüber hinaus müssen die betrieblichen Prozesse geeignet sein, falsche, unvollständige oder missverständliche Informationen in den technischen Dokumenten zu identifizieren und eine entsprechende Rückmeldung an den Herausgeber bzw. Ersteller sicherzustellen.[16]

Zudem muss der Betrieb die **Verfügbarkeit** aller für die Arbeitsdurchführung erforderlichen Herstellungs- bzw. Instandhaltungsangaben jederzeit sicherstellen. Damit ist gemeint, dass die Dokumente im Dock oder in der Fachwerkstatt in unmittelbarer Nähe der Arbeitsdurchführung zur Verfügung stehen müssen. In Abhängigkeit der Betriebsgröße ist, insbesondere den Produktionsmitarbeitern, eine angemessene Anzahl an Leseplätzen bzw. PC-Arbeitsplätzen zur Verfügung zu stellen, so dass die technischen Dokumente auch studiert werden können.[17]

Für die Verteilung von kontrollierten Dokumenten müssen luftfahrttechnische Betriebe über ein dokumentiertes Verfahren verfügen. Dieses muss nicht nur die einmalige Bereitstellung gewährleisten, sondern zugleich in der Lage sein, die Verbreitung von Aktualisierungen (Revisionen) zu managen. Dies schließt die Steuerung ungültiger Dokumente explizit ein. Dabei liegt die Herausforderung oftmals darin, alte Dokumentenrevisionen in Papierform einzuziehen und deren Vernichtung oder Archivierung sicherzustellen. Nachlässigkeit, Bequemlichkeit oder mangelnde Einsicht der Notwendigkeit können im betrieblichen Alltag rasch dazu führen, dass die Arbeitsdurchführung auf Basis veralteter technischer Dokumente erfolgt. Nicht wenige Betriebe geben sich bereits damit zufrieden, wenn es ihnen gelingt, wenigstens den weiteren Gebrauch ungültiger Dokumente zu unterbinden.

Für eine Nachvollziehbarkeit sind kontrollierte Dokumente mit einer **Revisionsverfolgung** zu versehen, welche Seitenanzahl, Revisionsnummer, Ausgabe-Datum, eine Änderungshistorie sowie eine personen- und abteilungsbezogene Verantwortlichkeit für die Änderungen enthält. In vielen Fällen ist technischen Dokumenten zur besseren Identifizierung der Änderungen eine Übersicht vorangestellt, die diese für die jeweils überarbeiteten Seiten auflistet (List of Effective Pages – LEP).

---

[15] Wenn ein Betreiber/Kunde Instandhaltungsangaben zur Verfügung stellt, muss dieser entweder eine schriftliche Bestätigung abgeben, wonach alle Instandhaltungsangaben auf dem neuesten Stand sind oder der Betreiber/Kunde hat die Maintenance Organisation über den zu verwendenden Revisionsstand der Instandhaltungsvorgaben zu informieren. Ähnlich: IR Continuing Airworthiness EASA Part 145–145A.45 (g).

[16] vgl. AMC 145.A.45 (c) (1).

[17] vgl. AMC M.A.401 (c).

6.3 Management technischer Dokumente

Das Management der technischen Dokumentation obliegt im Normalfall einer darauf spezialisierten Unterabteilung, die diese Aufgabe zentral für den gesamten luftfahrttechnischen Betrieb wahrnimmt. Dieser fallen dann folgende Aufgaben zu:[18]

- Entgegennahme der Dokumentation vom Herausgeber (z. B. Entwicklungsbetrieb, Behörde). Zudem umfasst diese Aufgabe die Abonnierung der relevanten technischen Dokumentation, deren Zuordnung sowie Prüfung und – soweit vorhanden – die Einspielung in das eigene IT basierte Dokumentationssystem.
- Verbreitung und Bekanntmachung der Erstausgaben bzw. Änderungen in den betroffenen Betriebsteilen. Hierzu zählt auch der Austausch der veralteten technischen Dokumente. Ist ein Herstellungsbetrieb zugleich TC- oder STC-Halter (d. h. herausgebender Entwicklungsbetrieb), so kommt der zentralen technischen Dokumentation zusätzlich die Aufgabe zu, Betriebs- und Instandhaltungsdokumente des eigenen Engineerings intern zu steuern und eine externe Verteilung an die Kunden (Operator, Instandhaltungsbetriebe) sicherzustellen.
- Aufrechterhaltung und Weiterentwicklung eines vollständigen, stets aktuellen Dokumentationssystems mit einem rückverfolgbaren Dokumentenfluss. Hierzu zählt neben der laufenden Betriebsüberwachung, u. a. die Reklamationsbearbeitung sowie die Archivierung veralteter Dokumente.

Die Herausgabe und Aktualisierung interner Vorgabedokumentation (z. B. Qualitätsmanagementhandbücher, Verfahrensanweisungen/Prozessbeschreibungen) obliegt im Normalfall nicht der für die technische Dokumentation zuständigen Abteilung, sondern überwiegend dem Qualitätsmanagement ggf. unter Mitwirkung der betroffenen Fachbereiche.

6.3.1 Exkurs: Basisdokumentation in der Instandhaltung

Ein wesentlicher Teil der Dokumentation in der Maintenance sind Handbücher, nach denen die Instandhaltungsarbeiten an Luftfahrzeugen, Bau- und Ausrüstungsteilen sowie an Triebwerken und Propellern durchgeführt werden. Diese Dokumentation wird vom Entwicklungsbetrieb (TC-Halter) des jeweiligen Herstellers herausgegeben, so dass es sich bei diesen Handbüchern um *Approved Maintenance Data* handelt. Im Folgenden wird die besonders häufig verwendete Instandhaltungsdokumentation exemplarisch erläutert.

(In der Herstellung gibt es indes keine vergleichbaren Standard-Handbücher, hier wird auf produktionsspezifische Arbeitsvorgaben zurückgegriffen.)

Aircraft-Maintenance Manual (AMM) Das AMM ist das Instandhaltungshandbuch für ein Luftfahrzeug. Das AMM enthält Beschreibungen von Flugzeugsystemen sowie zugehörige

---

[18] In Anlehnung an Kinnison (2004), S. 125.

Arbeitsanweisungen für den Einbau, Ausbau, die Fehleridentifizierung und Überholung sowie Vorgaben zu Funktionstests und technischen Einstellungen. Darüber hinaus finden sich darin Angaben zu Inspektionen und Instandhaltung der Flugzeugstruktur. Zum Teil macht das AMM auch Vorgaben hinsichtlich der einzusetzenden Betriebsmittel.

Das AMM ist auf die individuelle Flugzeugkonfiguration angepasst. Der Aufbau des AMM orientiert sich an den ATA Kapiteln. Einige Flugzeughersteller geben zwei verschiedene AMM-Typen heraus. So gibt es z. B. bei *Embraer* ein AMM für Struktur & Systeme sowie ein Weiteres für Bauteile und Funktionstests.

Component Maintenance Manual (CMM) Das CMM ist das Instandhaltungshandbuch für Bauteile. Soweit anwendbar enthält dies eine Funktionsbeschreibung, Arbeitsanweisungen für das Zerlegen, die Reinigung, Befundung und Reparatur sowie für den Zusammenbau. Darüber hinaus gibt das CMM üblicherweise auch Informationen zu Funktionstests und zur Freigabe. Sofern erforderlich, werden besondere Werkzeuge (*Special Tools*) aufgeführt. Bei komplexeren Bauteilen ist dem CMM ein eigener IPC angefügt.

Engine Manual (EM) Das EM ist das Instandhaltungshandbuch für ein Triebwerk. Hierin enthalten sind u. a. Zerlegungs- und Wiederaufbauanweisungen, Instandhaltungs- und Überholungskrititerien, Reparaturprozesse, Testvorgaben sowie Betriebsmittelhinweise und Angaben zu Betriebsstoffen. Engine Manuals sind spezifisch auf Triebwerkstypen ausgelegt.

Structure Repair Manual (SRM) Das SRM ist das Reparaturhandbuch für die Flugzeugstruktur. Darin ist das Vorgehen für Standardreparaturen erklärt. Dies umschließt u. a. allgemeine Reparatur-Praktiken, Materialinformationen, Vorgaben zu Inspektionen (Korrosion, Risse) Vorgaben zu (statischen) Reparaturanforderungen, Schadenskriterien sowie Schadenstoleranzen (Schäden außerhalb der Limits erfordern jedoch die Einbindung des Herstellers bzw. des zuständigen Entwicklungsbetriebs).

Zum SRM wird oftmals zusätzlich das AMM herangezogen, um zu bestimmten Sachverhalten eine detaillierte Beschreibung zu erhalten. Ein SRM wird spezifisch auf ein Luftfahrzeug-Muster herausgegeben.

Wiring Diagram Manual (WDM) Im WDM ist der Aufbau und die Zusammensetzung aller elektrischen und elektronischen Systeme erklärt. Neben Schaltbildern enthält es u. a. Informationen (*Standard Practices*) zum Vorgehen zur Fehlereingrenzung und -identifizierung, Vorgehen bei einfachen Reparaturen, Kabellegungen oder zum Umgang mit Kabelbindungen und Kabelschuhen. Desweiteren enthält es Teilelisten (*Electrical-* und *Electronic Equipment Lists*) sowie Messdaten (*Charts* and *Lists*). Letztere dienen dazu, bei notwendigen Kontrollen während des Wartungsereignisses Soll-Ist Vergleiche vorzunehmen (z. B. Widerstandsmessungen).

Das WDM wird teilweise nicht nur musterbezogen, sondern auf Flugzeugserialnummernebene herausgegeben.

Illustrated Parts Catalog (IPC) Im IPC sind die Bestandteile eines Luftfahrzeugs und/oder einer Komponente aufgeführt. Ein solcher Katalog setzt sich u. a. zusammen aus Bauteilillustrationen (z. B. Explosionszeichnungen) und einer Teileliste mit zugehörigen Partnummern, teilweise inkl. Austauschbarkeiten. Detaillierte Beschreibungen von Subassies finden sich üblicherweise nur dann im IPC, wenn der IPC-Herausgeber (zuständiger Entwicklungsbetrieb), selbst auch für dieses Bauteil verantwortlich zeichnet. Komplexe Bauteile verfügen zum Teil entweder über eigene IPCs oder diese Elemente sind in das entsprechende CMM integriert.

Die Struktur eines IPCs orientiert sich im Normalfall an den ATA-Kapiteln (Luftfahrzeug) bzw. den Modulen bei Triebwerken und Propeller. IPCs werden musterbezogen publiziert.

Minimum Equipment List (MEL) In der MEL ist festgelegt, welche Systeme und Ausrüstungsgegenstände mindestens funktionstüchtig verfügbar sein müssen, um die Lufttüchtigkeit des Luftfahrzeugs zu gewährleisten. In der MEL sind zudem betriebliche Einschränkungen hinsichtlich des technischen und zeitlichen Umfangs definiert. Die MEL ist keine eigentliche Instandhaltungsanweisung, macht aber insbesondere im Rahmen der Line-Maintenance Vorgaben für die Zurückstellung von Beanstandungen (vgl. Kap. 8.7).

Engineering Order (EO) Engineering Orders sind Umsetzungsanweisungen für Instandhaltungsmaßnahmen oder Modifikationen, welche durch das Engineering eines Luftfahrtbetriebs (bzw. 21/J Organisation) angewiesen werden. EOs haben ihren Ursprung dabei in ADs, SBs, Inspektionen oder Modifikationen. Die EO enthält eine genaue Beschreibung der durchzuführenden Maßnahme, einen präzisen Durchführungszeitpunkt sowie Angaben zur ausführenden Organisationseinheit. Darüber hinaus sind in einer EO immer Angaben zum betroffenen Flugzeugkennzeichen bzw. zur Bauteilserialnummer aufgeführt. Eine Engineering Order muss vor Herausgabe eine innerbetriebliche Freigabe (üblicherweise mindestens durch den Leiter der Engineering-Abteilung) durchlaufen haben.

6.4 TOP-Voraussetzungen

Als TOP-Voraussetzungen werden die **T**echnischen, **O**rganisatorischen und **P**ersonellen Bedingungen bezeichnet, die erfüllt sein müssen, um eine luftfahrttechnische Herstellungs- oder Instandhaltungsleistung ausführen zu dürfen. Die TOP-Voraussetzungen sind dabei nicht nur einmalig bei Aufbau oder Erweiterung des Genehmigungsumfangs zu prüfen und gegenüber der zuständigen Luftaufsichtsbehörde nachzuweisen. Der Betrieb muss sich **vor jedem Auftrag** vergewissern, dass die TOP-Voraussetzungen für die angebotene Leistung mit Beginn der Auftragsabarbeitung erfüllt werden können (Eigenprüfverfahren). Mit den Arbeiten darf nicht begonnen werden, wenn die Erfüllung der TOP-Voraussetzungen nicht sichergestellt ist.

Bei umfangreichen Instandhaltungs- und Herstellungsleistungen (z. B. Base-Maintenance oder Flugzeugherstellung) ist der Betrieb auch während des Ereignisses verpflichtet, die Einhaltung der TOP-Voraussetzungen aktiv zu überwachen. Ergänzend zur permanenten betrieblichen Selbstkontrolle kann die zuständige Luftaufsichtsbehörde stichprobenartig die Einhaltung der TOP-Voraussetzungen während der Arbeitsdurchführung oder nachträglich überprüfen.

Der Umfang der Prüfung orientiert sich in der Praxis stark an den spezifischen Herstellungs- bzw. Instandhaltungsbedingungen. Einzelfertigungen oder Großereignisse erfordern üblicherweise eine umfassendere und sorgfältigere Prüfung der TOP-Bedingungen als Serienfertigungen oder standardisierte Arbeiten an Bauteilen.

Die Verantwortlichkeit für die Einhaltung der TOP-Voraussetzungen liegt bei den betrieblichen Führungskräften. Für die Überwachung der Einhaltung werden diese üblicherweise unterstützt durch das Qualitätsmanagement, Support Staff oder Führungskräfte der unteren Leitungsebene (z. B. Meister, Schicht- oder Projektleiter, Produktionsingenieure) denen die unmittelbare Auftragsbearbeitung obliegt.

Sofern eine Vergabe von Arbeiten im Rahmen der verlängerten Werkbank geplant ist, müssen die TOP-Voraussetzungen sowohl durch den Auftraggeber als auch vom Auftragnehmer entsprechend dem Umfang der geplanten Arbeiten erfüllt sein.

Um den Abstraktionsgrad des TOP-Begriffs zu reduzieren, werden im Folgenden die dahinter stehenden Anforderungen näher ausgeführt. Eine eindeutige Kategorisierung gerade nach technischen und organisatorischen Voraussetzungen gestaltet sich aufgrund fließender Übergänge nicht immer einfach. Für die betriebliche Praxis ist dies letztlich irrelevant, sofern die Verantwortlichkeiten aller Themenfelder geklärt und den benannten Personen bekannt sind.

6.4.1 Technische Voraussetzungen

Vor Arbeitsaufnahme ist zu prüfen und sicherzustellen, dass die geplanten Arbeiten in einer beherrschten Arbeitsumgebung vorgenommen werden. Dazu muss der Betrieb über geeignete Hallen, Werkstätten und Docksysteme verfügen, die Schutz vor Wetter bzw. klimatischen Bedingungen geben und angemessene Lichtverhältnisse gewährleisten. Angemessene Arbeitsbedingungen müssen jedoch nicht nur grundsätzlich vorhanden sein, sondern auch im geplanten Zeitraum für die Arbeitsdurchführung zur Verfügung stehen.

Es ist ebenfalls zu prüfen, ob der Betrieb über die erforderlichen Werkzeuge und Prüfgeräte verfügt bzw. ob sichergestellt ist, dass diese zum Zeitpunkt der Arbeitsdurchführung verfügbar sind. Die gängigen Betriebsmittel müssen dem Betrieb dauerhaft zur Verfügung stehen. Die eingesetzten Werkzeuge müssen geeignet und zugelassen sowie vor unbefugten Zugriff geschützt werden, Prüfgeräte zudem kalibriert sein. Sofern es sich nicht um Standard-Werkzeuge handelt, ergeben sich die Bedarfe aus AMM und CMM, bei der Herstellung aus den Designvorgaben des Entwicklungsbetriebs. Neben Werkzeugen und Prüfmitteln sind auch Großbetriebsmittel (Dock- und Krananlagen, Arbeitsbühnen) in eine Prüfung einzubeziehen.

Desweiteren ist vor Arbeitsaufnahme sicherzustellen, dass die technische Dokumentation in der aktuell gültigen Version vorliegt. Die wesentlichen technischen Dokumente sind u. a. Designvorgaben, Instandhaltungshandbücher, das Instandhaltungsprogramm und Arbeitskarten.

Im Materialbereich ist sicherzustellen, dass die zur Durchführung der Arbeit vorgegebenen Materialien zeitgerecht beschafft und bereitgestellt werden können. Auch die Voraussetzungen für eine fachgerechte Lagerhaltung sind zu berücksichtigen. Neben kontrollierten Lagerbedingungen (z. B. Temperatur, Luftfeuchtigkeit, Staubanteil, Ordnung) erfordert die Erfüllung der TOP-Voraussetzungen eine Trennung von verwendbarem (*serviceable*) und nicht-verwendbarem (*unserviceable*) Material, die kontinuierliche Kontrolle lagerzeitbegrenzter Materialien sowie die Rückverfolgbarkeit der Materialbewegungen. Ebenso muss Material, das von den Kunden (Kundenbeistellmaterial) bereitgestellt wird, separat gelagert werden.

6.4.2 Organisatorische Voraussetzungen

Die organisatorischen TOP-Voraussetzungen sind weniger auf ein individuelles Ereignis als vielmehr auf Ereignistypen ausgerichtet. Es gilt allgemein, dass für die Durchführung der Arbeiten eine Aufbau- und Ablauforganisation existieren muss, die dem Umfang und der Komplexität des anstehenden Ereignisses angemessen ist. Die Betriebsstruktur kann somit in Abhängigkeit der durchzuführenden Arbeiten durchaus stark variieren, von einer einfach aufgebauten Organisation z. B. für die Fertigung einer einzigen Bauteilkleinserie bis zu einer komplexen Unternehmensstruktur mit komplexem Planungssystem und aufwendiger Produktionssteuerung bei der Flugzeugherstellung.

Neben einer angemessenen Organisationsstruktur bildet ein wirksames Qualitätssystem die zweite Säule der organisatorischen Voraussetzungen. Im Zuge der TOP-Prüfung zählt hierzu insbesondere eine gültige und für die Mitarbeiter zugängliche Vorgabedokumentation in Form von Anweisungen für Arbeitsabläufe, Prozessbeschreibungen sowie Regelungen im Hinblick auf Zuständigkeiten und Befugnisse.

Der hohe Abstraktionsgrad der organisatorischen Voraussetzungen und die Schwierigkeit einer unmittelbaren Verantwortungszuordnung führen in der betrieblichen Praxis vielfach dazu, dass diese TOP-Bedingungen nicht explizit bei jedem Auftrag überwacht werden.

Den organisatorischen TOP-Voraussetzungen wird ebenfalls die Prüfung des behördlichen Genehmigungsumfangs zugeschrieben. Anders als die bisher genannten Prüfungsbestandteile ist diese Aufgabe klar zuzuordnen – üblicherweise dem Qualitätsmanagement. Dieses muss dann sicherstellen, dass die jeweils erforderliche Behördengenehmigung im Umfang der geplanten Herstellung oder Instandhaltung vorliegt. Eine besondere Aufmerksamkeit ist dabei in der täglichen Praxis den ergänzenden Anforderungen der Luftfahrbehörden außerhalb des EASA-Raums zu widmen. Diese erkennen zwar zumeist die EASA-Zulassungen für luftfahrttechnische Betriebe und die EASA-Freigabebescheinigungen grundsätzlich an, verlangen jedoch zum Teil die Erfüllung weiterer länderspezifischer Regeln (Behörden-Supplements). Gerade bei einem sehr breiten Produktportfolio und einer hohen Zahl von Behördenzulassungen mit unterschiedlichen Zusatzanforderungen sind diese im Alltag mit einer angemessenen Nachhaltigkeit nicht immer leicht in den Betrieb zu tragen.

Handelt es sich um einen Herstellungsauftrag, ist zudem vorab sicherzustellen, dass die Zusammenarbeit mit dem zuständigen Entwicklungsbetrieb (über ein PO/DO Arrangement) vertraglich fixiert ist.

6.4.3 Personelle Voraussetzungen

Die Sicherstellung der TOP-Voraussetzungen schließt die Prüfung der Personalverfügbarkeit ein. Zum Zeitpunkt der Arbeitsdurchführung muss hinreichend qualifiziertes Personal für die Auftragsbearbeitung zur Verfügung stehen. In der Produktion umfasst dies die Facharbeitskräfte, insbesondere das freigabeberechtigte Personal sowie in der Base-Maintenance zusätzlich das Support Staff. Bei der Durchführung von Instandhaltungsarbeiten im Rahmen des EASA Part 145 muss der Anteil des Eigenpersonals 50 % betragen. Für die Herstellung ist der Fremdpersonalanteil seitens der EASA nicht reglementiert.

Neben hinreichend Produktionspersonal ist im Zuge der TOP-Prüfung zu klären, ob im Zeitraum der Auftragsbearbeitung ausreichend qualifiziertes Planungspersonal verfügbar ist. Hierzu zählen insbesondere Arbeits- und Materialplaner sowie Produktions- und Entwicklungsingenieure.

Die betriebliche Praxis zeigt, dass die Erfüllung der TOP-Voraussetzungen nicht nur aus luftrechtlicher Perspektive, sondern auch aus kaufmännischem Blickwinkel Beachtung verdient. Wenngleich die personellen Ressourcen grundsätzlich vorhanden sind, ist eine vorausschauende Feinplanung der Kapazitäten nicht immer gegeben. Eine unstrukturierte Auftragsfreigabe birgt jedoch das Risiko, dass zum geplanten Zeitpunkt hinreichend qualifiziertes Personal zwar grundsätzlich vorhanden ist, nicht aber für die benötigten Fachgebiete oder Gewerke. Dies kann schlimmstenfalls zur Verschiebung vereinbarter Liefertermine oder zur Absage bereits kontrahierter Aufträge führen.

Die TOP-Voraussetzungen sind grundsätzlich vor jedem neuen Herstellungs- und Instandhaltungsereignis zu prüfen. Das Risiko der Nicht-Erfüllung ist zwar gering, wenn sich der Betrieb im Rahmen seiner Standard-Prozesse und Aufträge bewegt; es wird jedoch virulent, sobald von diesen abgewichen wird. Dies ist zum Beispiel gegeben, wenn Engpässe zu bewältigen sind, Kunden mit bisher nicht betreuter Halternationalität akquiriert wurden, neue Flugzeug-Triebwerks-Kombinationen instandzuhalten sind oder kurzfristig Maintenance an einem neuen Standort durchzuführen ist. In solchen Fällen ist u. a. genau zu prüfen, ob hinreichend qualifiziertes Personal verfügbar ist und die erforderlichen Betriebsmittel vorhanden sind. Abbildung 6.2 bietet einen Überblick über die wesentlichen TOP-Voraussetzungen.

Abb. 6.2 TOP-Voraussetzungen

6.5 Infrastruktur, Arbeitsumgebung und Betriebsmittel

6.5.1 Infrastruktur und Arbeitsumgebung

Herstellungs- und Instandhaltungsbetriebe benötigen für die Durchführung ihrer Aufgaben anforderungsgerechte Arbeitsorte (Betriebsstätten).[19] Neben Flugzeughallen, Freiflächen und Räumlichkeiten für Werkstätten[20] sind auch Lagerungsmöglichkeiten, Büros

---

[19] vgl. IR Continuing Airworthiness EASA Part 145–145.A.25 und 145.A.40 für die Instandhaltung sowie IR Certification 21A.126 und 21A.145 für Herstellungsbetriebe. vgl. darüber hinaus EN 9100er Reihe Abschn. 6.3.

[20] Die Fazilitäten müssen unter anderem so beschaffen sein, dass dem Produktionspersonal ein Bereich zur Verfügung steht, in dem Vorgaben studiert und die Arbeitsdurchführung bescheinigt werden kann, vgl. AMC 145.A.25 (a).

und zugehörige Versorgungseinrichtungen erforderlich. Zur Infrastruktur zählen darüber hinaus z. B. unterstützende Informations- und Kommunikationstechnik und Transporteinrichtungen.

Die erforderlichen Betriebsstätten müssen jedoch nicht nur verfügbar sein, es ist zugleich sicherzustellen, dass sich die Arbeitsumgebung in einem „beherrschten" Zustand befindet.[21] Das bedeutet, dass Hallen, Werkstätten und Büroräume für die Durchführung der jeweiligen Arbeiten geeignet sind und insbesondere den spezifischen Anforderungen des Luftfahrtbetriebs gerecht werden. Neben einer angemessenen Ausstattung und Zugänglichkeit zählen hierzu insbesondere:

- angemessene Temperaturen, Luftfeuchtigkeit, Ventilation,
- ganzjähriger Schutz vor den Witterungseinflüssen (Wind, Regen, Schnee, Eis, Sand),
- möglichst geringe Staubanteile und andere Luftverschmutzungen,
- Beleuchtung,
- minimale, zumindest aber vertretbare Lärmkulisse,
- arbeitsplatzspezifische Durchführungsvorkehrungen, beispielsweise im Hinblick auf den Umweltschutz oder die Arbeitssicherheit (z. B. in den Werkstätten des Non-Destructive Testings),
- Feuerlöscheinrichtungen, Notausgänge und Alarmanweisungen etc.,
- Erste Hilfe Einrichtungen, Augenspülflaschen.

Die vorgenannte Wortwahl ist in Teilen den Implementing Rules entnommen und bewegt sich auf einem unspezifischem Beschreibungsniveau.[22] Als Faustregel kann daher gelten, dass die Arbeitsbedingungen derart beschaffen sein müssen, dass diese keine Beeinträchtigung der Leistungsfähigkeit oder übermäßige Ablenkung des Personals verursachen.[23]

6.5.2 Betriebsmittel

Neben der Infrastruktur müssen Herstellungs- und Instandhaltungsbetriebe für den genehmigten Arbeitsumfang über geeignete und ggf. zugelassene Anlagen, Ausrüstung und

---

[21] vgl. IR Continuing Airworthiness EASA Part 145–145.A.25 und GM to 21A.145 (a).

[22] vgl. IR Continuing Airworthiness EASA Part 145–145.A.25 (c) und GM to 21A.145 (a) Die gesetzlichen Vorgaben des EASA Part 145 sind umfassender und somit detaillierter als die des EASA Part 21/G. Daher sind die Instandhaltungsvorschriften inkl. AMC auf der operativen Beschreibungsebene als Richtschnur für Herstellbetriebe geeignet.

[23] Gerade in der Line-Maintenance ist die Arbeitsumgebung bisweilen nicht optimal. Existieren unannehmbare Arbeitsbedingungen im Hinblick auf Witterung, Beleuchtung, Staub, andere Luftverschmutzungen etc, „müssen die jeweiligen Instandhaltungs- oder Inspektionsarbeiten ausgesetzt werden, bis annehmbare Bedingungen wieder hergestellt sind", IR Continuing Airworthiness EASA Part 145–145.A.25 (c) (6).

Werkzeuge verfügen.[24] Solche Betriebsmittel müssen dem Betrieb üblicherweise auf Dauer zur Verfügung stehen.

Der Betrieb hat dabei die Betriebstüchtigkeit, Genauigkeit und Kennzeichnung der Werkzeuge, Ausrüstungen und des Prüfgeräts sicherzustellen. Hierzu müssen betriebliche Verfahren definiert sein. Dabei ist zu beachten, dass insbesondere eine ggf. erforderliche Kalibrierung nach einem offiziell anerkannten Standard[25] unter Berücksichtigung fester Prüfintervalle durchzuführen ist.

Zudem muss durch regelmäßige Kontrollen die Vollständigkeit bzw. der Verlust von Werkzeugen und Ausrüstungen festgestellt werden. Die betriebliche Praxis zeigt, dass Betriebsmittel nach Abschluss von Instandhaltungs- oder Herstellungsarbeiten bisweilen im Luftfahrzeug vergessen werden. Somit verbleibt das Objekt dort während des Flugbetriebs und stellt schlimmstenfalls eine Gefährdung der Lufttüchtigkeit dar. Daher sind in Herstellung und Instandhaltung periodisch auszuführende Kontrollprozesse festzulegen. Zudem ist ein Vorgehen für die Fälle zu definieren, in denen Betriebsmittel abhanden gekommen sind.

Bisweilen sind in den Herstellungs- oder Instandhaltungsvorgaben (z. B. AMM, CMM) Betriebsmittel fest definiert oder es werden spezielle Anforderungen an diese vorgegeben. Da es sich bei diesen Anweisungen um Approved Data handelt, ist der Herstellungs- bzw. Instandhaltungsbetrieb dann verpflichtet, die betroffene Arbeitsdurchführung mit den entsprechend vorgegebenen Betriebsmitteln auszuführen.

Die Verwaltung und Steuerung der Betriebsmittel erfolgt in modernen Luftfahrtbetrieben über Mitarbeiterausweise oder personenbezogene Chipkarten. Vergleichbar mit dem Verfahren in einer öffentlichen Bibliothek erhalten die Mitarbeiter an der Betriebsmittelausgabestelle gegen Vorlage ihres Ausweises die angefragten Werkzeuge und Ausrüstungen. Das Betriebsmittelkonto des Mitarbeiters wird mit der Ausgabe entsprechend belastet und bei Rückgabe entlastet. Durch diese elektronischen Buchungsverfahren ist die Nachvollziehbarkeit durch Zuordnung der Betriebsmittel auf Personen oder Luftfahrzeuge im Herstellungs- oder Instandhaltungsprozess jederzeit bekannt. In einigen Betrieben ist die IT soweit ausgereift, dass Mitarbeiter so ihre Werkzeuge auch schichtübergreifend ohne Einbeziehung der Werkzeugverwahrstelle an andere Mitarbeiter weitergeben können.

Neben den Werkzeugen und Ausrüstungen, die nur über die Betriebsmittelausgabestelle zu beziehen sind, verfügen die Produktionsmitarbeiter in vielen luftfahrttechnischen Betrieben über persönliche Betriebsmittel. Diese befinden sich dann im dauerhaften Verfügungs- und Verantwortungsbereich des Mitarbeiters. Bei diesen persönlichen Betriebsmitteln handelt es sich um Standard-Werkzeuge des täglichen Bedarfs (z. B. Schraubendreher, Maulschlüssel, Spiegel, Zange), die u. a. dazu dienen, die Betriebsmittelausgabestelle zu entlasten.

---

[24] vgl. IR Continuing Airworthiness EASA Part 145–145.A.40 (c) für die Instandhaltung sowie GM to 21A.145 (a) and GM No. 2 to 21A.126 (a) (3).

[25] vgl. EN 9100 Abschn. 7.6. Für Prüfungen und Kalibrierungen kann üblicherweise auch auf die Vorgaben des Betriebsmittelherstellers im Betriebsmittelhandbuch zurückgegriffen werden.

Auch diese persönlichen Werkzeuge müssen einer Kontrolle und Überwachung durch die Betriebsorganisation unterliegen.

6.6 Freigabe- und Konformitätsbescheinigungen

6.6.1 Zweck und Ablauf von Freigabe- und Konformitätsbestätigungen

In der Luftfahrtindustrie sind alle durchgeführten Arbeiten aus Gründen der Nachvollziehbarkeit und einer eindeutigen personenbezogenen Zuordnung vom Ausführenden oder einem unmittelbar Verantwortlichen abzuzeichnen. Dazu wird die Durchführung angewiesener Arbeiten auf der Arbeitskarte oder der zugehörigen Dokumentation bescheinigt. Der Abschluss der Arbeitsdurchführung an Luftfahrzeugen sowie Bau- und Ausrüstungsteilen ist darüber hinaus durch Ausstellung eines offiziellen Freigabe- oder Konformitätszertifikats zu bestätigen.[26]

Mit der Freigabebescheinigung bestätigt der freigebende Mitarbeiter im Namen des genehmigten luftfahrttechnischen Betriebs, dass die Herstellungs- oder Instandhaltungsarbeiten:

- durch einen behördlich anerkannten Herstellungs- oder Instanhdaltungsbetrieb im Rahmen des zugelassenen Genehmigungsumfangs *und*
- entsprechend den genehmigten betrieblichen Verfahren *und*
- gemäß den gültigen Instandhaltungsvorgaben bzw. den zugelassenen Konstruktionsdaten des Entwicklungsbetriebs (Approved Data) *und*
- vollständig entsprechend des verlangten Arbeitsumfangs.

ordnungsgemäß durchgeführt wurden und sich das freigegebene Luftfahrzeug bzw. Bauteil in einem betriebssicheren Zustand befindet. Eine Freigabebescheinigung darf nicht ausgestellt werden, wenn Tatbestände bekannt sind, die die Flugsicherheit ernsthaft beeinträchtigen.[27] Insoweit darf ein Luftfahrzeug nur dann (wieder) in Betrieb genommen werden, wenn für dieses selbst sowie für alle darin verbauten Komponenten eine gültige Freigabe- und Konformitätsbescheinigung vorliegt.

Unterschieden wird zwischen Luftfahrzeug- und Bauteilfreigabebescheinigungen. Dies gilt für die Instandhaltung und Herstellung gleichermaßen.

Der **Prozess einer Freigabe** untergliedert sich in zwei Prüfungsbestandteile und in die Ausstellung des Freigabedokuments. Einerseits ist die Hardware, also die ausgeführte

---

[26] Alternativ werden auch folgende Begriffe verwendet: Freigabebescheinigung, Lufttüchtigkeits-Etikett oder Airworthiness Approval Tag, vgl. IR Certification EASA Part 21–21A.163 und IR Continuing Airworthiness EASA Part 145–145.A.50 (d).

[27] vgl. IR Continuing Airworthiness EASA Part 145–145.A.50 i.V.m.145.A.70 und 145.A.45 für die Instandhaltung sowie IR Certification EASA Part 21–21A.165 (c) (1) für die Herstellung.

6.6 Freigabe- und Konformitätsbescheinigungen

Arbeit zu inspizieren, andererseits ist die mitgelieferte bzw. die während der Arbeitsdurchführung erstellte Dokumentation zu prüfen. Diese Tätigkeiten laufen der Freigabe zeitlich unmittelbar voraus. Nachdem die ordnungsgemäße und vollständige Arbeitsdurchführung festgestellt wurde, darf die entsprechende Freigabebescheinigung ausgestellt werden.[28] Eine Freigabebescheinigung muss vor dem Einbau (Komponente) bzw. vor dem Flugbetrieb (Luftfahrzeug), jedoch erst nach Vollendung aller Herstellungs- bzw. Instandhaltungsarbeiten ausgestellt werden.

Ein Freigabedokument darf ausschließlich durch entsprechend qualifiziertes und berechtigtes Freigabepersonal (*Releasing-/Certifying Staff*) ausgestellt werden. Dabei handelt das freigabeberechtigte Personal zwar hinsichtlich der Freigabeentscheidung unabhängig von Weisungen der Vorgesetzten, spricht die Freigabe aber nicht im eigenen Namen aus, sondern in dem des behördlich anerkannten Betriebs.

In einem Freigabezertifikat sind wesentliche Angaben zur durchgeführten Arbeit enthalten. Hierzu zählen u. a. eine eindeutige Kurzbeschreibung des freigegebenden Produkts, Datum der Ausstellung, die Angabe und Unterschrift des freigebenden Mitarbeiters, ggf. (elektronischer) Stempel sowie die Nennung des Betriebs in dessen Namen die Freigabe (*Release*) erfolgt (vgl. EASA Form 1 in Abb. 6.5). Für die Bescheinigung kann entweder ein Papiervordruck oder ein elektronisch generiertes Freigabedokument herangezogen werden.

Nach Ausstellung werden Freigabebescheinigungen für Luftfahrzeuge direkt dem Kunden übergeben. Anders ist dies im Rahmen von Bauteilfreigaben, bei denen das Originalzertifikat nach Vollendung der Herstellungs- bzw. Instandhaltungsarbeiten so lange am Bauteil verbleibt, bis dieses im Luftfahrzeug eingebaut ist. Erst im Anschluss wird das Freigabedokument der Luftfahrzeugdokumentation zugeführt und nach Abschluss aller Arbeiten dem Luftfahrzeughalter oder eigentümer übergeben. Unabhängig von der Art der Freigabebescheinigung muss der Herstellungs- oder Instandhaltungsbetrieb eine Kopie der Freigabebescheinigung aufbewahren.

6.6.2 Arten der Freigabebescheinigung

Die wesentlichen Freigabe- und Konformitätsbescheinigungen in Herstellung und Instandhaltung sind im EASA Raum:

- die Konformitätserklärung entsprechend **EASA Form 52**, die als luftfahrtbehördlich anerkanntes Freigabedokument nach Herstellung eines Luftfahrzeugs ausgestellt wird,
- die Freigabebescheinigung mit der Luftfahrzeuge nach Instandhaltung erneut zum Flugbetrieb zugelassen werden (***Certificate of Release to Service – CRS***),
- die Freigabebescheinigung **EASA Form 1**, die sowohl in der Herstellung als auch in der Instandhaltung für die Freigabe von Bauteilen verwendet wird,

---

[28] vgl. IR Certification EASA Part 21–21A.165 (c) (1) sowie IR Continuing Airworthiness EASA Part 145–145.A.50 (a) und 145.A.75 (e).

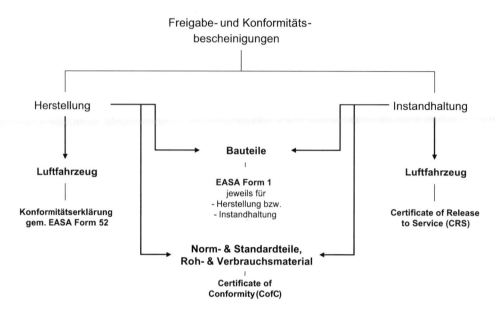

Abb. 6.3 Europäische Freigabe- und Konformitätsbescheinigungen

- die Konformitätserklärung (*Certificate of Conformity – CofC*), die kein luftfahrtbehördlich anerkanntes Freigabedokument ist. Mit einem CofC bestätigt der Ausführende nur, dass die Arbeit entsprechend den beauftragten Vorgaben durchgeführt wurde. CofC werden z. B. von Unterauftragnehmern bzw. Zulieferern ohne eigene luftrechtliche Betriebszulassung ausgestellt. Auch werden CofC als Konformitätsnachweis von Standard- oder Normteilen verwendet.

Abbildung 6.3 stellt die wesentlichen Freigabe- und Konformitätsbescheinigungen getrennt nach Herstellung und Instandhaltung einerseits sowie Bauteilen und Luftfahrzeugen andererseits dar.

Konformitätserklärung nach Herstellung eines Luftfahrzeugs Nach Abschluss der Herstellung bzw. vor Indienststellung eines Luftfahrzeugs bestätigt der Hersteller mit Ausstellung einer Konformitätserklärung (*Aircraft Statement of Conformity*) dessen Lufttüchtigkeit und Übereinstimmung mit der Musterbauart. Diese sog. **EASA Form 52** ist in Abb. 6.4 abgebildet. Eine solche Konformitätserklärung ist keine Freigabe für den Flugbetrieb, weil diese nur durch die zuständige Luftfahrtbehörde durch Ausstellung eines Lufttüchtigkeitszeugnisses erteilt werden kann. Die Konformitätserklärung bildet somit eine notwendige aber keine hinreichende Voraussetzung für die Erlangung eines Lufttüchtigkeitszeugnis-

6.6 Freigabe- und Konformitätsbescheinigungen

	AIRCRAFT STATEMENT OF CONFORMITY				
1.	State of manufacture	2.	LUFTFAHRT-BUNDESAMT	3.	Statement Ref No
4.	Organisation				
5.	Aircraft Type		6.	Type-certificate Refs	
7.	Aircraft Registation or Mark		8.	Manufacturers Identification No	
9.	Engine/Propeller Details (*)				
10.	Modifications and/or Service Bulletins (*)				
11.	Airworthiness Directives				
12.	Concessions				
13.	Exemptions, Waivers or Derogations*				
14.	Remarks				
15.	Certificate of Airworthiness				
16.	Additional Requirements				
17.	Statement of Conformity It is hereby certified that this aircraft conforms fully to the type-certificated design and to the items above in boxes 9, 10, 11, 12 and 13. The aircraft is in a condition for safe operation. The aircraft has been satisfactorily tested in flight.				
18.	Signed	19.	Name	20.	Date (d, m, y)
21.	Production Organisation Approval Reference				

Abb. 6.4 Konformitätserklärung nach Luftfahrzeug-Herstellung (EASA Form 52)

ses.[29] Die Notwendigkeit zur Vorlage einer Konformitätserklärung gilt nicht nur für neue, sondern auch für gebrauchte, in die EU importierte Luftfahrzeuge.

Freigabe nach Instandhaltung eines Luftfahrzeugs Das Freigabedokument nach Instandhaltung von Luftfahrzeugen wird im EASA Part 145 als **Certificate of Release to Service (CRS)** bezeichnet.[30] Wenngleich die EASA keine Vorgaben zum Layout macht, so muss aus dieser Bescheinigung dennoch hervorgehen, wer, wann und was durchgeführt bzw. freigegeben hat. Zusätzlich fordert die EASA folgenden Hinweis auf dem Freigabedokument: „[The Releasing Staff] certifies [in the name of the maintenance organisation] that the work specified except as otherwise specified was carried out in accordance with Part-145 and in respect to that work the aircraft/aircraft component is considered ready for release to service."[31]

Für Line-Maintenance Instandhaltung wird das CRS auf Basis der Betriebsgenehmigung unabhängig vom Durchführungsstandort erteilt. Dies bedeutet z. B., dass die Flugzeuge großer europäischer Airlines in Los Angeles oder Singapur unter EASA- und nicht unter lokalem Approval freigegeben werden, sofern diese Fluggesellschaften bzw. deren Instandhaltungsorganisationen dort eine Line-Maintenance-Station betreiben.

Freigabe eines Bauteils nach Herstellung oder Instandhaltung Grundsätzlich dürfen in Luftfahrzeuge nur hergestellte oder instand gehaltene Bauteile mit Approved Data eingebaut werden. Zudem müssen Bauteile über ein von der EASA akzeptiertes Freigabezertifikat verfügen.[32] Im EASA Raum nennt man dieses Bauteil-Freigabedokument **EASA Form 1** (s. auch Abb. 6.5).[33] Dieses Zertifikat dürfen nur Herstellungs- bzw. Instandhaltungsbetriebe im Rahmen ihres Genehmigungsumfangs ausstellen.

Neben der EASA Form 1 werden einige **ausländische Freigabezertifikate** von der EASA anerkannt, so dass damit versehene Bauteile ebenfalls für den Einbau in Luftfahrzeuge zugelassen sind. Eine solche Anerkennung liegt u. a. wechselseitig für die amerikanische Freigabebescheinigung FAA Form 8130-3 und das kanadische Freigabezertifikat TCCA 24-0078 vor.

---

[29] Zur Beantragung von Lufttüchtigkeitszeugnissen vgl. IR Certification EASA Part 21–21A.174.

[30] Dass auch ein Herstellbetrieb fabrikneue Luftfahrzeuge instand halten darf, soll an dieser Stelle nicht näher thematisiert werden, vgl. hierzu IR Continuing Airworthiness EASA Part 145–21A.163 (d).

[31] AMC 145.A.50 (b).

[32] Einen Sonderfall bildet die Erstherstellung (z. B. Prototypen oder Einzelfertigungen): Ein Luftfahrzeug wird hergestellt oder modifiziert, ohne dass hierfür bereits ein TC oder STC vorliegt. In diesem Fall befinden sich die eingebauten Bauteile in einem noch nicht zugelassen Zustand (non approved data). Entsprechend muss auf der Freigabebescheinigung im Feld 13 ein Hinweis zum ungenehmigten (non-approved) Charakter der Bauteile vermerkt sein. Erst nach Erteilung des TCs oder STCs werden diese Bauteile dann automatisch zu Bauteilen mit Approved Data.

[33] Detaillierte Ausfüllhinweise zur EASA Form 1 finden sich in der Anlage II zur Implementing Continuing Airworthiness – EASA Part 145.

6.6 Freigabe- und Konformitätsbescheinigungen

1 Approving Competent Authority/Country	2. AUTHORISED RELEASE CERTIFICATE EASA FORM 1			3. Form Tracking Number	
4. Approved Organization name and Address				5. Work order/Contract Invoice	
6. Item	7. Description	8. Part No	9. Eligibility	10. Qty	11. Serial/Batch No	12. Status/Work
13. Remarks						
14. Certifies that the items identified above were manufactured in conformity to: ☐ approved design data and are in condition for safe operation ☐ Non-approved design data specified in block 13			☐ 19. Part 145.A.50 Release to service ☐ Other Regulation specified in block 13 Certifies that unless otherwise specified in block 13, the work identified in block 12 and described in block 13, was accomplished in accordance with Part 145 and in respect that work the items are considered ready for release to service			
15. Authorized Signature	16. Approval/Authorization/Number		20. Authorized Signature		21. Certificate /Approval Ref No.	
17. Name	18. Date(d/m/y)		22. Name		23. Date(d/m/y)	

Abb. 6.5 Bauteil-Freigabebescheinigung EASA Form 1

Auf eine EASA Form 1 kann zugunsten einer Konformitätserklärung (*Certificate of Conformity – CofC*) verzichtet werden, wenn es sich bei den in ein Luftfahrzeug eingebauten Artikeln um Standard- bzw. Normteile sowie um Roh- oder Verbrauchsmaterial handelt. Diese müssen als solche in den Herstellungs- bzw. Instandhaltungsvorgaben vorgegeben sein und exakt der darin ausgewiesenen Spezifikation entsprechen. Zudem müssen diese Artikel mit einem Übereinstimmungsnachweis versehen sein,[34] der eine chargengenaue Rückverfolgung zum Hersteller oder Lieferanten ermöglicht.

Literatur

Deutsches Institut für Normung e. V.: *DIN EN 9100:2009- Qualitätsmanagementsysteme – Anforderungen an Organisationen der Luftfahrt, Raumfahrt und Verteidigung.* DIN EN 9100-2010-07, 2010

Deutsches Institut für Normung e. V.: *DIN EN 9110:2009 Luft- und Raumfahrt; Qualitätsmanagement – Qualitätssicherungsmodelle für Instandhaltungsbetriebe.* Deutsche und Englische Fassung EN 9110-2009, 2009

European Comission: *Commission Regulation (EC) on the continuing airworthiness of aircraft and aeronautical products, parts and appliances, and on the approval of organisations and personnel involved in these tasks [Implementing Rule Continuing Airworthiness].* No. 2042/2003, 2003

European Comission: *Commission Regulation (EC) laying down implementing rules for the airworthiness and environmental certification of aircraft and related products, parts and appliances, as well as for the certification of design and production organisations [Implementing Rule Certification].* No. 1702/2003, 2003

European Aviation Safety Agency – EASA: *Acceptable Means of Compliance and Guidance Material to Part 21.* Decision of the Executive Director of the Agency No. 2003/1/RM, 2003

European Aviation Safety Agency – EASA: *Acceptable Means of Compliance and Guidance Material to to Commission Regulation (EC) No. 2042/2003.* Decision No. 2003/19/RM of the Executive Director of the Agency, 2003

Kinnison, H.A.: *Aviation Maintenance Management.* New York u. a., 2004

Platz, J.; Schmelzer, H.: *Projektmanagement in der industriellen Forschung und Entwicklung.* Berlin, Heidelberg, New York, 1986

Wöhe, G.: *Einführung in die allgemeine Betriebswirtschaftslehre.* 18. Aufl., München, 1993

Zolldonz, H.-D.: *Grundlagen des Qualitätsmanagements.* München, Wien, 2002

---

[34] Norm-/Standardteile müssen dabei stets einem allgemein anerkannten Standard (z. B. ISO, DIN) entsprechen.

Herstellung 7

Das vorliegende Kapitel widmet sich der Herstellung luftfahrttechnischer Erzeugnisse. Dabei richtet sich der Blickwinkel nicht nur auf die Herstellung bzw. den Zusammenbau des eigentlichen Flugzeugs. Ebenso wird auf die vorlaufenden Aktivitäten der Zulieferer im Rahmen der Bauteil-, Komponenten und Modulfertigung eingegangen. Da herstellungsbetriebliche Aktivitäten ausschließlich im Rahmen des EASA Part 21/G stattfinden dürfen, beinhaltet das vorliegende Kapitel zudem eine Auseinandersetzung mit den luftrechtlichen Herstellungsprämissen.

Hierzu findet in Unterkapitel 7.2 eine Auseinandersetzung mit dem wichtigen Themenfeld der Qualitätssicherung bzw. den herstellungsspezifischen Qualitätssystemen statt. In eigenen Abschnitten wird dabei auf die einzelnen Bestandteile solcher Systeme eingegangen. Der letzte Abschnitt dieses Unterkapitels ist ausschließlich auf Qualitätssysteme von Zulieferern ausgerichtet.

Im Anschluss wird in den Unterkapiteln 7.3 und 7.4 auf die Herstellung von Bauteilen, Komponenten und Modulen einerseits sowie auf die Aktivitäten eines Flugzeugherstellers andererseits eingegangen. Es folgt dann in Unterkapitel 7.5 eine Auseinandersetzung mit dem Ausbau von VIP-Flugzeugen. Das Kapitel schließt mit einer Darstellung der Archivierungsanforderungen an die Herstellungsdokumentation ab.

7.1 Grundlagen der Herstellung luftfahrttechnischer Produkte

Bei der Herstellung handelt es sich um einen Transformationsprozess bei dem durch Kombination von Produktionsfaktoren und unter Einsatz bereits existierender Erzeugnisse lagerbare Produkte gefertigt werden. Aufgrund der hohen Komplexität, die luftfahrttechnische Produkte in aller Regel aufweisen, spielt neben der eigentlichen Zusammenbringung der Produktionsfaktoren die Planung, Steuerung und Überwachung des Produktionsflusses eine tragende Rolle.

In der industriellen Herstellung werden wesentlich drei Typen der Leistungserstellung unterschieden, die in der Luftfahrtbranche stets auftragsbezogen abgearbeitet werden:

- **Einzelfertigung:** Herstellung einzelner, individueller Produkte (Unikate). Deren Fertigung bietet nur begrenzte Möglichkeiten der Standardisierung. Zudem erfordert die Einzelfertigung normalerweise immer auch Improvisation und Erfindungsgeist, so dass die Arbeit überwiegend von qualifiziertem und flexibel einsetzbarem Personal ausgeführt werden muss. Charakteristika der Einzelfertigung weisen z. B. die Herstellung von Prototypen sowie Experimental- oder VIP-Flugzeugen auf.
- **Kleinserienfertigung:** Herstellung einer geringen Menge gleichartiger Produkte vielfach innerhalb eines vorher festgelegten Zeitraums. Für eine klassische Fertigungstaktung reicht die herzustellende Menge nicht aus. Potenziale der Standardisierung und Vereinfachung können genutzt ggf. aber nicht angemessen ausgeschöpft werden. Beispiele für die Kleinserienfertigung sind Geschäftsflugzeuge, sog. Special-Mission-Aircraft sowie weniger nachgefragte Boeing- oder Airbus-Modelle.
- **Großserienfertigung:** Es erfolgt eine parallele oder unmittelbar aufeinander folgende Fertigung gleichartiger Produkte in großer Stückzahl. Die Fertigung unterliegt zumeist festen Taktraten. Dabei können erhebliche Größendegressionseffekte (z. B. Lernkurve) genutzt sowie Maßnahmen der Standardisierung und Fertigungsvereinfachung umgesetzt werden. Durch starke Arbeitsteilung und oft zu wiederholende Arbeitsschritte ist der umfassende Einsatz weniger qualifizierten Personals möglich. Beispiele der Großserienfertigung sind die Herstellung des Airbus A320 oder der Boeing B737.

Herstellungsaktivitäten in der Luftfahrtindustrie weisen zu anderen industriell geprägten Hightech-Branchen seitens der grundlegenden Fertigungsverfahren und der Produktionsabläufe nur unwesentliche Besonderheiten auf. Auch hier dominiert aufgrund hoher Stückzahlen die Serienfertigung, zum Teil bei getakteter Fließfertigung. Um unter diesen Bedingungen technisch einwandfreie und ökonomisch erfolgreiche Produkte herstellen zu können, wird auch in der Luftfahrzeugherstellung in hohem Maße auf stark **vereinfachte, arbeitsteilige und standardisierte Prozessabläufe**, Tätigkeiten und Schnittstellen gesetzt. Die Modularisierung und der Einsatz von Baugruppen zeigen, dass diese Bestrebungen nicht nur auf Ebene der Produktionsabläufe stattfinden, sondern unmittelbar die Produktgestaltung beeinflussen.

Im Hinblick auf das Qualitätsmanagement weist die Herstellung luftfahrttechnischer Erzeugnisse ebenso signifikante Ähnlichkeit mit anderen großindustriell geprägten Branchen (z. B. Automobilbau, Chemie) auf. Dies zeigt sich durch eine in weiten Teilen feststellbare Übereinstimmung zwischen den Vorgaben der ISO bzw. EN einerseits sowie dem Regelwerk des EASA Part 21/G andererseits. Dem steht auch nicht entgegen, dass ISO und EN den Kunden und die Produktqualität in den Vordergrund stellen, während dies bei behördlich anerkannten Herstellungsbetrieben die Sicherheit, Rückverfolgbarkeit und Nachweisführung sind.

7.1 Grundlagen der Herstellung luftfahrttechnischer Produkte

Hinsichtlich der Organisation der Leistungserbringung zeigt sich im komplexen Prozess der Luftfahrzeugherstellung eine klare Konzentration auf Kernkompetenzen. Während sich die Luftfahrzeughersteller (*Original Equipment Manufacturer – OEM*) heutzutage weitestgehend auf den Zusammenbau fokussieren, lassen sie die dafür nötigen Systeme, Komponenten und Teile durch darauf spezialisierte Zulieferer herstellen. Das Konzept einer umfassenden Auslagerung auch elementarer Wertschöpfungsbestandteile ist somit kein Spezifikum der dafür allgemein bekannten Automobilindustrie. Auch in der Luftfahrtindustrie ist dieses Geschäftskonzept inzwischen soweit ausgereift, dass die Produktionsleistung (Fertigungstiefe) des OEM minimiert wurde und die Herstellung bzw. Fertigung im klassischen Sinn bei diesen selbst meist nur noch eine untergeordnete Rolle spielt und statt dessen der Zusammenbau (*Assembly*) im Vordergrund steht.

Diese Auslagerung bietet dem OEM neben einer Konzentration auf die eigenen Stärken den Vorteil, dass dieser vor allem die organisatorische und betriebswirtschaftliche Last der eigentlichen Leistungserbringung an die Zulieferer abgibt. Andererseits bedeutet dieses Vorgehen, dass der Hersteller neben dem Assembly der zugelieferten Teile einen verstärkten Blickwinkel auf das Management seiner Zulieferer legen muss. Die Reduktion der Fertigungstiefe erfordert eine präzise strukturierte Planung und Steuerung der fremden Herstellungsaktivitäten und eine umfassende qualitätsseitige Überwachung der Zulieferer.

Abbildung 7.1 zeigt exemplarisch die Struktur der Wertschöpfungskette vom Zulieferer auf der untersten Ebene der **Lieferkette (*Supply Chain*)** bis zum Kunden. Je mehr sich dabei die Zulieferkette dem Luftfahrzeughersteller nähert, desto stärker entfernt sich die Wertschöpfung von der klassischen Herstellung und bewegt sich zunehmend in Richtung Assembly. Während sich also die unteren Lieferanten-Ebenen auf die Bearbeitung von Rohmaterialien konzentrieren, fokussieren sich die mittleren Ebenen auf die Erstellung von Bauteilen und Baugruppen. Am Ende der Lieferkette stehen dann idealerweise fast nur noch Modullieferanten, deren Produkte der Hersteller abschließend zu einem Luftfahrzeug zusammenfügt.

Die hier skizzierte (unternehmens-) übergreifende Lieferkette ist zwar nur beispielhaft und idealtypisch. Denn einerseits existieren in der Praxis oft mehr als nur die in Abb. 7.1 dargestellten 2 Lieferstufen, andererseits ist die hier so eindeutige **Wertschöpfungskaskade** im betrieblichen Alltag selten zu finden. Der Tendenz nach entspricht die dargestellte Struktur dennoch der Realität und wird sich dieser in Zukunft weiter annähern. Während nämlich bisher die Auslagerung selbst und deren allgemeine Beherrschung im Vordergrund standen, gewinnt zunehmend die optimal strukturierte Steuerung dieser Aktivitäten an Bedeutung. Insoweit wirken die Luftfahrzeughersteller bereits auf die Umsetzung von idealtypischen, d. h. eindeutig pyramidaler sowie transparent strukturierter Lieferketten hin.

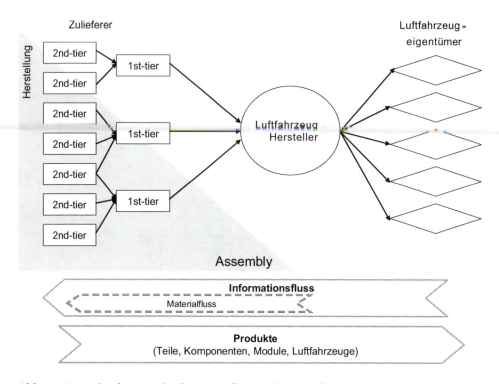

Abb. 7.1 Wertschöpfungs- und Informationsflüsse in der Herstellung (exemplarische Struktur). (In Anlehnung an Kiener et al. (2009), S. 13)

7.2 Qualitätssysteme in der Herstellung

7.2.1 Grundlegende Qualitätsanforderungen und Genehmigungsvoraussetzungen

Ein behördlich anerkannter Herstellungsbetrieb muss „nachweisen, ein Qualitätssystem eingeführt zu haben und unterhalten zu können."[1] Ein solches System soll sicherstellen, dass die Herstellung unter beherrschten Bedingungen stattfindet. Der Betrieb muss dazu stets in der Lage sein, luftfahrttechnische Produkte unter Einhaltung der einschlägigen Konstruktionsdaten herzustellen und im betriebssicheren Zustand in Verkehr zu bringen. Dies kann nur gelingen, wenn der Betrieb über transparente und nachvollziehbare Betriebsstrukturen und -abläufe verfügt. Aus diesem Grund sind das Qualitätssystem und die zugehörigen Verfahren zu dokumentieren.[2]

---

[1] IR Certification EASA Part 21–21A.139 (a)
[2] vgl. IR Certification EASA Part 21–21A.143 (a)(11)

7.2 Qualitätssysteme in der Herstellung

Ein behördlich anerkanntes Qualitätssystem in der Herstellung muss mindestens die folgenden Einzelbestandteile aufweisen:

1. ein übergreifendes Steuerungs- und Qualitätssicherungssystem zur Lenkung der Prozesse, Verfahren, Dokumente und Ressourcen,
2. eine unabhängige Funktion (Stabstelle) des Qualitätsmanagements,
3. ein nachvollziehbares System zur Abnahme der Produkte (Qualitätssicherung),
4. die Einbeziehung der Zulieferer, insbesondere dann, wenn diese über keine eigene Herstellungsgenehmigung verfügen.

Um eine angemessene Herstellungsqualität zu erzielen, sind darüber hinaus die im Subpart G[3] genannten Genehmigungsvoraussetzungen zu erfüllen (vgl. z. T. auch TOP-Voraussetzungen):

- Der Betrieb muss in Umfang und Qualifikation über hinreichend Personal verfügen, um die Herstellungsarbeiten angemessen ausführen zu können. Das Personal muss zudem befugt sein (diese Befugnisse müssen den jeweiligen Mitarbeitern auch bekannt sein!). Hinreichende Ausbildung, Kenntnisse und Erfahrung werden explizit namentlich dem freigabeberechtigen Personal und dem QM-Beauftragten (sowie dessen Mitarbeitern) abverlangt.
- Die Einrichtungen und die Betriebsausstattung müssen den Mitarbeitern eine vorschriftsmäßige Arbeitsausführung ermöglichen. Der Betrieb muss also hinreichende Betriebsstätten, Arbeitsbedingungen und Betriebsmittel vorweisen können.
- Der Betrieb muss sicherstellen, dass luftfahrttechnische Produkte nur auf Basis einwicklungsbetrieblich freigegebener Daten (Approved Design Data) in Verkehr gebracht werden. Dabei ist insbesondere sicherzustellen, dass diese Daten korrekt und auf Basis der letztgültigen Revision in die Produktionsunterlagen eingearbeitet wurden. Insbesondere die Aktualität der Daten bietet in der betrieblichen Praxis bisweilen Anlass zur Beanstandung.
- Es muss ein namentlich benannter und von der Luftaufsichtsbehörde akzeptierter Betriebsleiter (Accountable Manager) existieren, der die betrieblichen Qualitätsgrundsätze unter Berücksichtigung der behördlichen Vorgaben festlegt.[4] Diese Person hat zudem sicherzustellen, dass das Qualitätssystem vollständig implementiert ist und im betrieblichen Alltag angewendet wird.[5] Im Normalfall ist für die konzeptionelle und operative Umsetzung der Leiter des Qualitätsmanagements verantwortlich.

Alle hier genannten Genehmigungsvoraussetzungen müssen jedoch nicht nur behördlich anerkannte Herstellungsbetriebe erfüllen, sondern auch deren Zulieferer, die über keine

---

[3] vgl. IR Certification EASA Part 21–21A.145
[4] vgl. GM No. 1 to 21A.139(a)
[5] vgl. GM No. 1 to 21A.139(a)

21/G Zulassung verfügen. Dies hat der den Auftrag vergebende Herstellungsbetrieb sicherzustellen und zu überwachen.

7.2.2 Übergreifendes Steuerungs- und Qualitätssicherungssystem

Jedes Unternehmen, das luftfahrttechnische Produkte herstellt, ist durch die zuständige Luftfahrtbehörde oder als Zulieferer durch den Auftrag vergebenden Herstellungsbetrieb aufgefordert, ein innerbetrieblich übergreifendes Qualitätssystem zu unterhalten, das in der Lage ist, die Funktions- bzw. Leistungsfähigkeit der gesamten Herstellungswertschöpfung unter Qualitätsaspekten zu überwachen und zu steuern. Ein solches System muss den Organisationsaufbau und die -abläufe beschreiben und deutlich machen, dass die Leistungserbringung unter beherrschten Bedingungen stattfindet.[6]

Im Mittelpunkt des übergreifenden Qualitätssystems steht die betriebliche Vorgabedokumentation, deren Inhalte sich zugleich im Organisationsaufbau und -ablauf der täglichen Praxis widerspiegeln müssen. Folgende **Dokumentationsbestandteile** bilden dazu das Fundament:

- Das Betriebshandbuch, das eine zusammenfassende Selbstdarstellung des Betriebs ist und allgemeine Angaben zu Einrichtungen, Personal und Unternehmensleitsätzen sowie zum Qualitätssystem und zu den Qualitätsgrundsätzen enthält.
- Die herstellungsrelevanten Prozesse (Ablauforganisation) müssen etabliert, beschrieben und zugehörige Verantwortlichkeiten benannt sein.
- Darstellung aufbauorganisatorischer Strukturen und Verantwortlichkeiten mit Hilfe von Organigrammen. Dadurch kann eine Betriebsfragmentierung und somit eine Personalzuordnung und Aufgabenverteilung/-zuordnung erfolgen.
- Richtlinien, Anleitungen und Formulare oder Checklisten die einzelne Tätigkeitsschritte vereinfachen, verdeutlichen oder dem Mitarbeiter auf der untersten operativen Ebene Sicherheit geben. Sie sollen helfen, dem Personal die Arbeiten korrekt und vollständig auszuführen.

Zusätzlich zu dieser Vorgabedokumentation muss jeder Herstellungsbetrieb oder Zulieferer ein transparentes und nachvollziehbares Produktions- sowie ggf. Projektmanagement aufweisen. Dies umfasst u. a. eine Ressourcen- und Produktionsablaufplanung und Steuerung wie auch ein Vorgehen zur Festlegung von Aufgabenpaketen und darin integrierten Prüfpunkten. Darüber hinaus müssen die in der Wertschöpfungskette aktiven Betriebe ihre Schnittstellen zum jeweiligen Auftraggeber (z. B. OEM) sowie zu den eigenen Auftragnehmern nachvollziehbar definiert haben.

Zugelassene Herstellungsbetriebe müssen zudem sicherstellen, dass ihre Zusammenarbeit mit dem zuständigen Entwicklungsbetrieb abgestimmt und schriftlich festgehalten

---

[6] vgl. GM 21A.139(b)(1)

7.2 Qualitätssysteme in der Herstellung

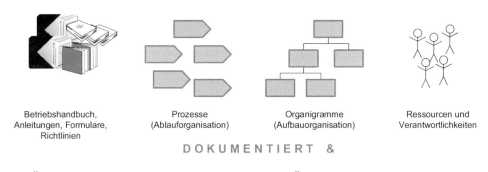

Abb. 7.2 Kernelemente eines übergreifenden Qualitätssystems in der Herstellung

ist. Dazu muss ein PO/DO-Arrangement[7] vorliegen, um zu gewährleisten, dass eine dauerhafte Versorgung mit den jeweils gültigen, genehmigten Herstellungsvorgaben sichergestellt ist. Hierin werden auch die entsprechend befugten Ansprechpartner schriftlich festgelegt (Abb. 7.2).

Das Qualitätssystem eines behördlich zugelassenen Herstellungsbetriebs ebenso wie das der Zulieferer sollte auf einem anerkannten Qualitätsmanagementsystem aufbauen, z. B. basierend auf der EN 9100er Normenreihe.

In jedem Fall ist sicherzustellen, dass die Strukturen nicht nur „auf dem Papier" existieren, sondern auch eine wirksame Entsprechung im betrieblichen Alltag finden. Das Qualitätssystem muss in Gänze erkennen lassen, dass die Herstellung unter kontrollierten Bedingungen stattfindet. Für eine behördliche Zulassung muss die Leistungsfähigkeit des Qualitätssystems durch die zuständige Luftaufsichtsbehörde bestätigt werden. Zulieferer ohne eigene behördliche Zulassung können ihre Qualifikation durch eine Zertifizierung (z. B. EN/ISO) von einer dazu akkreditierten Zertifizierungsstelle (z. B. Germanischer Lloyd, TÜV, SGS) nachweisen lassen.

Die Dokumentation muss für die Mitarbeiter leicht zugänglich sein, damit diese jederzeit in der Lage sind, etwaige Wissenslücken in der Arbeitsausführung umgehend schließen zu können. Insbesondere müssen betriebliche Wirklichkeit und dokumtiertes QM-System stets in Einklang stehen. Aus diesem Grund muss der Aktualisierungsprozess eindeutig beschrieben sein.[8] Dazu gehört auch eine Beschreibung wie Aktualisierungen Verbreitung finden und wie veraltete Dokumentation dem betrieblichen Informationskreislauf entzogen wird. Gerade letzterem Aspekt kommt in der betrieblichen Praxis vielfach keine hinreichende Beachtung zu.

Alle systemseitigen Qualitätsanstrengungen dienen letztlich dem Zweck, dass sich die hergestellten Produkte bei Auslieferung im betriebssicheren Zustand befinden und den

---

[7] vgl. AMC No. 2 to 21A.122 und Abb. 3.5 Unterkapitel 3.1.3

[8] vgl. GM No. 1 to 21A.139(a)

einschlägigen Konstruktionsdaten entsprechen. Innerhalb des Qualitätssystems kommt den Produktkontrollen daher besondere Bedeutung zu. Hierfür muss der Hersteller sowohl im eigenen Betrieb als auch bei seinen Auftragnehmern Prozesse und Verfahren einrichten (lassen), die eine nachvollziehbare Kontrollstruktur (Inspektionen und Tests, Abnahmestandards)sicherstellen. Für kritische Teile müssen die Kontrollverfahren spezifische Bestimmungen enthalten.

Da das Qualitätssystem eines der wesentlichen Genehmigungsvoraussetzungen für eine 21/G Zulassung ist, wird deren Leistungsfähigkeit regelmäßig durch die zuständige Luftfahrtbehörde überprüft.

Genehmigungsrelevante Prozessbeschreibungen im Subpart G[9]
- Herstellungsprozesse
- Kennzeichnung und Verfolgbarkeit
- Kontrolle über mangelhafte Teile
- Inspektionen und Prüfungen, auch Flugprüfungen im Rahmen der Herstellung
- Ausstellung von Lufttüchtigkeitsdokumenten
- Durchführung von Arbeiten nach Abschluss der Herstellung, jedoch vor der Auslieferung, zur Erhaltung des betriebssicheren Zustands des Luftfahrzeugs
- Erstellung und Aufbewahrung von Aufzeichnungen
- Kontrolle der Ausstellung, Genehmigung oder Änderung von Dokumenten
- Kalibrierung von Werkzeugen, Vorrichtungen und Prüfeinrichtungen
- Koordination der Lufttüchtigkeit mit dem Antragsteller oder Inhaber einer Gerätezulassung
- Sachkunde und die Qualifikation der Mitarbeiter
- Handhabung, Lagerung und Verpackung
- Durchführung von Arbeiten im Rahmen der Genehmigung außerhalb der zugelassenen Einrichtungen

7.2.3 Unabhängige Funktion der Qualitätssicherung

Für Hersteller luftfahrttechnischer Produkte ist es nicht allein ausreichend, ein übergreifendes Qualitätsmanagementsystem vorweisen zu können. Darüber hinaus muss innerbetrieblich eine von den zu überwachenden Unternehmensteilen unabhängige Stelle zur Qualitätssicherung existieren. Diese muss das Qualitätssystems im Hinblick auf Einhal-

---

[9] vgl. IR Certification EASA Part 21–21A.139 (b) (1), anzuwenden in Abhängigkeit vom Genehmigungsumfang

tung, Angemessenheit und Wirksamkeit entsprechend den Vorgaben des Subpart G (und/ oder der EN) laufend überwachen und dessen Aufrechterhaltung sicherstellen.[10]

„Unabhängig" bedeutet dabei, dass die Überwachung frei von Weisungen, Reportingstrukturen und Zugängen sowie ohne die ressourcenseitige Abhängigkeit der zu überwachenden Betriebsteile möglich ist.[11] In der betrieblichen Praxis kommt diese Überwachungsfunktion üblicherweise der Qualitätsmanagementabteilung als Stabstelle der Geschäftsleitung bzw. des Accountable Managers zu.

Bei den Prüfungsaktivitäten dieser unabhängigen Stelle soll es sich in erster Linie um interne Qualitätsaudits und systemorientierte Evaluierungen handeln, in denen die Übereinstimmung der betrieblichen Aufbau- und Ablauforganisation gegenüber den Vorgaben kontrolliert wird. Die Maßnahmen sollen einerseits eine Prüfung auf Vollständigkeit und Angemessenheit der Vorgabedokumentation umfassen sowie andererseits deren Umsetzung und Wirksamkeit im betrieblichen Alltag bewerten. Können die Anforderungen an ein übergreifendes Qualitätssystem nicht hinreichend nachgewiesen werden, sind durch die unabhängige Stelle Nachbesserungsmaßnahmen anzuordnen und ggf. deren Umsetzung zu prüfen.[12]

Das unabhängige Überwachungssystem muss eine **Feedbackschleife** an die Geschäftsleitung bzw. den Accountable Manager vorsehen, damit Systemschwächen auch der Unternehmensleitung bekannt gemacht und so entsprechende Nachbesserungsmaßnahmen angeordnet werden.[13] Die für den Aufbau und die Aufrechterhaltung des QM-Systems verantwortliche Person (Qualitätsmanagementbeauftragten) muss bei 21/G-Herstellungsbetrieben namentlich benannt und von der Luftaufsichtsbehörde akzeptiert sein.

7.2.4 Qualitätssysteme bei 21/G-Zulieferern

Jeder 21/G-Hersteller hat seine Zulieferer in das eigene Qualitätssystem einzubinden und einen angemessenen Nachweis über die Qualitätsfähigkeit der Zulieferer zu führen, weil der behördlich anerkannte Hersteller stets die volle luftrechtliche Verantwortung für alle unter seinem Approval gefertigten Produkte trägt. Damit dies sichergestellt werden kann, müssen auch die Zulieferer über ein angemessenes QM-System verfügen. Dessen Art und Umfang muss durch den Auftrag vergebenden 21/G-Betrieb vorgegeben und anerkannt sein.

Da die Zulieferer vielfach über keine eigene 21/G-Zulassung verfügen, findet deren qualitätsseitige Einbeziehung in der betrieblichen Praxis nicht selten über eine EN 9100 Zertifizierung statt. Die betriebliche Lieferanten-/Einkaufspolitik des Herstellers setzt dann das Vorhandensein eines solchen Qualitätsmanagementsystems als Prämisse für die

---

[10] vgl. IR Certification EASA Part 21–21A.139 (2)
[11] vgl. GM No. 1 to 21A.139(b)(2)
[12] Für die Auditierung siehe auch Unterkapitel 11.3
[13] vgl. IR Certification EASA Part 21–21A.139 (2)

Zusammenarbeit zwingend voraus. Aufgrund der hohen Zulieferkomplexität und Vielfalt ist dies – gerade für große Luftfahrzeughersteller – im Normalfall auch die einzig praktisch gangbare Möglichkeit, alle Zulieferer in das eigene Qualitätssystem einheitlich und somit angemessen und kontrollierbar einzubinden.

Teilweise kommen ergänzend betriebsspezifische Qualitäts- und Lieferantenvereinbarungen oder vom Hersteller selbst definierte Genehmigungsumfänge (z. B. Qualitätssicherung Fertigungsaufträge (QSF) A und B bei Airbus) zum Einsatz. Denn eine Zertifizierung des QM-Systems bildet nicht notwendigerweise ein Garant für die Erfüllung der auftraggeberseitigen Qualitätsanforderungen an das zu liefernde Produkt. Zudem wird auch die Liefertermintreue durch Anwendung eines strukturierten Lieferanten-Managements nicht immer erfüllt.

Jeder Herstellungsbetrieb muss seine Lieferanten auf Basis eines systematischen und dokumentierten Verfahrens überwachen. Über regelmäßige Kontrollen, Evaluationen und Audits wird sichergestellt, dass die Auftragnehmer Produkte nachhaltig in der vereinbarten Qualität zuliefern.[14]

7.3 Teileherstellung, Komponenten- und Modulfertigung

Die stetig abnehmende Fertigungstiefe der Luftfahrzeughersteller hat zur Folge, dass gerade in den Fertigungsstufen vor dem eigentlichen Flugzeugzusammenbau erhebliche Wertschöpfungsanteile durch Zulieferer erbracht werden. Dies betrifft somit in großem Umfang die Teile-, Komponenten und Modulherstellung, welche kaum mehr durch den Hersteller (OEM) selbst erfolgt. Da zumindest die großen Luftfahrzeughersteller in Serie mit stabilen Taktraten produzieren, ist die Arbeitsteilung der Herstellungswertschöpfung somit vielfach denen der Automobilbranche ähnlich.

Die Hersteller bestimmen ihre Bedarfe entsprechend der eigenen Auftragsabarbeitung und informieren ihre jeweiligen Unterauftragnehmer. Aufgrund der im Normalfall fest definierten Auftraggeber-Auftragnehmer Verhältnisse müssen die Zulieferer dann die Bedarfsmeldungen entsprechend der angeforderten Menge termingerecht und in vereinbarter Qualität beim Hersteller anliefern.

Ausgangspunkt aller Fertigungsaktivitäten bildet dazu üblicherweise eine langfristige Produktionsplanung des OEM, auf dessen Basis die Zulieferer die zukünftige Kapazitätsnachfrage (6 – 12 Monatszeitraum) im Hinblick auf Termine und Mengen grob abschätzen können (**Produktionsprogrammplanung**). Die Planung der Serienherstellung unterscheidet sich dabei von der Instandhaltung ganz wesentlich, weil alle Fertigungsaktivitäten bekannt und abgesehen von Produktionsstörungen vollständig planbar sind. So kann auch die Lieferantenbeauftragung durch den Hersteller relativ präzise auf Basis der Grobplanung erfolgen. Die entsprechende Abwicklung läuft dabei meist automatisiert über das Internet, indem die Zulieferer in der Lage sind, auf die Produktionspläne im IT-System

---

[14] vgl. IR Certification EASA Part 21–21A.139 (b)

des OEM zuzugreifen. Auf diese Weise werden den Teile-, Komponenten- und Modulherstellern Mengen und Liefertermine übermittelt. Diese sind aufbauend auf den damit verbundenen Kundenaufträgen ihrerseits in der Lage, die eigene Produktionsplanung zu entwickeln.

7.3.1 Produktionsplanung und -steuerung

Nach Eingang des Auftrags gilt es, die Produktion vorzubereiten und durch angemessene Planung einen möglichst reibungslosen Fertigungsfluss sicherzustellen. Ziel ist eine termingerechte und aufwands- bzw. kostenminimale Auftragsabwicklung. Gerade letzteres bedeutet, dass der Fokus der Planung auf eine Minimierung der Durchlaufzeiten und Umlaufbestände einerseits und eine Maximierung der Kapazitätsauslastung andererseits auszurichten ist.[15] Dies erfordert insbesondere bei komplexen Produkten ein **bedarfsgerechtes Ressourcenmanagement**.

Ausgangspunkt jeglicher Herstellungsplanung und -steuerung bilden daher die für eine Leistungserbringung nötigen Basisdaten, die zudem IT-seitig erfasst sein müssen. Zu diesen zählen primär:[16]

- **Stammdaten** der eigenen Produkte sowie der zuzukaufenden Materialien, Teile und sonstigen Werkstoffe. Diese Daten umfassen Partnummern, Kosten, Hersteller/ Lieferanten, Lagerplätze usw.
- **Erzeugnisstrukturen/ Materialbedarfsinformationen**, die Auskunft über die Zusammensetzung des herzustellenden Produkts geben. Üblicherweise liegen dazu Stücklisten vor, die die zur Herstellung benötigten Material- und Teilemengen aufführen (sekundärer Materialbedarf).
- **Bewertungsdaten zu Kapazitätsangebot und -nachfrage**. Diese geben Auskunft über Art und Umfang der Ressourcenverfügbarkeit (Personal, Maschinen- und Betriebsmitteldaten, Lagerbestände, Lieferzeiten) sowie zur Kapazitätsnachfrage (Produktionsprogramm, Aufträge),
- **Fertigungsunterlagen**, die detaillierte Auskunft über die Herstellung der Produkte liefern. Diese umfassen idealerweise sowohl Daten, die den Herstellungsvorgang beschreiben (Pläne, Zeichnungen, Prozessvorgaben, Qualifikations- und Betriebsmittelvorgaben, Stücklisten, Prüfdokumente etc.), als auch Informationen zur zugehörigen Inanspruchnahme betrieblicher Ressourcen (z. B. Rüst- und Bearbeitungszeiten).

Einen Großteil dieser Daten übermittelt der OEM seinen Teile-, Komponenten- oder Modulzulieferern im Rahmen der Beauftragung. Dort werden die Daten üblicherweise direkt in die Produktionsplanungs- und -steuerungssysteme (PPS) übernommen.

---

[15] vgl. Kemmner (2009), S. 36
[16] In Anlehnung an Hansmann (1997), S. 258

> **Produktionsplanungs- und Steuerungssystem (PPS-Systeme)**
> Die Zulieferer der großen Luftfahrzeughersteller setzen bei der Abarbeitung ihrer Fertigungsaufträge mehrheitlich rechnergestützte Planungs- und Steuerungssysteme (PPS-Systeme) ein.
> Diese IT-Tools, die auch als MRP-II Systeme (*Manufacturing Ressource Planning*) bezeichnet werden, sind in der Lage, den mengen- und zeitmäßigen Fertigungsablauf unter Berücksichtigung der Produktionsrestriktionen festzulegen, freizugeben und zu überwachen.[17] Hierzu greift das System auf zuvor hinterlegte Stammdaten und Planvorgaben zurück. Durch die Einbeziehung erwarteter und vorliegender Kundenaufträge verknüpfen PPS-Systeme die Programmplanung einerseits sowie zugleich die Kapazitäts- und Ablaufplanung andererseits. PPS-Systeme bringen also die Nachfrage nach den betrieblichen Ressourcen mit dem zur Verfügung stehenden Angebot unter Planungsaspekten zusammen.
> Darüber hinaus sind PPS-Systeme in der Lage, schnelle Unterstützung bei unvorhergesehenen Veränderungen in der Auftragsabarbeitung oder bei Produktionsstörungen, durch automatische Ermittlung von Alternativvorschlägen zu geben.

Auf Grundlage der im PPS-System hinterlegten Daten kann die Herstellung schrittweise geplant und vorbereitet werden. Die Ressourcennachfrage in Form von Rüst- und Bearbeitungszeiten sowie die Materialbedarfe werden dabei dem Ressourcenangebot (Personal, Betriebsmittel, Lagerbestände etc.) gegenübergestellt.

Iterativ werden dann Kapazitätsbedarf und -verfügbarkeit in Einklang gebracht, so dass eine Auftrags- bzw. Durchlaufterminierung möglich ist. Dies erfolgt üblicherweise durch Vorlaufzeitverschiebung. Nettozeit- und Nettoressourcenbedarf werden jenen Perioden (Wochen/ Monate) zugeordnet, in denen die Beschaffung bzw. Fertigung der Teile vorgesehen ist, um die Herstellungsaufträge zum avisierten Termin fertigstellen zu können.[18] Dabei steigt der Detaillierungsgrad der Planung mit näherrückendem Fertigungsbeginn.[19]

Kurz vor Beginn der Fertigung endet die Produktionsplanung und die Produktionssteuerungsphase beginnt. Gegenstand der **Produktionssteuerung** bildet die Feinterminierung der Fertigung, die Ressourceneinteilung (Produktionsablauf und Maschinenbelegung) und die Sicherstellung der Kapazitätsverfügbarkeit. Mit Beginn der Fertigung obliegt der Produktionssteuerung die Überwachung der Auftragsabarbeitung hinsichtlich Qualität, Menge und Zeit (Abb. 7.3).

Am Anfang der Produktionssteuerung steht die **Auftragsfreigabe**. Dabei wird die unmittelbare Verfügbarkeit der Ressourcen, des Material- und Teileeinsatzes und der Dokumentation (TOP-Voraussetzungen) geprüft, um sicherzugehen, dass die freigegebenen Aufträge uneingeschränkt und störungsfrei ausgeführt werden können. Insoweit erfolgt in

---

[17] vgl. Kiener et al. (2009), S. 156
[18] vgl. Kiener et al. (2009), S. 158
[19] vgl. Hansmann (1997), S. 258

7.3 Teileherstellung, Komponenten und Modulfertigung

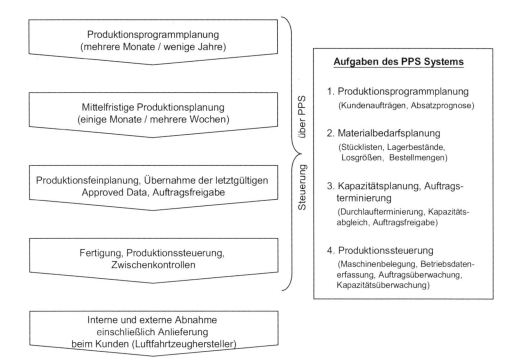

Abb. 7.3 Herstellungsverlauf aus primärer Perspektive der Produktionsplanung und -steuerung

diesem zeitlichen Umfeld die Bereitstellung der letztgültigen Fertigungsunterlagen (Pläne, Zeichnungen, Arbeits- oder Montageanweisungen, Qualitätsvorgaben des OEM) und Maschinenprogramme (CNC) gemäß Fertigungsplan. Die Daten werden teilweise im eigenen Engineering oder der eigenen Fertigungsvorbereitung entwickelt und aufbereitet, können aber auch (z. B. als Designvorgaben) unmittelbar vom Luftfahrzeughersteller zur Verfügung gestellt werden.

Unmittelbar vor Herstellungsbeginn werden die Fertigungsunterlagen dann der Produktions- bzw. Schicht- oder Teamleitung zur Verfügung gestellt. Dort erfolgt im Normalfall die personenbezogene Arbeitseinteilung und Ausgabe der Herstellungsunterlagen an die ausführenden Produktionsmitarbeiter.

Mit Beginn der Auftragsabarbeitung ist eine laufende Überwachung des Produktionsfortschritts und der Kapazitäten erforderlich, weil unvorhergesehene Störungen im Fertigungsablauf (Materialmängel, fehlende Materiallieferungen, Rückfragen zu den Herstellungsvorgaben, Maschinenstörungen, Personalausfälle, fehlende Dokumentation) zum betrieblichen Alltag gehören und den Wertschöpfungsfluss behindern oder gar stoppen können. Im Zuge der Produktionssteuerung sind dann entsprechende Korrekturen an der Feinplanung freigegebener und in Arbeit befindlicher Aufträge unter Berücksichtigung der Produktionsrestriktionen vorzunehmen. Die fertigungsnahe Planung und Steuerung muss dabei in der Lage sein, sehr kurzfristig auf derlei Ereignisse flexibel zu reagieren. PPS-Sys-

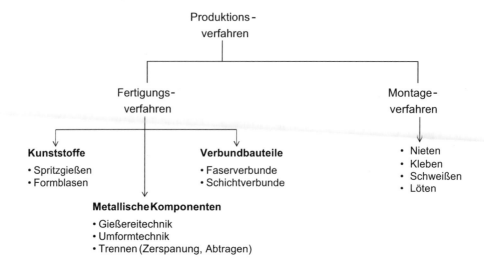

Abb. 7.4 Produktionsverfahren in der Flugzeugherstellung

teme können zwar wesentliche Unterstützung bieten, im Vordergrund des betrieblichen Alltags steht in solchen Fällen indes vielfach menschliches Improvisationsvermögen.

Im Hinblick auf die eigentliche Fertigungstechnik, also der zur Anwendung kommenden Produktionsverfahren, sind diese zumeist keine Besonderheit der luftfahrttechnischen Bauteil-, Komponenten- oder Modulherstellung, sondern finden auch in anderen Branchen Anwendung. Eine Besonderheit der Luftfahrt stellt jedoch die Vielzahl der angewendeten Fertigungs- und Montageverfahren dar (vgl. Abb. 7.4).

Die vorherrschende Produktionsmethodik bildet dabei fast ausschließlich die Serienfertigung, also die Herstellung auf Basis immer wiederkehrender Produktionsabläufe.[20] Um dabei **Größendegressionen** (*Economies of Scale*) optimal ausnutzen und somit eine Minimierung der Durchschnittskosten zu erzielen, können im Herstellungsprozess der Serienfertigung z. B. folgende Maßnahmen ergriffen und Effekte genutzt werden:

- Substitution menschlicher Arbeitskraft durch Maschinen,
- Zerlegung des Herstellungsprozesses in einfache, leicht wiederholbare Arbeitsschritte (Arbeitsteilung),
- Einsatz von Standardisierungstechniken zur Vereinfachung der Arbeitsschritte (z. B. Schablonen oder Vorrichtungen),
- Verwendung von Normteilen,
- vereinfachte Lager-/Reservehaltung,
- Nutzung von Lernkurveneffekten.

---

[20] Montagelinien kommen meist jedoch nur bei größeren Stückzahlen sowie komplexen Komponenten und Modulen zum Einsatz.

7.3.2 Produktseitige Qualitätssicherung und Abnahme

Um eine angemessene Fertigungsqualität und damit die Lufttüchtigkeit der Produkte sicherzustellen, finden sowohl während des Fertigungsprozesses als auch zum Abschluss und im Zuge der Übergabe an den OEM, **Qualitätskontrollen** statt. Derlei Prüfungen werden durch den Zulieferer selbst aber auch durch den OEM als Auftraggeber vorgenommen. Zeitlich finden diese Überwachungsaktivitäten sowohl während der Herstellung als auch nach deren Abschluss statt. Im Wesentlichen zählen dazu:

- Eigenprüfungen (*Self-Inspections*) nach abgeschlossenen Arbeitsschritten. Durch Abstempeln der Arbeitskarten dokumentiert der Produktionsmitarbeiter nachvollziehbar, dass er die entsprechenden Arbeiten auf Basis der Vorgaben ausgeführt hat.
- personelle Entkoppelung des Prüfschritts vom Fertigungsschritt während der Herstellung. Hierbei kommen vor allem zwei Verfahren zum Einsatz:
  - Qualitätskontrollen durch einen weiteren, ggf. höher qualifizierten Produktionsmitarbeiter.[21] Solche Zweitkontrollen werden üblicherweise in Arbeitskarten angewiesen.
  - Eingangskontrollen an den Teilen oder halbfertigen Produkten im Rahmen der Übergabe an die nächste Fertigungsstelle.
- herstellungsbegleitende Qualitätskontrollen durch den Auftraggeber (OEM). In Abhängigkeit der Komplexität des Produkts finden derartige Kontrollen auf Basis vorher vereinbarter Prüfpunkte statt. Auf diese Weise kann die Gefahr von Auslieferungsverzögerungen reduziert werden, weil eine frühzeitige Identifizierung der Mängel möglich ist. Außerdem können Zwischenprüfungen sinnvoll sein, weil bei weiterem Baufortschritt kein Zugang zu diesen Teilen oder Komponenten mehr möglich ist.
- interne Endabnahme nach Abschluss der Herstellungsaktivitäten und ggf. durchgeführter Tests. Sofern der Zulieferer aufgrund fehlender behördlicher Zulassung nicht mit einer EASA Form 1 ausliefert, erstellt dieser eine Konformitätsbescheinigung (Certificate of Conformity – CofC) und bestätigt damit, dass er die Produkte in Übereinstimmung mit den vereinbarten entwicklungsbetrieblichen Vorgaben hergestellt hat.
- Endprüfung und Abnahme durch den OEM als Auftraggeber. Die Abnahme kann sowohl Vor-Ort beim Zulieferer[22] stattfinden oder im Rahmen der Wareneingangsprüfung beim OEM erfolgen (auf Basis der Papierlage, z. B. Begleitdokumente oder Zertifikate; in Abhängigkeit von der Kritikalität des Produkts, stichprobenhaft bis zu 100 % Kontrollen der Produktqualität).

---

[21] So kann beispielsweise einfache Arbeit (z. B. Bestückung einer Platine) durch einen gering qualifizierten Mitarbeiter erfolgen, während abschließend nur die Prüfung durch einen ausgebildeten Techniker vorgenommen wird.

[22] Dies ist insbesondere bei solchen Teilen/Produkten sinnvoll, deren (Rück)Transport im Falle von Reklamationen aufwendig wäre.

Ergänzend zu diesen laufenden Qualitätskontrollen wird jedes zugelieferte Produkt zu Beginn einer neuen Baureihe, Fertigungsserie oder nach Modifikationen stets einer Erstproduktprüfung (***First Article Inspection** – FAI*) unterzogen. Der Umfang dieser FAI wird vom OEM bestimmt, das Ergebnis dokumentiert und vom OEM durch Unterschrift genehmigt.

First Article Inspection (FAI)

Als First Article Inspection[23] wird die Prüfung einer repräsentativen Einheit am Beginn eines neuen Produktionslaufs bezeichnet. Eine FAI wird an selbst gefertigten, aber auch an zugelieferten Teilen und Baugruppen vorgenommen.

Mit einer First Article Inspection soll der Nachweis erbracht werden, dass die Fertigungsvorgaben den Anforderungen entsprechen und geeignet sind, die betroffenen Teile oder die Baugruppe so zu fertigen, dass ein anforderungskonformes Produkt hergestellt werden kann.[24] Wesentliche Bestandteile der FAI sind Einzelprüfungen:

- der Produktmerkmale wie z. B. 4F (Form, Fit, Function, Fatigue), Dimensionen (Länge, Breite, Höhe, Spaltmaße, usw.), Gewicht, Touch and Feel oder Verletzungsgefahr,
- der Fertigungsdokumentation (Vollständigkeit, Präzision, Nachvollziehbarkeit, Konformität),
- der Nachweisdokumentation (Prüfvorgaben, Testreports, Zertifikate),
- bei Zulieferungen ggf. Einhaltung der kaufmännischen Vertragsbedingungen (Preis, Liefertermin, Vollständigkeit, Versandbedingungen).
- kundenspezifischer Vorgaben (z. B. Oberflächen, Farbe, Maserung)

Um keine Prüfkriterien zu vergessen, erfolgt die Durchführung der Prüfung idealerweise mit Hilfe einer standardisierten Checkliste. Jedes Prüfkriterium wird dabei einzeln geprüft und deren Erfüllung in dieser Checkliste dokumentiert. Eine FAI ist ganz oder in Teilen erneut durchzuführen, wenn am Produkt nennenswerte Design-/Dokumentationsänderungen oder Änderungen am Fertigungsprozess (Prozessablauf oder Betriebsmittel) vorgenommen wurden. Die Verantwortlichkeit für die FAI liegt im Normalfall beim Engineering. Fertigung, Einkauf oder das Qualitätsmanagement werden bei Bedarf hinzugezogen.

---

[23] Die FAI wird auch als Erstartikelprüfung bezeichnet. Deren Bestandteile und Ablauf sind in der EN 9102 „Erstmusterprüfung" beschrieben.

[24] Es ist nicht zulässig, Prototypen für die FAI heranzuziehen! Es muss sich um eine Qualification- bzw. Red-Label Unit handeln.

Nicht zuletzt wird die Produktqualität indirekt durch regelmäßige Betriebsprüfungen (insbesondere am QM-System) seitens des OEM überwacht.

Die bei der Qualitätsüberwachung zum Teil intensive Einbeziehung des OEMs liegt darin begründet, dass dieser nach Fertigstellung und mit der Übergabe nicht nur die Produktqualität abnimmt, sondern zumeist auch luftrechtliche Verantwortung übernimmt. Die Zulieferer verfügen mehrheitlich über keine eigene behördliche Anerkennung als Herstellungsbetrieb.[25] Die luftrechtliche Abnahme erfolgt dann durch den Luftfahrzeughersteller mit Ausstellung der EASA Form 1 oder unmittelbar über die Zulassung des Luftfahrzeugs (über das TC bzw. STC).

7.4 Flugzeugherstellung

Da der Markt für große Flugzeuge weltweit duopolitisch, in Europa gar monopolistisch strukturiert ist, gestaltet sich eine betriebsunabhängige Herstellungsbeschreibung nicht einfach. Die im Folgenden dargestellten Fertigungsabläufe mögen daher an einigen Stellen betriebsspezifisch ausgerichtet sein. Generell unterscheiden sich die Flugzeughersteller in der Prozessorganisation, Fertigungstechnik oder der Abarbeitungsreihenfolge jedoch nur punktuell und sind in ihren Grundzügen vergleichbar. Die wesentlichen Herstellungsschritte sind grob Abb. 7.5 zu entnehmen.

7.4.1 Zusammenbau der Schalen und Rumpftonnen

Der Übergang von der Komponenten- bzw. Modulherstellung hin zur Flugzeugfertigung soll als der Zeitpunkt definiert sein, an dem der Flugzeugrumpf seine eigentliche Form annimmt. Ausgangsprodukt bilden insoweit die sog. **Schalen**. Diese sind weitestgehend komplettierte Teile der späteren Außenhaut. So sind aus diesen bereits Fenster, Türen und Klappen herausgefräst. Auch sind die Schalen zum Zeitpunkt des Zusammenfügens mit Verbindungselementen (sog. Stringer bzw. Spante) horizontal und vertikal stabilisiert.

Schalen werden bei großen Verkehrsflugzeugen jedoch nicht über die gesamte Flugzeuglänge gefertigt, sondern abschnittsbezogen nach Rumpfsektionen. Schalen sind somit horizontal und vertikal begrenzte Einzelsegmente der (späteren) Flugzeugaußenhaut.

Diese werden dergestalt zusammengefügt, dass der Rumpf seine runden Formen erhält. In einem ersten Schritt werden die Schalen und der Rahmen des späteren Fußbodens (Fußbodengitter) dazu in einem Bauplatz (Gerüst) eingesenkt und zu einer **Rumpfsektion** zusammengepasst.

---

[25] Die Anlieferung durch die Zulieferer erfolgt zumeist lediglich mit einem CofC und nicht mit einer EASA Form 1.

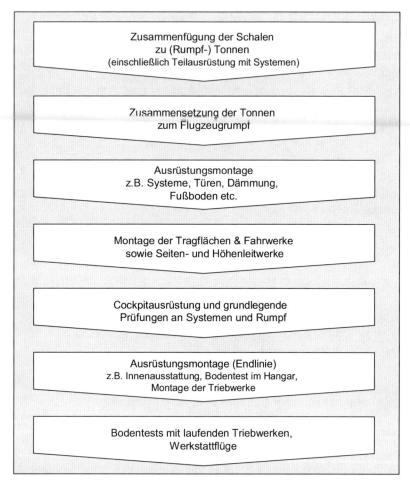

Abb. 7.5 Wesentliche Fertigungsschritte in der Flugzeugserienherstellung

Hierzu werden die Schalenteile nach einem ersten Einpassen an den Nahtstellen der entsprechenden Spanten und Stringer verbunden. Dazu wird, wie auch in der gesamten Flugzeugherstellung, überwiegend auf die **Niettechnik** zurückgegriffen.[26]

Anders als bei den meisten späteren Fertigungsschritten, ist für die Stabilisierung der Schalen der Einsatz von Nietrobotern möglich. Zum Schutz vor Korrosion werden die Schalen sowie insbesondere die Nietstellen im Anschluss mit einem ersten Schutzlack versehen (d. h. gekittet). Die zusammengefügten Schalenteile und das Fußbodengitter bilden schließlich ein Rumpfsegment, eine sog. **Tonne**. Die Summe der Tonnen bildet aneinander gereiht den gesamten Flugzeugrumpf.

---

[26] Singular: Niet; Plural: Niete, NICHT Nieten.

7.4 Flugzeugherstellung

Abb. 7.6 In Bauplatz eingelassene Rumpftonnen. (© Airbus 2011)

Die Tonnen eines Flugzeugs werden bei Airbus an verschiedenen Standorten (u. a. Hamburg, Toulouse, Saint Nazaire, Nordenhamm) zusammengebaut und mit den elektrischen, pneumatischen und hydraulischen Systemen ausgestattet. Die zugehörigen Leitungen und Rohre werden bereits in diesem Stadium auf Funktionsfähigkeit und Dichtigkeit überprüft (*pre-tested*). Dies bietet den Vorteil, dass die Systeme nach dem Zusammenfügen der Tonnen direkt angeschlossen werden können. Bei Airbus ist insbesondere in dieser Herstellungsphase, bedingt durch die hohe Fertigungsdezentralisierung, ein erheblicher logistischer Aufwand erforderlich. So werden die Tonnen, je nach Flugzeugmuster, von bzw. zu unterschiedlichen Standorten auf der Straße, zu Wasser und mit dem Flugzeug transportiert. Darüber hinaus werden gerade in diesem Fertigungsstadium hohe Anforderungen an die **interkulturelle Zusammenarbeit** gestellt, um so Qualitätsprobleme zu vermeiden.

Anschließend werden die verschiedenen Tonnen eines Rumpfs in einem Bauplatz hintereinander eingesenkt, um aus ihnen einen Flugzeugrumpf zusammenzufügen (vgl. Abb. 7.6).

Die Tonnen werden dazu nach dem Einsenken präzise zusammengeschoben. Besonderes Augenmerk wird dabei auf die Passgenauigkeit der einzelnen Rumpfabschnitte gelegt, da es trotz präziser und stimmiger Design-Vorgaben am realen Produkt zu minimalen, für den Zusammenbau aber entscheidenden, Abweichungen kommen kann.

Sobald die Tonnen exakt zusammenpassen, werden diese, wie bereits bei den Schalen, an den Nahtstellen vernietet. Um einer späteren Korrosion im Flugbetrieb vorzubeugen, werden auch hier alle Niete, Schrauben und Muttern nach deren Einsetzen mit Lack versiegelt. Zudem erfolgt an jenen Stellen, an denen Bleche aneinanderstoßen eine **Konservierung** des Materials, damit sich später in den Zwischenräumen keine Feuchtigkeit bilden kann. Diese Arbeiten am fertigen Rumpf erfolgen manuell.

> **Umgang mit nicht abgeschlossen Arbeitsschritten (Open Items)**
> Nicht immer ist es bei ausgelasteter bzw. getakteter Fertigung möglich, alle Arbeiten eines Fertigungsschritts rechtzeitig abzuschließen. Ursache hierfür können Arbeitsfehler, Fehlplanungen sowie fehlende oder mangelhafte Teile sein. Um in solchen Fällen Verzögerungen im Baufortschritt zu vermeiden, wird mit dem Bauplatzwechsel oder der Taktübergabe – soweit zulässig – möglichst nicht bis zum vollständigen Arbeitsabschluss gewartet. Die Einhaltung des Fertigungszeitplans wird somit höher priorisiert als die vollständige Abarbeitung aller Fertigungsaufträge. Um dennoch eine vollumfängliche Durchführung aller geplanten Arbeiten sicherzustellen, werden die noch offenen Aktivitäten in einem IT-System auftragsbezogen erfasst und so deren Fertigstellung zu einem späteren Zeitpunkt überwacht.

Sobald der Rumpf quasi im Rohbau fertig gestellt ist und die Systeme grundlegend montiert sind, wird dieser in verschiedenen Stellplätzen der **Ausrüstungsmontage** mit grundlegenden Systemen und Bauteilen versehen. So werden Teile wie z. B. Türen, Fenster und Fußböden eingebaut und Dämmmaterial in die Außenhaut eingebettet. Darüber hinaus erfolgt die finale Einrüstung bzw. Montage der Flugzeugsysteme (Elektrik, Belüftung, Hydraulik etc.). Schon in diesem frühen Stadium werden dabei kundenspezifische Besonderheiten z. B. im Bereich der Elektrik oder der Belüftung einfließen und in der Fertigungssteuerung und Materialversorgung berücksichtigt werden (vgl. Abb. 7.7)

7.4.2 Exkurs: Von der Dock- zur Fließfertigung

Die dominierende Produktionsmethodik bildet heutzutage die Fertigung in festen Bauplätzen in denen der Zusammenbau und die Montage der Rumpfteile und der Tragflächen sowie die Ausrüstung und Ausstattung durchgeführt wird. Hierzu wird der Rumpf zunächst zum **Bauplatz** befördert und eingerüstet. Nachdem der Arbeitsschritt üblicherweise bereits nach wenigen Tagen abgeschlossen ist, erfolgt das Auf- bzw. Abrüsten am Bauplatz sowie die Beförderung zur nächsten Bearbeitungsstation. Eine solche Fertigungstechnik hat den Nachteil, dass in dieser Zeit weder am Flugzeug noch im Bauplatz gearbeitet werden kann. Hinzu kommt, dass der häufige Bauplatzwechsel ein signifikantes Schadensrisiko im Rahmen von Kranbewegungen sowie im Zuge innerbetrieblicher Rumpftransporte in sich birgt.[27] Daher ist besonders konzentriertes und damit zeitraubendes Arbeiten notwendig.

---

[27] ähnlich Harjes, Stechow (2007), S. 33.

7.4 Flugzeugherstellung

Abb. 7.7 Ausrüstungsmontage. (© Airbus 2011)

Aktuell zeigt sich daher ein deutlicher Trend weg von der Dockfertigung hin zur Fließtechnik auf Basis **schienengeführter Fördersysteme**. Die Schwächen der Dockfertigung sind bei einer Fließfertigung deutlich weniger ausgeprägt, da bei dieser Produktionsform die Anordnung der Produktionsfazilitäten (z. B. Maschinen, Lager, Arbeitsplätze) strikt an der Fertigungsreihenfolge ausgerichtet ist. Dadurch soll eine möglichst **unterbrechungsfreie Fertigung** bei konstantem Produktionsfortschritt erzielt werden. Hierzu sind die Arbeitsschritte zeitlich durch eine Taktrate fest vorgegeben. Airbus setzt bei der Herstellung zum Teil auf eine schienengeführte Fördertechnik, der sog. *Movingline Single Aisle*, bei der sich die Rümpfe mit etwa 1 km/h bewegen und dabei verschiedene Bearbeitungsstationen durchlaufen.[28] An bzw. zwischen diesen Stationen werden die getakteten Fertigungsschritte abgearbeitet. Dabei sind auch die Zulieferer mit ihren Wertschöpfungsbestandteilen weitestgehend in die Taktung der Fließfertigung eingebunden.

Die wesentlichen Vorteile der Fließtechnik im Rahmen des Flugzeugbaus sind:

- Kontrollierte Produktionssteuerung durch einen fest vorgegebenen, transparenten Fertigungsfortschritt,
- Verkürzung der Transportwege, Reduktion der Transportkosten, Reduzierung der Flächenbedarfe,

---

[28] vgl. Harjes, Stechow (2007), S. 34.

- Reduzierung der Durchlaufzeiten (insb. der Rüst- und Transportperioden) und damit Möglichkeit zur Ausweitung der Produktionsleistung,
- Verringerung der Kapitalbindung, da sich aufgrund geringerer Durchlaufzeiten weniger Halbfertigerzeugnisse im Produktionsfluss befinden.

7.4.3 Montage der Tragflächen und Leitwerke

Nachdem der Rumpf vollständig zusammengefügt und mit den Basiselementen ausgestattet wurde, werden Flugzeug und Tragflächen miteinander verbunden. Hierzu werden die Flügel zunächst an das im Bauplatz befindliche Flugzeug herangefahren und an die Flugzeugstruktur angesetzt, um die Passgenauigkeit von Flügel und Rumpf zu prüfen. Bei diesem Probe-Einsetzen muss nicht nur gewährleistet sein, dass jeder Flügel für sich, sondern auch dass beide aufeinander abgestimmt in den Rumpf eingepasst werden. Sobald etwaige Adjustierungen vorgenommen und die Verbindungsbohrungen zwischen Flugzeug und Tragflächensegment gesetzt und mit Korrosionsschutz versehen (gekittet) wurden, werden die Tragflächen durch Pass-Niete (*High-Locks*) fest mit dem Rumpf verbunden. Nicht nur im Übergangsbereich Flügel zu Rumpf, auch an anderen später nicht mehr zugänglichen Stellen, werden sogenannte Riss-Stopper angebracht, um entstehende Risse frühzeitig zu stoppen, bevor diese für die Integrität der Struktur gefährlich werden.

Im Anschluss an die Tragflächenmontage erhält das Flugzeug eigene Fahrwerke, die dem Flugzeughersteller üblicherweise als komplettes Modul zugeliefert wurden und somit nur noch als fertiges Bauteil im Rumpf montiert werden müssen.

Um den Rumpf zu vervollständigen, sind zum Abschluss das fertige Seitenleitwerk sowie das Höhenleitwerk und die Heckspitze einzupassen und mit Ösen und Bolzen bzw. Niete am Flugzeugrumpf zu fixieren.

Im Anschluss werden die Cockpitinstrumente eingebaut und deren Funktionen sowie die damit steuerbaren Bauteile und Systeme geprüft. Darüber hinaus werden in diesem Herstellungsstadium weitere Tests (z. B. Kabinendruck-, Tankdichtigkeit-, Fahrwerkstests) durchgeführt.

7.4.4 Endlinie

Den Abschluss der eigentlichen Herstellung bzw. des Zusammenbaus bildet die Ausstattungsmontage, die auch als Endlinie (**Final Assembly Line**) bezeichnet wird. Hier werden die sogenannten Monumente wie Toiletten und Küchen (*Galleys*) installiert und sukzessive die Inneneinrichtung der Kabine, z. B. Kabinenbeleuchtung, Ablageflächen, Abdeckungen, Teppichbelege und Sitze eingebaut. Darüber wird das Flugzeug final mit Inflight Entertainment und der Notausrüstung ausgestattet (Notrutschen, Schwimmwesten, Sauerstoffmasken). Abbildung 7.8 zeigt die Final Assembly Line bei der Airbus A320 Familie in Hamburg.

7.4 Flugzeugherstellung

Abb. 7.8 Final Assembly Line bei der Airbus A320-Familie. (© Airbus 2011)

Während bzw. nachdem das Flugzeug auch im Inneren vollständig ausgebaut wird bzw. wurde, finden umfassende Bodentests sowie Prüfungen und Kontrollen am gesamten Flugzeug statt. Diese Aktivitäten werden vielfach durch den Kunden begleitet und dienen zugleich der Abnahme sowohl im Rahmen von Cockpit-Tests als auch im Zuge der finalen Kabinenkontrolle.

Um eine **Mängelbeseitigung** zu gewährleisten, müssen Zulieferer im Normalfall vor Ort an der Final Assembly Line einen Product-Support bereitstellen. Die dabei zu erfüllenden Tätigkeiten umfassen z. B.:

- Abarbeitung identifizierter Mängel, u. a. auch die noch offenen Punkte der Open-Item-Liste,
- Einbau-Unterstützung,
- Durchführung Gewerke-spezifischer Korrekturen/ Modifikationen im Auftrag des OEM.

Vielfach nehmen die Lieferanten diese Aufgabe nicht selbst wahr, sondern lassen dies über **Service-Partner** durchführen. Während die Arbeitsausführung durch die Zulieferer oder deren Service-Partner erfolgt, wird die luftrechtliche Freigabe (über eine EASA Form 1) – soweit erforderlich – üblicherweise durch OEM vorgenommen.

> **Baufortschrittsüberwachung**
> Bei der Herstellung eines Flugzeugs ist es trotz der umfassenden Qualitätssicherungsmaßnahmen des Herstellers üblich, dass der Kunde Experten beauftragt, um den Baufortschritt und die Qualität der Leistungserbringung vor Ort zu überwachen.
> Diese Fertigungsbegleitung wird als **Bauaufsicht** bezeichnet. Sie dient dem Zweck, Beanstandungen und Mängel (frühzeitig) zu identifizieren, die entweder zu einem späteren Zeitpunkt mangels Zugangsmöglichkeiten nicht mehr entdeckt werden können oder die bei späterer Korrektur Ablauf- bzw. Abgabeverzögerungen nach sich zögen.
> Dabei geht es im Rahmen der Bauaufsicht typischerweise darum, Beschädigungen, Fremdkörper und Verunreinigungen (z. B. Bohrspäne) aufzuspüren, aber auch Bauabweichungen und unsachgemäße oder unzureichende Installationen ausfindig zu machen. Dabei müssen die Kundenprüfer auch Abweichungen oder Mängel identifizieren, die möglicherweise erst nach Jahren zu Problemen führen, dann aber die Instandhaltungskosten erhöhen.
> Die Prüfung erfolgt insofern nicht nur gegen gute Herstellungsbedingungen (*Good Workmanship*), sondern auch gegen die Herstellungsvorgaben und das AMM. Den Überwachungsaktivitäten liegt dabei ein zwischen Kunde und Hersteller abgestimmter **Bauaufsichtsplan** mit Zwischenprüfungen zu Grunde. Ein solcher Plan sah beispielsweise für die Herstellung des ersten Lufthansa A380 etwa 150 feste Prüftermine durch Inspektoren der Lufthansa Technik vor.[29]

Ebenfalls der Endlinie zugeordnet wird die Montage der Triebwerke an den vorgesehenen Halterungen (Pylonen) der Flügel. Die Befestigung erfolgt nicht wie bei der Struktur auf Basis der Niettechnik sondern mit Bolzen, damit während der Betriebsphase aus Instandhaltungsgründen eine jederzeitige Demontage bzw. ein Triebwerkswechsel möglich ist. Nach Anbringung der Triebwerke an den Pylonen ist abschließend deren systemseitige Anbindung an das Flugzeug sicherzustellen (Kraftstoffversorgung, Elektrizität, Luft etc.).

Mit Beendigung der finalen Ausbau- bzw. Montageaktivitäten und den damit verbundenen Teilabnahmen verlässt das Flugzeug die Final Assembly Line.

7.4.5 Boden- und Flugprüfungen

Im Anschluss an die Aktivitäten der Endlinie sind die darauf folgenden Arbeiten unmittelbar auf eine langsame Annäherung an den ersten Flug ausgerichtet. Aus luftrechtlicher Perspektive ist das Flugzeug sowohl bei den vorlaufenden Bodenprüfungen als auch bei den Flugtests vor allem zu prüfen auf:[30]

---

[29] Eckardt, E. (2008), S. 58.
[30] Analog zu IR Certification EASA Part 21–21A.127 (b).

- Steuerungseigenschaften,
- Flugverhalten (mit normaler Luftfahrzeuginstrumentierung),
- Funktionsfähigkeit aller Bauteile und Systeme des Luftfahrzeugs,
- Einhaltung der Betriebskenndaten des Luftfahrzeugs am Boden,
- etwaige Besonderheiten des Luftfahrzeugs.

Die abschließenden Prüfungen des Herstellers dienen somit dazu festzustellen, dass die Eigenschaften des Flugzeugs den entwicklungsbetrieblichen Vorgaben entsprechen. Hierzu finden nach Abschluss der Endlinie zunächst **Bodentests** mit laufenden Triebwerken statt. Dabei werden nicht nur die Motoren selbst, sondern auch deren Zusammenwirken mit den Flugzeugsystemen und anderen Bauteilen überprüft. So werden die Versorgungsfunktionen der Triebwerke für das Flugzeug getestet sowie Rollversuche durchgeführt (*Low-Speed-Taxiing, High-Speed- Taxiing, Rejected Take-Off*). Nach Abschluss dieser Bodentests werden die dabei aufgezeichneten Daten ausgewertet. Auch finden Sichtprüfungen an den Triebwerken (z. B. zur Identifizierung von Verunreinigungen in Kraftstofffiltern durch unerwünschte Reste in Leitungen) und Bremsen statt. Erst wenn alle Bodentests erfolgreich abgeschlossen sind, werden **Testflüge (Werkstattflüge)** durchgeführt.

Das Flugzeug geht dazu in einen ca. 2-3 wöchigen Testflugbetrieb über. Dabei werden Systeme, welche am Boden nicht hinreichend belastet werden können, geprüft. Untersuchungsgegenstand sind insbesondere die Flugeigenschaften und die Leistungsfähigkeit des Flugzeugs (einschließlich der Kabinensysteme). Dazu zählt auch das Verhalten bei abnormalen Flugmanövern oder -ereignissen, z. B.:

- Simulation von Triebwerksausfällen,
- Testen der Neigungswinkel (*Pitch Limits*),
- Überschreiten der maximal zulässigen Geschwindigkeit (*Overspeed*)
- Verhalten bei Strömungsabriss (*Stall Protection*).

7.4.6 Flugzeugübergabe

Sind die Testflüge erfolgreich abgeschlossen, wird das Flugzeug zur Übergabe (*Handover*) vorbereitet. Diese läuft mehrstufig ab: In einem ersten Schritt testen Experten des Kunden (Prüfer) auf Basis eines Handbuchs zur Kundenabnahme (*Customer Acceptance Manual – CAM*) das Flugzeug für etwa 4–5 Tage. Die Prüfungen schließen mit einem kundenseitigen Testflug ab. Sind alle sich daraus ergebenden Beanstandungen behoben, erfolgt die formale **technische Abnahme** des Flugzeugs (*Technical Acceptance – TAC*). Im Anschluss wird die **formal-juristische Übergabe** des Flugzeugs vom Hersteller an den Kunden (*Transfer of Title – TOT*) vollzogen. Unmittelbar zuvor wird jedoch die Zahlung des (Rest) Kaufpreises dem Konto des Herstellers per Blitzüberweisung gutgeschrieben.

Der Kunde erhält dann die dem Flugzeug zugehörige Dokumentation, den sogenannten AIR (*Aircraft Inspection Report*). Dieser beinhaltet unter anderem:

- Bescheinigung der Lufttüchtigkeit (Statement of Conformity, EASA Form 52)
- Report zum AD- und Service Bulletin-Status
- Weight and Balance Report
- Auflistung aller verbauten Teile (Part- bzw. Seriennummern)
- Auflistung aller Bauabweichungen (*Consession Report*)

Mit der Übergabe an den Kunden und dem ersten Start nach Eigentumsübergang unterliegt das Flugzeug aus luftrechtlicher Sicht nicht mehr dem Regelwerk eines Herstellungsbetriebs gemäß EASA Part 21/G. Fortan wird der Zustand des Flugzeugs über den EASA Part-M (Maintenance Management) und den EASA Part 145 (Instandhaltung) geregelt. Dies bedeutet insbesondere, dass ein in Europa zum Luftverkehr zugelassenes Flugzeug von da an nur in einem nach dem EASA Part 145 zugelassenen Wartungsbetrieb instand gehalten werden darf.

7.5 Ausbau von VIP-Flugzeugen

7.5.1 Marktstrukturierung

Neben der Herstellung von Flugzeugen für Linienfluggesellschaften hat sich insbesondere seit Mitte/Ende der 1980er Jahre ein kleiner Markt für den Ausbau von VIP-Flugzeugen entwickelt.

Während kleinere VIP-Flugzeuge der Serien *Learjet*, *Gulfstream*, *Citation* und *Falcon* üblicherweise bereits durch den Hersteller voll ausgestattet ausgeliefert werden, erfolgt der VIP-Ausbau von Boeing- und Airbus-Flugzeugen durch unabhängige **Completion Center**. Diese Betriebe sind selbst innerhalb der Luftfahrtindustrie hochspezialisiert und können in ihrer Nische auf erhebliche Lernkurven-Effekte zurückblicken. Da Einzelanfertigungen zumindest teilweise Prototypen-Charakter haben, ist auch trotz jahrzehntelanger Erfahrung, Improvisation und hoher Versuchsaufwand typisches Alltagsmerkmal des VIP-Geschäfts. Insoweit kann dies nur mit hochqualifiziertem Personal gelingen – nicht nur im Engineering, sondern auch im Projektmanagement und nicht zuletzt in der Produktion bei der Herstellung des Interiors, ebenso wie beim Einbau und bei der Installation.

Umfassende Anforderungen stellt dabei das Luftrecht, weil für VIP-Ausbau-Tätigkeiten nahezu **sämtliche EASA-Basiszulassungen** erforderlich sind:

- Wie alle luftfahrttechnischen Design-Aktivitäten, finden auch Entwicklungen an VIP-Flugzeugen bzw. deren Kabinen unter den Vorgaben des EASA Part 21/J (Entwicklung) statt.
- Bei dem Kabinen-Interior handelt es sich zumeist um Neuteile, so dass Komponenten und Möbel unter dem EASA Part 21/G (Herstellung) herzustellen sind.

7.5 Ausbau von VIP-Flugzeugen

- Da die VIP-Flugzeuge vor dem Ausbau im Regelfall bereits formal vom Hersteller an den Kunden ausgeliefert wurden, findet der Einbau und die Installation der Kabine luftrechtlich im Rahmen des EASA Part 145 (Instandhaltung) statt.
- Weil also VIP-Flugzeuge bereits mit Beginn der Ausbau-Liegezeit über eine luftfahrtbehördliche Registrierung verfügen, sind nicht zuletzt auch die Anforderungen des EASA Part-M zu berücksichtigen.

Die hohe Entwicklungs- und Fertigungskomplexität ist wesentlicher Grund dafür, dass sich Completion Center ausschließlich in den hochindustrialisierten Ländern Westeuropas und Nordamerikas angesiedelt haben. Im deutschsprachigen Raum hat sich vor allem die Lufthansa Technik in Hamburg einen Namen mit dem Ausbau von VIP-Flugzeugen gemacht. Die höchste Konzentration von Completion Centern in Europa befindet sich indes am EuroAirport Basel-Mulhouse-Freiburg. Dort bauen die Firmen Jet Aviation und Amac Aerospace VIP-Flugzeuge verschiedener Größenordnungen (einschließlich Widebodies) aus. Das Leistungsspektrum der Completion Center umfasst dabei i.d. R

- den Ausbau werksneuer Flugzeuge,
- die Modifikation oder die Rundum-Erneuerung (*Refurbishment*) von VIP-Flugzeugen bzw. Kabinen sowie
- den Umbauten gebrauchter Linienflugzeuge zu VIP-Jets (*Conversion*).

Im **Completion-Markt** für VIP-Flugzeuge bildet die Ausstattung und der Umbau werksneuer **Narrowbodies**[31] vom Typ B737 bzw. A319 zu Geschäftsflugzeugen ein wesentliches Segment. Diese werden dann als *Boeing Business Jet* (BBJ) bzw. *Airbus Corporate Jet* (ACJ) bezeichnet. Bei beiden Flugzeugtypen kann es sich um gänzlich individuelle Einzelanfertigungen handeln. Zunehmend werden jedoch auch VIP- und Geschäftsflugzeuge dieser Größenordnung in **Kleinserie** gefertigt. Boeing und Airbus bieten die Flugzeuge in verschiedenen Varianten mit einer standardisierten VIP-Konfiguration an und lassen diese größtenteils durch fremde Completion Center nach dem **Baukastenprinzip** ausbauen.

Der Markt für diese Corporate Jets ist seit Jahren durch eine kontinuierlich steigende Nachfrage geprägt. Mit einem Ausbau von weltweit einigen Dutzend Flugzeugen pro Jahr übersteigt die Nachfrage phasenweise das Angebot. Der Kundenkreis für diese Flugzeuge umfasst internationale Konzerne, Leasinggesellschaften, Regierungen, Oligarchen, arabische Herrscherhäuser sowie einige wenige Privatpersonen.

Neben der VIP-Ausstattung von B737 und A319 hat sich ein sehr kleiner Markt für den Ausbau von Widebodies[32] entwickelt. Bei diesen **VIP-Großflugzeugen** handelt es sich um

---

[31] Als Narrowbodies werden (Kurz- und Mittelstrecken-)Flugzeuge mit nur einem Sitzreihen-Gang (*Single-Aisle*) bezeichnet, z. B. Airbus A320 Familie, Boeing B737, Embraer oder Bombardier-Flugzeuge.

[32] Als Widebodies werden (Langstrecken-)Flugzeuge mit zwei Gängen zwischen den Sitzreihen bezeichnet, z. B. Airbus A330, A340, A350, A380 sowie Boeing B767, B777, B787, B747. Im VIP Markt erfreuen sich insbesondere B747, A340 und A330 besonderer Beliebtheit.

Abb. 7.9 Boeing Business Jet. (© Lufthansa Technik 2012)

vollständige Einzelanfertigungen, in denen alle technisch realisierbaren Design-Wünsche, Annehmlichkeiten und technische Sonderausstattungen umgesetzt werden. Insoweit kann es nicht verwundern, dass Produktneuerungen in Linienflugzeugen ihren Ursprung bisweilen in der Entwicklung von VIP-Kabinen haben. Der Widebody-Markt ist mit fünf bis zehn Ausbauten weltweit pro Jahr relativ klein, insbesondere weil sich der Käuferkreis im Wesentlichen auf die wenigen Herrscherfamilien des Mittleren Ostens beschränkt (Abb. 7.9).

7.5.2 Entwicklung und Ausbau einer VIP-Kabine

7.5.2.1 Spezifikation und Entwicklung

Am Anfang eines Kabinenausbaus steht die Anfrage eines Kunden. Dabei ist die Flugzeug-/Triebwerkkonfiguration zu diesem Zeitpunkt üblicherweise bereits festgelegt. Somit steht von Beginn an die Individualisierung eines Serienflugzeugs hin zu einem individuellen VIP-Jet im Mittelpunkt der Betrachtung. Im Rahmen der Spezifikation ist zunächst gemeinsam mit dem Kundenvertreter ein Grobkonzept für die **Kabinen- bzw. Raumaufteilung** und das **Interior-Design** zu entwickeln. Ist dieses Layout in Grundzügen definiert, folgt die Festlegung von Farben und Beschaffenheit der Möbel-Oberflächen, Sitzbezüge, Teppiche etc. Darüber hinaus werden u. a. die Kundenwünsche hinsichtlich Beleuchtung, Satellitenkommunikation oder zum Cabin-Entertainment abgestimmt.

Parallel zum Interior-Design sind etwaige technische Funktionalitäten außerhalb der Kabine zu spezifizieren, die ebenfalls Bestandteil der Modifikation und somit des Auftrags sein werden. Typischerweise zählen hierzu der Einbau von Zusatztanks für Long Range-Flüge, die Installation eines Raketenabwehrsystems oder ein Upgrade der Cockpit-Ausstattung.

Für alle Kundenwünsche sind bereits im Zuge der Angebotserstellung die daraus resultierenden **Anpassungsbedarfe an den Systemen** (Elektrik, Wasserversorgung, Klima etc.) und an der Flugzeugstruktur zu ermitteln. Da zu diesem Zeitpunkt zwischen dem VIP-Kunden und dem Completion Center im Normalfall noch kein Vertrag unterzeichnet wurde, ist es wichtig, bereits hier zu prüfen, ob die Wünsche des Kunden mit dem Luftrecht in Einklang zu bringen sind.[33] Durch eine frühzeitige Klärung vor Vertragsunterzeichnung lassen sich später Nachverhandlungen und Enttäuschungen des Kunden rechtzeitig vorbeugen.

Spätestens kurz vor Abschluss der Spezifikation sind sog. **Weight & Balance** Berechnungen durchzuführen, um die Auswirkungen der geplanten Flugzeugmodifikation auf Flugeigenschaften, Schwerpunktlage und Reichweite zu bestimmen.

Um aus der (technischen) Spezifikation ein (betriebswirtschaftliches) Angebot formulieren zu können, sind parallel zu allen bisherigen Aktivitäten die zugehörigen Arbeitsstunden, Materialbedarfe und Zulieferleistungen zu ermitteln und die Kosten abzuleiten.

Die Komplexität eines Kabinenausbaus macht es erforderlich, bereits die Angebotsphase als strukturiertes Projekt mit klar benannten Aufgaben, Terminen und Verantwortlichkeiten aufzusetzen. Mit Vertragsunterzeichnung wächst dann das Projektvolumen von einigen hundert oder tausend Mannstunden auf mehrere 10.000 Arbeitsstunden an. Spätestens ab diesem Punkt ist eine ökonomisch tragfähige Auftragsabarbeitung ohne **erfahrenes Projektmanagement** zum Scheitern verurteilt und kann aufgrund der hohen Projektvolumina bei Zuwiderhandlung die gesamte betriebliche Existenz gefährden.

Im Anschluss an die Spezifikation des VIP-Flugzeugs und nach Vertragsunterzeichnung beginnen die eigenen Bauteilentwickler ebenso wie Zulieferer damit, die **Interior-Bauteile** (insbesondere Möbel) soweit zu **detaillieren**, dass daraus Herstellungsunterlagen entstehen. Da es sich bei VIP Flugzeugen i. d. R. um Einzelfertigungen handelt, sind zu vielen Interior-Bauteilen entsprechende Nachweise[34] zu erbringen. Die Bauteilentwickler (Personen ebenso wie Betriebe) brauchen für ihre Tätigkeit keine eigene 21/J-Berechtigung bzw. Zulassung. Jedoch müssen die Ergebnisse (Herstellungsdokumentation und Nachweise) am Ende der Bauteilentwicklung durch einen zugelassenen 21/J-Entwick-

---

[33] Eine Badewanne ist z. B. nicht zulassungsfähig, weil sich das Wasser bei Turbulenzen unkontrolliert im Flugzeug ausbreiten und Systemschäden verursachen könnte. Für den Kunden sicht- und spürbare Zulassungsbeschränkungen ergeben sich vielfach auch aus den Bauvorschriften zum Brandschutz und zur Flugzeugevakuierung.

[34] vgl. Abschn. 4.6.2, die Bauteilentwicklung für VIP-Flugzeuge unterscheidet sich nur in Nuancen von den im Abschn. 4.10 beschriebenen Verfahren.

lungsbetrieb freigegeben werden, um auf diese Weise die Erfüllung aller geforderten Bauvorschriften zu bestätigen.

Zeitgleich zu den Entwicklungen am Kabinen-Interieur arbeiten 21/J-Ingenieure an **Struktur- und Systemanpassungen** (z. B. Installation, Verankerung, Verkabelung), um den späteren Einbau der VIP-Ausstattungsgegenstände vorzubereiten. Auch sie müssen im Rahmen ihrer Tätigkeiten Installations- und Einbauvorgaben für die Produktionsmitarbeiter erstellen.

Da die Ausstattung eines VIP-Flugzeugs viele Monate in Anspruch nehmen kann, während derer das Flugzeug am Boden bleibt, ist neben den eigentlichen Entwicklungstätigkeiten zu prüfen und festzulegen, in welchem Umfang parallel auch klassische Maintenance (z. B. A- oder C-Checks) im Rahmen des Instandhaltungsprogramms durchzuführen ist. Diese Maintenance-Management-Aufgaben obliegen der Verantwortung des zuständigen Part-M Betriebs.

7.5.2.2 Herstellung und Einbau der VIP-Kabine

Sobald das Engineering die Herstellungsvorgaben für das Interior sowie die Vorgaben für Installation und Einbau erstellt hat, können **Arbeits- und Materialplanung** damit beginnen, die Aktivitäten in den Werkstätten und im Dock vorzubereiten. Vergleichbar mit vorlaufenden Planungsaktivitäten im Rahmen der Luftfahrzeuginstandhaltung handelt es sich bei diesen Tätigkeiten insbesondere um:

- Definition von Arbeitspaketen und Arbeitsschritten,
- Erstellung der Arbeitskarten[35],
- Festlegung der Personalqualifikation für die einzelnen Arbeitsschritte,
- Festlegung des Fremdvergabe-Umfangs an Zulieferer (findet z. T. auch bereits früher statt),
- Materialeinkauf.

Nachdem die Arbeitskarten in die Produktion gesteuert wurden und das notwendige Material sowie die vorgeschriebenen Betriebsmittel verfügbar sind, kann mit der Herstellung in den Werkstätten und mit den Arbeiten an Struktur und Systemen im Flugzeug begonnen werden. Da es sich bei VIP-Ausbauten üblicherweise um Einzelfertigungen handelt und somit Merkmale des Prototypenbaus aufweist, ist es nicht ungewöhnlich, dass die Designvorgaben für den Ausbau nicht immer exakt mit der Realität in Einklang stehen. Notwendige Anpassungen dürfen dann jedoch nicht durch die Produktionsmitarbeiter „auf eigene Faust" vorgenommen werden. In diesem Fall ist ein **Änderungsprozess** anzusto-

---

[35] Für die Herstellung der Möbel ist die Ausarbeitung von Herstellungsarbeitskarten (EASA Part 21/G) erforderlich. Für Einbau und Installation sowie Änderungen an Struktur und Systemen ist die Ausarbeitung von Instandhaltungsarbeitskarten (EASA Part 145) nötig. Dieser Unterscheidung zwischen Herstellung und Instandhaltung ist zwar wichtig, jedoch weniger aus praktischen Gründen, sondern vielmehr wegen luftrechtlicher Dokumentationsanforderungen.

ßen, bei dem der zuständige Entwicklungsingenieur eine neue Konstruktionslösung prüft oder ausarbeitet, welche dann in die Herstellungsdokumentation eingearbeitet wird. Die Änderung muss abschließend durch den 21/J – Entwicklungsbetrieb freigegeben werden. Erst nach der Freigabe darf die Änderung erneut in die Produktion gesteuert und umgesetzt werden.[36] Aufgrund der Häufigkeit von Abweichungen ist es wichtig, dass zwischen den Entwicklungsingenieuren, den Arbeitsplanern und den Produktionsmitarbeitern im Dock bzw. in den Werkstätten eine enge Zusammenarbeit mit kurzen Kommunikationswegen besteht.

Parallel zu den eigenen Arbeiten sind Auftragspakete, die an **Zulieferer** fremd vergeben werden, durch die Arbeitsplanung und das Engineering zu steuern und zu begleiten. Bedarfsorientiert müssen Produktionsmitarbeiter die Durchführung der Herstellung mit ihrem Know-how vor Ort in den Werkstätten des Zulieferers unterstützen. Um auch bei Fremdvergaben Änderungen und Abweichungen effizient zu steuern, ist dazu im Vorfeld der Zusammenarbeit ein gemeinsamer Prozess zu definieren.

Sobald die Interior-Bauteile hergestellt wurden und am Flugzeug die vorbereitenden Struktur- und Systemanpassungen abgeschlossen sind, wird eine Vorinstallation der Kabine durchgeführt. Mit diesem **Fit Check**[37] wird die Passgenauigkeit der Kabinenbauteile geprüft, ohne diese jedoch bereits final einzubauen. Die Maßnahme ist erforderlich, weil es bei der Herstellung von Flugzeugen zu geringen Abweichungen (20–50 mm) gegenüber den Konstruktionsunterlagen kommen kann. Wenngleich solche Differenzen keinen entscheidenden Einfluss auf die Lufttüchtigkeit ausüben, können diese in einer Luxus-Kabine dennoch einen sichtbaren Mangel darstellen. Derlei Abweichungen werden im Rahmen eines Fit-Checks identifizierbar gemacht und können vor der finalen Installation der Kabinenbauteile korrigiert werden.

Bei Möbelbauteilen wird bis zum endgültigen Einbau zunächst nur der Korpus verwendet, um beim Einpassen und bei der Installation der Gefahr von Oberflächenbeschädigungen, z. B. an Türen oder Schubladen, vorzubeugen. Letztere werden erst dann eingebaut, wenn keine weiteren Anpassungen vorzunehmen sind. Den Abschluss der Einbau-/ Installationstätigkeiten bilden Funktionskontrollen an den betroffenen Bauteilen und Systemen auf Basis der Arbeitsunterlagen (z. B. Arbeitskarten, Testanweisungen, Spezifikationen).

---

[36] Marginale Änderungen dürfen indes auch durch die Produktion ohne unmittelbare Rücksprache mit dem Engineering durchgeführt werden. Dabei werden die Anpassungen auf Basis eines *Redlining-Verfahrens* durch autorisierte Mitarbeiter direkt in die Zeichnungen eingetragen und in einer extra Redlining-Übersichtsliste vermerkt. Der zuständige Bauteilentwickler im Engineering hat diese Änderungen spätestens bis zur finalen Fertigstellung des Bauteils (Freigabe) in die offizielle Zeichnungsrevision einzutragen. Dadurch ist nach der Bauteilfreigabe sichergestellt, das der Bauzustand des Bauteils mit der Bauteilzeichnung übereinstimmt.

[37] Seit wenigen Jahren ist es auch möglich, einen Fit-Check bereits während der Entwicklungsphase virtuell durchzuführen. Hierzu wird die Kabine noch beim Luftfahrzeughersteller lasergestützt ausgemessen, um die exakten Kabinenausmaße zu erhalten und kleinste Abweichungen von den Konstruktionsunterlagen zu identifizieren. In diesem Fall kann auf einen manuellen Fit-Check verzichtet werden. Da die exakten Kabinenausmaße bereits in der Entwicklungsphase bekannt sind, kann auf Nacharbeiten beim Einbau weitestgehend verzichtet werden.

Abb. 7.10 Design-Studie *Project U*. (Bei der großen Außenansicht handelt es sich nicht um ein Fenster, sondern um eine Videoprojektion, die durch eine Außenkamera ermöglicht werden könnte. Abbildung © Lufthansa Technik 2012.)

Spätestens zum Einbau muss jedes Bauteil über ein gültiges **Einbauzertifikat** verfügen. Die Schwierigkeit besteht darin, dass nicht alle Teile mit oder nicht mit einer gültigen oder mit einer unklaren Freigabebescheinigung angeliefert werden. Bei der Vielzahl der Möglichkeiten ist nicht immer eindeutig, welches Freigabedokument im jeweils spezifischen Anwendungsfall anerkannt werden kann oder welche Maßnahmen für eine Nachzertifizierung vorzunehmen sind. Die Zulässigkeit des Zertifikats oder die Umstände der Nachzertifizierung hängen dann wesentlich von der Art des Produkts ab. So wird beispielsweise unterschieden zwischen Halbfabriken, einfachen und komplexen Bauteilen ohne Zertifikat oder mit CofC sowie zwischen unbekannten oder von bereits anerkannten Zulieferern.

Um Fehler zu vermeiden, sind idealerweise bereits durch das Engineering während der Entwicklungsphase die exakten **Zertifikatsanforderungen** festzulegen und in den Herstellungsunterlagen eindeutig auszuweisen. Darüber hinaus sollten für die verschiedenen Opportunitäten der Nachzertifizierung eindeutige Verfahren niedergeschrieben sein.

Sind alle Aus- und Umbauaktivitäten abgeschlossen und liegt die notwendige Dokumentation vollständig vor, erhält das VIP-Flugzeug die behördliche Zulassung in Form eines **Supplemental Type Certificates** (STC).

Etwa zeitgleich findet die Flugzeugabnahme durch den Kunden statt. Hierzu prüft dieser zunächst stichprobenweise die Dokumentation und führt eine Kabinenbegehung durch. Die identifizierten Mängel werden entweder umgehend behoben oder – anders als bei Linienflugzeugen- im Zuge von Nacharbeiten im Anschluss an die Auslieferung beseitigt (Abb. 7.10).

7.6 Archivierung von Herstellungsaufzeichnungen

Nach Abschluss eines Fertigungsauftrags sind alle Herstellungsunterlagen, die als Nachweis für eine ordnungsgemäße Arbeitsdurchführung dienen, zu archivieren. Hierzu muss ein Herstellungsbetrieb über ein **Archivierungssystem** verfügen, das den betrieblichen Spezifika (z. B. Produkte, Herstellungsverfahren, Produktionsvolumen) gerecht wird.[38] Dieses System muss dokumentiert sein sowie Art und Umfang der zu archivierenden Herstellungsaufzeichnungen benennen.

Der **Archivierungsprozess** beginnt üblicherweise mit der Übergabe der Herstellungsaufzeichnungen von der Produktion an die archivierungsverantwortliche Organisationseinheit. Darauf aufbauend knüpft der Kernprozess der Archivierung an. Dieser umfasst die Einlagerung der Daten einschließlich der zugehörigen Vorarbeiten. Es sollten vorab insbesondere die Anforderungen an das Format (Papier, Microfish, CD, EDV) und die Sortierstruktur (Archivierung bzw. Speicherung z. B. nach Produkt, Auftrag oder Datum sowie ggf. zusätzlich Vernichtungsdatum) definiert sein. Im Rahmen der eigentlichen Aufbewahrung bzw. Lagerung ist zudem festzulegen, wie die Lesbarkeit der Aufzeichnungen (Datensicherung bzw. -speicherung, Schutz vor Brand, Überschwemmung) und wie der Schutz der Daten vor unbefugtem Zugriff während der Aufbewahrungszeit sichergestellt wird.

Der vorgeschriebene Archivierungszeitraum beträgt im Normalfall mindestens 3 Jahre. Handelt es sich um Herstellungsdaten zu kritischen Teilen, so sind diese über den gesamten Betriebszeitraum des Produkts aufzubewahren.[39]

Herstellungsbetriebe müssen zudem sicherstellen, dass auch **Zulieferer** über ein Archivierungssystem verfügen, das den o.g. Anforderungen gerecht wird. Dazu besteht entweder die Möglichkeit, dass die Archivierung durch den Zulieferer selbst erfolgt oder diese Aufgabe alternativ durch den Auftrag vergebenden 21/G-Betrieb übernommen wird. In jedem Fall müssen die archivierungsrelevanten Verantwortlichkeiten *vor* der Zusammenarbeit zwischen Herstellungsorganisation und Zulieferer abgestimmt und schriftlich fixiert sein. Dabei ist insbesondere der Umgang mit den archivierten Herstellungsaufzeichnungen für den Fall zu regeln, dass die Zusammenarbeit vor Ende des vorgeschriebenen Archivierungszeitraums aufgelöst wird.

Die Archivierung der Herstellungsaufzeichnungen ist regelmäßig Bestandteil von Auditierungen jeglicher Art. Einen Schwerpunkt bildet dabei zumeist die Nachweiserbringung einer leichten und vollständigen Wiederauffindbarkeit der archivierten Daten.

---

[38] vgl. GM 21A.165(d) und (h).
[39] vgl. GM 21A.165(d) und (h).

Literatur

Deutsches Institut für Normung e. V.: *DIN EN 9100:2009- Qualitätsmanagementsysteme – Anforderungen an Organisationen der Luftfahrt, Raumfahrt und Verteidigung*. DIN EN 9100-2010-07, 2010

Eckardt, E.: *Schritt für Schritt*. In Lufthansa Magazin, Nr. 58 August 2008, S. 50–58, 2008

European Comission: *Commission Regulation (EC) laying down implementing rules for the airworthiness and environmental certification of aircraft and related products, parts and appliances, as well as for the certification of design and production organisations [Implementing Rule Certification]*. No. 1702/2003, 2003

European Aviation Safety Agency – EASA: *Acceptable Means of Compliance and Guidance Material to Part 21*. Decision of the Executive Director of the Agency NO. 2003/1/RM, 2003

Hansmann, K.W.: *Industrielles Management*. 5. Aufl., München, 1997

Harjes, I.M.; Stechow, M.: *Von der Dockfertigung zur Fließfertigung*. In: Industriemanagement, Nr. 23, S. 32–34, 2007

Kemmner, G.-A.: *Ein Leitfaden für ständig kritisierte Fertigungssteuerer*. In: Productivity Management, Bd. 14. 2009, 3, S. 36–38, 2009

Kiener, S.; Maier-Scheuback, N.; Obermaier, R.; Weiß, M.: *Produktionsmanagement*. 9. Aufl., München, 2009

8 Instandhaltung

Sobald das Flugzeug nach Herstellung in den Betrieb übergeht, ist sicherzustellen, dass es sich während des Betriebszeitraums dauerhaft in einem lufttüchtigen Zustand befindet. Hierzu muss das Flugzeug regelmäßig untersucht und instand gehalten werden. Diese Aktivitäten dürfen ausschließlich von behördlich zugelassenen Instandhaltungsbetrieben gemäß EASA Part 145 durchgeführt werden. Im vorliegenden Kapitel wird detailliert auf deren Aufbau und die Arbeitsweise eingegangen.

Dazu werden zunächst die Grundlagen der Flugzeuginstandhaltung erklärt. Zudem werden Begriffe wie Line- und Base-Maintenance (Unterkapitel 8.2) sowie die Charakteristika von geplanter und ungeplanter Instandhaltung erläutert (8.3). Dem schließt sich die Darstellung der Struktur eines typischen Instandhaltungsbetriebs an.

Nach dieser Einführung widmen sich die folgenden Unterkapitel dem Prozess der Flugzeuginstandhaltung. Beginnend mit der Planung und der Produktionssteuerung (Unterkapitel 8.5 und 8.6) leitet der Text im Anschluss zunächst zur Darstellung des Line-Maintenance-Ablaufs über. Dem schließt sich in Unterkapitel 8.8 die ausführliche Schilderung eines idealtypischen Base-Maintenance-Ereignisses an. Detailliert wird dort auf die Einrüstung des Flugzeugs, auf die Identifizierung und Zurückstellung von Beanstandungen, Qualitätskontrollen und Flugzeugfreigaben eingegangen. Anschließend werden in Unterkapitel 8.9 in jeweils eigenen Abschnitten die Besonderheiten der Bauteil- und der Motoreninstandhaltung ausgeführt. Der letzte Teil zur Instandhaltung widmet sich der Archivierung von Instandhaltungsaufzeichnungen.

Um ein umfassendes Verständnis für die Flugzeug-Instandhaltung zu entwickeln, ist es hilfreich, zuvor Kap. 6 *Grundlagen des luftfahrttechnischen Produktionsmanagements* gelesen zu haben.

8.1 Grundlagen der Flugzeuginstandhaltung

8.1.1 Definitionen zur Instandhaltung

Unter der Instandhaltung von Anlagen, Geräten, technischen Systemen, Bauelementen und Betriebsmitteln werden all jene Maßnahmen verstanden, die dem Erhalt oder der Wiederherstellung des Sollzustands dienen. Dabei wird die Instandhaltung untergliedert in:

- **Wartung**, unter der all jene Instandhaltungsmaßnahmen subsumiert werden, die der Bewahrung des Sollzustandes dienen und dabei den verzögerten Abbau des Abnutzungspotenzials unterstützen.
- **Instandsetzung (auch Überholung),** die alle Maßnahmen zur Wiederherstellung eines Sollzustands umschließt, welche zur nachhaltigen Rückführung in den funktionsfähigen Zustand beitragen. Nicht dazu gehören jedoch Verbesserungen oder Weiterentwicklungen.

Sowohl im Rahmen der Wartung als auch bei der Überholung wird zwischen planbarer, vorbeugender Instandhaltung einerseits und nicht planbarer, wiederherstellender Instandhaltung andererseits unterschieden.

Planbare Instandhaltung hat präventiven Charakter und umschließt alle Aktivitäten, die dem Zweck dienen, das Auftreten von Fehlern und damit einen Ausfall der Anlage, des technischen Geräts oder Systems während des Betriebs zu verhindern. Diese Maßnahmen finden im Normalfall zeit- oder ereignisbezogen statt und beinhalten z. B. Inspektionen, Zustandsüberwachungen, Kalibrierungen oder den Austausch von Teilen.

Die **nicht planbare Instandhaltung** ergibt sich als Folge der mangelnden Vorhersagbarkeit technischer Abnutzungsprozesse. So kommt diese Form der Instandhaltung nach Ausfall oder bei eingeschränkter Funktionstüchtigkeit eines Geräts oder Systems zum Tragen und umfasst die Feststellung und Beurteilung des Ist-Zustands sowie die Rückführung in den Sollzustand.

RASCH weist darauf hin, dass die Instandhaltung eine hohe Organisationsflexibilität in sachlicher, räumlicher sowie zeitlicher und kapazitiver Hinsicht erfordert:[1]

- **sachliche Flexibilität** ist nötig, weil es sich bei der Instandhaltung oftmals um verschiedenartige, arbeitsintensive und komplexe Einzelaktivitäten mit geringem Wiederholungsgrad handelt. Aus diesem Grund muss das Instandhaltungspersonal eine hohe Qualifikation und eine breite Erfahrung aufweisen. Die sachlichen Flexibilitätsanforderungen gestalten eine umfassende Substitution menschlicher Arbeit durch Maschinen in der Instandhaltungspraxis schwierig.

---

[1] vgl. Rasch, A. (2000), S. 27 ff.

- **zeitliche und kapazitive Flexibilität** ist erforderlich, weil eine hohe Unsicherheit hinsichtlich Zeitpunkt, Art und Umfang der Anlagen-, System- oder Geräteausfälle besteht. Dadurch ist die Planbarkeit der Ressourcenbedarfe nur eingeschränkt möglich. Hinzu kommt, dass die Instandhaltungsaktivitäten vielfach nicht losgelöst vom betrieblichen Alltag vorgenommen werden können. Der Grund hierfür liegt darin, dass instandhaltungsbedingte Produktionsstillstände zu kostspielig sind und so auf produktionsfreie Betriebszeiten Rücksicht genommen werden muss.
- **räumliche Flexibilität** ist notwendig, wenn die Instandhaltung aufgrund mangelnder Beweglichkeit der Anlage oder des Geräts nur an dessen (aktuellem) Standort vorgenommen werden kann. Diese räumliche Flexibilität ist bisweilen mit erschwerten Arbeitsbedingungen für das Instandhaltungspersonal z. B. durch Schmutz, Enge, Entfernung oder Witterungseinflüsse verbunden.

8.1.2 Besonderheiten der Luftfahrzeuginstandhaltung

An anderer Stelle wurde bereits ausgeführt, dass die Instandhaltung von Luftfahrzeugen (*Maintenance, Repair, and Overhaul – MRO*) durch die EU-Verordnung 2042/2003 (Implementing Rule Continuing Airworthiness) geregelt ist. Darin wird bestimmt, dass Instandhaltung an Luftfahrzeugen, an Motoren sowie den zugehörigen Bau- und Ausrüstungsteilen ausschließlich durch luftfahrtbehördlich zugelassene Betriebe ausgeführt werden darf.

Neben den eigentlichen Instandhaltungsarbeiten (Wartung und Überholung) umfasst die Luftfahrzeuginstandhaltung auch:

- die Flugzeuglackierung,
- Modifikationen (*Modifications*) und Kabinenerneuerungen (*Cabin Refurbishments*),
- die Umsetzung von ADs, SBs oder EOs und besondere Anweisungen durch den Operator oder die Luftfahrtbehörden.

Nicht zur Instandhaltung zählen indes die Innen- und Außenreinigung von Luftfahrzeugen, die Wasserver- und -entsorgung, Toilettenservice, Enteisen sowie die Desinsektizierung. Davon unbenommen gibt es Instandhaltungsbetriebe, die einige dieser Leistungen im Rahmen ihres (Line-) Maintenance Produktportfolios mit anbieten.

Dabei unterliegt nicht nur die luftfahrtbetrieblich Aufbau- und Ablauforganisation, sondern auch Art und Umfang der Instandhaltungsausführung gesetzlichen Vorgaben. So darf die Durchführung von Instandhaltungsarbeiten nur auf Basis solcher Instandhaltungsdokumentation (z. B. AMM, CMM, EMM) erfolgen, die durch einen ebenfalls luftfahrtbehördlich zugelassen Entwicklungsbetrieb freigegeben wurde (Approved Maintenance Data).

Zudem muss jeder Operator für die geplante Flugzeuginstandhaltung über ein Instandhaltungskonzept für seine Flotte verfügen.[2] In einem solchen Instandhaltungsprogramm ist für jeden Luftfahrzeugtyp der jeweilige Instandhaltungsumfang mit den zugehörigen Instandhaltungsintervallen festgelegt.

In der Flugzeug-Instandhaltung zeigt sich üblicherweise eine deutliche Saisonalität. Da viele Airlines im Winter einen ausgedünnten Flugplan anbieten, wird diese Jahreszeit typischerweise dazu genutzt, die großen Überholungsereignisse durchzuführen. Demgegenüber werden im Sommerhalbjahr, wenn die Fluggesellschaften einer erhöhten Nachfrage gegenüberstehen, soweit wie möglich nur (kleinere) Wartungsaktivitäten durchgeführt.

8.1.3 Qualitätsanforderungen und Genehmigungsvoraussetzungen

Ein behördlich anerkannter Instandhaltungsbetrieb nach EASA Part 145 muss nachweisen, ein Qualitätssystem implementiert zu haben und unterhalten zu können. Ein solches System soll sicherstellen, dass die Instandhaltung unter beherrschten Bedingungen stattfindet. Der Betrieb muss dazu stets in der Lage sein, luftfahrttechnische Produkte unter Einhaltung der einschlägigen Instandhaltungsvorgaben instandzuhalten oder zu reparieren und im betriebssicheren Zustand erneut in Verkehr zu bringen. Dies kann nur gelingen, wenn der Betrieb über transparente und nachvollziehbare Betriebsstrukturen und -abläufe verfügt. Aus diesem Grund sind das Qualitätssystem und die zugehörigen Verfahren zu dokumentieren.[3] Art und Umfang der behördlichen Anforderungen sind dabei jedoch nicht klar bestimmt und richten sich nach der Betriebsgröße und dem durch das Luftfahrt-Bundesamt erteilten Genehmigungsumfang.

Ein behördlich anerkanntes Qualitätssystem in der Instandhaltung muss jedoch mindestens die folgenden **Bestandteile** aufweisen:

1. ein übergreifendes **Steuerungs- und Qualitätssicherungssystem** zur Lenkung der Prozesse, Verfahren, Dokumente und Ressourcen,
2. eine **unabhängige Funktion** (Stabstelle) des **Qualitätsmanagements**,
3. ein nachvollziehbares **System zur Abnahme und Freigabe** der Produkte (Qualitätssicherung),
4. ein systematisches und dokumentierten Vorgehen im Falle der **Vergabe von Unteraufträgen**.

Um eine angemessene Qualität der Instandhaltungsleistung zu erzielen, sind darüber hinaus weitere im Part 145 genannte Genehmigungsvoraussetzungen zu erfüllen (vgl. z. T. auch TOP-Voraussetzungen):

---

[2] vgl. Kap. 5.
[3] vgl. IR Certification EASA Part 145–145.A.70.

- Der Betrieb muss **in Umfang** und **Qualifikation** über **hinreichend Personal** verfügen, um die Instandhaltungsaufgaben angemessen ausführen zu können. Das Personal muss zudem befugt sein (diese Befugnisse müssen den jeweiligen Mitarbeitern auch bekannt sein!). Insbesondere muss der Betrieb über ausreichend freigabeberechtigtes Personal mit behördlicher Lizenz (*Aircraft Maintenance Licence – AML*) verfügen, welches über hinreichende Ausbildung, Kenntnisse und Erfahrung im Bereich des betrieblichen Genehmigungsumfangs vorweisen kann. Zudem muss der Anteil des Eigenpersonals in der Instandhaltung stets mindestens 50 % pro Schicht, Dock, Gewerk, Werkstatt etc. betragen.
- Die **Einrichtungen** und die **Betriebsausstattung** müssen den Mitarbeitern eine vorschriftsmäßige Arbeitsausführung ermöglichen. Der Betrieb muss also hinreichende Betriebsstätten, notwendige Ausrüstung und Werkzeuge sowie angemessene Arbeitsbedingungen vorweisen können.
- Der Betrieb muss sicherstellen, dass luftfahrttechnische Produkte nur auf Basis einwicklungsbetrieblich freigegebener Dokumentation (**Approved Maintenance Data**) instand gehalten, repariert und in Verkehr gebracht werden. Dabei ist insbesondere sicherzustellen, dass diese Daten korrekt und auf Basis der letztgültigen Revision in die Instandhaltungsunterlagen eingearbeitet wurden. Insbesondere die Aktualität der Daten bietet in der betrieblichen Praxis bisweilen Anlass zur Beanstandung.
- Es muss ein namentlich benannter und von der Luftaufsichtsbehörde (LBA) **akzeptierter Betriebsleiter** (*Accountable Manager*) existieren, der die betriebliche Qualitätsstrategie unter Berücksichtigung der behördlichen Vorgaben festlegt und deren Umsetzung sicherstellt. Diese Person hat zudem dafür Sorge zu tragen, dass alle notwendigen Ressourcen für die Durchführung der Instandhaltung in Übereinstimmung mit dem Part 145 vorhanden sind.[4] Die umschließt explizit auch finanzielle Mittel.
- Instandhaltungsbetriebe müssen ein **innerbetriebliches Ereignis-/Fehlermeldesystem** unterhalten. Werden über ein solches Instrument Zustände an einem Luftfahrzeug identifiziert, welche die Flugsicherheit ernsthaft gefährden, so ist hiervon sowohl die zuständige Luftfahrtbehörde als auch der Betreiber des Fluggeräts zu informieren.

Die betrieblichen Strukturen und Abläufe sind im **Betriebshandbuch** (Maintenance Organisation Exposition – MOE) bzw. in den zugehörigen Verfahrensanweisungen oder Prozessbeschreibungen schriftlich zu fixieren und im Betrieb bekannt zu machen. Die Einhaltung der betrieblichen Vorgaben wird von der Luftaufsichtsbehörde periodisch geprüft.

---

[4] vgl. IR Certification EASA Part 145–145.A.30 (a).

8.2 Unterscheidung von Line- und Base-Maintenance

In der Luftfahrzeuginstandhaltung wird zwischen Line- und Base-Maintenance unterschieden. Während als Line-Maintenance üblicherweise alle Wartungsaktivitäten (Bewahrung des Sollzustands) zusammengefasst werden, umschließt die Base-Maintenance[5] im Normalfall Maßnahmen der Instandsetzung/Überholung (Maßnahmen zur Wiederherstellung des Sollzustands).

Die Unterscheidung in Line- und Base-Maintenance ist wichtig, weil den beiden Instandhaltungsarten **unterschiedliche Genehmigungsvoraussetzungen** zu Grunde liegen. So sind die technischen, organisatorischen und personellen Voraussetzungen im Rahmen der Base-Maintenance deutlich anspruchsvoller. Weil die Komplexität der Aufgaben üblicherweise höher und der Arbeitsumfang über alle Gewerke breitgefächerter ist, sind auch die Qualifikationsanforderungen an Base-Maintenance Personal umfassender als an Mitarbeiter der Line-Maintenance.[6] Darüber hinaus müssen im Rahmen der Base-Maintenance neben den Betriebsmitteln auch die Betriebsstätten inklusive Hangar und Dockanlagen dauerhaft zur Verfügung stehen.

Für periodisch wiederkehrende Instandhaltungsereignisse (*Checks*) ergibt sich die Klassifizierung hinsichtlich Line- oder Base-Maintenance aus dem Maintenance Program. Als Faustregel gilt, dass Ereignisse unterhalb des C-Checks üblicherweise der Line-Maintenance zugeschrieben werden.[7]

Um jedoch bei der Klassifizierung der Instandhaltungsereignisse einer beliebigen Zuordnung Grenzen zu setzen und auch Maintenance-Leistungen einzuordnen, die nicht durch Instandhaltungsprogramme abgedeckt sind (Modifikationen, Lackierung), orientiert sich die Differenzierung nach Line- oder Base-Maintenance im Normalfall an der **technischen Eindringtiefe**. Ein weiteres Kriterium kann der zeitliche Umfang des Instandhaltungsereignisses (Stundengrenzen) sein.

Die Durchführung aller Line-Maintenance Aktivitäten muss mit einfachen Mitteln erfolgen können und darf weder einen hohen Zerlegungsgrad aufweisen, noch einen tieferen Eingriff in die Flugzeugstruktur darstellen oder umfangreiche Prüfmaßnahmen erfordern. Im Einzelnen werden der Line-Maintenance folgende Tätigkeiten zugeordnet:[8]

- Prüfungen, Fehlersuche (Troubleshooting) sowie Fehlerbehebung,
- Zurückstellung von Beanstandungen,
- Wechsel von Bauteilen und Triebwerken, ggf. auch unter Anwendung externer Betriebsmittel zur Feststellung der Funktionsfähigkeit,

---

[5] Bisweilen wird für die Base-Maintenance auch der Begriff der Heavy-Maintenance gewählt.
[6] vgl. IR Continuing Airworthiness EASA Part 66.
[7] Somit gelten auch alle Maintenance Aktivitäten, die während des laufenden Flugbetriebs, unmittelbar vor einem Flug durchgeführt werden, als Line-Maintenance.
[8] vgl. AMC 145.A.10 sowie AMC 66.A.20 (a).

8.3 Geplante- vs. ungeplante Instandhaltung

Tab. 8.1 Vergleich verschiedener Line- und Base-Maintenance Checks für Wide Bodies

Check	Häufigkeit	Mannstunden	Dauer
Line-Maintenance			
S-Check	Wöchentlich	10–50	3–5 Stunden
A-Check	Alle 4–8 Wochen	50–250	ca. 12 Stunden
Base-Maintenance			
C-Check	ca. alle 18 Monate	2.000–5.000	1–2 Wochen
D-Check	Alle 6–10 Jahre	30.000–50.000	4–8 Wochen

- einfache Inspektionen und Instandhaltungsarbeiten bei denen kein Eingriff in die Flugzeugstruktur erforderlich ist,
- kleine Reparaturen, Änderungen oder Modifikationen, die mit einfachen Mitteln durchgeführt werden können,
- soweit durch das Qualitätsmanagement genehmigt, dürfen auch Base-Maintenance-Tasks in besonderen Fällen (z. B. Airworthiness Directives, Service Bulletins) im Rahmen der Line-Maintenance ausgeführt werden.

Instandhaltungsereignisse bei denen die Tätigkeiten deutlich erkennbar über die oben aufgezählten Maßnahmen hinausgehen, müssen der Base-Maintenance zugeschrieben werden.

Tabelle 8.1 stellt die Aufwände und Periodizitäten einiger Line- und Base-Maintenance Ereignisse exemplarisch für Großraumflugzeuge (*Widebody*) gegenüber.

8.3 Geplante- vs. ungeplante Instandhaltung

8.3.1 Geplante Instandhaltung

Bevor ein Luftfahrzeug zum Check in einem Maintenance-Betrieb eintrifft, sind die anstehenden Instandhaltungsaktivitäten bereits zu einem Großteil bekannt und geplant. Dies ist darauf zurückzuführen, dass bei einem Luftfahrzeug – vergleichbar mit einem Pkw – bestimmte Bestandteile in festgelegten Zeitabständen einer Untersuchung unterzogen oder aufgrund einer besonderen Beanspruchung ausgetauscht werden müssen, um die Betriebstüchtigkeit des Geräts aufrecht zu erhalten.

Solche im Vorfeld einer Liegezeit individuell bekannten und damit geplanten Instandhaltungsmaßnahmen werden als **Routine-Arbeiten** (auch *scheduled Maintenance*) bezeichnet und bilden in ihrer Summe das Routine-Arbeitspaket. Der hohe Anteil dieser vor einem Check bekannten Instandhaltungsaktivitäten erleichtert die Planbarkeit und ermöglicht eine anforderungsgerechte Bereitstellung von Personal, Dokumentation, Material und Betriebsmitteln. So vereinfacht ein umfangreiches Routine-Arbeitspaket zugleich die reibungslose Steuerung einer Liegezeit und trägt insgesamt zu einer niedrigeren und kalkulierbareren Bodenzeit des Flugzeugs bei.

Art und Umfang der Routine-Instandhaltungsmaßnahmen wird durch den Hersteller im Rahmen des MPDs vorgeschlagen und in einem Instandhaltungsprogramm durch die Luftfahrzeugbetreiber angepasst. Für jedes Flugzeugmuster und für jeden Check sind bestimmte Maßnahmen festgelegt, die routinemäßig durchgeführt werden müssen. Über eine **Referenz zum MPD** ist in den Arbeitskarten dabei nicht nur detailliert die Ausführung der Instandhaltungsmaßnahmen beschrieben, sondern auch ein Zeitaufwand für die Arbeitsausführung angegeben.

Nachdem das Routine-Arbeitspaket durch das Engineering bewertet und ggf. angepasst wurde, bereitet die Arbeitsplanung die Arbeitskarten für die Produktion vor. Im Maintenance Control Center (MCC) wird der Umfang des Routine-Arbeitspakets anschließend geprüft und den Gewerken zugeordnet. Die Verteilung der Routine-Arbeitskarten auf die Instandhaltungsberechtigten erfolgt dann über Arbeitskarten entsprechend der angewiesenen Personalqualifikationen. Sobald die Zuordnung ist, beginnt die Abarbeitung der Routine-Arbeiten. Nach der Ausführung und Bescheinigung der Arbeitsdurchführung werden die tatsächlichen Zeitbedarfe dokumentiert. Auf diese Weise ist im Idealfall eine Echtzeitverfolgung des Routine-Arbeitsfortschritts möglich.

Neben den im Maintenance Program verankerten Instandhaltungsaktivitäten gibt es weitere Maßnahmen, die ebenfalls im Vorfeld einer Liegezeit bekannt und damit planbar sind, jedoch nicht zum Routine-Arbeitspaket zählen. Hierunter fallen Modifikationen oder die Umsetzung von Service Bulletins und Airworthiness Directives, die im Rahmen einer Liegezeit separat ausgewiesen werden.

8.3.2 Ungeplante Instandhaltung

Treten während des Betriebs oder eines Checks Funktionsstörungen oder Schäden zu Tage und ist deren Behebung nicht oder nicht im entstandenen Umfang durch Arbeitskarten der Routine-Instandhaltung gedeckt, spricht man von **Non-Routine** Ereignissen (z. B. Korrosion, Risse, erhöhte Abnutzung). Non-Routine ist somit nicht geplante Instandhaltung und wird daher auch als unscheduled Maintenance bezeichnet. Für die Abarbeitung ungeplanter Instandhaltungsmaßnahmen muss ein zugelassener 145er-Betrieb über beschriebene Verfahren verfügen.[9]

Am Beginn eines Non-Routine-Instandhaltungsprozesses steht die Feststellung eines Befunds (***Findings***), z. B. durch Dokumentation im technischen Bordbuch (*Technical Logbook*),[10] durch Inspektionen oder Freilegungen. Das Finding wird dann üblicherweise mit Hilfe einer betrieblichen Instandhaltungssoftware dokumentiert. Hierzu wird neben einer

---

[9] vgl. IR Continuing Airworthiness EASA Part 145–145.A.65 (b) 3.

[10] Das Technical Logbook ist gem. IR Continuing Airworthiness EASA Part-M – M.A.306 für alle kommerziell genutzten Luftfahrzeuge vorgeschrieben. Hierin werden neben Fluginformationen (Flugzeit, Strecke, Flugnummer, Piloten) technische Auffälligkeiten, Störungen und Fehlermeldungen, die während des Flugs aufgetreten sind, dokumentiert.

eindeutigen Schadensbeschreibung (Feststellung des Ist-Zustands) auch das betroffene Luftfahrzeug, der Befundbereich (Gewerk, ATA-Kapitel, Zone, Station, etc.) und eine ggf. zugehörige Referenz (AD, MPD-Punkt, Engineering Order, etc.) festgehalten. Nicht unüblich ist, dass mit der IT-seitigen Dokumentation eines neuen Befunds zugleich ein (kaufmännischer) Arbeitsauftrag eröffnet wird.

Soweit erforderlich erfolgt im Anschluss eine **Fehlersuche** (z. B. Troubleshooting oder Assessment), die den Blick nicht nur auf den Primärschaden, sondern auch auf weitere potenziell im Zusammenhang stehende Fehler richten soll. Auf Grundlage des Schadens und der Ursache wird eine Befundklassifizierung vorgenommen, welche zugleich die Bestimmung der zur Abarbeitung notwendigen Dokumentation (Approved Data, z. B. gem. SRM, CMM, EM, WDM) beinhaltet. Komplexe Beanstandungen können dabei jedoch oftmals nicht über diese Standard-Instandhaltungshandbücher abgearbeitet werden. Dann ist regelmäßig die Hinzuziehung eines zugelassenen Entwicklungsbetriebs bzw. des TC- oder STC-Halters notwendig.

Auf Basis der **Befundbewertung** kann der zeitliche Umfang, die erforderliche Personalqualifikation und der Materialbedarf bestimmt sowie die ggf. notwendige Kundenzustimmung eingeholt werden. Erst dann sind die Voraussetzungen für die eigentliche Beanstandungsbehebung gegeben. Die Abarbeitung von Beanstandungen hat stets auf Basis genehmigter Instandhaltungsdokumentation oder genehmigter Reparaturvorgaben zu erfolgen (Approved Data).

Nach erfolgreicher Behebung des Findings ist die Abarbeitung im IT-System und/oder in den zugehörigen Instandhaltungsunterlagen (ggf. im Technical Logbook) zu bescheinigen.

Der Prozessablauf einer Non-Routine Instandhaltung ist in Abb. 8.1 grob visualisiert.

Non-Routine Arbeiten lassen sich im Vorfeld einer Liegezeit nur bedingt planen. Denn eine umfassende Non-Routine Planung erfordert nicht nur die Vorhersage der Schadensquellen in Art und Umfang, sondern auch das Wissen um die Zeitbedarfe zur Behebung der Beanstandungen.

Erfolgt die Maintenance in einem Instandhaltungsbetrieb jedoch an einer größeren Zahl gleicher Flugzeugtypen, so werden bei langjähriger Betreuung Muster in der Non-Routine Entwicklung erkennbar. Solche Erfahrungen erleichtern die Vorhersage im Hinblick auf den zeitlichen und kapazitiven Gesamtumfang zukünftiger Liegezeiten und werden daher bei der Definition der Arbeitspakete regelmäßig berücksichtigt (Verhältnis Routine- zu Non-Routine Aufwand). Die damit verbundene Planungsstabilität ermöglicht einen wirtschaftlicheren Ressourceneinsatz, insbesondere bei Auslastung und Materialverfügbarkeit. Von einem solchen Know-how profitiert auch der Kunde z. B. in Form reduzierter Flugzeugbodenzeiten.

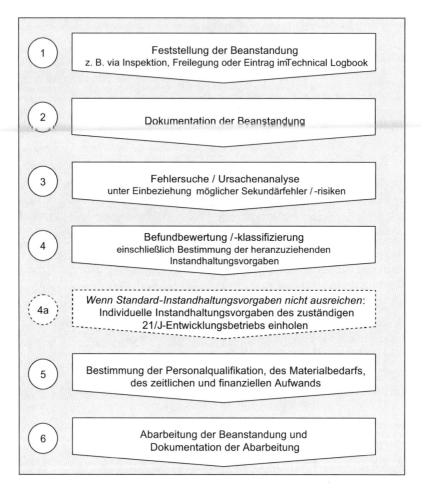

Abb. 8.1 Prozessschritte in der ungeplanten Instandhaltung

8.4 Aufbau eines Instandhaltungsbetriebs

Obgleich die Implementing Rule Continuing Airworthiness im Part 145 keine unmittelbaren Vorgaben zur Aufbauorganisation eines Instandhaltungsbetriebs macht, weisen insbesondere die Produktionsbereiche von Maintenance Organisationen in der Praxis eine frappierende Ähnlichkeit auf. Abbildung 8.2 zeigt den Aufbau eines typischen Instandhaltungsbetriebs. (Die operativen Produktionsabteilungen sind durch eine gestrichelte Linie umrandet.)

Den wesentlichen Pfeiler des Produktionsbereichs bildet die Flugzeuginstandhaltung, die sich in die Base- und in die Line-Maintenance aufteilt. Die Line-Maintenance setzt sich zusammen aus einer Steuerungsabteilung (*Line-Maintenance Control Center*) sowie

8.4 Aufbau eines Instandhaltungsbetriebs

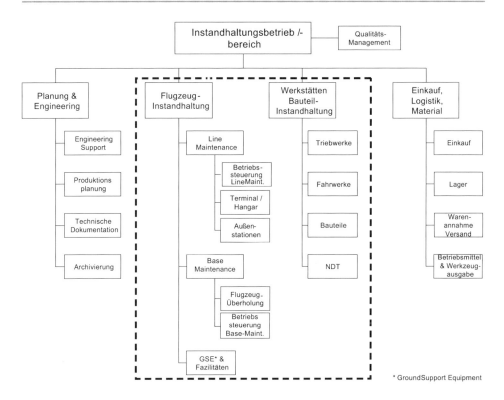

Abb. 8.2 Typischer Aufbau eines Instandhaltungsbetriebs

der Instandhaltung an der Homebase und den Außenstationen (*Outstations*). Im Rahmen der Base-Maintenance wird üblicherweise die eigentliche Instandhaltung und die Produktionssteuerung unterschieden. Der Flugzeuginstandhaltung ist zudem vielfach der Bereich Ground Support Equipment und Betriebsstätten (Facilities) zugeordnet.

Darüber hinaus bilden die Instandhaltungswerkstätten (*Backshops*) einen zweiten Kernbereich, der sich vielfach in Triebwerk-, Fahrwerk- und Bauteil-Instandhaltung untergliedert. Der Grund hierfür ist, dass die Triebwerküberholung ein eigenes luftrechtliches Rating (B-Rating) darstellt, welche komplexe Instandhaltungsvorgänge und hoch spezialisiertes, erfahrenes Fachpersonal erfordert. Fahrwerke (*Landing Gears*) sind die größte Einzelkomponente und bilden mit dem damit verbundenen Instandhaltungsaufwand häufig ebenfalls einen von den weiteren Komponenten losgelösten Werkstattbereich. Ein dritter Unterbereich ist die Bauteilüberholung, die aufgrund ihrer Vielschichtigkeit ein vergleichsweise breites Instandhaltungswissen erfordert.

Nicht zuletzt bildet auch die zerstörungsfreie Materialprüfung (*Non-Destructive Testing – NDT*) in vielen Fällen einen eigenen Werkstattbereich. Auf diesem Tätigkeitsfeld ist ebenfalls Nischen-Know-how mit umfassender Erfahrung erforderlich, so dass hierfür üblicherweise alle Produktionsabteilungen gemeinsam auf eine NDT-Einheit zurückgreifen. Die hier skizzierte Werkstattstruktur ist primär ein Beispiel für mittelgroße und große

Instandhaltungsbetriebe. Bei kleineren Maintenance Organisationen ist es indes nicht ungewöhnlich, dass Flugzeuginstandhaltung und Werkstätten eine Einheit bilden.

Die unmittelbaren Produktionsbereiche werden zudem durch den Engineering-Support einerseits sowie die Material- und Leistungsversorgung andererseits flankiert. Die Arbeitsvorbereitung (*Production Planning*) ist in der betrieblichen Praxis entweder ebenfalls am Engineering angesiedelt; es ist aber auch nicht untypisch, die Fertigungsvorbereitung unmittelbar im Bereich der Flugzeuginstandhaltung aufzuhängen.

Alle Einheiten eines Instandhaltungsbetriebs unterliegen zudem der Überwachung durch das Qualitätsmanagement, dass direkt der Geschäftsleitung bzw. dem Accountable Manager zugeordnet sein muss.

8.5 Arbeitsvorbereitung in der Instandhaltung

Aufgabe der Arbeitsvorbereitung[11] in einer Maintenance Organisation ist es, sämtliche geplante Instandhaltungsaktivitäten auf dem Vorfeld, in den Docks oder Fachwerkstätten sowie im Rahmen verlängerter Werkbänke zu planen.[12] Neben Line- und Base-Maintenance Checks sowie Bauteilinstandhaltungen umschließt dies die Planung von Transfer-Checks oder Engineering Orders aufgrund von Airworthiness Directives, Services Bulletins, Modifikationen und Refurbishments.

Die Arbeitsvorbereitung strukturiert die anstehende Arbeitsdurchführung durch Zerlegung des beauftragten Arbeitspakets in einzelne Arbeitsschritte. Gleichzeitig gehört es zu den **Aufgaben der Arbeitsvorbereitung**, die

- Durchführungsreihenfolge bzw. -zeitpunkte sowie
- Qualifikationsanforderungen und
- Zeitvorgaben für das Personal

festzulegen. Diese Daten bilden die Grundlage für die Planung der Personal- sowie Hallen- bzw. Werkstattkapazitäten. Die Planer, die das Ereignis organisatorisch strukturieren und die erforderlichen Steuerungsinformationen zusammenstellen, sind vielfach selbst frühere Instandhaltungsberechtigte und verfügen über detaillierte Kenntnisse der Arbeitsausführung.

Aufgabe der Arbeitsvorbereitung ist indes nicht, die Inhalte eines Checks bzw. Arbeitspakets festzulegen. Dies ist Aufgabe des Engineerings, deren Aktivitäten im Instandhaltungsprogramm, den Instandhaltungsvorgaben oder in Engineering Order münden. Diese Angaben bilden insoweit den Ausgangspunkt für die Aktivitäten der Arbeitsvorbereitung.

---

[11] Alternativ werden auch die Begriffe Arbeitsplanung, Fertigungsvorbereitung, Job Card Engineering, Production Planning verwendet.
[12] zu den Grundlagen der Instandhaltungsplanung siehe Unterkapitel 6.1.

In einem ersten Schritt wird der Arbeitsvorbereitung das **Arbeitspaket** (*Workpackage*) durch das Engineering oder den Kunden zur Verfügung gestellt. Im Folgenden muss dieses strukturiert und in deutlich getrennte Arbeitsschritte zerlegt werden, um die Transparenz und Nachvollziehbarkeit des gesamten Instandhaltungsablaufs zu gewährleisten.[13] Dies erfolgt mit Hilfe von Arbeitskarten, die entweder durch den Kunden mitgeliefert, gekauft oder selbst erstellt werden.

Im Falle des Kaufs oder der Kundenbeistellung beschränken sich die Planungstätigkeiten weitestgehend auf die organisatorische und kaufmännische Strukturierung der Arbeitsdurchführung. Zugleich werden die Material- und Betriebsmittelbedarfe ermittelt, die im Anschluss dem Einkauf bzw. dem Material- oder Betriebsmittelplaner zur Verfügung gestellt werden. Nicht zuletzt müssen **Arbeitsaufträge** (*Work Order*) eröffnet werden, um eine kaufmännische Erfassung der anfallenen Stunden und Materialaufwendungen zu ermöglichen.

Anders indes, wenn die Arbeitskarten selbst erstellt werden müssen, weil dann zusätzlich eine Definition der Arbeitsschritte und die Erstellung der Arbeitskarten (vgl. Kap. 6.2) erfolgt. Dies ist mit umfassenden zeitlichen und personellen Ressourcen verbunden, so dass die Arbeitsvorbereitung bei großen Instandhaltungsereignissen einer eigenen Planung bedarf.

Liegen die Arbeitskarten vor und sind diese auf das bevorstehende Instandhaltungsereignis individualisiert, werden diese entweder elektronisch verfügbar gemacht oder ausgedruckt und die zugehörigen Arbeitsunterlagen und Instandhaltungsvorgaben angefügt. Am Ende des Prozesses der Arbeitsvorbereitung werden somit nicht nur die Arbeitskarten, sondern die gesamte für die Instandhaltungsdurchführung erforderliche Dokumentation durch die Planung bereitgestellt und an die Produktionssteuerung übermittelt.

Parallel zur Vorbereitung der operativen Instandhaltungsdurchführung ist das Maintenance-Ereignis mit der Flugbetriebssteuerung und anderen internen Support-Bereichen, mit dem Ground Handling (z. B. zwecks Verfügbarkeit eines Schleppers oder der Enttankung) sowie ggf. mit dem Zoll oder externen Dienstleistern abzustimmen.

Von der Grundstruktur unterscheidet sich die Vorbereitung eines A-Checks dabei außer im Umfang nur wenig von einem D-Check. Die generellen Schritte von der Bereitstellung des Arbeitspakets durch das Engineering bis zur Auslieferung der Instandhaltungsvorgaben bei der Produktionssteuerung sind weitestgehend deckungsgleich. In der betrieblichen Praxis unterscheidet sich zumeist jedoch die Durchführungsroutine. So handelt es sich bei der Vorbereitung kleiner Checks um hochgradig vertraute, weil täglich praktizierte Standardprozesse. Demgegenüber finden große Base-Maintenance Ereignisse meist nur alle vier bis sechs Wochen statt und beinhalten bereits aufgrund ihrer Größe und Eindringtiefe ein höheres Planungsrisiko.

---

[13] vgl. IR Continuing Airworthiness EASA Part 145–145A.45 (e).

8.6 Produktionssteuerung in der Instandhaltung

Ein Instandhaltungsereignis (Liegezeit) kann nur dann erfolgreich abgeschlossen werden, wenn neben der Planung auch die Arbeitsdurchführung, Überwachung, Prüfung und Qualitätssicherung strukturiert gesteuert werden. Die Produktionssteuerung (*Maintenance Control Center*) muss hierzu im Rahmen der Produktionsfeinplanung sicherstellen, dass die Instandhaltung auf Schichten und Teams entsprechend den Planungsvorgaben derart verteilt wird, dass die Arbeiten ohne unangemessenen Termindruck ausgeführt werden (können).[14] Zugleich ist es Bestandteil der Produktionssteuerung, den Arbeitsfortschritt zu überwachen, die Verfügbarkeit der benötigten Betriebsmittel zu gewährleisten sowie bedarfsorientiert sonstige Unterstützung für eine reibungslose Abarbeitung des Instandhaltungsauftrags zu organisieren (z. B. Anforderung von Herstelleranfragen beim Engineering). Zugleich ist auch während des Instandhaltungsereignisses die Erfüllung der TOP-Voraussetzungen sicherzustellen (u. a. durch das Vorhandensein hinreichend qualifizierten Instandhaltungspersonals und Support Staffs).

Einige Tage vor dem Instandhaltungsereignis wird dem Control Center durch die Fertigungsvorbereitung das finale Arbeitspaket inklusive der zugehörigen Arbeitskarten aus der Planung übermittelt. Bei größeren Liegezeiten findet darüber hinaus üblicherweise ein Übergabe-Meeting zwischen beiden Bereichen, ggf. unter Einbindung weiterer Abteilungen, statt. Dies dient der Gewährleistung eines vollständigen Kommunikationsflusses, um alle wichtigen Liegezeit-Informationen frühzeitig in der Produktion bekannt zu machen. Zudem soll so sichergestellt werden, dass die Spezifika des Instandhaltungsereignisses nicht in der täglichen Betriebsamkeit untergehen. Zugleich wird der Arbeitsvorbereitung bzw. der Produktionsleitung durch einen frühzeitigen Informationsaustausch die Möglichkeit gegeben, Planungsunzulänglichkeiten oder potenzielle Umsetzungskonflikte zu kommunizieren. Auf diese Weise lassen sich frühzeitig Schwachstellen in den Durchführungsannahmen identifizieren. Zudem können Gegensteuerungsmaßnahmen, idealerweise in gemeinsamer Abstimmung von Arbeitsvorbereitung und Produktionssteuerung, noch vor Ereignisbeginn umgesetzt werden.

Mit Beginn des Ereignisses erfolgt üblicherweise zu jedem Schichtbeginn ein Meeting der Produktionsführungskräfte (z. B. Schichtleiter, Teamleiter, Meister, Vorarbeiter), um Informationen zum Status und den Besonderheiten der aktuell anstehenden Instandhaltungsaktivitäten auszutauschen. Dazu zählen nicht nur die Bestimmung des Abarbeitungsgrads und die Besprechung von Planabweichungen sowie entsprechender Gegensteuerungsmaßnahmen, sondern auch die reguläre Koordination zwischen den Gewerken und Fachwerkstätten oder die Einsteuerung von Fremdkräften und Leistungen von Zulieferern.

Darüber hinaus wird zum Schichtbeginn die Verteilung der aktuell anstehenden Instandhaltungsaufträge auf die Teams vorgenommen, in denen die Arbeit dann personenbezogen zugeordnet wird. Das Luftrecht verlangt explizit, dass dabei die Grenzen mensch-

---

[14] vgl. AMC 145.A.47 (a) 2.

lichen Leistungsvermögens berücksichtigt werden.[15] Basierend auf diesen Festlegungen findet dann die Ausgabe der Arbeitskarten statt.

Der Arbeitsfortschritt wird über den Rücklauf der abgearbeiteten Arbeitskarten gemessen. In modernen Instandhaltungsbetrieben erfolgt dies elektronisch nahezu in Echtzeit.

Die betriebliche Praxis jedoch zeigt, dass ein exaktes, tagesgenaues Monitoring des Abarbeitungsgrads selten existiert. Im Normalfall basiert die Bestimmung des Arbeitsfortschritts auf Schätzungen, weil die Abarbeitung nicht vom Instandhaltungsberechtigten unmittelbar nach Arbeitsdurchführung, sondern erst nach deren Rückgabe durch Mitarbeiter der Archivierungsabteilung systemseitig erfasst wird. Eine zeitnahe Gegensteuerung bei Arbeitsschritten, die den Ereignisablauf stören, gestaltet sich bei einer solchen Arbeitsfortschrittskontrolle nicht immer einfach. Dies erfordert regelmäßig eine ausgezeichnete Kommunikation, eine hohe Wachsamkeit bzw. eine regelmäßige Vor-Ort-Überwachung (mehrmals täglich) am Luftfahrzeug oder in den Fachwerkstätten durch die Produktionsleitung.

Eine Berücksichtigung von **Ablaufstörungen** bildet in einem komplexen Ereignis wie der Flugzeuginstandhaltung eher den Normalfall als die Ausnahme. So sind im Rahmen der täglichen Arbeitsdurchführung regelmäßig folgende ungeplante Einflüsse zu berücksichtigen:

- unerwarteter Non-Routine Aufwand,
- Ausdehnung des beauftragten Arbeitspakets durch den Kunden (*Request on additional Work*),
- Verschiebungen von Personalkapazitäten zugunsten einer anderen, höher priorisierten Liegezeit,
- Verzögerungen bei Materiallieferungen,
- verspätete Rücklieferungen aus den Werkstätten und von den Unterlieferanten,
- Verfügbarkeit der Dokumentation, Warten auf Herstelleranfragen,
- falsche Planungsannahmen,
- Betriebsmitteldefekte oder -störungen.

Aufgabe der Produktionsleitung ist es, diese Unzulänglichkeiten in den Instandhaltungsablauf weitestgehend störungsfrei zu integrieren. Unabhängig von den eingesetzten Steuerungs- und Überwachungsinstrumenten, gestaltet sich insbesondere bei größeren Anpassungen die Ermittlung der Auswirkungen teilweise schwierig. Während sich die unmittelbaren Folgen innerhalb des betroffenen Gewerks zumeist noch zuverlässig bestimmen lassen, bereitet eine gewerkeübergreifende Bewertung der mittelbaren Folgewirkungen in der betrieblichen Praxis regelmäßig Probleme.

Lassen sich die Störungen während des Instandhaltungsablaufs auch durch Maßnahmen der Gegensteuerung nicht beheben, so kommen als Ausweg nur eine Rückstellung

---

[15] So sind z. B. Critical Tasks möglichst nicht in Nachtschichten oder zumindest nicht im Zeitraum der größten Ermüdung (üblicherweise zwischen 2 und 4 Uhr) durchzuführen, vgl. AMC 145.A.47 (b).

bzw. Verschiebung von Teilen des Arbeitspakets oder eine Verlängerung des Instandhaltungsereignisses in Frage.

Im Übrigen findet die Produktionssteuerung nicht allein durch die Führungskräfte der Produktion statt. Auch jeder einzelne Instandhaltungsberechtigte trägt aktive Verantwortung. Dies ist insbesondere dann gefragt, wenn Arbeitsschritte aufgrund eines Schicht- bzw. Personalwechsels übergeben werden müssen. Hierzu muss die Organisation über ein formalisiertes Verfahren verfügen, das einen transparenten Kommunikationsfluss zwischen Übergebenden und Übernehmenden inklusive entsprechender Dokumentation (z. B. Schichtübergabebuch oder Abarbeitungsstand in der Arbeitskarte) sicherstellt.[16]

8.7 Line-Maintenance

8.7.1 Aufbau der Line-Maintenance

In Unterkapitel 8.2 wurde die Line-Maintenance charakterisiert als Instandhaltung, die weder einen umfangreichen Zerlegungsgrad noch eine komplexe Funktionsprüfung beinhaltet. Line-Maintenance muss mit einfachen Mitteln erfolgen. Line-Maintenance umfasst damit kleine i. d. R. geplante Wartungsereignisse. Sie umschließt aber auch ungeplante Instandhaltung, welche vor einem Flug durchgeführt werden muss, um die Lufttüchtigkeit des Flugzeugs bis zum nächsten geplanten Check sicherzustellen. Einen wichtigen Bestandteil der Line-Maintenance bildet zudem die Zurückstellung von Beanstandungen.

Da die Line-Maintenance nur kurze Instandhaltungsereignisse umfasst, wird das Flugzeug für deren Durchführung im Normalfall nicht aus dem Betrieb bzw. Flugplan genommen. Um dieses Ziel zu erreichen und die hohe Kapitalkostenbelastung eines Flugzeugs zu minimieren, wird im Zuge der Line-Maintenance mit Hilfe der folgenden Maßnahmen versucht, eine Kostenoptimierung zu erreichen:

- Minimierung der Instandhaltungsaktivitäten bzw. der Bodenzeiten des Flugzeugs,
- Einbeziehung von Instandhaltungsaspekten in die Einsatzplanung,
- Zurückstellung von Beanstandungen,
- soweit möglich, Nutzung der (nächtlichen) Betriebspausen für die Durchführung möglichst vieler Instandhaltungsmaßnahmen.

Nicht immer ist es möglich, Line-Maintenance am gut ausgerüsteten Heimatstandort des Instandhaltungsbetriebs (**Homebase**) durchzuführen. Gerade bei ungeplanter Instandhaltung kann die Notwendigkeit entstehen, diese am aktuellen Standort des Flugzeugs vorzunehmen. Daher verfügen große Fluggesellschaften an für sie bedeutenden Flughäfen oft über eigene Line-Maintenance Standorte (**Outstations**). Ist dies nicht gegeben (z. B. aus Kostengründen bzw. wegen mangelnder Frequenz), so ist die Wartung üblicherweise zu-

---

[16] vgl. IR Continuing Airworthiness EASA Part 145–145.A.47 (c).

mindest über einen Subcontractor sichergestellt. Sowohl an der Homebase als auch auf den Outstations wird zwischen Wartungsarbeiten auf dem Vorfeld (*Ramp*) bzw. in einer Line-Maintenance Halle einerseits sowie Arbeiten am Terminal andererseits, unterschieden. Während für die kleinen Checks über Nacht oder für schwierigere ungeplante Instandhaltung der Vorfeldbereich oder eine Wartungshalle genutzt wird, finden am Terminal mehrheitlich ungeplante und schnell lösbare Instandhaltungsaktivitäten während der Bodenzeit zwischen zwei Flügen statt.

Eine wichtige Rolle spielt in der Line-Maintenance das Control Center. Dies ist jene Organisationseinheit eines Instandhaltungsbetriebs, die sämtliche Line-Maintenance Aktivitäten eines Flugzeugs oder einer Flotte während des Betriebs plant und steuert. Dies erfolgt in Abstimmung mit der Flugbetriebsleitung des Flugzeughalters (i. d. R. die Airline). Somit fungiert das Line Maintenance Control Center (LMCC) zugleich als technische Schnittstelle zum Operator. Dies gilt nicht nur für Aktivitäten an der Homebase und an den eigenen Line-Outstations, sondern auch dann, wenn die geplante oder ungeplante Wartung durch einen fremden Instandhaltungsbetrieb durchgeführt wird.

Aufgaben eines Line-Maintenance Control Centers
- Sicherstellung aller geplanten Instandhaltungsaktivitäten
- Koordination und Steuerung aller Instandhaltungsmaßnahmen zwischen den Bodenzeiten
- Schnittstelle zur Flugbetriebsleitung in allen Fragen der Instandhaltung
- Steuerung und Überwachung des Servicing (Betankung, Verpflegung, Wasserversorgung etc.)
- Überwachung und Steuerung aller zurückgestellten Beanstandungen, ggf. Einsteuerung von dessen Behebung in Line-Maintenance Checks oder die Base-Maintenance
- Sicherstellung und Koordination der Materialbeschaffung und Bereitstellung von Personal/Know-how aus anderen Abteilungen (z. B. Engineering, Planung)
- Koordination der Instandhaltungsaktivitäten von Subcontractorn an Outstations.

Typisches Charakteristikum der Line-Maintenance ist eine breite Personalqualifikation. Die Instandhaltungsberechtigten müssen üblicherweise Gewerke übergreifend mit dem gesamten Luftfahrzeug, oftmals auch mit mehreren Flugzeugtypen, vertraut sein. Anders jedoch als in der Base-Maintenance wird in der Line-Maintenance somit zwar ein sehr breites Wissensspektrum, hingegen kein vergleichbar tiefgehendes Know-how gefordert. Schließlich ist Line-Maintenance durch einfache, wenig komplexe Instandhaltungsarbeiten ohne hohen Zerlegungsgrad gekennzeichnet.[17] Für die Freigabe von Flugzeugen reicht daher eine luftfahrtbehördliche Qualifikation der Kategorie B1 oder B2 mit Musterspezifizierung aus.

---

[17] zu den Details der produktiven Personalqualifizierung vgl. Kap. 10.2.

8.7.2 Ablauf der Line-Maintenance – Terminal

Die Vorbereitung der Line-Maintenance Aktivitäten kann bereits vor der Landung beginnen, sofern die Airline das ACARS Datenfunksystem als unterstützendes Instandhaltungssystem nutzt. Denn dieses erlaubt es, technische Fehlermeldungen noch während des Flugs automatisch oder manuell an den LMCC des Instandhaltungsbetriebs zu übermitteln.

> **ACARS** (*Aircraft Communicaions Adressing and Reporting System*) ist ein digitales Datenfunksystem zur Übermittlung von Nachrichten zwischen Verkehrsflugzeugen und Bodenstationen (Control Center, Flugüberwachung). Vergleichbar mit Handy-SMS erlaubt es die Kommunikation mit Luftfahrzeugen mittels Austausch von einfachen Nachrichten.
>
> Über ACARS werden einerseits die Crews mit flugrelevanten Daten versorgt, die über einen kleinen Drucker im Cockpit ausgedruckt werden (z. B. Betankungswerte, Verspätungsgründe, Wetterdaten, Enteisungsvorgänge, Loadsheet). Andererseits kann ACARS dazu genutzt werden, manuell oder automatisch Flugbetriebsdaten an die Bodenstation zu übermitteln.
>
> Das System wurde in den 70er Jahren entwickelt, um die Belastung der Sprechfunk-Frequenzen, die sich insbesondere in Ballungsgebieten zu einem Problem entwickelten, zu reduzieren. Durch die ACARS Einführung konnten insbesondere die Anzahl der Standard-Meldungen deutlich verringert werden. Jedoch zeichnet sich inzwischen auch eine Überlastung von ACARS ab, so dass in den nächsten Jahren dessen Ablösung durch VDL2 (*VHF Digital Link Mode 2*) zu erwarten ist.

Sobald das Flugzeug gelandet und am Finger des Terminals angedockt ist, beginnen die abschließenden Arbeiten im Rahmen des beendeten Flugs. Bereits während die Passagiere das Flugzeug verlassen, wird zugleich Gepäck und Fracht entladen. Unmittelbar im Anschluss erfolgt zudem die Kabinenreinigung und das Abpumpen des Abwassers. Parallel dazu wird der nächste Flug vorbereitet, u. a. indem Catering, Wasser, Fracht und Gepäck beladen und die Betankung vorgenommen wird.

Darüber hinaus beginnt die Arbeit des Instandhaltungspersonals in der Line-Maintenance. Den Ausgangspunkt diesbezüglicher Aktivitäten bilden Informationen bzw. Fehlermeldungen,

- die bereits während des Flugs über ACARS an das LMCC übermittelt wurden,
- die dem Instandhaltungspersonal nach der Landung über das Technical-Logbook oder Cabin Logbook bzw. durch die Crew mitgeteilt werden.

Sofern bereits während des Flugs über ACARS Fehlermeldungen an den LMCC übermittelt wurden, kann oftmals unmittelbar mit der Fehlersuche und -behebung begonnen werden. Da die Instandhaltung in diesem Fall über eine Vorbereitungszeit zwischen Meldung und Landung hat, steht unter Umständen bereits unmittelbar bei Ankunft des Flugzeugs am Terminal eine Lösung sowie erforderliches Material zur Verfügung. So kann die Nutzung von ACARS wesentlich dazu beitragen, die instandhaltungsbedingten Bodenzeiten zu minimieren und Verspätungen zu verhindern.

Zusätzlich zu etwaigen ACARS-Meldungen prüft das Instandhaltungspersonal nach Ankunft des Flugzeugs am Terminal das Technical Logbook. Soweit möglich, holt das Instandhaltungspersonal vor der Arbeitsdurchführung weiterführende Informationen der Flight-Crew ein, um mit einem möglichst breiten Wissen die Beanstandungsursachen zu identifizieren. Reichen diese Informationen nicht aus, ist ein Troubleshooting, d. h. eine komplexe Fehler- und Lösungssuche, ggf. unter Hinzuziehung des Engineerings, durchzuführen. Die Behebung der Beanstandung erfolgt schließlich stets auf Basis genehmigter Instandhaltungsvorgaben (z. B. AMM, CMM, EM, SRM). Bei erfolgreicher Fehlerbehebung werden die Arbeiten im Technical Logbook bescheinigt (abgeschrieben).

Beschreibung der **Line-Maintenance Abarbeitung** eines CAT B Mechanikers für einen A320 Flug während einer 70minütigen Bodenzeit. Der Jet aus Barcelona landete pünktlich um 16:30 Uhr in München. Der Weiterflug nach Wien erfolgte planmäßig um 17:40 Uhr.

16:05   *Instandhaltungsseitige Übernahme der Bodenzeit durch den Me-chaniker*
16:05   *Zugehörige Rückstellungen sowie ARCARS Meldungen in der IT ge-prüft*
16:10   *Material auf Basis neuer ARCARS Meldung bestellt*
16:25   *Material und Werkzeuge abgeholt*
16:35   *Flugzeug dockt am Gate an*
16:40   *Sichtprüfungen auf Schäden an Fahrwerken, Triebwerken, Haupt-steuerteilen und am Flugzeugrumpf*
16:45   *Passagiere haben Flugzeug verlassen*
16:45   *Abstimmung der Beanstandungen mit Kapitän, Prüfung des Techni-cal Logbooks (TLB)*
16:50   *Während der Flugzeuginnenreinigung wird versucht, alle im TLB vorhandenen Beanstandungen zu beheben und anschliessend im TLB abzuzeichnen*
16:55   *Schwerwiegenderes Problem an der APU Generator Controll Unit, Troubleshooting notwendig. Recherche in der Dokumentation*
17:10   *Problem gelöst, für Zweitkontrolle kommt ein zweiter Instandhal-tungskollege und führt Prüfung durch*
17:15   *Vier Beanstandungen im TLB werden für die Nachtschicht zurückge-stellt, Information an Cockpit Crew*
17:15   *Passagiere steigen ein*
17:20   *Release to Service wird im TLB ausgestellt*
17:30   *Flugzeug verlässt Parkposition und verlässt MUC in Richtung VIE*
17:35   *Im Nachgang werden durchgeführte Arbeiten am Arbeitsplatz im Hangar elektronisch dokumentiert*

Aufgrund des technischen Umfangs und der Komplexität von Instandhaltungsarbeiten, können diese länger andauern, als die geplante Bodenzeit des Flugzeugs. Um in diesen Fällen den Flugbetrieb nicht zu beeinträchtigen, werden nicht alle Beanstandungen sofort nach deren Auftreten bzw. Identifizierung behoben. Dies gilt im Besonderen auf Outstations, weil nicht für alle Beanstandungsbehebungen hinreichend qualifiziertes Personal zur Verfügung steht und oftmals eine eingeschränkte Material- und Betriebsmittelverfügbarkeit gegeben ist. Aus diesem Grund ist die **Zurückstellung von Beanstandungen** (*Deferred Defects*) ein typisches Charakteristikum von Line-Maintenance. Die Beanstandungen werden dann in Übereinstimmung mit der Minimum Equipment List und den relevanten Instandhaltungsvorgaben bei nächster Gelegenheit durchgeführt (z. B. bei nächster Landung an der Homebase oder beim nächsten planmäßigen Check). Bis dahin erfolgt eine Bescheinigung der Zurückstellung (u. a. durch Vermerk im technischen Bordbuch).

Ist eine Zurückstellung nicht zulässig, so befindet sich das Flugzeug bis zur Behebung der Beanstandung in einem nicht lufttüchtigen Zustand. Das Flugzeug darf keine weiteren Flüge absolvieren. Es liegt dann ein sog. **AOG**-Fall (*Aircraft on Ground*) vor. In einer solchen Situation gilt es, die Instandhaltung schnellstmöglich durchzuführen und ggf. erforderliche Ersatzteile bei höchster Beschaffungspriorität an das Flugzeug zu bringen. Ziel ist es, das Luftfahrzeug umgehend wieder in einen lufttüchtigen Zustand zu versetzen, um Verspätungen im Flugbetrieb sowie damit verbundene Kosten zu minimieren.

8.7.3 Ablauf der Line-Maintenance – Ramp und Hangar

Neben der Line-Maintenance am Terminal wird diese auch auf der Ramp oder im Hangar durchgeführt. Das Aufgabenspektrum unterscheidet sich jedoch leicht von den Instandhaltungsarbeiten am Terminal. Der Schwerpunkt liegt hier in der

- Durchführung kleiner Checks gem. Instandhaltungsprogramm (z. B. A, R- und S-Checks), üblicherweise in Verbindung mit der
- Behebung angesammelter zurückgestellter Beanstandungen und ggf. der
- Abarbeitung komplexer AOG Findings.

Für derlei Instandhaltungsaktivitäten wird das Flugzeug üblicherweise in den Instandhaltungsbereich des Flughafens geschleppt und dort entweder vor oder in einer Halle abgestellt, um einen unmittelbaren und raschen Zugang zu den Betriebsstätten und Betriebsmitteln zu gewährleisten.

Dabei wird das Flugzeug jedoch nicht umfangreich eingedockt, sondern nur die unbedingt benötigten Zugangsplattformen und Arbeitsbühnen eingesetzt. Im Anschluss beginnen die eigentlichen Instandhaltungsarbeiten entsprechend des geplanten Arbeitspakets. Hierzu werden die Routine-Instandhaltungsmaßnahmen wie Sichtkontrollen, Funktionstests oder Wechsel von Komponenten und Teilen gemäß Arbeitskarten durchgeführt und bescheinigt. Treten dabei Beanstandungen zu Tage, so werden diese als Non-Routine

Punkte (Items) erfasst und – soweit möglich – im Zuge des laufenden Checks auf Basis genehmigter Instandhaltungsvorgaben (SRM, AMM, CMM, etc.) behoben und bescheinigt. Falls die Zeit nicht ausreicht und soweit dies zulässig ist, wird die Beanstandung auf ein späteres Ereignis zurückgestellt.

Darüber hinaus werden die Line-Maintenance Checks auch dazu genutzt, zurückgestellte Beanstandungen, die seit dem letzten Check aufgelaufen sind, zu beheben. Anders als bei den, während des Checks identifizierten Non-Routine Findings, lassen sich die zurückgestellten Beanstandungen relativ präzise in die Liegezeit einplanen. Schließlich liegen üblicherweise zum Zeitpunkt der Liegezeit bereits Informationen zu Art und Umfang des Fehlers und ggf. der Fehlerbehebung vor. Daher ist dann auch eine unmittelbare Verfügbarkeit von Material und Betriebsmitteln gewährleistet.

Sind alle Instandhaltungsarbeiten abgeschlossen und bescheinigt oder erneut zurückgestellt, so kann das Flugzeug wieder für den Flugbetrieb freigegeben werden. Hierzu muss der freigabeberechtigte Mitarbeiter eine Flugzeugfreigabebescheinigung (*Certificate of Release to Service*) ausstellen.

Geplante Line-Maintenance Aktivitäten werden oftmals auch über Nacht durchgeführt, um die Bodenzeiten des Flugzeugs zu minimieren.

8.8 Base-Maintenance

8.8.1 Basismerkmale der Base-Maintenance

In Unterkapitel 8.2 wurde bereits dargelegt, dass Base-Maintenance (*Heavy-Maintenance*) definitorisch immer dann vorliegt, wenn die Line-Maintenance Kriterien des EASA Part 145 nicht erfüllt sind. Die Bestimmung erfolgt somit nach dem Ausschlussprinzip.

Die klassischen Merkmale eines Base-Maintenance Ereignisses sind eine hohe Eindringtiefe bzw. ein umfangreicher Zerlegungsgrad. Darüber hinaus beträgt die Länge der Liegezeit meist eine oder mehrere Wochen und nicht wenige Tage oder einige Stunden, wie dies in der Line-Maintenance üblich ist. Zugleich stellen die Komponenten- und Motoreninstandhaltung in der Base-Maintenance eigene Disziplinen dar, die ereignisbezogen geplant und gesteuert werden müssen.

Beispiele für typische Base-Maintenance Ereignisse sind:

- Letter-Checks ab C-Check,
- Modifikationen,
- Umsetzung umfangreicher Airworthiness Directives oder Engineering Orders,
- Flugzeuglackierungen.

Da das Luftfahrzeug für die Base-Maintenance temporär aus dem Flugbetrieb genommen wird, orientiert sich die tägliche Arbeitserfüllung während der Liegezeit nicht am Flugplan, sondern am geplanten Abarbeitungsgrad. Dabei ist zwar der kalendarische Gesamtrahmen des Ereignisses begrenzt, weil das Flugzeug so schnell wie möglich wieder in den Flugbetrieb eingegliedert werden soll. Im Gegensatz zur Line-Maintenance existieren jedoch erhebliche Spielräume im Rahmen der Disposition.

In der Base-Maintenance verteilt sich der Druck der Termineinhaltung bedingt durch den hohen Personaleinsatz auf eine große Anzahl an Mitarbeitern – anders als in der Line-Maintenance, bei der die Verantwortung für die pünktliche Flugzeugfreigabe von einem oder wenigen Instandhaltungsmitarbeitern getragen wird. Der einzelne Mitarbeiter arbeitet in der Base-Maintenance somit losgelöst vom unmittelbaren Zeitdruck des Flugbetriebs, der für Line-Ereignisse vielfach charakteristisch ist. Dieser Druck konzentriert sich in der Base-Maintenance daher primär auf die Produktionsleitung, die mit einer intelligenten Ereignisplanung und -steuerung den mit der Airline vereinbarten Abgabetermin sicherzustellen hat.

Im Rahmen der Personalqualifizierung ist die Base-Maintenance durch den Einsatz von Spezialisten gekennzeichnet. Während in der Line-Maintenance eher Allrounder gefragt sind, werden in die Heavy-Maintenance aufgrund der hohen Eindringtiefe und des Zerlegungsgrads Instandhaltungsberechtigte mit hohen Detailkenntnissen gefordert. So kann das gesamte technische Instandhaltungsspektrum eines Flugzeugtyps und der zugehörigen Systeme und Komponenten abgedeckt werden. In der Praxis erfolgt dies durch eine umfassende Arbeitsteilung und eine Spezialisierung auf Gewerke (Avionik, Struktur, Mechanik, Komponenten, Triebwerke etc.).

Da die Anforderungen an die Base-Maintenance umfassender sind, schließt die zugehörige Behördengenehmigung die Erlaubnis zur Durchführung von Line-Maintenance ein.

8.8.2 Ablauf einer Base-Maintenance Liegezeit in der Produktion

8.8.2.1 Vorbereitung einer Liegezeit

Den Anfang der Instandhaltungsaktivitäten im Dock bildet die Übergabe des Checks von der Arbeitsvorbereitung an die Produktionssteuerung. Hierzu zählt der Informationstransfer hinsichtlich des Arbeitsumfangs (Routine Arbeitspaket, ADs, SBs, Modifikationen) und die Übergabe der Arbeitskarten. Dort wird dann der Arbeitskartenumfang geprüft und eine Verteilung nach Gewerken (Avionik, Elektrik, Struktur etc.) und Qualifikation vorgenommen. Im Rahmen der Materialversorgung ist zudem kurz vor Liegezeitbeginn zu prüfen, ob die benötigten Materialien und Bauteile zum Bedarfszeitpunkt nicht nur auf Lager sein werden, sondern auch, ob eine anforderungsgerechte Bereitstellung bzw. Kommissionierung am Arbeitsplatz gewährleistet ist.

Vor Ankunft des Flugzeugs sind darüber hinaus Bauteile und Materialien, welche sich im Dock befinden und nicht dem anstehenden Check zuzuordnen sind, aus dem unmittelbaren Arbeitsbereich der anstehenden Liegezeit zu entfernen. Zugleich sind jene Betriebsmittel, Anlagen oder Ground Equipment bereitzustellen, die bei Ankunft des Flugzeugs benötigt werden.

Bei Flugzeugen, die aus dem EU-Ausland eintreffen, ist ggf. die Zollabwicklung vorzubereiten.

8.8.2.2 Annahme und Einrüstung des Flugzeugs

Nach der Ankunft erfolgt zunächst die Abwicklung etwaiger Zollformalitäten für Crew und Beladung. Zudem findet die Entladung und Einlagerung des Cargo-Equipments statt. Aus den Flugzeugtanks wird der Treibstoff abgepumpt. Dies darf aus Gründen der Sicherheit und des Umweltschutzes nur auf ausgewiesen Flächen und niemals im Hangar geschehen. Zu Beginn des Checks finden darüber hinaus erste Kontrollen am Flugzeug statt (z. B. Außenprüfung, Kabinenbegehung einschließlich Feststellung und Dokumentation von Schäden, ggf. Abschuss von Notrutschen).

Im Anschluss wird das Flugzeug in den Hangar geschleppt. Da der Schlepperfahrer aufgrund der Größe eines Flugzeugs nie vollumfänglichen Blick auf das Fluggerät hat, ist der Schleppvorgang immer mit mehreren Personen durchzuführen. Insbesondere im Innenbereich des Hangars ist mit hinreichendem Personaleinsatz sowie vorher festgelegten Kommunikationsmitteln sicherzustellen, dass Kollisionen mit den Hallentoren, mit Dockanlagen, Pfeilern sowie mobilem Arbeitsgerät oder mit anderen Flugzeugen verhindert werden.

Sobald das Flugzeug ins Dock geschoben wurde, wird es gemäß Arbeitskarte bzw. Aircraft-Maintenance Manual mit Hydraulikhebern aufgebockt, um im weiteren Check-Verlauf den Ausbau und die Instandhaltung der Fahrwerke zu ermöglichen.

Danach wird das Flugzeug mit Hilfe der Dockanlagen, Gerüste und Arbeitsbühnen eingerüstet, um während der Liegezeitdurchführung Zugang zu allen Bereichen des Luftfahrzeugs sicherzustellen. Dabei ist u. a. darauf zu achten, dass durch Absturzsicherungen und Anbringung von Warnhinweisen den Anforderungen des Arbeitsschutzes Rechnung getragen wird. Zudem ist bereits im Zuge der Einrüstung der Platzbedarf für spätere Funktionskontrollen (z. B. an Ruder, Stabilizers, Slats, Flaps) zu berücksichtigen. Bestandteil der Flugzeugeinrüstung bildet ebenfalls die Bodenversorgung mit Strom, Hydraulik, Pneumatik und Frischluft.

8.8.2.3 Abarbeitung der Liegezeit

Nach der Annahme und Einrüstung des Flugzeugs beginnen die eigentlichen Instandhaltungsaktivitäten. Zunächst werden Fahrwerke und ggf. die Triebwerke abgebaut und zur Überholung in die Werkstätten oder zu einem Unterlieferanten transportiert.

Parallel dazu wird im Zuge der Abarbeitung des Routine-Arbeitspakets die Struktur freigelegt, es erfolgen Routinekontrollen an Strukturelementen und eingebauten Bauteilen (NDT-, Sichtkontrollen, Funktionstests etc.). Dabei werden immer auch Non-Routine Items identifiziert, deren Behebungen oder Reparaturen entweder unmittelbar erfolgen oder bei aufwendigeren Maßnahmen in die Liegezeitplanung eingesteuert werden. Befund-Identifizierungen in einer frühen Phase der Liegezeit erweisen sich dabei insofern als vorteilhaft, weil hinreichend Zeit für deren Abarbeitung, z. B. für die Materialbeschaffung, Herstelleranfragen und Durchführung, verbleibt.

Neben den Instandhaltungsaktivitäten an fest verbauten Flugzeugbestandteilen werden im Zuge der Check-Durchführung zudem Komponenten routinemäßig oder auf Basis von Findings ausgebaut. Die ausgebauten Teile müssen als einbaufähig (*serviceable*) oder nicht einbaufähig (*unserviceable*) gekennzeichnet und zur Prüfung und Überholung getrennt voneinander gelagert und an die Werkstätten übergeben werden.[18]Dort werden die Teile geprüft, ggf. zerlegt und nach deren Instandhaltung zurück an das Flugzeug geschickt.

Ausnahmslos alle Instandhaltungsaktivitäten finden dabei auf Basis genehmigter Instandhaltungsdokumente (Approved Maintenance Data) statt. Eigenmächtige, nicht von einem zugelassenen Entwicklungsbetrieb freigegebene Instandhaltungsverfahren sind nicht zulässig.

Parallel zu den eigentlichen Maintenance Aktivitäten werden – sofern beauftragt – auch SBs und ADs umgesetzt oder Modifikationen ausgeführt. Gerade bei Letzteren muss vielfach mit einem erhöhten Aufwand gerechnet werden, wenn es sich um die ersten Liegezeiten einer ganzen Flotte handelt. Im Zuge der Modifikationsarbeiten treten regelmäßig Kinderkrankheiten zu Tage, die in der Entwicklung nicht zum Vorschein kamen oder keine Berücksichtigung fanden und erst durch Nacharbeiten in Engineering und Produktion beseitigt werden können.

Während die Abarbeitungsreihenfolge im Vorfeld der Liegezeit in der Arbeitsplanung festgelegt wurde, ist die Produktionsleitung im Verlauf der Liegezeit für die Überwachung und Einhaltung des Terminplans verantwortlich. So erfolgt parallel zur Arbeitsdurchführung die laufende Produktionssteuerung. Typischerweise wird die Messung oder (oftmals nur) Abschätzung des Arbeitsfortschritts über eine Verfolgung von aus- und zurückgegebenen Arbeitskarten vorgenommen. Lassen sich daraus Abweichungen zum Abarbeitungsplan erkennen, z. B. aufgrund unvorhergesehener Erhöhung des Arbeitsaufwands oder Verzögerungen im Arbeitsablauf, muss dieser, möglichst unter Einhaltung des Abgabetermins, angepasst werden.

Nachdem eine Liegezeit im Wesentlichen abgearbeitet ist, schließt sich den eigentlichen Instandhaltungsaktivitäten in Abhängigkeit des Checks bzw. des beauftragten Arbeitspaket ggf. eine Lackierung des Flugzeugs an. Für die Lackierung ist das Flugzeug aus dem Instandhaltungshangar aus- und in der Lackierhalle einzudocken. Nach vorbereitenden Maßnahmen, wie z. B. Abklebungen, Vorbereitung der Farbmischungen und Abstimmung des Lackiervorgehens werden die Lackierarbeiten am Flugzeug durchgeführt. Umfangreiche Lackierarbeiten dürfen nur in einer dafür hergerichteten Lackierhalle vorgenommen werden, um die geforderten Arbeitsbedingungen (z. B. Temperatur, Luftfeuchtigkeit) sowie die Anforderungen an den Umwelt- und Arbeitsschutz zu erfüllen.

8.8.2.4 Qualitätskontrollen und Flugzeugfreigabe

Typisches Merkmal von Base-Maintenance Checks ist das Vorhandensein von **Unterstützungspersonal mit Freigabeberechtigung** der Kategorien B1 und B2 (sog. *Support Staff*), das den Freigabeberechtigten (CAT C) während der gesamten Liegezeit im Rahmen der Qualitätssicherung unterstützt.[19]

Das Support Staff hat sicherzustellen, dass alle Aufgaben vollständig und entsprechend den Vorgaben innerhalb des betrieblichen Genehmigungsumfangs durchgeführt werden.

---

[18] vgl. IR Continuing Airworthiness EASA Part 145–145.A.42 (d).
[19] vgl. IR Continuing Airworthiness EASA Part 145–145A.35 (h).

Support Staff ist somit für die Überwachung der Einhaltung der technischen, organisatorischen und personellen Voraussetzungen während der Abarbeitung einer Base-Maintenance-Liegezeit verantwortlich. Das Tätigkeitsspektrum des Unterstützungspersonals umfasst dabei vor allem Dokumentenprüfungen und technische Stichproben. Art und Umfang der Prüfungen liegen im Ermessen des Support Staffs und sollte sich an den individuellen Gegebenheiten der Liegezeit orientieren.

Der Prüf- und Überwachungsumfang des Support Staffs umfasst primär die Prüfung der folgenden Dokumente und Arbeitsgebiete:

- Anwendung der korrekten Instandhaltungsvorgaben (Approved Maintenance Data) gemäß dem angewiesenen Revisionsstand auf Basis der Kundenvorgabe,
- Aktualität und Richtigkeit der Arbeitskarten,
- korrekte (qualifikationskonforme) Bescheinigung von Arbeitskarten und Bauteilfreigabedokumenten,
- durchgängige Einhaltung der betrieblichen Vorgabedokumentation sowie des betrieblichen Genehmigungsumfangs,
- korrekte Durchführung und Dokumentation schichtübergreifender Arbeiten,
- Personalverfügbarkeit entsprechend der Qualifikationsbedarfe,
- Begleitung und Überwachung komplexer Non-Routine Findings.

Unmittelbar vor Ausstellung der Freigabebescheinigung für das Flugzeug, dem **Certificate of Release to Service** (**CRS**), obliegt dem Support Staff die Aufgabe zu prüfen, dass alle Routine-Arbeitskarten vollständig abgearbeitet und korrekt bescheinigt wurden. Zudem muss das Support Staff kontrollieren, dass alle Non-Routine Items entweder abgeschlossen oder zurückgestellt wurden.[20] Ist dies nicht gegeben, müssen die Open Items vor der Freigabe behoben oder einer Klärung herbeigeführt werden. Abschließend ist durch das Unterstützungspersonal die Vollständigkeit und Richtigkeit der Einträge in das Ground Logbook und die Borddokumente zu prüfen.

Vor der Freigabe des Flugzeugs prüft der Freigebende (Qualifikationsvoraussetzung: AML CAT C) ebenfalls die Instandhaltungsdokumentation und somit zugleich die Arbeit seines Support Staffs. Dazu ist der Freigebende berechtigt, weitere oder erneute Kontrollen und Überprüfungen in eigenem Ermessen festzulegen. Der Freigabeberechtigte ist in allen Entscheidungen der Freigabe unabhängig von Weisungen der Vorgesetzten.

Sind alle Instandhaltungsarbeiten und die zugehörigen Prüfungen abgeschlossen, so wird das Certificate of Release to Service vor dem Flug ausgestellt. Das geschieht unabhängig davon, ob ein Testflug vorgesehen ist oder ob das Flugzeug im Anschluss direkt an den

---

[20] Eine Zurückstellung von Beanstandungen ist in der Base-Maintenance nicht ungewöhnlich, findet aber überwiegend zum Ende eines Instandhaltungsereignisses statt, z. B. um den Abgabetermin nicht zu gefährden. Solche unvollendeten Arbeiten müssen dem Luftfahrzeugbetreiber vor Flugzeugfreigabe mitgeteilt werden, vgl. IR Continuing Airworthiness EASA Part 145–145.A.50 (c).

Kunden übergeben wird. Mit der Ausstellung dieser Freigabebescheinigung bestätigt der freigabeberechtigte Mitarbeiter im Namen des Betriebs, dass die Instandhaltung:

- durch eine behördlich anerkannte Maintenance-Organisation im Rahmen des zugelassenen Genehmigungsumfangs,
- gemäß den genehmigten betrieblichen Verfahren,
- nach zugelassenen Instandhaltungsvorgaben,
- vollständig entsprechend des beauftragten Arbeitsumfangs.

Ordnungsgemäß durchgeführt wurde und keine bekannten Tatbestände der Nichterfüllung vorliegen, die die Flugsicherheit ernsthaft gefährden.[21]

8.8.2.5 Flugzeugabgabe

Nachdem die Instandhaltungsaktivitäten im Wesentlichen abgeschlossen sind, beginnen die Vorbereitungen der Flugzeugabgabe. Diese weisen eine hohe Ähnlichkeit mit den Aktivitäten zur Flugzeugannahme und -einrüstung in umgekehrter Reihenfolge auf. Zunächst sind Gerüste und Arbeitsbühnen zu entfernen, das Flugzeug wird abgebockt und aus dem Hangar geschleppt. Sobald das Flugzeug das Dock verlassen hat und die abschließenden Instandhaltungsarbeiten nur noch auf dem Vorfeld stattfinden, ist der Hallenplatz bereits auf die nächste Liegezeit vorzubereiten.

Auf dem Vorfeld werden abschließende Inspektionen (z. B. Dichtigkeitsprüfungen) vorgenommen. In Abhängigkeit der durchgeführten Instandhaltungsmaßnahme ist ggf. ein Testflug durchzuführen, der dazu dient, die Funktionsfähigkeit von Systemen zu prüfen, die nur im Flug vollumfänglich belastet werden können. Ein solcher Testflug findet dann auf Basis eines fest definierten Testflugplans und eines im Vorwege festgelegten Flugprofils statt. Während des Flugs wird der Testplan entsprechend der vorgegebenen Struktur abgearbeitet. Nach Auswertung der Testergebnisse schließen sich dem Flug üblicherweise nochmals Korrekturmaßnahmen und Inspektionen am Boden an.

Ist schließlich das gesamte Arbeitspaket der Liegezeit vollständig abgearbeitet und sind etwaige Beanstandungen des Testflugs abgeschlossen oder ordnungsgemäß zurückgestellt worden, erfolgt die finale Freigabe des Flugzeugs durch erneute Ausstellung eines Certificate of Release to Service.

Darauf aufbauend kann das Flugzeug an den Operator übergeben und wieder in den Flugbetrieb überführt werden. Seitens des Instandhaltungsbetriebs sind dem Luftfahrzeugbetreiber neben dem CRS auch die Originale aller Bauteilfreigabebescheinigungen sowie etwaiger Reparatur- und Änderungsdokumentation zu übergeben.[22] Viele Luftfahrzeugbetreiber verlangen überdies Kopien aller bescheinigten Arbeitskarten.

---

[21] vgl. IR Continuing Airworthiness EASA Part 145–145.A.50 i. V. m. 145.A.70 und 145.A.45.
[22] vgl. IR Continuing Airworthiness EASA Part 145–145.A.55 (b) sowie EASA Part-M, M.A. 614 (b), luftrechtlich ist es ausreichend, Kopien an den Halter zu übermitteln. In der betrieblichen Praxis ist es jedoch üblich, die Originale zu übergeben, so dass der Instandhaltungsbetrieb die Kopien aufbewahrt.

8.9 Bauteilinstandhaltung

8.9.1 Typische Struktur von Instandhaltungswerkstätten

Zwar findet ein bedeutender Teil der Instandhaltung On-Wing im Hangar, also unmittelbar am Luftfahrzeug statt, jedoch werden auch viele Bestandteile eines Flugzeugs ausgebaut und zur Überholung in Fachwerkstätten weitergeleitet. Dort stehen dann neben spezialisiertem Personal auch entsprechende Betriebsmittel zur Verfügung. Die in diesen Werkstätten wahrgenommenen Aktivitäten reichen von der Reinigung, Adjustierung oder Rissprüfung bis hin zur kompletten Zerlegung, Instandhaltung und Modifikation von Komponenten und Systemen. Typische Beispiele für Ausbauteile sind Hydraulikpumpen, Fahrwerkskomponenten, Navigationsinstrumente, Bordküchen, Sitze, Bordtoiletten.

In vielen Instandhaltungsbetrieben wird zwischen Fachwerkstätten (*Shops* oder *Backshops*) für mechanische Bauteile sowie für Avionikkomponenten unterschieden. Darüber hinaus existiert im Normalfall eine eigene Werkstatt für die Überholung von Triebwerken und Propellern[23] sowie für Hangar-nahe Instandhaltungsaktivitäten (Maintenance-Support-Shops). In Abhängigkeit der Größe und Struktur der Instandhaltungsorganisation sind diese Fachwerkstätten weiter untergliedert. Der Markt für Bauteilinstandhaltung wird nicht nur durch klassische Luftfahrzeuginstandhaltungsbetriebe abgedeckt. Auch Maintenance Organisationen weltweit operierender Geräteherstellern und kleine, unabhängige aber genehmigte Fachwerkstätten bedienen den Markt, wenngleich mit spezialisiertem Leistungsportfolio. Die im Folgenden dargestellten Bereiche der Bauteilinstandhaltung bilden die klassische Unterscheidung im Rahmen der Luftfahrzeuginstandhaltung:

- Fachwerkstatt für Mechanik,
- Avionik Werkstatt,
- unterstützende Instandhaltungswerkstätten (Maintenance-Support-Shops),
- zerstörungsfreie Materialprüfung.

In einer **Fachwerkstatt für Mechanik** werden neben mechanischen Bauteilen üblicherweise auch hydraulische und pneumatische Geräte, Baugruppen und Sauerstoffsysteme instand gehalten, repariert und modifiziert. Typische Beispiele aus den genannten Instandhaltungsbereichen sind Steuergeräte, Hydraulikpumpen und -motoren bzw. Flight Controls, Fahrwerkskomponenten, Notrutschen, Hydraulik- oder Pneumatikventile oder Versorgungselemente für Heißluft- und Sauerstoffversorgung. Größere Instandhaltungsbetriebe zeichnen sich üblicherweise durch eine hohe Spezialisierung aus. Die Bereiche Hydraulik, Mechanik und Pneumatik unterteilen sich bei diesen unter Umständen in verschiedene Werkstätten. Auch die Instandhaltung von Rädern und Bremsen sowie von Rettungs- und Sicherheitselementen findet ggf. in jeweils unterschiedlichen Backshops statt.

In einer **Avionik Werkstatt** wird Instandhaltung an elektrischen bzw. elektronischen Luftfahrzeugbauteilen und -systemen durchgeführt. Typische Beispiele für Avionikkom-

---

[23] Eine Auseinandersetzung mit Triebwerken und Propellern findet im nächsten Kapitel statt.

ponenten sind Anzeigegeräte und Überwachungsinstrumente, Kommunikationsanlagen, Navigationsinstrumente und -systeme, Flugrechner und Flugdatenrecorder, Bussysteme, Generatoren, Elektroantriebe, Batterien, Triebwerkregelinstrumente und -überwachungsgeräte. Die Verschiedenartigkeit und Komplexität des Instandhaltungsumfangs erfordern gerade in diesem Bereich ein hohes Maß an Spezialwissen. Dies gilt umso mehr, da in der Avionik seit einigen Jahren ein Trend zur Substitution von elektromechanischen durch elektronische Bauteile zu beobachten ist. Auch im Bereich der Avionik sind Umfang und Struktur der Backshops abhängig von der Größe des Instandhaltungsbetriebs.

Darüber hinaus gibt es in vielen Instandhaltungsbetrieben Werkstätten, die unmittelbar dem Hangar zugeordnet sind. Die Aktivitäten in **Maintenance-Support-Shops** sind breit gefächert und umfassen unter anderem Schweißarbeiten, Metall- sowie Oberflächenbearbeitung oder Cabin-Refurbishment (z. B. Bestuhlung). Typischerweise in das Aufgabengebiet der Maintenance-Support-Shops fällt ebenfalls die Anfertigung von Teilen im Rahmen der Instandhaltung.[24] Charakteristisch für die Aktivitäten in Maintenance-Support-Shops ist üblicherweise ein fehlender Bezug zum Instandhaltungsprogramm bzw. MRB-Report. Oftmals basieren die Tätigkeiten auf Non-Routine Findings, Modifikationen und Refurbishment-Maßnahmen sowie auf SBs und ADs.[25]

Neben der Bauteilinstandhaltung verfügt ein Instandhaltungsbetrieb stets über eine Werkstatt für **zerstörungsfreie Materialprüfungen** (*Non-Destructive Test – NDT*). Dessen Aufgabe ist es, mit Hilfe besonderer Prüfverfahren, den Zustand bzw. die Qualität eines Werkstoffes zu bestimmen, ohne dabei das Material bzw. Bauteil selbst zu beschädigen. Typische Anwendungsfelder des NDT sind die Ermittlung der Fehlerfreiheit und Belastbarkeit von Schweißnähten oder mechanisch stark beanspruchter Strukturen. Ein klassisches Beispiel sind zudem Rissprüfungen, insbesondere von Triebwerkteilen, die im Betrieb einer außerordentlichen Belastung ausgesetzt sind.

Im Rahmen der zerstörungsfreien Materialprüfung kommen primär die folgenden Verfahren zur Anwendung:

- Durchstrahlungsprüfung auf Basis von Röntgen- oder Gamma Bestrahlung,
- Magnetpulverprüfung,
- Wirbelstromprüfung,
- Eindringverfahren,
- Ultraschallprüfung.

Meist ist das NDT den Maintenance Support Shops zugeordnet oder es ist Teil der Triebwerkinstandhaltung, da in diesen Werkstätten der größte Bedarf an zerstörungsfreier Materialprüfung besteht.

---

[24] Neben der Instandhaltung sind 145er-Organisationen berechtigt, eine begrenzte Anzahl von Teilen, die im Rahmen der anstehenden Arbeiten verwendet werden, in den eigenen Shops anzufertigen. Für eine Detaillierung sowie Einschränkungen vgl. IR Continuing Airworthiness EASA Part 145–145.A 42 (c).

[25] vgl. Kinnison (2004), S. 159.

8.9.2 Ablauf der Bauteilinstandhaltung

Nachdem die betroffenen Bauteile am Flugzeug freigelegt und ausgebaut wurden, sind etwaige Befundstellen zu markieren. Teile, die nicht sofort wieder in das Luftfahrzeug eingebaut werden, sind unmittelbar nach deren Ausbau mit einem ***unserviceable*** Anhänger (*Tag*) zu versehen und stets getrennt von verwendbaren Teilen zu lagern.[26] Auf diese Weise soll die Gefahr einer versehentlichen Wieder-in-Verkehr-Bringung reduziert werden. Nach entsprechender Kennzeichnung erfolgt der Transport in den zuständigen Backshop.

Nach Ankunft der Bauteile in der Fachwerkstatt ist zunächst die dem Bauteil beigefügte Dokumentation zu prüfen. Es folgt die Befundung auf Basis der genehmigten Instandhaltungsdokumentation. Etwaige Findings sind zu dokumentieren und zu beheben. Nach vollständiger Beendigung der angewiesenen Arbeiten und Behebung der Beanstandungen ist üblicherweise ein Funktionstest durchzuführen, um sicher zu gehen, dass die Instandhaltung erfolgreich abgeschlossen wurde. Sind alle Prüfungen einwandfrei abgelaufen, ist die erfolgreiche Durchführung der Instandhaltung abschließend in der Arbeitskarte zu bestätigen. Soweit Zertifikate von eingebauten Materialien oder Sub-Assies vorliegen, sind diese beizufügen. Schließlich erfolgt die Freigabe durch Ausstellung des Bauteilfreigabezertifikats (im Normalfall EASA Form 1).

Im Anschluss an die Instandhaltung wird die Rücklieferung des Bauteils einschließlich Freigabebescheinigung an das Dock angewiesen. Nach dem Wiedereinbau in das Flugzeug wird die EASA Form 1 vom Bauteil entfernt und zusammen mit der abgestempelten Einbauarbeitskarte an die Abrechnungs- bzw. Archivierungsabteilung geschickt. Dort wird der Bauteilwechsel dann als erledigt gebucht.

Neben einer Instandhaltung kann in den Fachwerkstätten auch die Entscheidung zugunsten einer **Verschrottung** von Bauteilen erfolgen. Dies geschieht zum Beispiel bei Verschleiß- und sicherheitsrelevanten Teilen oder bei Bauteilen, für die keine Instandhaltungsvorgaben des Herstellers vorliegen. Life limited Parts werden entweder instand gehalten oder auf Basis der Laufzeitverfolgung rechtzeitig aus dem Verkehr gezogen und verschrottet. Den Ausschlag zugunsten einer Verschrottung können neben diesen technischen Gründen auch wirtschaftliche Gesichtspunkte geben, wenn die Kosten der Instandhaltung, die der Neubeschaffung übersteigen. Bauteile, die zur Verschrottung vorgesehen sind, müssen als Ausschuss ausgewiesen werden und sind grundsätzlich so zu bearbeiten (physisch zerstört), dass eine Wieder-in-Verkehr-Bringung in den Materialkreislauf ausgeschlossen ist.[27]

Exkurs: Geräte-Pooling Große Instandhaltungsbetriebe bieten teilweise neben den Standard-Instandhaltungsleistungen ein Komponenten-Pooling für Luftfahrzeugbetreiber an. Die Pool-Teilnehmer erhalten mit ihrem Beitritt Zugriff auf den Pool und können auf die darin befindlichen Luftfahrzeug-Komponenten entsprechend den individuellen Nutzungsvereinbarungen zugreifen.

---

[26] vgl. IR Continuing Airworthiness EASA Part 145–145.A 42 (d) und entsprechende AMC.

[27] Für Details zur Materialverschrottung siehe Abschn. 9.2.5.

> **Closed-Loop Instandhaltung**
> Grundsätzlich sind Bauteile nach Instandhaltung und vor einem erneuten Einbau mit einer EASA Form 1 freizugeben. Jedoch kann hierauf verzichtet werden, wenn eine Komponente für den eigenen Gebrauch instand gehalten wird.[28] In diesem Fall muss jedoch ein geschlossener Kreislauf (*Closed-Loop*)[29] etabliert werden, der mit dem Ausbau aus einem Luftfahrzeug beginnt, mit der Werkstattreparatur fortgeführt wird und mit dem Wiedereinbau im gleichen Luftfahrzeug endet.
>
> Das Closed-Loop Verfahren kann für einen Maintenance-Betrieb attraktiv sein, weil der Dokumentationsaufwand geringer ist als bei Bauteilfreigaben mit offiziellem Freigabezertifikat. Voraussetzung für die Zulässigkeit der Closed-Loop Instandhaltung ist das Vorhandensein eines entsprechend etablierten und dokumentierten Prozesses. Dieser muss i. d. R. durch die zuständige Luftfahrtbehörde genehmigt sein. Neben den Anwendungsvoraussetzungen ist dabei vor allem das Freigabeverfahren zu beschreiben. Üblicherweise erfolgt die Closed-Loop Freigabe durch Abstempeln (bescheinigen) der Instandhaltungsarbeiten auf der Bauteil-Arbeitskarte seitens des Instandhaltungsberechtigten.

Ist während der Laufzeit des Poolvertrags ein Komponentenwechsel vorzunehmen, so werden dem Luftfahrzeugbetreiber die Bauteile durch den Pooling-Anbieter zur Verfügung gestellt. Ist der Pool-Anbieter zugleich Instandhaltungsbetrieb der Airline, so nimmt dieser ggf. selbst den Ausbau vor und ersetzt die Komponenten durch neue oder instand gesetzte Poolbauteile. Währenddessen wird das ausgebaute Bauteil in der Fachwerkstatt des Pool-Anbieters bewertet und in Abhängigkeit technischer und wirtschaftlicher Aspekte entschieden, ob dieses instand gehalten oder ersetzt wird. Dem Poolteilnehmer wird die ständige Verfügbarkeit seiner Komponententypen garantiert, während die Aufrechterhaltung der Teileverfügbarkeit (durch Ersatz, Instandhaltung, Lagerung etc.) im Verantwortungs- und Zuständigkeitsbereichs des Poolanbieters liegt.

Für Fluggesellschaften ergibt sich aus dem Pooling eine vielschichtige ökonomische Vorteilhaftigkeit:

- Nutzbarmachung von Erfahrungen, Synergieeffekten und Größendegressionen großer Instandhaltungsbetriebe und so Reduzierung der Betriebskosten. Dies gilt insbesondere für Fluggesellschaften mit kleiner Flotte,
- erhöhte Komponentenverfügbarkeit auch außerhalb der jeweiligen Homebase und dadurch erhöhte Flugzeugeinsatzfähigkeit,

---

[28] vgl. IR Continuing Airworthiness EASA Part 145–145.A 50 (d).
[29] Das Gegenteil des Closed-Loop Verfahrens ist die Open-Loop Instandhaltung. Letzterer Begriff wird jedoch üblicherweise nur zum Zweck einer expliziten Abgrenzung gegenüber dem Closed-Loop Verfahren verwendet.

- planbare Instandhaltungskosten und nutzungsabhängige Pool-Beiträge (z. B. auf Basis von Flugstunden oder Flight Cycles).

Die Vorzüge des Poolings gewinnen zusätzlich an Bedeutung, sobald berücksichtigt wird, dass es nicht ausreichend ist, wenn die Fluggesellschaften nur über die im Flugzeug installierten Bauteile verfügen. Sie müssen neben den eingebauten Komponenten immer auch umfassende Ersatzteile (**Spare Parts**) vorhalten, um beim Ausfall einzelner Bauteile nicht die Einsatzfähigkeit des gesamten Flugzeugs zu gefährden. Vor diesem Hintergrund erhalten insbesondere Kapitalbindung, Logistik und Instandhaltungsorganisation eine völlig neue Bedeutung.

Den dauerhaften Vorteilen können jedoch anfänglich hohe Beitrittskosten gegenüberstehen. Um nämlich an einem Gerätepool partizipieren zu können, müssen notwendigerweise alle Geräte des neuen Poolpartners auf den technischen Bauzustand des Pool-Standards gebracht werden. Nur dann kann auch eine volle Austauschbarkeit innerhalb der betroffenen Gerätegruppen gewährleistet sein (Kompatibilität mit den Flugzeug- und Motormustern).

Zu den großen Pooling-Anbietern zählt z. B. die Lufthansa Technik AG. Sie versorgt weltweit rund 1500 Großflugzeuge.[30] Das Leistungsspektrum umfasst dabei nicht nur das eigentliche Geräte-Pooling mit einer weltweiten Komponentenversorgung, sondern auch die Durchführung von Bedarfsanalysen, Troubleshooting sowie Dokumentations- und Engineering-Dienstleistungen.

8.10 Triebwerk- und Propellerinstandhaltung

Triebwerke bzw. Propeller (auch Motoren) stellen die größte und komplexeste Komponente eines Luftfahrzeugs dar. Aus luftrechtlicher Sicht wird die Motoreninstandhaltung daher nicht unter der Bauteilinstandhaltung subsumiert, sondern unterliegt – zusammen mit Hilfsturbinen (APUs) – einer eigenen behördlichen Genehmigung, dem B-Rating.

Zwar kann kleinere Triebwerks- oder Propellerinstandhaltung On-Wing, d. h. unmittelbar am Flugzeug im A-Rating, vorgenommen werden, sobald jedoch umfassendere Arbeiten durchzuführen sind, ist dies nur in einer entsprechenden Fachwerkstatt mit eigenem B-Rating möglich. Hierzu ist der Motor vom Flugzeug abzubauen und luftgefedert[31] in die eigene oder eine fremde Motorenwerkstatt zu transportieren. Die dann zu durchlaufenden Arbeitsschritte werden im Folgenden detailliert erläutert und sind in Abb. 8.3 zusammenfassend visualisiert.

Nach Ankunft in der Fachwerkstatt wird der Motor in einem ersten Schritt einer Sichtprüfung (Transportschäden, nutzungsbedingte Beschädigungen, sonstige Auffälligkeiten

---

[30] vgl. Hamburg-China-Pool (2010), abgerufen im www.
[31] Eine Luftfederung ist erforderlich, weil sonst die Gefahr von Kugellagerbeschädigungen besteht.

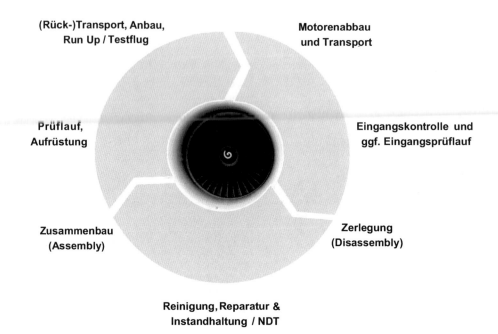

Abb. 8.3 Grundlegender Ablauf einer Triebwerkinstandhaltung

etc.) unterzogen und aufgestellt oder aufgehängt. Im Anschluss werden – üblicherweise noch vor der Zerlegung des Motors – **Boroskopien** und ggf. ein **Eingangsprüflauf** durchgeführt, um auf Grundlage dabei ermittelter Findings den exakten Zerlegungs- bzw. Instandhaltungsumfang festzulegen.

In Abhängigkeit des Instandhaltungsereignisses oder des Zustands beginnt sodann die Zerlegung (*Disassembly*) des Motors auf Modul-/Baugruppenebene. Dabei kann diese Arbeit durch weniger qualifiziertes Personal ausgeführt werden, da die ausgebauten Teile in einem unserviceable Zustand, also nicht verwendbar und damit lufttüchtig sind und einen Werkstattdurchlauf (Reparatur oder Überholung) durch qualifiziertes Personal erhalten.

Sobald die Module freigelegt und vom Motor abmontiert und ausgebaut wurden, werden diese – soweit in den Aufträgen angewiesen – ebenfalls auseinandergebaut. Nach deren Zerlegung erfolgen Reinigungen und die Durchführung von Instandhaltungs- und Überholungsmaßnahmen, wie Sichtprüfungen, befundbedingte Instandhaltung, Austausch einzelner lebenszeitbegrenzter Teile oder Generalüberholungen. Aufgrund der extremen und thermischen Belastungen einzelner Triebwerksteile werden die Instandhaltungsaktivitäten durch Non-Destructive Testing (NDT) flankiert. Auf diese Weise können kleinste, mit dem bloßen Auge nicht sichtbare Risse in kritischen Teilen wie Brennkammer, Rotor, Schaufeln oder Gehäuse identifiziert werden, denen Materialermüdung (Fatigue-Risse) oder Gewaltbruch (z. B. Vogelschlag) zugrunde liegen.

Ebenso werden über das NDT Nachkontrollen von Schweißreparaturen vorgenommen, um so etwaige Haarrisse auszuschließen, die sich durch die dabei entstandene thermische Spannung gebildet haben können.

Nach der durchgeführten Instandhaltung erfolgt zunächst der Zusammenbau der Module und anschließend des Motors (**Assembly**) auf Basis der Herstellervorgaben (*Engine Manual*). Ebenso werden beim Wiederzusammenbau etwaige Modifikationen, die durch das Engineering festgelegt wurden, um die Stand- und Leistungsfähigkeit des Motors zu verbessern, in den Motor eingebaut. Den Abschluss bildet die Bescheinigung der durchgeführten Instandhaltungsarbeiten. Die Ausstellung einer EASA Form 1 ist in jedem Fall erforderlich, wenn das Modul oder Teil, nicht für den Wiedereinbau in den ursprünglichen Motor vorgesehen ist.

Nach jeder Instandhaltung ist im Zuge des Assemblies nicht nur wegen der luftrechtlichen Rückverfolgbarkeit, sondern auch aus ökonomischen Gründen exakt zu prüfen, welche Teile im Motor verbaut wurden. Dabei geht es keineswegs darum, die gleichen Teile nach deren Überholung wieder im gleichen Motor einzubauen, sondern die Instandhaltungs- bzw. Zerlegungsintervalle optimal auszudehnen. So macht es beispielsweise wenig Sinn, in eine Baugruppe mit drei gleichen Subbauteilen, zwei Neuteile mit einer Lebenszeitbegrenzung von 5.000 Flugstunden sowie ein (drittes) gebrauchtes Teil mit einer Restlaufzeit von nur 1.000 Stunden einzubauen. Dann nämlich wäre die nächste Modulzerlegung bereits in 1.000 Stunden erforderlich. Ziel ist daher eine intelligente Modul- und Teile-Zusammenstellung unter besonderer Beachtung von Hard-Time-Limits. Zugleich muss während des Zusammenbaus bzw. während der Bereitstellung der rücklaufenden Teile aus den Reparaturzyklen darauf geachtet werden, dass bestimmte Bauteilkonfigurationen eingehalten werden.

Im Anschluss an den Zusammenbau wird üblicherweise ein Testlauf an einem Prüfstand (*Test Cell*) durchgeführt, um noch während des Instandhaltungs- bzw. Überholungsprozesses zu ermitteln, ob die im Motorhandbuch (*Engine Manual*) vorgegeben Leistungsparameter erzielt werden.

Nach beanstandungsfreien Tests sind weitere Aufrüstarbeiten am Motor (*Quick Engine Change Anbauteile, sog. QEC-Kit*) vorzunehmen. Die dabei montierten Teile werden zwar nicht für einen Testlauf, wohl aber für den Flugbetrieb benötigt. Wird der Motor nach erfolgreicher Instandhaltung indes auf Reserve gelegt, sind Konservierungsmaßnahmen durchzuführen (z. B. Konservierung der Kraftstoffsystems, An- bzw. Einbringung Feuchtigkeit ziehender Substanzen, luftdichte Verpackung).[32] Nach Abschluss aller Instandhaltungs-, Prüf- und Aufrüstarbeiten erfolgt die Freigabe des Motors (üblicherweise mit einer EASA Form 1).

Schließlich wird der Propeller oder das Triebwerk wieder ans Dock geliefert, um dieses am Flugzeug anzubringen.

---

[32] Wird der Motor eine längere Zeit auf Reserve gehalten und werden dabei die Herstellervorgaben überschritten, ist eine erneute Konservierung des Kraftstoffsystems erforderlich.

Unter Umständen werden kurz vor Übergabe des Flugzeugs an den Kunden zusätzlich weitere Leistungstests in Form eines Engine Run-Up's am Boden oder in Verbindung mit einem Testflug durchgeführt.

Aus kaufmännischer Sicht unterscheidet sich die Triebwerkinstandhaltung zur klassischen Bauteilinstandhaltung durch einen hohen Anteil an Spezialteilen, die extremen Belastungen standhalten müssen (z. B. Brennkammern, Turbinenschaufeln). Diese sind besonders kostenintensiv, so dass Materialaufwendungen in der Triebwerkinstandhaltung eine überdurchschnittliche Rolle spielen (70–90 % Materialkostenanteil).

8.11 Archivierung von Instandhaltungsaufzeichnungen

Parallel zur Abgabe des Flugzeugs bzw. nach Abschluss der Bauteilinstandhaltung ist der Rücklauf der Arbeitskarten aus der Produktion sicherzustellen. Diese werden an die Dokumentations- bzw. Archivierungsabteilung gesendet, die eine Vollständigkeitsprüfung und eine Sortierung vornimmt und ggf. den Rücklauf der Arbeitskarten IT-seitig erfasst.

Im Anschluss daran sind die Arbeitskarten zusammen mit allen weiteren Bestandteilen, die als Nachweis für eine ordnungsgemäße Durchführung der Instandhaltung dienen, zu archivieren.[33] Darunter werden all jene Instandhaltungsaufzeichnungen (*Maintenance Records*) subsumiert, die für die Ausstellung der Freigabebescheinigung notwendig sind.

Die vom Gesetzgeber vorgeschriebene Datensicherung dient nicht nur einer möglichen Beweisführung zur Untersuchung von Flugunfällen und -vorfällen. Die Archivierung soll gemäß GM 145.A.55 auch dabei unterstützen, im Bedarfsfall, z. B. zur Fehlersuche und -behebung im Rahmen des Troubleshootings auf die Dokumentation früherer Checks zurückgreifen zu können. In der betrieblichen Praxis wird hiervon jedoch nur im Notfall Gebrauch gemacht, weil der Aufwand der innerbetrieblichen Wiederbeschaffung aus dem Archiv üblicherweise recht hoch ist.

Um die Nachvollziehbarkeit der Instandhaltungsaufzeichnungen während des vorgeschriebenen Aufbewahrungszeitraums von 2 Jahren sicherzustellen, wird durch die EASA die Einhaltung der folgenden Archivierungsanforderungen gefordert:

- Die Archivierung kann elektronisch, in Papierform oder durch eine Kombination beider Methoden sichergestellt werden.
- Werden Papieraufzeichnungen geführt, so hat der Instandhaltungsbetrieb sicherzustellen, dass diese aus einem Material bestehen, welche den Belastungsanforderungen des betrieblichen Gebrauchs unbeschadet überdauert und welches während des vorgeschriebenen Aufbewahrungszeitraums die Lesbarkeit der Aufzeichnungen ermöglicht.

---

[33] Die Archivierung von Instandhaltungsaufzeichnungen ist vollumfänglich in der IR Continuing Airworthiness EASA Part 145–145.A.55 und dem zugehörigen Guidance Material geregelt.

- Elektronische Aufzeichnungen sind in einer IT-Umgebung zu sichern, die einen hinreichenden Schutz vor Datenverlust bietet und die langfristige Lesbarkeit des Dateiformats.
- Die Aufzeichnungen müssen vor Brand, Überschwemmung und unbefugten Zugriff geschützt aufbewahrt werden.

Literatur

European Comission: *Commission Regulation (EC) on the continuing airworthiness of aircraft and aeronautical products, parts and appliances, and on the approval of organisations and personnel involved in these tasks [Implementing Rule Continuing Airworthiness]*. No. 2042/2003, 2003

European Aviation Safety Agency – EASA: *Acceptable Means of Compliance and Guidance Material to to Commission Regulation (EC) No 2042/2003*. Decision No. 2003/19/RM of the Executive Director of the Agency, 2003

Hamburg-China-Pool: Lufthansa Technik Shenzhen versorgt aufstrebende chinesische Fluggesellschaft. Abgerufen im www: http://www.hamburg-china-info-pool.de am 24. Feb. 2010

Kinnison, H.A.: *Aviation Maintenance Management*. New York u. a., 2004

Rasch, A.: *Erfolgspotential Instandhaltung*. Berlin, 2000

9 Material- und Leistungsversorgung

Aufgrund der Produktkomplexität und einer hohen Arbeitsteiligkeit sind luftfahrttechnische Betriebe in hohem Maße von anderen Unternehmen abhängig. Dabei müssen nicht nur Material, Betriebsstoffe oder Norm- und Standardteile, sondern auch Komponenten, Module und Dienstleistungen extern bezogen werden. Die Bedingungen werden dadurch erschwert, dass luftfahrttechnische Betriebe volle luftrechtliche Verantwortung für die Qualität der zugelieferten Produkte tragen und eine Rückverfolgbarkeit des Materialflusses von der Quelle bis zum Einbau im Luftfahrzeug sicherstellen müssen. Insoweit kommt der Material- und Leistungsversorgung erhebliche Bedeutung zu. Um allen damit verbundenen Facetten Rechnung zu tragen, ist dieses Kapitel in drei wesentliche Teile untergliedert.

Entsprechend des natürlichen Prozessablaufs widmet sich der erste Teil dieses Kapitels einer Darstellung der anfänglichen Lieferantenauswahl und -freigabe sowie mit deren fortlaufender Beurteilung und Überwachung während der Geschäftsbeziehung. In einem zweiten Teil (Unterkapitel 9.2) wird der innerbetriebliche Materialfluss von der Warenannahme über das Lager und Materialhandling bis zum Einbau geschildert. Aufgrund der Wichtigkeit innerhalb der Luftfahrtbranche wird zudem gesondert auf die Materialkennzeichnung und die Materialverfolgung (Rückverfolgbarkeit) eingegangen. In jeweils eigenen Abschnitten wird darüber hinaus der Umgang mit fehlerhaften Produkten und solchen zweifelhafter Herkunft dargestellt. Das dritte Unterkapitel widmet sich dem Management von Zulieferern bzw. Fremdleistungen. Hierzu wird zunächst die Vorbereitung und Begleitung von Fremdvergaben dargestellt. Im Anschluss werden die entsprechenden Besonderheiten der Fremdvergabe im Rahmen der luftfahrttechnischen Herstellung und Instandhaltung erklärt. Dazu wird unterschieden in Fremdvergaben an Betriebe mit und ohne eigene behördliche Zulassung. Abschließend werden die Spezifika der Fremdvergabe von Entwicklungsleistungen und beim Einkauf von Fremdpersonal behandelt.

9.1 Lieferantenauswahl und -überwachung

9.1.1 Lieferantenauswahl

Sofern das Material oder die Dienstleistung zugekauft wird, muss der Betrieb einen Lieferanten bestimmen. Die Suche hierfür beginnt im Normalfall innerhalb des bestehenden Lieferantenpools und wird nur im Bedarfsfall auf weitere Unternehmen ausgedehnt. Zum Zwecke der Vergleichbarkeit und Kostenminimierung sind in der betrieblichen Praxis stets mehrere potenzielle Lieferanten in die nähere Auswahl einzubeziehen. Dies gelingt jedoch nicht immer, weil in der Luftfahrtindustrie nicht selten für bestimmte Teile oder Baugruppen weltweite Duo- oder gar Monopole existieren (z. B. Sitzhersteller).

Nachdem die potenziellen Lieferanten ausgewählt wurden, ist diesen neben allgemeinen Angebotsinformationen (z. B. Abgabedatum, Liefertermin) die Leistungsspezifikation (Partnummern, ggf. Beschreibungen, Zeichnungen oder Schaltpläne etc.) zu übermitteln. Gerade bei komplexen Leistungen kann sich der Lieferant nur bei einer hinreichend detaillierten Spezifikation ein angemessenes Bild seines Aufgabenspektrums machen. Dies ist vor allem für den Auftraggeber wichtig, um spätere Nachverhandlungen sowie Lieferverzögerungen und Kostensteigerungen während der Leistungserbringung zu vermeiden.

Sobald die Angebote eingegangen sind, werden diese üblicherweise von der Einkaufsabteilung bewertet. Handelt es sich um komplexe oder vom Standard abweichende Produkte, wird vielfach zusätzlich das Engineering oder die Planung für eine technische Beurteilung hinzugezogen.

Um die eingehenden **Angebote strukturiert bewerten** zu können, werden diese in der betrieblichen Praxis z. B. mit Hilfe eines Scoring-Modells gegenübergestellt. Eine solche Matrix-Darstellung ist äußerst transparent und erleichtert die Entscheidungsfindung, insbesondere weil sich die einzelnen Auswahlkriterien gewichten lassen (s. Tab. 9.1).

Typische **Entscheidungskriterien** sind z. B. der Preis, die Lieferfähigkeit, die (Angebots-) Qualität sowie etwaige Erfahrungen einer vorherigen Zusammenarbeit. Bei kleinen und mittleren Unternehmen (KMU) wird oftmals auch in Betracht gezogen, ob diese mit ihrem Know-how und ihren Produktionskapazitäten in der Lage sind, den anstehenden Auftrag abzuwickeln.[1] Gerade in der Entwicklung und Herstellung wird bei KMU zudem geprüft, ob diese ihre Marktpräsenz überzeugend langfristig ausgerichtet haben.[2]

Nach der Lieferantenfreigabe durch das zentrale Qualitätsmanagement[3] erfolgt die eigentliche **Vergabeentscheidung**. Diese wird üblicherweise durch die Einkaufsabteilung vorgenommen, bedarfsorientiert zusammen mit dem bestellenden Bereich und/oder dem Engineering. Gerade bei hoher Produktkomplexität ist es durchaus oft gelebte Praxis, dass

---

[1] vgl. Hinsch (2009a), S. 173.
[2] Auf diese Weise soll eine hohe Wertschöpfungsstabilität erzielt werden. Zudem sollte eine möglichst langfristige Ersatzteilversorgung sowie eine unkomplizierte Dokumentationsverfügbarkeit sichergestellt werden.
[3] vgl. hierzu auch nächster Abschn. 9.1.2.

Tab. 9.1 Beispielhafte Darstellung einer Bewertungsmatrix zur Lieferantenauswahl

	Gewichtungsfaktor	Lieferant 1 ungewichtet/gewichtet	Lieferant 2 ungewichtet/gewichtet	Lieferant 3 ungewichtet/gewichtet	Lieferant 4 ungewichtet/gewichtet
Preis	0,4	4/1,6	3/1,2	5/2,0	2/0,8
Lieferzeit	0,1	5/0,5	3/0,3	3/0,3	0/0
Branchenerfahrung des Lieferanten	0,3	3/0,9	6/1,8	5/1,5	6/1,8
Eigene Erfahrungen mit dem Lieferanten	0,2	3/0,6	5/1,0	0/0	6/1,2
Summe	1	15/3,6	17/4,3	13/3,8	Wegen zu spätem Liefertermin auszuschließen

Bewertung von 6 = sehr gut bis 0 = ungeeignet

bei vertretbaren Preis- oder Leistungsnachteilen mit bekannten Lieferanten, Vertrauen und bisherige Erfahrungen den Ausschlag zu dessen Gunsten geben. Erst bei größeren Preisunterschieden, die schwer durch objektiv, messbare Indikatoren zu erklären sind, wird das günstigste Angebot präferiert.[4]

Nachdem die Vergabeentscheidung getroffen wurde, muss der Vertrag ausgearbeitet bzw. verhandelt und unterzeichnet werden. Dabei sind gerade in Großunternehmen, die Vertretungs- bzw. Zeichnungsberechtigungen entsprechend der betrieblichen Vollmachtenregularien zu beachten.

9.1.2 Lieferantenbeurteilung und -freigabe

Da luftfahrttechnische Betriebe für die Qualität ihrer Leistungserbringung (luftrechtlich) vollumfänglich verantwortlich sind, müssen sie nicht nur ihre eigene Wertschöpfung überwachen, sondern auch sicherstellen, dass die von Lieferanten zugekauften Teile, Materialen und Dienstleistungen den geforderten Qualitätsstandards entsprechen.[5]

Aus diesem Grund müssen luftfahrttechnische Betriebe vor Auftragsvergabe prüfen, ob sie den Lieferanten zur Leistungserfüllung für geeignet halten. Zu einer solchen Prüfung sind die Betriebe nur dann in der Lage, wenn strukturierte **Prozesse der Lieferantenbeurteilung und -freigabe** mit transparenten Beurteilungskriterien existieren. Dies gilt für

---

[4] vgl. Hinsch (2009a), S. 173.
[5] vgl. AMC 145.A.75(b)(4); GM No. 2 to 21A.139(a); GM 21A.239(c); EN 9100er-Reihe Abschn. 7.4.3.

Entwicklungs-, Herstellungs- und Instandhaltungsorganisationen sowie für zertifizierte Betriebe der EN 9100er Serie gleichermaßen und unabhängig von der eigenen Größe und der des Lieferanten.

Die Lieferantenbeurteilung und -freigabe erfolgt üblicherweise nachdem Einkauf und anfordernder Bereich (Produktion, Engineering, Planung) eine Vorauswahl getroffen haben, in jedem Fall vor der Auftragsvergabe. Dabei fällt diese Aufgabe in den meisten Betrieben dem Qualitätsmanagement zu. Dies ist darauf zurückzuführen, dass der Fokus der Prüfung primär auf die Qualitäts- und Leistungsfähigkeit des Lieferanten im Allgemeinen ausgerichtet ist und weniger auf eine Qualitätsprüfung der zu erbringenden Produkte. Letzteres fällt eher dem anfordernden Bereich zu, der hierfür über den nötigen Sachverstand verfügt.

Nachdem das Qualitätsmanagement mit einer Lieferantenbeurteilung und -freigabe beauftragt wurde, muss dieses eine **Entscheidungsgrundlage** schaffen. Das kann auf Basis der Papierlage in Form eines Lieferantenfragebogens bzw. auf Grundlage von Zertifikaten erfolgen. Nicht selten jedoch sind zusätzlich Lieferantenauditierungen oder auch Materialprüfungen erforderlich. Wichtig ist, dass objektive Kriterien für die Art und den Umfang der Lieferantenbeurteilung schriftlich verankert sind und Anwendung finden.

Unabhängig vom Beurteilungsumfang erhält der potenzielle Zulieferer im Normalfall zunächst einen **Lieferantenfragebogen**. Dieser soll eine erste Einschätzung z. B. zur Betriebsgröße, zur Qualitäts- und Leistungsfähigkeit, hinsichtlich der Luftfahrterfahrung sowie zu Zertifizierungen (z. B. EN, ISO) oder luftfahrtbehördlichen Zulassungen ermöglichen. Unter Umständen schließt sich dem Lieferantenfragebogen ein Audit, also eine **Prüfung vor Ort** beim Lieferanten, an.[6] Die Notwendigkeit hierzu kann abhängig sein von:

- Art und Umfang der (geplanten) Zusammenarbeit,
- etwaigen Zulassungen und Zertifizierungen des Lieferanten,
- den eigenen betrieblichen Verfahren zur Lieferantenbeurteilung und -freigabe,
- von der Art der Prüfung: Erstbeurteilung oder Erweiterung des Leistungsumfangs.

Ist ein Audit notwendig, muss der Lieferant in einer Vor-Ort-Überprüfung nachweisen, dass dieser über kontrollierte Prozesse und ein gelebtes Qualitätssystem verfügt. Die Auditoren des Qualitätsmanagements untersuchen somit nicht explizit die eigentliche Leistungserbringung. Der Betrieb muss allgemein zeigen, dass er seine auf einem Qualitätsmanagementsystem basierten Prozesse beherrscht.[7] Besteht seitens des luftfahrttechnischen Betriebs Interesse an einer Zusammenarbeit mit dem Lieferanten, obwohl Schwachstellen identifiziert wurden, so muss für eine solche Situation ein allgemein gültiger Vorgehensrahmen definiert werden. Hat das Qualitätsmanagement das QM-System des Lieferanten für angemessen befunden, erfolgt die Freigabe des Lieferanten.

Ob der Lieferant nicht nur grundsätzlich in der Lage ist, sondern die Leistung letztendlich auch zur Zufriedenheit der anfordernden Fachabteilung erbringt, wird ggf. zusätzlich über einen **Probeauftrag** oder im Zuge der frühen Phase der Zusammenarbeit sondiert.

---

[6] Für eine detaillierte Auseinandersetzung mit dem Themenfeld der Auditierung, vgl. Kap. 11.3
[7] vgl. Hinsch (2009a), S. 172.

Wie in allen Bereichen des industriellen Luftfahrtmanagements gilt auch bei der Lieferantenbeurteilung und -freigabe eine Verpflichtung zur umfassenden Dokumentation. Neben den Ergebnissen der Lieferantenprüfungen und der Entscheidungsgrundlage, ist auch der **Freigabeumfang** (*Scope of Work*) zu dokumentieren.[8]

9.1.3 Lieferantenüberwachung

Für luftfahrttechnische Betriebe ist es nicht ausreichend, einen Lieferanten einmalig zu prüfen und dann dauerhaft freizugeben. Die Qualitäts- und Leistungsfähigkeit der Zulieferer bedarf einer **kontinuierlichen Überwachung**.[9] Luftfahrttechnische Betriebe müssen über ein Sicherheitssystem verfügen, das die Lieferanten durch laufende Überwachung unter Zugzwang setzt, deren Betriebsstrukturen nachhaltig auf die Sicherstellung einer angemessenen Qualität auszurichten und das Risiko fehlerhafter Lieferungen reduzieren. Ein solches System hat dabei im Normalfall zwei Ansatzpunkte:

- die operative, d. h. auftragsbezogene Lieferantenbeurteilung sowie
- die periodische Bewertung der allgemeinen Qualitäts- und Leistungsfähigkeit des Lieferanten.

Für die **auftragsbezogene Lieferantenbeurteilung** ist primär der operative Einkauf mit Unterstützung der Warenannahme (Qualitätskontrolle) und mit Hilfe des anfordernden Bereichs verantwortlich. Die dabei im Fokus stehenden Leistungsindikatoren sind typischerweise Wareneingangsbefunde, Ergebnisse der Validierung von Testberichten und Prüfungen von Materialzeugnissen sowie die Angebotsqualität, die Liefertreue oder etwaige Kundenfeedbacks.

Das Gesamturteil der operativen Lieferantenperformance ergibt sich somit als ein Mosaik aus verschiedenen Quellen und unterschiedlicher Abteilungen. Wichtig dabei ist, dass die **Bewertungskriterien objektiv** und **nachvollziehbar** sind, um im Bedarfsfall die ursprüngliche Entscheidung zugunsten eines Lieferanten rechtfertigen zu können.

Zusätzlich zu den kontinuierlichen, auf operativer Ebene stattfindenden Lieferantenbeurteilungen sind zudem **Wiederholungsprüfungen** der allgemeinen **Qualitäts- und Leistungsfähigkeit** durchzuführen. Die üblicherweise durch das Qualitätsmanagement vorgenommenen Beurteilungen bilden die Grundlage für die Verlängerung der ursprünglichen Lieferantenfreigabe. Die Wiederholungszeiträume orientieren sich zwar an Art und Umfang der Leistungserbringung, betragen aber im Normalfall zwischen einem und drei Jahren.

Die Entscheidung zugunsten einer Verlängerung der allgemeinen Lieferantenfreigabe basiert auf einer strukturierten Bewertung der erfassten operativen Lieferantenbeurtei-

---

[8] vgl. EN 9100er Reihe 7.4.1.
[9] vgl. IR Certification EASA Part 21–21A.139 (b) (1) und 21A.239 (c); IR Continuing Airworthiness EASA Part 145–145.A.75 i. V. m. 145.A.65 (b), vgl. darüber hinaus EN 9100er Reihe 7.4.1.

Tab. 9.2 Beispielhafte Grundstruktur zur Clusterung der Lieferantenperformance

	Bewertungsstufe A	Bewertungsstufe B	Bewertungsstufe C	Bewertungsstufe D
Beschreibung der Lieferleistung	Lieferung und Erbringung der spezifizierten Leistung entsprechen vollständig den Anforderungen	Produkt ist einwandfrei, jedoch weist die Lieferung punktuelle Mängel auf (Beschädigung an der Verpackung, fehlende Zertifikate etc.)	Produkt entspricht nicht gänzlich der Spezifikation, es bestehen größere Mängel, die der Nacharbeit bedürfen (Transportschäden, Mängel aufgrund unsachgemäßer Arbeitsausführung, überschrittene Toleranzen etc.)	Produkt weist erhebliche Mängel auf und ist nicht oder nur bei erheblicher Nacharbeit zu verwenden (z. B. fehlerhafte Ausführung von Herstellung oder Instandhaltung, Produkte oder Teile davon entsprechen nicht der Spezifikation, signifikante Transportschäden.)
Bewertung der Lieferqualität	Einwandfreie Lieferleistung	Volatile Lieferleistung	Verbesserungs-würdige Lieferleistung	Ungenügende Lieferleistung
Qualitätsforderungen	Keine	Lieferant ist zu punktueller Verbesserung der Qualität aufzufordern	Lieferant ist aufzufordern, umgehend Korrekturmaßnahmen zur Steigerung der Qualität vorzunehmen	Aufgrund substanzieller Qualitätsmängel muss der Lieferant gesperrt werden

lungen. Gegebenenfalls muss der Lieferant die Aufrechterhaltung von Zulassungen oder Zertifizierungen nachweisen. Unter Umständen ist zusätzlich ein Wiederholungsaudit durchzuführen.

Werden im Zuge der Lieferantenüberwachung auftragsbezogene oder systematische **Beanstandungen** identifiziert, ist der Lieferant zur Korrektur bzw. Nachbesserung aufzufordern. Darüber hinaus sollte die Prüfungsschärfe im Umfeld der Beanstandung (z. B. Wareneingang, Dokumentation, QM-System) bei der nächsten Auftragsvergabe bzw. beim Wiederholungsaudit intensiviert werden.

Um ein betriebseinheitliches Vorgehen im Zuge der Lieferantenüberwachung zu bestimmen, kann unter Umständen eine Matrix entsprechend der in Tab. 9.2 dargestellten Struktur hilfreich sein.

Ist der Lieferant nicht in der Lage, eine angemessene Qualitäts- oder Leistungsfähigkeit, ggf. trotz eingeräumter Möglichkeit zur Nachbesserung, zu erbringen, muss der **Lieferant**

gesperrt werden. Dies bedeutet, dass dieser bei zukünftigen Aufträgen nicht mehr berücksichtigt werden darf und auf andere Bezugsquellen auszuweichen ist. Hierzu muss der Lieferant ggf. auch in den Auswahllisten möglicher Lieferanten elektronischer Bestellsysteme gelöscht oder gesperrt werden, damit eine weitere Bestellmöglichkeit ausgeschlossen ist.

Die Schwierigkeit in der Luftfahrtindustrie liegt jedoch bisweilen in mono- oder duopolistischen Marktstrukturen, die den Wechsel zu einem Alternativlieferanten sehr schwierig gestalten können. Nicht selten kann ein Lieferant also gar nicht gesperrt werden, weil dadurch die eigene Leistungserbringung unmöglich gemacht würde. In solchen Fällen ist wenigstens sicherzustellen, dass durch die **Erhöhung der Prüfschärfe** nicht ordnungsgemäße Lieferungen identifiziert werden.[10]

In der betrieblichen Praxis zeigt sich, dass insbesondere Betriebe, die nicht primär im Luftfahrtsektor aktiv sind, bisweilen dazu neigen, am Detaillierungsgrad der Überwachung zu sparen und somit ein nicht ausreichendes Lieferantenmonitoring praktizieren. Ein solides Überwachungssystem erfordert jedoch nicht nur anfangs, sondern im Branchenvergleich auch dauerhaft, relativ hohe Kapazitäten.

9.2 Materialsteuerung und Materialhandling

9.2.1 Materialverfolgung (Rückverfolgbarkeit)

Luftfahrttechnische Betriebe sehen sich stets mit der Herausforderung konfrontiert, Verantwortung für „die Qualitätssicherung und die Integration der Produkte, die sie von Lieferanten auf der ganzen Welt und auf allen Ebenen in der Lieferantenkette zugekauft haben, zu übernehmen."[11] Dies gilt umso mehr, da luftrechtlich eine Verpflichtung besteht, die Übereinstimmung der eingesetzten Teile und Materialien mit einer Spezifikation sowie einen Hinweis auf die Herstellungs- und Bezugsquelle sicherzustellen.[12] Mit Hilfe der Materialverfolgung muss der Betrieb in der Lage sein für entsprechende Teile:[13]

- eine Rückverfolgbarkeit bis auf Serialnummer bzw. Badge-, Chargen- oder Losnummer sicherzustellen – auch dann, wenn das Teil oder Material Bestandteil eines Bauteils oder Sub-Assies wird.
- eine Nachvollziehbarkeit des Produktwerdegangs sicherzustellen und Unterschiede zwischen dem Soll- und dem Ist-Zustand des Produkts aufzuzeigen (Konfigurationsmanagement).

---

[10] vgl. Luftfahrt-Bundesamt (2002), S. 10.
[11] EN 9120, S. 4.
[12] vgl. 145.A.42 (a) (5) und GM 21A.139 (b) (1).
[13] vgl. EN9100er-Reihe 7.5.3; Luftfahrt-Bundesamt (2004), S. 1.

- alle Produkte, die aus einem Rohstoff- oder Fertigungslos hergestellt wurden, von der Einkaufsquelle bis zur endgültigen Verwendung (Lieferung, Verschrottung) zurückzuverfolgen.[14]

Luftfahrttechnische Betriebe müssen also in der Lage sein, jederzeit eine sichere Identifikation der verwendeten Teile und Materialien vom Hersteller oder letzten Instandhaltungsbetrieb bis zum Einbau, zur Verschrottung oder zum Eigentumsübergang zu gewährleisten. Diese Rückverfolgbarkeit wird auch als **Tracebility** bezeichnet. Betroffen ist jedoch nicht sämtliches Luftfahrzeugmaterial. Daher muss jeder Betrieb über eindeutige Kriterien verfügen, „bei welchen Teilen eine Rückverfolgbarkeit erforderlich ist."[15] Tracebility-relevant sind beispielsweise kritische Teile. Für Teile, die nicht durchgängig verfolgt werden müssen, wird die Tracebility in der betrieblichen Praxis vielfach erst ab Sub-Assy- bzw. Baugruppenebene praktiziert. Somit bleiben hier Einzelbestandteile wie z. B. verbaute Kondensatoren, Widerstände oder Muttern und Schrauben von einer lückenlosen Rückverfolgung ausgenommen. Für die Festlegung des Umfangs der Rückverfolgbarkeit ist im Normalfall der Kunde oder der zuständige 21/J-Entwicklungsbetrieb verantwortlich.

Eine konsistente und durchgängige Materialverfolgung setzt einen festgeschriebenen, formalen Prozess voraus. Ein solcher muss vor allem den hohen Anforderungen an die **Dokumentationssteuerung** gerecht werden. So muss der Betrieb nicht nur in der Lage sein, die Produktkennzeichnung aufrecht zu erhalten bzw. die produktbegleitende Dokumentation durchgängig beizubehalten. Für eine angemessene Nachvollziehbarkeit müssen die Produktstammdaten und die zugehörigen Bewegungs- und Bearbeitungsvorgänge gespeichert werden. Nur dann ist es möglich, jederzeit Informationen zum Status quo des Produkts sowie zu dessen gesamter bisheriger Historie einschließlich zugehöriger Bestandteile (Materialien, Sub-Assies) zu erhalten.

Die Materialverfolgung beginnt für einen luftfahrttechnischen Betrieb mit der Warenannahme, teilweise jedoch rückbetrachtend bis zur Herstellungs- und Bezugsquelle. Die Tracebility setzt sich dann innerbetrieblich fort. Sämtliches Material muss dafür mit einem Beleg versehen sein, der eine eindeutige Materialidentifizierung zulässt. In der betrieblichen Praxis kommen hierfür im Wesentlichen zwei Methoden zum Einsatz. Es kann auf eigene oder bereits vom Lieferanten angebrachte Kennzeichnungen zurückgegriffen werden.[16]

- Verfolgung über das beiliegende Zertifikat. Das unverwechselbare Identifizierungsmerkmal für eine Rückverfolgung ist dann die Serialnummer. Bei nicht serialisierten Teilen und Materialien wird die Tracebility über die Chargen-, Batch- oder Losnummer sichergestellt.

---

[14] Dies bedeutet z. B.: Wurden 100 qm Blech beschafft, das in drei verschiedenen Flugzeugenrümpfen verbaut wurde, so muss jederzeit bekannt sein, in welche Flugzeuge und an welchen Stellen dieser Flugzeuge der Einbau erfolgte.

[15] vgl. Luftfahrt-Bundesamt (2004), S. 1.

[16] vgl. Luftfahrt-Bundesamt (2004), S. 1.

- Verfolgung über eine durch den Betrieb beim Wareneingang festgelegte Wareneingangsnummer. Sowohl das Produkt selbst, als auch die Begleitdokumentation wird dann mit einem Aufkleber, der die Wareneingangsnummer ausweist, versehen. Bei einer eigenen Nummerndefinition muss sichergestellt sein, dass die Nummern bis zur innerbetrieblichen Endverwendung mitgezogen werden.

Nachdem im Wareneingang eine eindeutige (fremde oder betriebsindividuelle) Identifizierungsnummer festgelegt wurde, setzt sich die Materialverfolgung über die Lagerhaltung und Materialausgabe bis zur betrieblichen Endverwendung fort. Dies stellt insoweit eine erhebliche Herausforderung an die Materialsteuerung dar, weil nicht nur Warenein- und -abgänge oder Lagerungen zu verfolgen sind, sondern auch (Chargen-) Trennungs-, Verpackungs- und Konservierungsvorgänge ebenso wie Leistungserbringungen durch Unterlieferanten.[17]

Die Begleitdokumentation verbleibt über die gesamte Dauer am Produkt. Erst unmittelbar vor dem Einbau in ein anderes Bauteil (*Next higher Assey*) oder in ein Luftfahrzeug wird das Zertifikat und/oder der Beleg zur Rückverfolgung entfernt und der Herstellungs- bzw. Instandhaltungsdokumentation zugeführt und archiviert.

Ohne IT-Unterstützung und zugehörige Hilfsmittel (z. B. Barcodes, RFD oder Etiketten) ist eine lückenlose Dokumentation des Materialflusses nahezu unmöglich. Eine konsistente Materialverfolgung bereitet jedoch auch trotz umfassenden EDV Einsatzes in der Praxis zum Teil erhebliche Probleme, weil in nicht wenigen Betrieben verschiedene nicht hinreichend aufeinander abgestimmte IT-Systeme zum Einsatz kommen (Abb. 9.1).

9.2.2 Warenübernahme

Am Beginn der innerbetrieblichen Materialbewegung steht die Warenannahme. Bevor die zugelieferten Teile in den Materialkreislauf gelangen, muss sich der Betrieb vergewissern, dass diese gänzlich den Bestellanforderungen entsprechen. Aus diesem Grund sind alle Teile und Materialien nach der Warenannahme einer **Eingangsprüfung (*Incoming Inspection*)** zu unterziehen, bei der diese auf Qualität und Vollständigkeit geprüft werden.

Nur wenn die Produkte der Bestellanforderung entsprechen, d. h. keine Mängel oder Unstimmigkeiten aufweisen, dürfen diese dem betrieblichen Materialfluss (Einlagerung, Verarbeitung, Einbau) zugeführt werden. Aus luftrechtlicher Perspektive übernimmt der Herstellungs- bzw. Instandhaltungsbetrieb mit dem erfolgreichen Abschluss der Wareneingangsprüfung Verantwortung für die betroffenen Teile oder Materialien.

---

[17] vgl. Luftfahrt-Bundesamt (2003), S. 2 f.; Anmerkung zur Los-/Chargentrennung: Sofern Lieferungen mit nur einem Zertifikat eingegangen sind, die Teile oder Materialien jedoch auf mehrere Arbeitsaufträge zu verteilen sind, ist die Originalbescheinigung zu kopieren und an den entsprechenden Teilen zu befestigen. Gleiches gilt, wenn eine solche Lieferung/Charge getrennt wird. Bei Entnahmen aus einer Charge ist stets eine Zertifikatskopie zwecks Dokumentation beizufügen.

Abb. 9.1 Zertifikat an einem zugelieferten Produkt

In nicht wenigen Betrieben bildet der Wareneingang einen Engpass. Der Grund liegt weniger darin, dass große Mengen bearbeitet werden, sondern in umfassenden Prüfkriterien und hohen Klärungsbedarfen.[18] In der betrieblichen Praxis sind daher Wartezeiten von ein bis zwei oder mehr Arbeitstagen nicht ungewöhnlich.[19] Gerade vor diesem Hintergrund ist es bedeutsam, dass der Prozess von der Warenannahme bis zum Abschluss der Eingangsprüfung klar definiert ist und eine angemessene Stabilität aufweist. Dafür sind die folgenden Kernelemente festzulegen und zu dokumentieren:

- Schritte der Wareneingangsprüfung, insbesondere auch der Warenklärung in ihrer gesamten Bandbreite,
- Bestandteile der Kennzeichnung von Teilen bzw. Materialien vor der Einlagerung bzw. dem (betriebsinternen) Weitertransport,
- Festlegung der Zuständigkeiten innerhalb des Wareneingangsbereichs[20] sowie Bestimmung der Verantwortung für die Warenklärung.

Da die Wareneingangsprüfung dazu dient, unzureichende Leistungserbringungen der Zulieferer zu identifizieren, handelt es sich um eine notwendige und wertige Tätigkeit. Jedoch ist die Prüfung aus betriebswirtschaftlicher Perspektive ein zu 100 % nicht wertschöpfender Prozessschritt.[21] Insoweit muss ein luftfahrttechnischer Betrieb seine speziellen An-

---

[18] Allzu oft sind aber auch die Prozesse und Zuständigkeiten unzureichend geklärt.

[19] vgl. Weber (2009), S. 175.

[20] Die Verantwortlichkeit für die Wareneingangsprüfung liegt zwar im Normalfall beim Lagerpersonal (ggf. spezifisch ausgebildete Wareneingangsprüfer), jedoch ist es nicht unüblich, dass bei komplexen Bauteilen zudem der anfordernde Bereich für eine fachliche Beurteilung herangezogen wird.

[21] vgl. Weber (2009), S. 175.

forderungen eindeutig und deutlich gegenüber seinen Zulieferern kommunizieren und (in Zusammenarbeit mit diesen) darauf hinwirken, die Anzahl der Zurückweisungen und Ablehnungen zu minimieren. Luftrechtlich übernimmt der Betrieb mit der Übernahme der Ware die Verantwortung und muss sich auch aus Produkthaftungsgründen vergewissern, dass die bestellte Ware in der Qualität korrekt eingegangen ist.

Prozess der Warenübernahme Nach Anlieferung der Ware ist diese in einem dafür ausgewiesenen Wareneingangsbereich abzustellen und zu erfassen. Letzteres erfolgt entweder über eine entsprechende EDV-Software oder über ein **Wareneingangsbuch**. Im Rahmen der Erfassung sind dabei mindestens das Datum des Wareneingangs, der Lieferant, die Auftrags- bzw. Bestellnummer und eine Kurzbeschreibung des Lieferumfangs aufzunehmen.[22] Im Anschluss erfolgt die Wareneingangsprüfung. Dabei wird die Übereinstimmung der Bestellung mit dem gelieferten Produkt und den beigefügten Lieferpapieren geprüft. Im Einzelnen umfasst eine Wareneingangsprüfung idealerweise folgende Aktivitäten:[23]

- Durchführung einer Sichtkontrolle (*Visual Inspection*) an der Verpackung auf Beschädigungen, Übereinstimmung von Lieferanten- bzw. Herstellernamen und Kennzeichnung/Bezeichnung,
- Prüfung des Produkts (Sichtkontrolle) auf offensichtliche Veränderungen oder Beschädigungen (z. B. Oberflächenschäden, Deformationen, Korrosion o. ä.),
- Abgleich zwischen Bestellung, Lieferschein und geliefertem Produkt hinsichtlich Menge und Übereinstimmung der Part- bzw. Serialnummer,
- Stichprobenartige Analyse von Standard- und Normteilen sowie Roh- und Verbrauchsmaterial (z. B. auf Basis des Werkstoffleistungsblatts oder beigefügter Prüfberichte),
- Prüfung der beiliegenden Dokumentation. Diese muss mit der vom (internen) Besteller vorgegebenen Begleitdokumentation übereinstimmen. Neben dem Lieferschein handelt es sich hierbei um Konformitäts- oder Freigabebescheinigungen sowie ggf. weitere Produktinformationen.

Entspricht die Lieferung vollständig der Bestellanforderung, ist also die Wareneingangsprüfung erfolgreich abgeschlossen, so kann das Produkt in den betrieblichen Materialfluss eingesteuert werden. Bevor dieses den Wareneingangsbereich mit der mitgelieferten Dokumentation verlässt, wird das Produkt jedoch zunächst noch zusätzlich gekennzeichnet (Materialbegleitschein), um jederzeit eine transparente Rückverfolgbarkeit und ggf. Auftragszuordnung zu gewährleisten. Nach Kennzeichnung erfolgt schließlich der Weitertransport vom Wareneingangsbereich zwecks Einlagerung, Verarbeitung oder Einbau.

---

[22] vgl. Luftfahrt-Bundesamt (2002), S. 3.
[23] vgl. teilweise identische, teilweise ergänzende Anforderungen an eine Wareneingangsprüfung finden sich unter Luftfahrt-Bundesamt (2002) S. 3 f.; Luftfahrt-Bundesamt (2003), S. 3 f.; EN 9100er-Reihe Abschn. 7.4.3.

> **Begleitdokumente bei der Beschaffung**
> - Lieferscheine mit Herkunfts- u. Qualitätsbescheinigung des Lieferanten
> - Herstell- oder Instandsetzungsaufzeichnungen
> - Freigabebescheinigungen (EASA Form 1, FAA Form 8130-3, TCCA Form 24-0078)
> - Abnahmezertifikate, Konformitätsbescheinigung (CofC), Werksbescheinigungen ggf. mit Referenz auf die entsprechende Norm
> - Prüfberichte, statistische Aufzeichnungen, sonstige Herkunftsnachweise, Hinweise auf verwendete Revisionsstände
> - C of A for Export für Triebwerke oder Propeller aus einem Nicht-EASA Staat.

Verläuft die Wareneingangsprüfung indes nicht erfolgreich, ist das Teil oder Material zu beanstanden und muss in einem nur dafür vorgesehenen Warenklärungsbereich abgestellt (Sperrlager oder Quarantänebereich) werden.[24] Durch eine **klare Trennung** der **Klärungsfälle** soll das Risiko einer unbeabsichtigten Zuführung in den betrieblichen Materialfluss minimiert werden. Erst nach Klärung der Beanstandung bzw. nach Entscheidung hinsichtlich der weiteren Behandlung darf das Produkt aus dem Quarantänebereich entfernt werden.

Neben der hier beschriebenen betrieblichen Wareneingangsprüfung werden nicht selten auch finale **Verifizierungstätigkeiten vor Ort** beim Lieferanten vorgenommen, um zu vermeiden, dass Beanstandungen erst nach Anlieferung identifiziert werden. Dieses Vorgehen wird insbesondere bei komplexen Produkten mit hohem Transportaufwand praktiziert, bei denen ggf. ein erhöhtes Risiko der (Teil-) Rückweisung besteht. Sobald das Produkt zur Wareneingangsprüfung im Betrieb eintrifft, findet dann nur noch eine (einfache) Sichtkontrolle z. B. auf Transportschäden statt.

Um die Rückverfolgbarkeit zu gewährleisten, sind Aufzeichnungen über die wesentlichen Aktivitäten des Wareneingangs zu führen. Dazu müssen die o. g. Mindestangaben zur Lieferung (Lieferschein) sowie die mitgelieferten Zertifikate eingescannt bzw. Kopien im Wareneingangsbuch bzw. -ordner abgelegt werden. Nicht zuletzt sind insbesondere Mängel, Konzessionen und Korrekturmaßnahmen sowie die Ergebnisse komplexerer Prüfaktivitäten (z. B. Incoming Inspection Reports, Stichprobenprüfungen) zu dokumentieren.[25] Auf diese Weise wird nicht nur das Gebot der Nachvollziehbarkeit bzw. Rück-

---

[24] Gründe für eine Warenablehnung bzw. Warenklärung können sein: falsche oder fehlende Begleitdokumente, Beschädigungen, falsche Teilenummern oder Warenmengen. Bei Teilen zweifelhafter Herkunft auch: überstempelte Seriennummern, Zeichen früherer Benutzung, aufgeklebte Beschilderung ist unsauber, beschädigt oder fehlt, Gravur oder Seriennummer befinden sich an anderer Stelle als gewöhnlich, neuer Anstrich über alter, veränderter oder unüblicher Oberfläche, Fehlen von erforderlichem Oberflächenschutz, Schrammen, versuchte äußerliche Reparaturen, Narben oder Korrosion.

[25] vgl. EN 9120 Abschn. 4.2.4.

verfolgbarkeit erfüllt, auch bilden solche Informationen einen wichtigen Baustein der Lieferantenbewertung.

9.2.3 Lagerhaltung

Im Anschluss an die Warenübernahme wird das Material entweder dem weiterverarbeitenden Bereich zugeführt oder auf Lager gelegt. Sofern eine Einlagerung vorgesehen ist, sind für das einzulagernde Produkt nicht nur die Lagerungsvorschriften des Herstellers strikt einzuhalten, auch hat die EASA grundlegende Anforderungen an die Lagerhaltung von Teilen, Ausrüstung, Werkzeugen und Material formuliert.[26] Danach muss sichergestellt sein, dass:

- verwendbare und nicht verwendbare Teile und Materialien getrennt gelagert werden. Dies bedeutet nicht nur eine **Trennung** zwischen **verwendbaren** (*serviceable*) und **nicht verwendbaren** (*unserviceable*) **Produkten**, sondern auch eine getrennte Aufbewahrung von Luftfahrtmaterial und Nicht-Luftfahrtmaterial. In der Praxis bereitet dies insbesondere solchen Betrieben unterhalb der Konzerngröße regelmäßig Probleme, die ihren Tätigkeitsschwerpunkt nicht in der Luftfahrtbranche haben.
- während der Lagerung **keine Zustandsverschlechterung** oder Beschädigung an den gelagerten Teilen oder Materialien entstehen kann. Hierzu ist insbesondere – und soweit nicht anders vorgegeben – auf eine angemessene Raumtemperatur (15–20 °C) und Luftfeuchtigkeit (50–65 % RF) zu achten. Darüber hinaus muss die Lagerung frei von direkter Sonneneinstrahlung, von schädlichen Gasen und Dämpfen sowie bei höchstens durchschnittlicher Staubentwicklung erfolgen.[27] Im betrieblichen Alltag sind die damit verbundenen Prozesse bisweilen nicht hinreichend definiert. So sind insbesondere Korrekturmaßnahmen bei Abweichungen von den Lagerbedingungen nicht festgelegt.
- der **Zugang** zu den Lagerungseinrichtungen auf **berechtigtes Personal** begrenzt ist. Damit soll ein kontrollierter Warenzu- und -abgang gewährleistet werden. Zugleich lässt sich so die Rückverfolgbarkeit besser sicherstellen und die Einhaltung der Lagerbedingungen durchgehend leichter aufrechterhalten. Offene Lagereinrichtungen indes würden das Risiko einer unstrukturierten, intransparenten und kaum nachvollziehbaren Lagerverwaltung erheblich vergrößern.
- ein strukturiertes Vorgehen zur **Einhaltung der Herstellervorgaben** im Zuständigkeitsbereich der Lagerverwaltung existiert. Im betrieblichen Alltag zeigen sich z. B. gelegentliche Defizite bei der Überwachung von Lagerzeitbegrenzungen bei Betriebsstoffen (Lacke, Farben, Harze, Kleber, Schmierstoffe etc.). Erfahrungsgemäß spielen hier Nachlässigkeit oder Unaufmerksamkeit eine bedeutende Rolle. Das Verhalten wird

---

[26] vgl. IR Continuing Airworthiness EASA Part 145–145.A.25 (d) sowie für die Herstellung GM 21A.139 (b) (1).
[27] vgl. Luftfahrt-Bundesamt (2002), S. 8.

dann meist durch ein fehlendes Kontrollsystem bzw. eine mangelnde Struktur der Lagerüberwachung begünstigt.

Werden Teile oder Materialien aus dem Lager für den Einbau oder den Versand angefordert, ist eine **Warenausgangsprüfung** durchzuführen. Hierzu rät das LBA,[28] den einwandfreien Zustand des Teils oder Materials sowie eine Überschreitung etwaiger Lagerzeitbeschränkungen zu prüfen.

Besondere Lagerungsanforderungen ausgewählter Teile und Materialien[29]
- Bordinstrumente sowie Geräte mit Anschlüssen für Pneumatik- oder Hydraulikleitungen müssen fachgerecht abgedichtet werden. Bedarfsorientiert, sind feuchtigkeitsziehende Stoffe zu verwenden.
- Bei Motoren und Getrieben ist den Konservierungsvorschriften des Herstellers besondere Berücksichtigung zu schenken.
- Bei der Lagerung metallischen Roh- und Verbrauchsmaterials (Bleche, Stahl, Leichtmetall-Legierungen) ist besonderes Augenmerk auf die Rückverfolgbarkeit, d. h. auf eine entsprechend deutliche Kennzeichnung des Herstellers (Rollstempel) zu richten. Materialreste müssen bei Rückgabe an das Lager mit einer Werkstoffkennzeichnung versehen sein.
- Bei der Einlagerung ist das Risiko von Oberflächenbeschädigungen durch Scheuern zu minimieren. Entsprechende Schutzmaßnahmen sind zu ergreifen, z. B. durch Einsatz von trennendem Schutzmaterial oder die Beibehaltung des vom Hersteller aufgebrachten Oberflächenschutzes.
- Glasseidengewebe, Glasgarne und ähnliche Faserverbund-Materialien müssen bis zu ihrer Verwendung verpackt bleiben und flach, frei von starker Druckwirkung gelagert werden.
- Pulverförmige Stoffe bedürfen der Lagerung in geschlossenen Behältern.
- Batterien sind kühl, trocken und in gut belüfteten Räumen auf Lattenrost oder Paletten zu lagern. Eine Lagerung unmittelbar auf Stein- oder Betonfußboden ist nicht zulässig.

Bei Stoffen, die aufgrund von Herstellervorgaben nur unter kontrollierten Bedingungen zu lagern sind, muss eine Lufttemperatur- und -feuchtigkeitsüberwachung sichergestellt werden. Diese Raumklimadaten bedürfen der Aufzeichnung, so dass allein die Platzierung eines Thermo- und Hygrometers im Lager ohne entsprechende Datenspeicherung nicht ausreichend ist.

---

[28] vgl. Luftfahrt-Bundesamt (2002), S. 9.
[29] vgl. v. a. Luftfahrt-Bundesamt (2002b), S. 8 f.

Darüber hinaus sollte vor dem Warenausgang ermittelt werden, ob alle für das Produkt existierenden ADs oder technische Mitteilungen des Herstellers umgesetzt wurden. In der betrieblichen Praxis erfolgen diese Aktivitäten jedoch eher selten als strukturierter Bestandteil der Warenausgabe. Im Idealfall wird dort eine Sichtprüfung oder eine Prüfung von Lagerzeitbegrenzungen vorgenommen. ADs oder technische Mitteilungen des Herstellers werden üblicherweise fortlaufend durch das Engineering überwacht, kaum aber durch die Warenausgabe.

Bisweilen ist in Kundenverträgen die Schaffung eines eigenen, separierten Lagers für Beistellmaterial vereinbart. In diesem Fall ist die zwingende Umsetzung für ein **kundenspezifisches Lager** erforderlich, welches dann auch nur für einen beschränkten Mitarbeiterkreis zugänglich sein darf.

Neben luftrechtlichen Anforderungen an die Lagerhaltung sehen sich Herstellungs- und Instandhaltungsbetriebe zudem mit komplexen wirtschaftlichen Herausforderungen konfrontiert. Schließlich gilt es, den Trade-off zu überwinden, einerseits eine maximale Verfügbarkeit von Material und Teilen sicherzustellen und andererseits der Forderung nach **Minimierung der Kapital- und Lagerkosten** nachzukommen. Die Suche nach einer optimalen Bevorratung wird zudem dadurch erschwert, dass die theoretisch ermittelten Werte in der Realität durch Prozessstörungen (z. B. Bestell- oder Lieferverzögerungen, Fehlbestellungen, Falschlieferungen, Qualitätsmängel) oft und rasch einer Korrektur bedürfen. Die Identifizierung und erfolgreiche Umsetzung eines betriebswirtschaftlichen Optimums gestaltet sich dabei äußerst schwierig.

9.2.4 Materialhandling

Eine der Kernaktivitäten im Rahmen des Materialhandlings ist die **Bereitstellung des Materials**, damit die Produktionsmitarbeiter ihre Arbeitsaufträge durchführen können. Für eine Bereitstellung kommen folgende Wege in Frage:

- **Materialausgabe:** Teile und Materialien werden im Normalfall über eine kontrollierte Ausgabestelle der Produktion übergeben. Der anfordernde Produktionsmitarbeiter meldet dazu der Materialausgabe seinen Bedarf zusammen mit der Auftragsnummer; das Lagerpersonal organisiert das entsprechende Material aus dem Lager, bucht dieses auf den Auftrag und übergibt es dem Anforderer.
- **Offene Lager (Handlager):** Neben der kontrollierten Materialausgabe verfügen luftfahrttechnische Betriebe üblicherweise auch über kleine Handlager für gewöhnliche Kleinteile (Schrauben, Niete, Unterlegscheiben, Betriebsstoffe). Auf diese Weise wird dem Produktionspersonal ein einfacher, schneller Zugang zu häufig benötigten Standard-Kleinteilen nahe dem Arbeitsplatz ermöglicht.[30] Offene Lager erfordern jedoch stets eine gewisse Sorgfalt der Produktionsmitarbeiter, weil sie die Materialentnahme

---

[30] vgl. Kinnison (2004), S. 173.

eigenständig vornehmen. Das Produktionspersonal ist also allein für die Aufrechterhaltung der Tracebility (durch Verknüpfung von Charge und Arbeitsauftrag) verantwortlich.
- **Kommissionierung:** Bei der Kommissionierung wird der Materialbedarf entsprechend einer Bedarfsmeldung der Arbeitsplanung zu einem festgelegten Zeitpunkt angefordert und zu diesem Termin durch die Logistik am Arbeitsplatz zur Verfügung gestellt. Die Kommissionierung hat somit den Vorteil, dass sich der Produktionsmitarbeiter gänzlich auf die eigentliche Ausführung des Arbeitsauftrags fokussieren kann, weil Anforderung und innerbetriebliche Beschaffung für ihn erledigt werden.

Nach der Übernahme ist der Mitarbeiter in der Produktion für das Teil oder Material verantwortlich. Dies gilt vor allem für die Kennzeichnung wie auch für eine etwaige Zwischenlagerung im unmittelbaren Arbeitsbereich.

Werden dem Produktionsmitarbeiter Teile oder Materialien seitens der Materialausgabestelle übergeben, so muss sich dieser davon überzeugen, dass die Starnummer des Produkts mit den Vorgaben aus dem Arbeitsauftrag übereinstimmt. Zudem ist sicherzustellen, dass bei Neuteilen oder instand gehaltenen Teilen[31] stets ein Freigabe- bzw. Konformitätszertifikat beigefügt ist. In der Instandhaltung reicht *vor* dem Reparaturdurchlauf auch nur ein Beleg zur Rückverfolgbarkeit (z. B. *unserviceable Tag*) aus. Fehlt eine entsprechende Dokumentation am Bauteil, ist eine Materialübernahme zu verweigern, da die Tracebility nicht gewährleistet werden kann.

Neben den Zertifikaten sind dem Produkt bei Bedarf ein Materialbegleitschein sowie ggf. spezielle Hinweise zur Handhabung von empfindlichen oder gefährlichen Produkten oder Sicherheitswarnungen und Lagerzeitbegrenzungen für den Zeitraum des betrieblichen Materialflusses beizufügen.

Nach der Übergabe seitens der Materialausgabe folgt die Bearbeitung oder der Einbau des Produkts gemäß Arbeitsauftrag. Sollte eine Zwischenlagerung erforderlich sein, sind empfindliche Produkte bei Nichtgebrauch zu schützen.

Die Dokumentation verbleibt dabei solange physisch am Produkt, bis dieses in eine andere Komponente oder im Luftfahrzeug verbaut wird. Erst dann darf das Zertifikat zusammen mit dem Arbeitsauftrag den Herstellungs- bzw. Instandhaltungsaufzeichnungen zugeführt werden.

Entstehen während der Bearbeitung Mängel am Produkt oder werden solche identifiziert, ist das Teil als nicht verwendbar bzw. nicht einbaufähig kenntlich zu machen. Hierzu wird am Produkt üblicherweise ein ***unserviceable Tag*** angebracht (vgl. Abb. 9.2). Zudem ist sicherzustellen, dass dieses nicht einbaufähige Produkt, getrennt von verwendbaren

---

[31] Abhängig von den betriebsindividuellen Verfahren kann darauf bei Produkten, die im Closed Loop Verfahren instand gehalten wurden, verzichtet werden, weil dann ein *serviceable* Tag ausreichend ist.

Abb. 9.2 Unserviceable (U/S) Tag für nichtverwendungsfähiges Material

Teilen und Materialien in gesondert ausgewiesenen Flächen aufbewahrt wird, um eine unabsichtliche Benutzung zu verhindern.[32] Dies gilt sowohl in der Herstellung, insbesondere jedoch in der Instandhaltung, in der der Ausbau instand zu haltender (d. h. unserviceable) Teile zum betrieblichen Alltag gehört.

---

[32] vgl. IR Continuing Airworthiness EASA Part 145–145.25 (d); EN 9110 Abschn. 7.5.5.

Gelegentlich werden Teile und Materialien an das Lager zurück geliefert. Diese Situation kann z. B. auftreten, wenn zu viel, falsches oder fehlerhaftes Material geliefert wurde.

In diesem Fall wird das Material mit eindeutiger Kennzeichnung (Zertifikat, serviceable oder unserviceable Tag) übergeben, um es vom Auftrag herunter zu buchen und so die Rückverfolgbarkeit aufrecht zu erhalten. Erst danach darf die Wiedereinlagerung oder der Rückversand an den Lieferanten vorgenommen werden.

9.2.5 Fehlerhafte Produkte

Eine allgemeine Begleiterscheinung des Betriebsgeschehens ist eine gelegentlich unsachgemäße Ausführung der Herstellungs- oder Instandhaltungsarbeiten, bei der Schaden am Produkt entsteht. Auch werden Mängel bei zugelieferten Teilen und Materialien nicht immer im Zuge der Wareneingangsprüfung, sondern erst bei der Verarbeitung identifiziert. Fehlerhafte Produkte sind daher Bestandteil des betrieblichen Alltags. Um das Risiko eines unbeabsichtigten Einbaus oder der Auslieferung dieser Teile oder Materialien zu minimieren, bedürfen fehlerhafte Produkte einer **besonderen Behandlung und Steuerung**. Dazu müssen luftfahrttechnische Betriebe über transparente Verfahren und eindeutige Zuständigkeiten verfügen. So sind fehlerhafte, d. h. **nonkonforme Produkte**, nicht nur als solche zu kennzeichnen, sondern auch gesondert zu überwachen und zu steuern. Hinsichtlich der weiteren Verwendung nonkonformer Produkte sind verschiedene Optionen möglich:[33]

- Korrektur auf Basis genehmigter Entwicklungsvorgaben,
- Verschrottung,
- Rücksendung an den Lieferanten (Garantie),
- Rückweisung zwecks Neubewertung durch den Hersteller,
- Abstimmung mit dem zuständigen Entwicklungsbetrieb sowie dem Kunden zwecks Verwendung im Ist-Zustand.

Ist eine **Korrektur** des Mangels geplant, so sind geeignete Korrekturmaßnahmen zu bestimmen.[34] Hierzu bedarf es einer Abstimmung zwischen dem freigabeberechtigten Personal und dem Engineering, ggf. unter Einbeziehung der Planung. Für die Entscheidungsfindung sind unter Umständen zusätzlich der zuständige Entwicklungsbetrieb und der Kunde einzubinden. Die Beteiligten müssen dann klären, ob eine Verwendung im Ist-Zustand oder unter welchen Bedingungen nach der Korrekturumsetzung eine (Sonder-) Freigabe möglich ist.

Die Erfahrung lehrt, dass in vielen Betrieben zwar ein strukturiertes Vorgehen im Umgang mit fehlerhaften Produkten existiert. Jedoch werden gerade für die Behebung kleiner

---

[33] vgl. EN 9100er Reihe, Abschn. 8.3.
[34] Dabei müssen die Beteiligten u. a. prüfen, ob es sich bei dem Produktmangel um einen systematischen Fehler handelt.

9.2 Materialsteuerung und Materialhandling

Abb. 9.3 Zulässige und unzureichende Methoden der Verschrottung von Luftfahrzeugmaterial. (vgl. Luftfahrt-Bundesamt (2000), S. 2)

Zulässige Verschrottungsmethoden	Unzureichende Verschrottungsmethoden
• Brennen • Schleifen • Schmelzen • Zersägen in mehrere (kleine) Stücke • Dauernde Verformung • Demontage eines wesentlichen äußeren oder inneren Bestandteils • Einschneiden eines Lochs	• Stempeln • Einschlagen von Markierungen • Farbspritzen • Bohren kleiner Löcher • Identifizierung durch Anhänger/Tag oder Kennzeichnung • Zersägen in zwei Stücke

Abweichungen nicht immer die Approved Data herangezogen. Korrekturen erfolgen in diesem Fall vielfach auf Basis persönlichen Know-hows des ausführenden Produktionsmitarbeiters. Dieses Risiko ist zudem höher, wenn dem Betrieb eine entwicklungsbetriebliche Zulassung und so die räumliche Nähe zu den zuständigen Ingenieuren fehlt. Nicht zuletzt zeigt sich in der betrieblichen Praxis, dass der Kunde vielfach spät in den Korrekturprozess einbezogen wird. Dies ist – wenig überraschend – vor allem dann festzustellen, wenn die Ursachen für den Fehler am Produkt beim luftfahrttechnischen Betrieb liegen (Abb. 9.3).

Eine **Produktkorrektur** ist jedoch **unzulässig**, wenn:[35]

- die Produkte einen nicht reparierbaren Defekt aufweisen,
- Teile nicht der genehmigten Spezifikation (Approved Data) entsprechen und absehbar ist, dass eine Übereinstimmung auch nicht mehr hergestellt werden kann,
- Teile eine Lebenszeitbegrenzung aufweisen (Life limited Parts) und diese ihre Lebensdauer überschritten haben oder eine lückenlose Dokumentation nicht erbracht werden kann,
- am Produkt eine nicht genehmigte, irreversible Änderung vorgenommen wurde,
- Teile und Materialien extremen Bedingungen ausgesetzt waren und so nicht mehr in ihren Ursprungszustand versetzt werden können.

Solche mit irreversiblen Mängeln behafteten Produkte sind zu verschrotten. Dies hat auf eine Art und Weise zu erfolgen, dass das Produkt unwiederbringlich unbrauchbar wird und als solches leicht identifizierbar ist. Abbildung 9.3 gewährt einen Überblick über die zulässigen und unzulässigen Methoden der Verschrottung.

---

[35] vgl. Luftfahrt-Bundesamt (2000), S. 1.

9.2.6 Suspected unapproved Parts

Bei Suspected unapproved Parts (auch *Bogus Parts*) handelt es sich um **Teile zweifelhafter Herkunft**. Diese können mit ungültigen, gefälschten oder fehlenden (Freigabe-) Zertifikaten, Begleitpapieren, Historien, mit falschen Kennzeichnungen oder Verpackungen in Verkehr gebracht werden. Aus diesem Grund muss davon ausgegangen werden, dass die betroffenen Bauteile, Baugruppen oder Materialien nicht nach genehmigten oder anerkannten Verfahren hergestellt bzw. instand gehalten und freigegeben wurden. Oder es muss damit gerechnet werden, dass diese nicht einem zugelassenen Muster oder den allgemein anzuwendenden Normen bzw. Standards entsprechen. Da die exakte Beschaffenheit eines Suspected unapproved Parts nicht nachgewiesen werden kann, geht von ihnen eine potenzielle Gefährdung für die Lufttüchtigkeit aus. Suspected unapproved Parts müssen daher der zuständigen Luftaufsichtsbehörde gemeldet werden.

Die Ursachen für Suspected unapproved Parts können sowohl in nachlässigem Handeln als auch in betrügerischer Absicht begründet sein. So berichtet das LBA beispielsweise von einem in Florida ansässigen Unternehmen, dass Luftfahrzeugbolzen trotz offensichtlicher Gebrauchsspuren, mit allen erforderlichen Zertifikaten als neu verkauft hat.[36] Da Suspected unapproved Parts von den Luftaufsichtsbehörden insoweit als virulentes Risiko eingestuft werden, finden sich auf deren Webseiten üblicherweise Informationen und Hilfestellungen zur Identifizierung und Meldung solcher Teile. Die FAA geht noch einen Schritt weiter und führt unter ihren *Unapproved Parts Notifications* (UPN) jene Unternehmen namentlich auf, die Teile zweifelhafter Herkunft in Umlauf gebracht haben.[37] Für die letzten 10 Jahre werden dort etwa 10–20 Meldungen jährlich ausgewiesen.

Eine Identifizierung dieser Teile gestaltet sich aufgrund großer Ähnlichkeit mit anerkannten Teilen in der betrieblichen Praxis nicht immer einfach. Vielfach unterscheiden sich echte und falsche Teile nur durch die angewandten Fertigungsverfahren oder das eingesetzte Material. **Indizien**, die auf ein nicht zugelassenes Teil hindeuten können, liegen vor, wenn (Abb. 9.4):[38]

- geforderte oder inserierte Preise ungewöhnlich niedrig sind und so deutlich von denen der Wettbewerber abweichen,
- marktuntypische, weil deutlich kürzere Lieferzeiten als die bekannter Wettbewerber angeboten werden, insbesondere dann, wenn die nachgefragten Teile am Markt nicht lieferfähig sind,
- es dem Lieferanten nicht möglich ist, Zeichnungen, Spezifikationen, Manuals, detailliertere Angaben zu instand gehaltenen Teilen oder der Freigabebescheinigung zu liefern,

---

[36] vgl. Luftfahrt-Bundesamt (2003), S. 1.
[37] vgl. FAA (2012), http://www.faa.gov/aircraft/safety/programs/sups/upn.
[38] vgl. Luftfahrt-Bundesamt (2003), S. 2 f.

9.2 Materialsteuerung und Materialhandling

Abb. 9.4 Mögliche Gründe für die Ablehnung von Material oder Teilen

- im Zuge der Verkaufsgespräche mit dem Lieferanten der Eindruck entsteht, dass
  - ungewöhnlich große Mengen von Teilen lieferbar sind.
  - untypische Zahlungsmodalitäten gefordert (z. B. Barzahlung) oder ungewöhnliche (Auslands-)Konten zur Überweisung mitgeteilt werden.

Jedoch liegt nicht bei Auftreten jedes dieser Anzeichen unmittelbar ein Teil zweifelhafter Herkunft vor. Es sind Indizien, die dabei helfen, die Wachsamkeit zu schärfen.

Als **präventive Maßnahmen** gegen das in Verkehr bringen von Suspected unapproved Parts im eigenen Betrieb wirkt im ersten Schritt eine sorgfältige Lieferantenauswahl und Lieferantenüberwachung. Neben der Seriösität der Lieferanten ist zu prüfen, ob diese über wirksame Qualitätsmanagementsysteme verfügen, die Sicherheitsmaßnahmen zur Identifizierung von Teilen zweifelhafter Herkunft beinhalten und diese in der betrieblichen Praxis auch anwenden.

Im betrieblichen Alltag erweist sich die Vor-Ort-Prüfung der Teile als wirksamster Schutz vor Suspected unapproved Parts. Größte Bedeutung kommt dabei der Wareneingangskontrolle und deren Mitarbeitern zu, die üblicherweise auf Teile zweifelhafter Herkunft sensibilisiert sind.

Luftfahrttechnische Betriebe müssen über ein dokumentiertes Verfahren für den Fall verfügen, dass ein Suspected unapproved Part auftaucht. Bei Identifikation sind folgende Aspekte zu beachten:

- Identifizierung aller Aufenthaltsorte des Materials,
- Sperrung aller zugehörigen Lagerbestände inkl. (Line-Maintenance-) Stationsmaterial,
- deutliche Kennzeichnung verdächtiger Teile,
- Beweissicherung durch gesonderte Lagerung, um so die betroffenen Teile aus dem Umlauf zu halten,
- Meldung an die zuständige Luftaufsichtsbehörde.

9.3 Zulieferer und Fremdleistungen

9.3.1 Vorbereitung und Begleitung einer Fremdvergabe

Aufgrund der besonderen Qualitätsanforderungen in der Luftfahrtindustrie sowie einer oftmals hohen Komplexität der Leistungserbringung bedarf die Fremdvergabe (***Subcontracting***) jeglicher luftfahrttechnischer Wertschöpfung einer detaillierten Vorbereitung sowie angemessener Umsetzungsbegleitung. Fremdleistungen müssen zur richtigen Zeit angewiesen, die entsprechende Dokumentation bereitgestellt sowie die Leistungserbringung und Termine überwacht werden, damit eine reibungslose Einsteuerung in den eigenen Wertschöpfungsprozess sichergestellt ist. Erschwert wird diese komplexe Aufgabe vielfach durch eine fehlende räumliche Nähe zwischen Auftraggeber und Auftragnehmer.

Darüber hinaus stellen gerade in der Anfangsphase der Zusammenarbeit fehlende Kenntnisse des Zulieferers ein Qualitätsrisiko dar. Denn im Vergleich zu eigenem Personal fehlen dem zuarbeitenden Betrieb nicht selten detailliertes Wissen im Hinblick auf die individuellen Anforderungen, Bedürfnisse und Arbeitstechniken im Projektumfeld.

Den Ausgangspunkt einer Fremdvergabe bildet die Planung des Arbeitspakets zusammen mit der Ausgestaltung eines Vorgehenskonzepts. Aus luftfahrttechnischer Perspektive müssen dazu wesentlich die folgenden Fragen und Sachverhalte geklärt werden:

- Was soll der Auftragnehmer leisten (Festlegung des Fremdvergabeumfangs) und unter welcher luftrechtlichen Genehmigungsart soll dies geschehen?
- Wie sieht der Zeitplan aus und welche Milestones sind notwendig?
- Wie verteilen sich die Verantwortlichkeiten und wie ist die gemeinsame Kommunikation auszugestalten?
- Welche eigenen Dokumente werden dem Auftragnehmer zur Verfügung gestellt (z. B. Spezifikation, Approved Data, Informationen hinsichtlich einzuhaltender Standards, Vorlagen)?
- Welche Fremddokumente werden dem Auftragnehmer zur Verfügung gestellt (z. B. CMM, IPC)?

9.3 Zulieferer und Fremdleistungen

- Welche Dokumentation hat der Auftragnehmer zu erbringen?
- Welche Testanforderungen sind durch den Auftragnehmer zu erfüllen und für welche Prüfpunkte ist der luftfahrttechnische Betrieb selbst verantwortlich?
- Welche Zertifikate soll der Auftragnehmer nach erbrachter Leistung beifügen (CofC, EASA Form 1 etc.)?
- Wie ist die Überwachung des Auftragnehmers auszugestalten?

Nachdem ein Vorgehenskonzept einschließlich des Vergabeumfangs erstellt und luftrechtlich die Art der Fremdvergabe gewählt wurde, sind die erforderlichen Aktivitäten in einem Terminplan abzubilden. Im Anschluss erfolgt im Normalfall die Prüfung und Festlegung der in Frage kommenden Lieferanten. Das dazu nötige Lieferantenauswahlverfahren entspricht dem in Abschn. 9.1.1 dargestellten Prozess. Dabei sind im Zuge der Vertragsverhandlungen die wesentlichen Fragestellungen der Zusammenarbeit klar zu regeln. Typischerweise zählen hierzu:[39]

- Festlegung notwendiger Einbringungen bzw. Vorleistungen des Auftraggebers,
- Vorgehen bei Abweichungen von der vereinbarten Leistung (z. B. Umgang mit Design-Änderungen) und Anforderungen an den Umgang mit nicht konformen Produkten,
- Besonderheiten in den anzuwendenden Herstellungsprozessen,
- Anforderungen an die Entwicklung, Nachweisführung einschließlich Tests und Prüfungen sowie an Verifizierungen und Produktabnahmen,
- Bedingungen für weitere Untervergaben durch den Auftragnehmer,
- Art und Umfang von Unterstützungsleistungen durch den Luftfahrtbetrieb (z. B. Materialbeistellung, NDT),
- Anforderungen an die Aufbewahrung von Aufzeichnungen,
- Zugangsrecht zu den für die Leistungserbringung relevanten Betriebsteilen für den Auftraggeber und die zuständige Luftfahrtbehörde.

Sind diese Sachverhalte geklärt und der Vertrag mit dem Auftragnehmer finalisiert, muss der Auftraggeber sicherstellen, dass seinem Zulieferer rechtzeitig alle für eine termingerechte Auftragserfüllung vereinbarten Informationen sowie etwaige Ressourcen zur Verfügung gestellt werden:

- Arbeitspaket mit allen Instandhaltungs- oder Herstellungsvorgaben/-anweisungen, Spezifikationen (z. B. Zeichnungen, Arbeitsfolgen),
- betriebliche Vorgaben des Auftraggebers (betriebliche Standards/Qualitätsmindestanforderungen),
- Material und Teile,
- Versand-, Transport- sowie Lagerungsbedingungen,
- Ressourcen wie z. B. überwachendes oder unterstützendes Fachpersonal, Betriebsmittel.

---

[39] vgl. teilweise EN 9100 Abschn. 7.4.2.

Umsetzungsüberwachung des Auftragnehmers Jeder luftfahrttechnische Betrieb hat seine Lieferanten zu überwachen. Bei Fremdvergaben muss dabei nicht nur das Qualitätssystem des Zulieferers einer Kontrolle durch den Auftraggeber unterliegen, sondern auch die eigentliche Leistungserbringung. Während die Überwachung des Qualitätssystems losgelöst von einzelnen Aufträgen erfolgt, kann dies für die eigentliche Arbeitsdurchführung nur auftragsspezifisch vorgenommen werden. Die Überwachung der Leistungserbringung orientiert sich dazu an den individuellen Bedingungen und Fähigkeiten des Zulieferers.[40] Dabei ist jedoch stets zu beachten, dass **nicht nur die Endabnahme** dem Überwachungsfokus unterliegt, sondern bedarfsorientiert auch eine Überwachung während der Leistungserbringungsphase stattfinden sollte.[41] Im Allgemeinen beeinflussen folgende Aspekte den Überwachungsumfang bei Zulieferern während bzw. am Ende einer Leistungserbringung:[42]

- die Erfahrung des Auftragnehmers mit vergleichbaren Arbeiten bzw. die Erfahrung mit den zur Anwendung kommenden Technologien und Verfahren. Der luftfahrttechnische Betrieb muss seinen Zulieferer dabei umso stärker überwachen und ggf. auch steuern, je weniger Erfahrung dieser vorweisen kann. In der betrieblichen Praxis reicht dies bisweilen soweit, dass der Auftraggeber seinen Zulieferer temporär mit eigenem Fachpersonal für die Leistungserbringung vor Ort unterstützt.
- die Erfahrungen des luftfahrttechnischen Betriebs mit seinem Auftragnehmer. Eine Reduzierung des Überwachungsaufwands ist zulässig, sobald der Auftragnehmer nach Abwicklung einer angemessenen Anzahl an Transaktionen seine Prozesse stabilisiert hat. Zudem muss auch die Zusammenarbeit (Kommunikation, Dokumentationsbereitstellung etc.) beider Partner hinreichend aufeinander abgestimmt sein und auf Basis der erzielten Ergebnisse nachgewiesen werden können.
- die Art der auszuführenden Tätigkeiten. Der Überwachungsumfang hängt nicht zuletzt davon ab, ob die Leistungserbringung durch einen stabilen, simplen, ggf. sich wiederholenden Wertschöpfungsprozess (z. B. Serienbearbeitung) gekennzeichnet ist oder ob es sich um ein komplexes, mäßig transparentes Arbeitspaket (z. B. im Rahmen einer Einzelfertigung, Null- oder Kleinserienbearbeitung) handelt. Je transparenter die Leistungserbringung zu überwachen und je leichter der Prozess zu erlernen ist, umso eher kann eine Reduzierung der Umsetzungsbegleitung-/-überwachung in Betracht gezogen werden.

---

[40] vgl. Kap. 11.3 (Auditierung) sowie Luftfahrt-Bundesamt (2004a), S. 4.

[41] Dies ist nicht nur eine luftrechtlicher Vorgabe. Die Sicherstellung einer angemessenen Qualität liegt ebenso im eigenen (ökonomischen) Interesse. Schließlich ist es das Ziel eines jeden Unternehmens, Nacharbeit und Produkthaftungsschäden zu vermeiden. Auch deshalb ist ebenso bei luftfahrttechnisch erfahrenen Zulieferern eine stetige Überwachung der Lieferleistung notwendig.

[42] vgl. Luftfahrt-Bundesamt (2004a), S. 4. Einen soliden Anhaltspunkt für die erwartete Überwachungsintensität im Vorfeld der Zusammenarbeit können hierzu im Übrigen auch behördliche Zulassungen (z. B. EASA- oder FAA Zulassung) oder ISO-/EN Zertifizierungen des Auftragnehmers liefern.

9.3 Zulieferer und Fremdleistungen

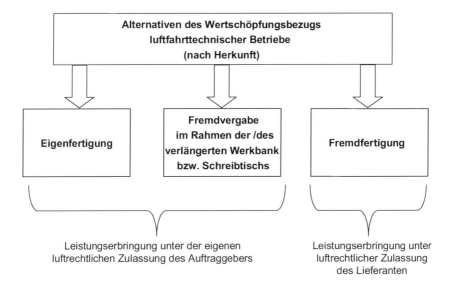

Abb. 9.5 Alternativen im Rahmen des Wertschöpfungsbezugs

Dies macht deutlich, dass sich die Überwachung des Auftragnehmers in einem Kontinuum zwischen ausschließlicher Endkontrolle auf der einen Seite, über gemeinsame Abnahmen von Milestones, bis hin zu einer permanenten Vor-Ort-Unterstützung beim Lieferanten mit eigenem Personal auf der anderen Seite, bewegen kann.

Dabei liegt die Verantwortung für Art und Umfang der Überwachung und etwaiger Umsetzungsbegleitung stets bei dem Auftrag vergebenden luftfahrttechnischen Betrieb. Denn letztlich steht dieser gegenüber seiner zuständigen Luftfahrtbehörde in der Pflicht, nachzuweisen, dass dieser mit seinem Überwachungsniveau eine nachhaltige Lufttüchtigkeit der eigenen Produkte einschließlich zugekaufter Teile und Dienstleistungen sicherzustellen vermag.

Durch die starke Reglementierung seitens der zuständigen Luftaufsichtsbehörden, sind die Akteure bei der Fremdvergabe einem engen rechtlichen Rahmen unterworfen.

So kommen in der Zusammenarbeit zwischen Auftraggeber und Auftragnehmer zwei klar voneinander unterscheidbare **Varianten der Lieferanteninteraktion** in Frage: Der Auftrag kann an einen Betrieb mit eigener behördlicher Zulassung untervergeben werden oder die Auftragsdurchführung erfolgt durch ein Unternehmen ohne eigene Zulassung. Dann muss die Auftragserfüllung unter Aufsicht des Auftrag vergebenden Luftfahrtbetriebs durchgeführt werden.[43] Zusammenfassend gewährt Abb. 9.5 einen Überblick über die Wertschöpfungsopportunitäten.

---

[43] vgl. Hinsch (2009), S. 57.

9.3.2 Fremdvergaben im Rahmen der verlängerten Werkbank

Bei der verlängerten Werkbank wird der Zulieferer im Auftrag eines behördlich anerkannten Luftfahrtbetriebs tätig und führt ein von diesem vorher definiertes Aufgabenpaket nach dessen Vorgaben aus. Dabei ist nicht das Auftrag ausführende, sondern das Auftrag vergebende Luftfahrtunternehmen für die luftrechtliche Freigabe verantwortlich (Ausstellung der EASA Form 1).[44] Der vergebende Betrieb bleibt bei der verlängerten Werkbank stets für die Qualität der Leistungserbringung einschließlich der Tests und Inspektionen verantwortlich.

Der behördlich anerkannte luftfahrttechnische Betrieb ist im Rahmen der verlängerten Werkbank zu einer intensiven Überwachung seiner Auftragnehmer verpflichtet. Denn der Auftraggeber muss jederzeit sicherstellen, dass sein Lieferant bei Erbringung der beauftragten Leistung die dafür erforderlichen technischen, organisatorischen und personellen Voraussetzungen erfüllt.

Auf die verlängerte Werkbank wird oftmals dann zurückgegriffen, wenn unkritische Teile geliefert oder wenn nur einzelne Arbeitsschritte oder -prozesse durch Subunternehmen (Versuche, Prüfungen, Wärmebehandlung etc.) abgewickelt werden. Jedoch scheuen gerade große Herstellungsbetriebe auch für die Fertigung komplexer Bauteile nicht davor zurück, diese an Zulieferer im Rahmen der verlängerten Werkbank fremd zu vergeben.

Die verlängerte Werkbank dürfen zugelassene luftfahrttechnische Betriebe nur als (unterstützende) Ergänzung zur eigenen Leistungserbringung nutzen. Die wesentlichen Wertschöpfungsanteile müssen in den eigenen Fazilitäten selbst erbracht werden. Eine Auslagerung erheblicher Kernaktivitäten eines luftfahrttechnischen Betriebs zu Subunternehmen ist somit nicht zulässig. Das bedeutet, dass der Auftraggeber in seinem Wesen ein Industriebetrieb verbleiben muss und durch exzessive Fremdvergaben nicht zu einer Händler- oder Vertriebsorganisation mutieren darf.[45]

Auftragsabwicklung Bevor Leistungen an einen anderen Betrieb fremd vergeben werden, muss der den Auftrag vergebende luftfahrttechnische Betrieb die außer Haus durchzuführenden Aktivitäten definieren und deren Umsetzung in einem Terminplan darstellen. Nachdem ein Lieferant ausgewählt wurde, ist gemeinsam mit diesem die physische Abwicklung der Leistungserbringung abzustimmen.[46] Neben terminlichen und organisatorischen Bedingungen, ist der Auftragnehmer insbesondere mit den Vorgaben zum Konfigurationsstatus sowie den Abnahmeverfahren und -kriterien vertraut zu machen. Der Auftraggeber muss sicherstellen, dass dem Auftragnehmer diese und weitere Informationen (z. B. Herstellungs- oder Instandhaltungsvorgaben/-unterlagen) zur Verfügung

---

[44] vgl. Hinsch (2009), S. 57.
[45] vgl. Luftfahrt-Bundesamt (2004a), S. 1 f.
[46] vgl. Hirschbach; Mielke (1996), S. 427.

stehen und bei diesen auch Anwendung finden.[47] Unter Umständen ist der Auftragnehmer vor Auftragsdurchführung zusätzlich mit der Beistellung des Materials oder speziellen Betriebsmitteln zu unterstützen.

Die Fremdvergabe im Zuge der verlängerten Werkbank erlaubt grundsätzlich auch mehrstufige Untervergaben (Auftragskaskade).[48] Dies setzt jedoch voraus, dass der Auftraggeber informiert ist und seine schriftliche Zustimmung erteilt hat. Dies ist zwingend erforderlich, damit dieser vollständige Kontrolle über seine Unterauftragnehmer in jeder Ebene hat und auf Nachfrage gegenüber seiner zuständigen Luftfahrtbehörde hierzu Auskunft geben kann.

Überwachung des Auftragnehmers Erbringt ein Lieferant Leistungen im Rahmen der verlängerten Werkbank muss dieser in besonderer Weise durch den (zugelassenen) Auftraggeber überwacht werden. Der Auftraggeber muss nämlich sicherstellen, dass die Leistung eine Qualität aufweist, die ihn in die Lage versetzt, die volle Verantwortung für Qualität und Sicherheit aller von ihm ausgelieferten Produkte zu übernehmen.[49] Da der Auftraggeber die alleinige luftrechtliche Verantwortung trägt, ist die Notwendigkeit der Überwachung und Steuerung verlängerter Werkbänke dringender als bei Fremdvergaben an andere luftfahrttechnische Betriebe.

Diese Aufgabe kann nur dann hinreichend gewährleistet werden, wenn eine enge Verzahnung von Auftragnehmer und Auftraggeber existiert. Dazu muss ein Subcontractor ohne eigene behördliche Anerkennung vollständig im Qualitätssystem des Auftraggebers integriert sein. Um dies sicherzustellen, muss eine auftragsunabhängige Überwachung der Lieferanten existieren, die sich zusammensetzt aus einer periodisch wiederkehrenden Auditierung des Qualitätssystems sowie einer kontinuierlichen Überwachung der Lieferleistungen.

Eine solche betriebsbezogene, auftragsunabhängige Lieferantenüberwachung ist jedoch nicht ausreichend. Die Qualitäts- und Leistungsfähigkeit eines Zulieferers ist ebenso auftragsspezifisch auf operativer Ebene zu überwachen und im Bedarfsfall nachzuweisen. Der Auftraggeber muss gerade bei der Fremdvergabe im Rahmen der verlängerten Werkbank auch die Leistungserbringung selbst kontrollieren und ggf. steuern.[50] Dies gilt im Besonderen für neue Zulieferer ohne bzw. mit wenig Erfahrung in der Luftfahrtindustrie. Diese Lieferanten müssen z. T. erhebliche Aufwendungen unternehmen, um den besonderen Qualitäts- und Sicherheitsanforderungen der Branche gerecht zu werden.[51] In diesen Fällen ist der Lieferant gerade in der Anfangsphase der Zulieferbeziehung bei der Arbeitsdurchführung organisatorisch und luftfahrtrechtlich zu unterstützen.

---

[47] vgl. GM No. 2 to 21A.139 (a).
[48] vgl. Luftfahrt-Bundesamt (2004a), S. 4.
[49] vgl. Luftfahrt-Bundesamt (2004a), S. 1 f. Dies gilt im Übrigen auch aus Gründen der zivilrechtlichen Enthaftung.
[50] vgl. Luftfahrt-Bundesamt (2004a), S. 1 f.
[51] vgl. Hinsch (2009), S. 57.

Der Auftragnehmer muss das beauftragte Arbeitspaket exakt nach den Vorgaben des Auftraggebers abarbeiten. Daher kommt insbesondere dem Prozess zur **Lenkung von Änderungen** im beauftragten Leistungspaket während der Durchführung besondere Bedeutung zu. Die betriebliche Praxis zeigt hier oftmals eine Instabilität in der Kommunikation zwischen Lieferant und Auftraggeber.

Verantwortlichkeiten des Auftraggebers bei der Auftragsabwicklung im Rahmen der verlängerten Werkbank:[52]
- die terminliche Überwachung und Steuerung des Zulieferers, Termineinhaltung und die etwaige Abarbeitungsreihenfolge
- die Übereinstimmung der durchgeführten Tätigkeiten mit der Vorgabedokumentation, dabei insbesondere die ordnungsgemäße Durchführung der Prüf-/Testverfahren
- die Sicherstellung der ordnungsgemäßen Versorgung des Auftragnehmers mit den genehmigten Herstellungs- bzw. Instandhaltungsvorgaben, Spezifikationen und Approved Data einschließlich Aktualisierungen während der Arbeitsdurchführung
- das Führen von Aufzeichnungen und die Vereinbarung der erforderlichen Archivierungszeiträume
- die Sicherstellung des freien Zugangs zu den Betriebsstätten des Zulieferers durch das eigene Personal und das der zuständigen Luftfahrtbehörde, damit eine Einhaltung der luftrechtlichen Vorgaben jederzeit überprüft werden kann

Wenngleich sich die Aktivitäten der auftragsspezifischen Lieferantenüberwachung an der individuellen Leistungserbringung und der Erfahrung bzw. Qualitätsfähigkeit des Auftragnehmers ausrichten, müssen stets folgende Maßnahmen durchgeführt werden:[53]

a) Prüfung des Auftragnehmers hinsichtlich seiner Fähigkeit, den individuellen Auftrag unter Gesichtspunkten der Qualifikation und Kapazitäten derart abzuarbeiten, dass eine Übereinstimmung der Arbeitsergebnisse mit den Approved Data sichergestellt werden kann (Bearbeitung bei hinreichender Prozessstabilität).
b) Durchführung von First Article Inspections am Ende eines Auftrags oder einer neuen Bearbeitungsserie.
c) Laufende Durchführung von Wareneingangskontrollen und -tests einschließlich der Überprüfung und des Übereinstimmungsabgleichs der zugehörigen Dokumentation.

---

[52] vgl. Luftfahrt-Bundesamt (2004a), S. 5 f.
[53] ähnlich GM No. 2 to 21A.139 (a).

Um das Ziel einer angemessenen Qualitäts- und Leistungsfähigkeit des Lieferanten zu flankieren, werden in der Praxis bisweilen zusätzliche Qualitätssicherungsvereinbarungen für die Leistungserbringung bzw. die zu bearbeitenden Produkte abgeschlossen.

Der Auftraggeber kann sich erst auf die vom Subcontractor vorgenommenen Arbeiten bzw. Prüfungen/Tests stützen, wenn dieser mindestens sichergestellt hat, dass:[54]

- das für die Arbeitsdurchführung verantwortliche Personal des Subcontractors den Qualifikationsanforderungen des Auftraggebers entspricht (Befähigung analog zu dem des eigenen Personals),
- die einzuhaltenden Bearbeitungs- und Qualitätsvorgaben eindeutig festgelegt und gegenüber dem Auftragnehmer rechtzeitig kommuniziert wurden,
- Aufzeichnungen geführt werden, die jederzeit eine Prüfung und Nachverfolgbarkeit der durchgeführten Tätigkeiten ermöglichen.

9.3.3 Fremdvergaben an behördlich anerkannte Zulieferer

Luftfahrttechnischen Betrieben steht es frei, Leistungen von Dritten zu beziehen, für die sie dann selbst die luftrechtliche Verantwortung tragen (verlängerte Werkbank) oder sie kaufen entsprechende Leistungen von anderen behördlich anerkannten Zulieferern ein. Zwar muss der Auftraggeber auch vor der Untervergabe von Wertschöpfungsteilen an einen anderen behördlich anerkannten Betrieb die erforderlichen Aktivitäten festlegen und deren Umsetzung in einem Terminplan abbilden. Aber die luftfahrtrechtlichen Aspekte der Fremdvergabe können auf ein Minimum reduziert werden. Schließlich darf der beauftragte Betrieb aufgrund eigener behördlicher Anerkennung ebenfalls innerhalb des eigenen Genehmigungsumfangs als eigenständiger luftfahrttechnischer Betrieb am Markt auftreten. Diese Unternehmen tragen volle luftrechtliche Verantwortung für ihr Handeln, sofern diese Teile, Baugruppen oder Subsysteme mit offiziellem Freigabezertifikat ausgeliefert werden.

Für den Auftraggeber ist die Zusammenarbeit mit einem behördlich anerkannten Betrieb attraktiv, weil er insbesondere die auftragsunabhängige Überwachung seiner Lieferanten reduzieren kann.[55] Ein klassisches Beispiel für Produkte, die in großem Umfang über diese Art der Fremdvergabe beauftragt und dann mit eigener Freigabebescheinigung geliefert werden, sind Bauteile, Geräte oder Systeme.

Überwachung durch den Auftraggeber Auch im Zuge der Fremdvergabe an behördlich anerkannte Betriebe ist zwischen der Überwachung des betrieblichen Qualitätssystems und der auftragsspezifischen Überwachung der Leistungserbringung zu unterscheiden.

---

[54] ähnlich Luftfahrt-Bundesamt (2004a), S. 2 f.
[55] vgl. Hinsch (2009), S. 58.

Aufgrund dessen eigener Zulassung kann der Auftraggeber zwar hinsichtlich des Qualitätssystems im Allgemeinen davon ausgehen, dass sein Zulieferer über ein dokumentiertes Qualitätssystem verfügt, welches sicherstellt, dass jedes von ihm oder seinen Partnern verarbeitete Produkt den entwicklungsbetrieblichen Vorgaben entspricht. Formal darf sich der Auftraggeber darauf jedoch nicht verlassen, so dass dieser dazu verpflichtet ist, auch bei seinen behördlich anerkannten Zulieferern in regelmäßigen Abständen eine Überprüfung der Qualitätssysteme vorzunehmen.[56]

Für die auftragsspezifische Überwachung kann der Auftraggeber davon ausgehen, dass sein Auftragnehmer aufgrund dessen eigener luftrechtlicher Verantwortung ein ausgeprägtes Interesse daran hat, die vereinbarte Qualität zu liefern. Dies wird der Zulieferer schließlich mit einer von ihm ausgestellten Freigabebescheinigung (z. B. EASA Form 1) bestätigen müssen. Nach Auslieferung kann sich der Auftraggeber zum Nachweis (der Übereinstimmung seiner zugekauften Produkte und Leistungen mit den anwendbaren Design- oder Instandhaltungsvorgaben) auf diese offiziellen Dokumente des Lieferanten berufen.[57] Da sich also der Auftraggeber auf eine Genehmigung seines Zulieferers abstützen kann, ist es ihm möglich und gestattet, seine produktbezogene Lieferantenüberwachung entsprechend auszurichten. Die eigentliche Umsetzungsbegleitung reduziert sich – anders als bei der verlängerten Werkbank – daher meist schon von Beginn an auf ein Minimum.

Werden Leistungen an luftfahrttechnische Zulieferbetriebe außerhalb der EU fremd vergeben, so hängt deren Anerkennung als eigene luftfahrtrechtlich zulässige Teilleistung davon ab, ob der Lieferant im betroffenen Land eine behördliche Zulassung besitzt. Darüber hinaus muss zwischen dem LBA und der Luftfahrtbehörde dieses Staats ein Abkommen oder eine produktbezogene Vereinbarung zur Anerkennung solcher Zulassungen bestehen.[58]

9.3.4 Fremdvergaben von Entwicklungsleistungen

Auch im Engineering werden große Arbeitspakete an externe Ingenieurbüros fremdvergeben. Das Spektrum betrifft die gesamte Wertschöpfung des Entwicklungsprozesses von der Spezifikationsdetaillierung über die Nachweiserbringung bis zur Dokumentationserstellung (Umsetzungs- oder Instandhaltungsvorgaben oder Handbücher). Die Bewältigung derart vielschichtiger und umfassender Fremdvergabeaktivitäten kann dabei nur dann gelingen, wenn auch die externen Entwicklungsleistungen durch den Auftraggeber strukturiert gemanagt und überwacht werden.

---

[56] vgl. IR Certification EASA Part 21–21A.139 (b) (1) und GM No. 2 to 21A.139 (a).
[57] vgl. Luftfahrt-Bundesamt (2004a), S. 1.
[58] vgl. Luftfahrt-Bundesamt (2004a), S. 3.

9.3 Zulieferer und Fremdleistungen

Vergleichbar mit dem Subcontracting in der Herstellung oder Instandhaltung[59] wird auch im Rahmen der Fremdvergabe von 21/J-Entwicklungen unterschieden zwischen dem:

- verlängerten Schreibtisch bzw. dem Einkauf Applicable Data und dem
- Einkauf von Approved Data (bzw. TCs oder STC) anderer behördlich anerkannter Entwicklungsbetriebe.

Dabei ist insbesondere die Leistungserbringung im Rahmen des verlängerten Schreibtischs einem engen luftrechtlichen Rahmen unterworfen. Bei dieser Form der Vergabe muss sichergestellt sein, dass alle Arbeiten, die Approved Data zum Ziel haben, unter dem Design Assurance System des Auftraggebers durchgeführt werden.[60] Analog zur verlängerten Werkbank trägt auch hier der Auftrag vergebende Entwicklungsbetrieb die finale luftrechtliche Verantwortung. Aus diesem Grund muss der Auftraggeber als Inhaber der 21/J-Zulassung über dokumentierte **Verfahren zur Überwachung** externer Dienstleister verfügen. Dabei müssen sowohl die Prozesse zur Organisationsüberwachung wie auch die zur Überwachung der Leistungserbringung selbst beschrieben sein. Nicht zuletzt muss in den Verfahren eindeutig geregelt sein, unter welchen Bedingungen die (Dienst-) Leistungen abgenommen werden.

Für den Fall, dass Entwicklungsleistungen an einen anderen behördlich anerkannten Entwicklungsbetrieb fremd vergeben werden, so besteht aus luftrechtlicher Perspektive ebenfalls eine Verpflichtung zur regelmäßigen Lieferantenüberwachung. Wurde jedoch die Erbringung von Approved Data bzw. die Übertragung eines TCs oder STCs vereinbart, so ist der Auftraggeber, anders als beim verlängerten Schreibtisch, nicht zur unmittelbaren Überwachung der eigentlichen Leistungserbringung verpflichtet. Angeraten ist diese in regelmäßigen Abständen mindestens stichprobenweise dennoch – insbesondere bei der Fremdvergabe großer Entwicklungspakete. Eine unzureichend strukturierte Entwicklungsbegleitung kann zwar mit dem Luftrecht im Einklang stehen, dennoch aber aus ökonomischer Perspektive spürbare Schäden anrichten. Ein Beispiel dafür bilden Boeings umfassende und wenig geglückte Fremdvergaben an die zahlreichen Design-Partner im Zuge der Dreamliner-Entwicklung.[61]

---

[59] Dieser Abschnitt stellt nur die Besonderheiten der entwicklungsbetrieblichen Fremdvergabe dar. Weil die Fremdvergaben der Herstellung und Instandhaltung einerseits und der Entwicklung andererseits hohe Übereinstimmungen aufweisen, ist angeraten, das Augenmerk zusätzlich auf die bisherigen Abschnitte zur Fremdvergabe zu legen.

[60] vgl. IR Certification EASA Part 21–21A.239 (c) i. V. m. 21A.243 (b), siehe zugleich auch GM to 21A.239 (c).

[61] Boeing-Chef James McNerney äußerte sich dazu in einem Interview wie folgt: „Wir sind beim Outsourcing zu weit gegangen, sowohl im Herstellungsprozess als auch bei den Ingenieurarbeiten. Das Konzept mit einer Reihe von Partnern rund um den Globus war richtig. Doch wir hätten etwas mehr Maß halten sollen. Für die zweite Version der 787, der 787-9, haben wir einige Ingenieursarbeiten wieder zurück zu uns verlagert. Wir prüfen zudem Möglichkeiten, einzelne Teile der Produktion wieder zu uns zu holen." Schubert, C. (2011). vgl. dazu auch Dowideit (2008).

Unabhängig von der Frage, unter welchem Design Assurance System die Fremdvergabe erfolgt, sind zu Beginn des Vergabeprozesses zunächst stets die gleichen Prozessschritte zu erfüllen: Analog zur Fremdvergabe von Herstellungs- und Instandhaltungsleistungen müssen auch bei der Entwicklung zunächst der Vergabeumfang sowie die technischen und ressourcenseitigen Anforderungen eindeutig festgelegt werden (Spezifikation der Fremdvergabe). Erst nachdem die Fremdvergabe spezifiziert ist, kann die Auswahl des Design-Partners erfolgen. Dabei sind die betrieblichen Lieferantenbeurteilungs- und -freigabeverfahren einzuhalten.[62] Jedoch kann für die Vergabe von Entwicklungsleistungen aufgrund der differenzierten Anforderungen gegenüber dem Herstellungs- und Instandhaltungsbetrieb möglicherweise ein eigener Lieferantenfreigabeprozess notwendig sein. Für die Lieferantenüberwachung während der Leistungserbringung sowie für die Abnahme sind darüber hinaus die Vorgaben aus der Vergabe-Spezifikation heranzuziehen.

9.3.5 Besonderheiten beim Einkauf von Fremdpersonal

Luftfahrttechnische Betriebe müssen für eine behördliche Zulassung über ausreichende personelle Ressourcen verfügen, um die Arbeit entsprechend des Genehmigungsumfangs planen, durchführen, überwachen und überprüfen zu können.[63] Dies muss im Wesentlichen durch betriebseigenes Personal sichergestellt sein. Der Einsatz von Fremdpersonal ist jedoch grundsätzlich gestattet.[64] So setzen gerade in Deutschland große luftfahrttechnische Betriebe umfassend Leiharbeitnehmer ein, um einerseits flexibel auf Bedarfsschwankungen reagieren zu können und andererseits die Hürden der restriktiven deutschen Kündigungsschutzgesetzgebung zu umgehen. Nicht selten liegt der Anteil der Leiharbeitnehmer an der Gesamtbelegschaft im zweistelligen Prozentbereich. So verwundert es nicht, dass sich bereits Zeitarbeitsunternehmen gänzlich auf die Luftfahrtbranche spezialisiert haben. Diese vermitteln nicht nur gering qualifiziertes Produktionspersonal, sondern ebenso lizenzierte Mechaniker und hochqualifiziertes Administrativpersonal (z. B. Ingenieure und Dipl. Kaufleute).

An solches Fremdpersonal müssen **die gleichen Qualifikationsmaßstäbe** angesetzt werden, wie an vergleichbare eigene Mitarbeiter. Die Erfüllung dieser Forderung kann dabei nur gelingen, wenn luftfahrttechnische Betriebe über strukturierte und dokumentierte Verfahren hinsichtlich der Anforderung, Auswahl, Qualifizierung sowie zum Einsatz und zur Aufsicht von Leiharbeitnehmern verfügen. Das dazu definierte Vorgehen ist dem Grundsatz nach auf sämtliches Fremdpersonal gleichermaßen anzuwenden. Für luftrecht-

---

[62] vgl. Buchabschnitt 9.1.2, GM to 21A.239 (c); EN 9100 Abschn. 7.4.1.
[63] vgl. Luftfahrt-Bundesamt (2002a), S. 3 f.
[64] In der Instandhaltung darf der Anteil des Fremdpersonals 50 % nicht überschreiten. Dieser Wert gilt für jede Werkstatt und Halle ebenso wie für jede Schicht. vgl. AMC 145.A.30 (d). Einen vergleichbar konkreten Wert gibt es in der Entwicklung und Herstellung indes nicht.

lich vorgeschriebenes Personal (Freigabeberechtigte Mitarbeiter, Arbeits- und Materialplaner sowie Entwicklungs- und Zulassungsingenieure) ist ein solcher Prozess verpflichtend.

Vor Einstellung von Leiharbeitnehmern ist es zunächst erforderlich, dass der einstellende Betrieb ein **Anforderungsprofil** erstellt. Nur so kann die Frage beantwortet werden, was das Fremdpersonal leisten muss und welche Qualifikation (z. B. Studium, Berufsausbildung, Lizenzen, Erfahrungen, Berechtigungen bei früheren Arbeitgebern etc.) für die zu bewältigende Aufgabe erforderlich ist.

Erst auf dieser Grundlage kann die Personalsuche beginnen und darauf basierend eine Personalauswahl vorgenommen werden. Dafür ist es wichtig, die potenziellen Leiharbeitnehmer hinsichtlich ihrer Fähigkeit zu bewerten und auf Basis ihrer Qualifikation einzuordnen. Eine solch strukturierte Einordnung dient dazu, den späteren Berechtigungsumfang der Fremdkräfte festzulegen. Insbesondere für luftrechtlich relevante Funktionen sollte der Betrieb Verfahren schriftlich festgelegt haben, unter welchen Bedingungen eine (teilweise) Anrechnung der bisherigen theoretischen und praktischen Ausbildung des Leiharbeitnehmers vorgenommen werden kann. Für die Bewertung und Einordnung sind die bisherigen Qualifikationsnachweise des Leiharbeitnehmers (Zeugnisse, Zertifikate, etc.) einzufordern und zu bewerten. Diese Informationen sollten möglichst detailliert Auskunft über Art, Umfang und Zeitraum bisheriger Tätigkeiten liefern.[65] Entsprechende Nachweise sind idealerweise vom Accountable Manager oder vom Leiter der Qualitätssicherung der bisherigen Arbeitsstätte unterzeichnet. Jede Qualifikation sollte auf Basis der vorliegenden Nachweise individuell bewertet und die entsprechende Berechtigung einzeln erteilt werden.

Umgehend nach Beginn des Unterarbeitsverhältnisses ist jeder Leihmitarbeiter auf die Gefahren, Arbeitsschutzbedingungen und Sicherheitseinrichtungen seines Arbeitsumfelds hinzuweisen. Auch muss eine Einweisung in alle Arbeiten und relevanten Betriebsmittel erfolgen. Zudem muss der Leihmitarbeiter, üblicherweise unabhängig von der Dauer des Einsatzes, mit der betrieblichen Vorgabedokumentation vertraut gemacht werden.[66] Der Fremdarbeitnehmer wird somit davon in Kenntnis gesetzt, wo und wie er Informationen zu seinen Prozessen und Tätigkeiten nachschlagen kann.

Diese Maßnahmen dienen in Summe dazu, dass der luftfahrttechnische Betrieb seiner arbeitsrechtlichen Verantwortung nachkommt. Daher ist es wichtig, dass jederzeit nachgewiesen werden kann, dass der Betrieb seiner Schutz- und Fürsorgepflicht auch gegenüber dem Fremdpersonal nachgekommen ist. Hierzu muss meist der anfordernde bzw. einstellende Bereich unbedingt sicherstellen, dass jeder Leiharbeitnehmer die Teilnahme an entsprechenden Einweisungen schriftlich bestätigt. Im Ernstfall entscheidet dies über Enthaftung oder Schadensersatzpflicht. Die betriebliche Praxis zeigt, dass dies nicht nur ein theoretisches Risiko darstellt.

Spätestens mit Arbeitsantritt sollte der Leiharbeitnehmer neben der Einweisung in seine Arbeit ein **Berechtigungsschreiben** erhalten, das ihn über den eigenen Berechti-

---

[65] vgl. Luftfahrt-Bundesamt (2005), S. 3 f.
[66] vgl. AMC 145.A.30 (d).

gungsumfang aufklärt. Dieses individuelle Dokument ist vom jeweiligen Fremdpersonal abzuzeichnen, weil es damit bestätigt, den eigenen Arbeitsumfang zu kennen. Nur so ist der Mitarbeiter auch in der Lage, den ihm zugewiesenen Tätigkeitsumfang auch einzuhalten. Der Mitarbeiter kann somit umfassend Verantwortung für sein betriebliches Handeln übernehmen.

Für Leiharbeitnehmer gilt, dass auch sie für vorsätzliches oder grob fahrlässiges Verhalten zivil- und strafrechtlich zur Rechenschaft gezogen werden können. Die luftrechtliche Verantwortung für den Leiharbeitnehmer verbleibt jedoch stets beim luftfahrttechnischen Betrieb, weil das Fremdpersonal in dessen Namen agiert.

Literatur

Deutsches Institut für Normung e. V.: *DIN EN 9100:2009-Qualitätsmanagementsysteme – Anforderungen an Organisationen der Luftfahrt, Raumfahrt und Verteidigung*. DIN EN 9100-2010-07, 2010

Deutsches Institut für Normung e. V.: *DIN EN 9110:2005 Luft- und Raumfahrt; Qualitätsmanagement – Qualitätssicherungsmodelle für Instandhaltungsbetriebe*. Deutsche und Englische Fassung EN 9110-2005, 2007

Deutsches Institut für Normung e. V.: *DIN EN 9120 Luft- und Raumfahrt; Qualitätsmanagementsysteme – Anforderung für Händler und Lagerhalter*. Deutsche und Englische Fassung EN 9120-2005, 2007

Dowideit, M.: *Dreamliner wird für Boeing zum Albtraum*; unter: http://www.welt.de/welt_print/article2682257/Dreamliner-wird-fuer-Boeing-zum-Albtraum.html, abgerufen am 19.12.2009, 2008

European Comission: *Commission Regulation (EC) on the continuing airworthiness of aircraft and aeronautical products, parts and appliances, and on the approval of organisations and personnel involved in these tasks [Implementing Rule Continuing Airworthiness]*. No. 2042/2003, 2003

European Comission: *Commission Regulation (EC) laying down implementing rules for the airworthiness and environmental certification of aircraft and related products, parts and appliances, as well as for the certification of design and production organisations [Implementing Rule Certification]*. No. 1702/2003, 2003

European Aviation Safety Agency – EASA: *Acceptable Means of Compliance and Guidance Material to Part 21*. Decision of the Executive Director of the Agency NO. 2003/1/RM, 2003

European Aviation Safety Agency – EASA: *Acceptable Means of Compliance and Guidance Material to to Commission Regulation (EC) No 2042/2003*. Decision No. 2003/19/RM of the Executive Director of the Agency, 2003

Federal Aviation Authority: *FAA Unapproved Parts Notifications (UPN)*. In: http://www.faa.gov/aircraft/safety/programs/sups/upn/, abgerufen am 22.04.2012, 2012

Hinsch, M.: *Herausforderungen mittelständischer Zulieferbetriebe in der Luftfahrtindustrie*. In: Industriemanagement, Bd. 25, Nr. 4, S. 57–60, 2009

Hinsch, M. (2009a): *Die Entwicklung von Kundenbeziehungen in der Nachfolge mittelständischer Familienunternehmen*. Diss., Hamburg, 2009

Hirschbach, O.; Mielke, T: *Optimierung der Fertigungstiefe und Wege*. In: Ein Handbuch für das moderne Management. Bullinger, H.-J., Warnecke, H (Hrsg.), Berlin, S. 415–429, 1996

Kinnison, H.A.: *Aviation Maintenance Management*. New York u. a., 2004

Luftfahrt-Bundesamt: *Aussonderung von nichtverwendbaren Luftfahrzeugteilen und Materialien.* LBA Rundschreiben Nr. 01-35/001, 2000

Luftfahrt-Bundesamt (2002a): *Einsatz von Fremdpersonal.* LBA Rundschreiben Nr. 25-23/02-0, 2002

Luftfahrt-Bundesamt (2002b): *Materialwesen.* LBA Rundschreiben Nr. 25-25/02-0, 2002

Luftfahrt-Bundesamt: *Auffinden und Melden von Teilen zweifelhafter Herkunft.* LBA Rundschreiben Nr. 18-01/03-2, Braunschweig, 2003

Luftfahrt-Bundesamt: *Rückverfolgbarkeit von angelieferten Teilen und Materialien im Herstellungsprozess.* LBA Rundschreiben Nr. 18-04/04-1, 2004

Luftfahrt-Bundesamt (2004a): *Herstellungsbetriebe mit ausgelagerten Fertigungsstätten und der Vergabe von Arbeiten an Zulieferer.* LBA Rundschreiben Nr. 02-03/04-7, 2004a

Luftfahrt-Bundesamt: *Freigabeberechtigtes Personal für sonstiges Luftfahrtgerät und Teilen von Luftfahrtgerät (Teil-145 und LTB).* LBA Rundschreiben Nr. 19-04/05-1, 2005

Schubert, C.: *Der A380 ist nett, aber wir fliegen weiter.* Interview mit Boeing-Chef James McNerney, FAZ Online, http://www.faz.net/artikel/C31151/flugzeughersteller-boeing-der-a380-ist-nett-aber-wir-fliegen-weiter-30443168.html, abgerufen am 19.6.2011

Weber, R.: *Zeitgemäße Materialwirtschaft mit Lagerhaltung.* 9. Aufl., Renningen, 2009

Personal   10

Die hohe Komplexität der Leistungserstellung und die durch EASA und EN formulierten Anforderungen an Produktqualität und -sicherheit zwingen luftfahrttechnische Betriebe unweigerlich zu einer detaillierten Auseinandersetzung mit der Qualifikation ihres Personals.

In diesem Kapitel wird nach Erläuterung allgemeiner Anforderungen ausführlich auf die Qualifikation des Produktionspersonals eingegangen. Dabei erfolgt eine getrennte Darstellung für Personal in der Herstellung und in der Instandhaltung. Ein eigener Abschnitt widmet sich der Qualifizierung freigabeberechtigter Mitarbeiter. Im Anschluss werden die Anforderungen an die Qualifikation administrativer Mitarbeiter erklärt, wobei hier eine Unterscheidung in Führungskräfte und ausführendes Personal vorgenommen wird. Ein gesondertes Unterkapitel widmet sich entwicklungsbetrieblichem Personal.

Den Abschluss des Kapitels bildet eine Einführung in besondere Typen der Personalqualifizierung. Der Schwerpunkt liegt dabei auf dem Umgang mit den Grenzen der menschlichen Leistungsfähigkeit (Human Factors) und dem Continuation Training.

10.1 Allgemeine Anforderungen an die Personalqualifizierung

Jede betriebliche Aufgabe erfordert bestimmte Fähigkeiten, damit diese in angemessener Qualität erfüllt werden kann. Das Wissen und die Fertigkeiten eine spezifische Tätigkeit auszuführen, bringt das Personal üblicherweise nicht von Beginn an in die neue Aufgabe mit ein. Die Mitarbeiter müssen hierfür qualifiziert werden. Das bedeutet, dass das Personal an den neuen Job heranzuführen ist, indem es das Wissen erwirbt und die Fähigkeiten erlernt, um den Anforderungen des jeweiligen Jobs gerecht zu werden. Eine Qualifikation ist dabei das Ergebnis aus theoretischem Wissen und praktischer Erfahrung.

Die Personalqualifizierung ist eine wichtige Voraussetzung zur Gewährleistung eines reibungslosen Ablaufs von Geschäftsprozessen. Die Notwendigkeit zur umfassenden Qualifikation des Personals ergibt sich dabei aus verschiedenen Perspektiven:

- *luftrechtlich*: Der Mitarbeiter muss hinreichend qualifiziert sein, um einerseits die einschlägigen Forderungen bzw. die gültige Vorgabedokumentation zu erfüllen sowie andererseits eine nicht korrekte Arbeitsausführung beurteilen zu können. Der Qualifikationsumfang muss derart ausgestaltet sein, dass eine Gefährdung der Lufttüchtigkeit durch das Handeln der Mitarbeiter ausgeschlossen werden kann.
- *arbeitsrechtlich*: Die Qualifizierung der Mitarbeiter dient einerseits zu seinem eigenen Schutz für eine gefahrenfreie Ausführung der Aufgabe (Arbeitssicherheit), andererseits kann sie den Arbeitgeber bei der arbeitsrechtlichen Enthaftung unterstützen.
- *ökonomisch*: Minimierung der Arbeitsfehler und damit der Fehlerkosten aufgrund unsachgemäßer Arbeitsdurchführung.

In der Luftfahrtindustrie werden seitens des Gesetzgebers vergleichsweise detaillierte Qualifikationsanforderungen an das Personal gestellt. Diese sind in der Implementing Rule Certification Subpart F, G und J, in der Implementing Rule Continuing Airworthiness Part-M, 66, 147 und 145 sowie den jeweils zugehörigen AMC und Guidance Material beschrieben. Die Beschreibungstiefe der Vorgaben lässt den Betrieben bei der Umsetzung und den Luftfahrtbehörden bei der Überwachung jedoch Spielraum. So müssen die Betriebe selbst ein für sie geeignetes Qualifikationsprogramm erstellen. Ob die Einhaltung des gesetzlichen Rahmens sichergestellt wird, ermittelt die Behörde vor Erteilung bzw. Aufrechterhaltung der Betriebszulassung. Die Ausgestaltung der Qualifikationssysteme wird dabei maßgeblich durch die Interpretation der EASA-Bestimmungen der zuständige Behörde beeinflusst.

Eine wesentliche Rolle im Hinblick auf die Angemessenheit eines betrieblichen Qualifikationssystems spielen die Betriebsgröße sowie Genehmigungsart und -umfang. So müssen beispielsweise Airbus oder Lufthansa Technik mit ihrem breiten Leistungsspektrum komplexere Qualifikationssysteme vorweisen, als ein mittelständischer Herstellungsbetrieb, welcher nur eine luftfahrttechnische Bauteilart fertigt und hierfür über lediglich einen freigabeberechtigten Mitarbeiter verfügt.

Grundlegende Bestandteile an ein Qualifikationssystem eines luftfahrtfahrttechnischen Betriebs sind u. a.:[1]

- der Betrieb muss Erstschulungen und kontinuierliche Weiterbildungen bedarfsgerecht anbieten. Dabei ist den Besonderheiten der betrieblichen Verfahren und den menschlichen Faktoren hinreichend Rechnung zu tragen,
- die Fähigkeiten des Personals sind zu ermitteln; auf dieser Grundlage sind die Mitarbeiter entsprechend den Anforderungen zu qualifizieren,
- die Wirksamkeit von Schulungsmaßnahmen muss in einem festgelegten Rhythmus beurteilt werden,
- die Bewusstseinsförderung in Bezug auf die Bedeutung der Tätigkeit an sich sowie ihr Beitrag zur Qualitätserreichung sind sicherzustellen,

---

[1] Ähnlich Abschn. 6.2 der EN 9100er Reihe.

- es sind Aufzeichnungen zum Umfang der Schulungen und der Personalqualifikation zu führen,
- freigabeberechtigtes Personal muss entsprechend den besonderen Anforderungen der Behörde qualifiziert und berechtigt werden.

Für eine transparente und nachvollziehbare Personalqualifizierung ist es notwendig und vorgeschrieben, zu den verschiedenen Tätigkeiten **Stellenbeschreibungen** und **Qualifizierungspläne** zu erstellen. Diese tragen dazu bei, die Stellenanforderungen hinsichtlich Wissen und Fähigkeiten zu strukturieren und zu vereinheitlichen.[2] Dabei sind für eine Qualifizierung im Wesentlichen die folgenden Aus- und Weiterbildungskategorien zu unterscheiden:

- (theoretische) Grundausbildung,
- On-the-Job-Training (praktische Erfahrung),
- ergänzende Qualifikationsmaßnahmen (z. B. Herstellerschulungen)
- Wiederholungs-/Continuation Training.

In der betrieblichen Praxis ist insbesondere auch der Qualifizierung von Leiharbeitnehmern und Hilfskräften Beachtung zu schenken.[3] Die Erfahrung lehrt, bei diesen Personalarten mehr noch als bei Eigenpersonal auf Ausbildungsniveau, Motivation, betriebliche Identifikation sowie fehlende Vertrautheit mit den betrieblichen Verfahren im Zuge der Qualifikationsaktivitäten Rücksicht zu nehmen.

Von der Qualifizierung ist die Berechtigung zu unterscheiden: Während die Qualifizierung auf das *Können* abzielt, beschreibt die Berechtigung das *Dürfen* und stellt damit die betriebliche Erlaubnis dar, bestimmte Tätigkeiten und übertragene Pflichten wahrzunehmen. Eine Berechtigung wird auf Grundlage einer nachgewiesenen Qualifikation erteilt. Die Basis (*Scope of Authorization*) bildet in der Luftfahrtindustrie z. B. ein Flugzeug- bzw. Triebwerksmuster oder eine Bauteilgruppe.

10.2 Qualifikation von Produktionspersonal

10.2.1 Produktionspersonal ohne Freigabeberechtigung

Das Produktionspersonal in Herstellung und Instandhaltung muss grundsätzlich in der Lage sein, die zugewiesenen Aufgaben selbständig und in einer angemessenen Qualität zu verrichten. Die Mitarbeiter können der damit verbundenen Verantwortung jedoch nur dann gerecht werden, wenn sie für ihre Aufgaben in hinreichendem Umfang qualifiziert

---

[2] vgl. AMC 145.A.30 (e) 3.
[3] Auf die Besonderheiten der Qualifikation von Fremdpersonal wird in diesem Abschnitt nicht weiter eingegangen, siehe hierzu Abschn. 9.3.5.

und berechtigt wurden. Das Personal muss also entsprechend der durchzuführenden Tätigkeiten angemessene Kenntnisse, d. h. **Ausbildung und Erfahrung**, nachweisen. Darüber hinaus müssen die Mitarbeiter vom Betrieb ausreichende **Befugnisse** erhalten haben, um die ihnen übertragenen Pflichten wahrnehmen zu können.

Wenngleich weder im Part 21/G für die Herstellung noch im Part 145 für die Instandhaltung spezifische Vorgaben zu Art und Umfang der Qualifizierung und Berechtigung von nicht freigabeberechtigtem Produktionspersonal formuliert sind, bedeutet dies nicht, dass luftfahrttechnische Betriebe hier freie Hand haben.[4] So müssen diese über ein **Qualifikationskonzept** verfügen, welches erkennen lässt, dass auch nicht freigabeberechtigtes Produktionspersonal über eine angemessene theoretische Ausbildung einerseits sowie praktische Berufserfahrung andererseits verfügt. Die Fähigkeiten müssen zudem dann tiefer greifend sein, wenn das Produktionspersonal für Aufgaben berechtigt ist, die besondere Qualifikationen erfordern, beispielsweise Inspektionen, Boroskopien, Zweitkontrollen, aber auch Gabelstabler- oder Schlepperfahrten sowie die Bedienung von Maschinen, Kränen oder Dockanlagen. Weitere Qualifizierungsanforderungen richten sich zudem am Produktionsspektrum und der Produktionsmenge. So sind z. B. Mitarbeiter in Instandhaltungsbetrieben stets zusätzlich auf dem Gebiet von menschlicher Leistungsfähigkeit (*Human Factors*), menschlichen Fehlerverhaltens (*Human Errors*) und menschlicher Leistungsgrenzen (*Human Performance & Limitations*) zu schulen.

Da der sicheren und vorgabekonformen Arbeitsdurchführung oberste Priorität einzuräumen ist, muss sich der Betrieb aus luft- und arbeitsrechtlichen Gründen in angemessener Weise davon überzeugen, dass der Mitarbeiter für eine unbeaufsichtigte Arbeitsdurchführung geeignet ist.[5] Das Produktionspersonal muss dabei zeigen, dass es im Rahmen des (vorgesehenen) Berechtigungsumfangs in der Lage ist, Herstellungs- bzw. Instandhaltungsarbeiten auf Basis von Approved Data selbständig auszuführen.

Dieser Nachweis kann z. B. im Rahmen der dualen Berufsausbildung zum Flugzeugbauer, zum Flugzeuggerätemechaniker oder Flugzeugelektroniker erfolgen.

Neben der Qualifikation, also dem **Können**, müssen die Produktionsmitarbeiter ihre Aufgaben auch durchführen **dürfen**. Sie müssen also vom Betrieb berechtigt sein, Arbeiten an luftfahrttechnischem Gerät vorzunehmen. Dabei wird die Berechtigung für Produktionsmitarbeiter in einer ersten Grobeinteilung entsprechend des behördlichen Genehmigungsumfangs begrenzt. Unterschieden wird hierbei nach zulässigen Herstell- oder Instandhaltungsarbeiten an 1) Flugzeugen, 2) Bau- und Ausrüstungsteilen oder 3) Triebwerken und Hilfsgasturbinen (APUs) sowie 4) spezifische Tätigkeiten innerhalb der zuvor genannten Bereiche, die jedoch nur mit hinreichendem Fachwissen und umfassender Erfahrung angemessen ausgeführt werden können (z. B. NDT oder Boroskopien).

Diese Ratings definieren den maximal möglichen Berechtigungsumfang, den der Betrieb gegenüber dem Produktionspersonal aussprechen darf. Innerhalb dieses behördlich vorgegeben Rahmens erfolgt dann üblicherweise eine weitere Einschränkung, die

---

[4] vgl. z. B. GM No. 2 to 21A.126 (a) (3) (2); GM 21A.145 (a) oder AMC 145.A.30 (e).
[5] vgl. AMC 145.A.30 (e).

10.2 Qualifikation von Produktionspersonal

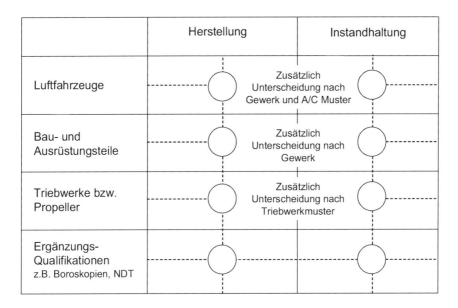

Abb. 10.1 Qualifikationsopportunitäten in der Produktion

im Ermessensspielraum des Betriebs liegt. Innerhalb dieser vier Ratings wird der Genehmigungsumfang üblicherweise noch tiefer gehend auf Basis von Flugzeug- und/oder Triebwerksmustern bzw. Bauteilarten oder Bauteilgruppen (z. B. Avionik, Mechanik, Lackierung) spezifiziert. Abbildung 10.1 fasst die aufgeführten Grundqualifikationen in der Produktion zusammen.

Zu einem Qualifikationssystem gehört neben der Festlegung und Durchsetzung einer angemessenen Personalqualität auch die Bestimmung der Personalquantität, also die Anzahl der Produktionsmitarbeiter. Letztere richtet sich nach den betriebsindividuellen Bedürfnissen und ist so zu bemessen, „[that] their number should be such that airworthiness consideration may be applied in all areas without undue pressure".[6] Das Qualifikationssystem ist Bestandteil des gesamten Qualitätssystems eines luftfahrttechnischen Betriebs und unterliegt somit einer kontinuierlichen betrieblichen und behördlichen Überwachung.

10.2.2 Freigabeberechtigtes Personal in der Herstellung

Freigabeberechtigtes Personal trägt innerhalb einer 21/G Organisation eine besondere Verantwortung. Schließlich bestätigt es nach Abschluss aller Herstellungsschritte die ordnungsgemäße Durchführung der Arbeiten auf Basis gültiger Approved Design Data. Damit sich diese Verantwortung auch in den Arbeitsergebnissen niederschlägt und damit die Lufttüchtigkeit eines Produkts nach Herstellung in optimalem Umfang gewährleistet

---

[6] GM 21A.145(a).

ist, werden an das freigabeberechtigte Personal besondere Qualifizierungs- und Berechtigungsanforderungen gestellt.[7]

So müssen zulassungsbefugte Mitarbeiter in Abhängigkeit der Komplexität des Produkts über eine angemessene Ausbildung verfügen. Dies schließt explizit mit ein, dass eine hauptberuflich ausgeübte fachbezogene, praktische Erfahrung bei der Herstellung der Art von Luftfahrtgerät nachgewiesen werden kann, für das die Freigabeberechtigung beantragt wurde bzw. vorliegt. Auch muss zulassungsbefugtes Personal über besondere Kenntnisse auf folgenden Fachgebieten verfügen:

- Kenntnisse des Luftrechts (entsprechend Modul 10 des EASA Part 66),
- Kenntnisse der betrieblichen Prozesse und Verfahren auf Basis der Vorgabedokumentation,
- nachgewiesene Prüferfahrung im Rahmen des Freigabeumfangs (insb. Anwendung von Prüfprogrammen und Prüfverfahren sowie Umgang mit den Prüfunterlagen und Prüfgerät).

Für die Qualifizierung freigabeberechtigten Personals ist der Herstellungsbetrieb selbst verantwortlich. Art und Umfang der Maßnahmen, aber auch die Anzahl des freigabeberechtigten Personals orientieren sich an der Produktionsmenge und dem behördlichen Genehmigungsumfang.

Jede 21/G-Organisation muss zunächst über eine betriebliche **Trainingsstrategie** verfügen. Diese beinhaltet neben den allgemeinen Anforderungen an Aus- und Fortbildung u. a. ein strukturiertes Vorgehen zur kontinuierlichen Weiterentwicklung. So soll gewährleistet werden, dass das Personal stets entsprechend dem aktuellen technologischen Entwicklungsstand ausgebildet ist. Darüber hinaus werden explizit ergänzende Qualifikationsbedarfe gefordert, die spezifisch auf die Belange des freigabeberechtigten Personals ausgerichtet sind.

Zur Sicherstellung einer gleichbleibenden Personalqualität und -quantität ist die Qualifizierungsstrategie Bestandteil des betrieblichen QM-Systems und unterliegt als solche der Überwachung durch das Management und der zuständigen Luftfahrtbehörde.[8]

Neben den eigentlichen Qualifizierungsanforderungen an freigabeberechtigtes Personal sind den AMC 21A.145 (d) auch besondere Vorgaben im Hinblick auf Art und Umfang der **Qualifizierungsdokumentation** zu entnehmen. Um eine dauerhafte Erfüllung der behördlichen Vorgaben zu gewährleisten, ist ein innerbetrieblicher Überwachungsprozess zu etablieren. In diesem Rahmen bildet die Archivierung der Mitarbeiterdaten einen wichtigen Bestandteil des Qualitätssystems und unterliegt somit immer auch einer Überwachung durch die zuständige Luftaufsichtsbehörde. Abbildung 10.2 zeigt, dass es sich bei den archivierungspflichtigen Informationen um vertrauliche, per-

---

[7] vgl. IR Continuing Airworthiness EASA 145–21A.145. Für detaillierte Hinweise zu den Anforderungen an freigabeberechtigtes Herstellpersonal, vgl. auch Luftfahrt-Bundesamt (2005).

[8] vgl. AMC 21A.145 (d) (1) (5).

10.2 Qualifikation von Produktionspersonal

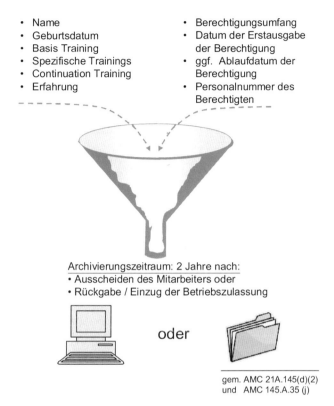

Abb. 10.2 Mindestumfang der aufzuzeichnenden Daten für freigabeberechtigtes Personal

sonenbezogene Daten handelt. Aus diesem Grund hat der Betrieb sicherzustellen, dass neben der zuständigen Luftaufsichtsbehörde und dem betreffenden freigabeberechtigten Mitarbeiter nur einem sehr begrenzten Personenkreis Zugriff auf diese Daten gewährt werden darf.

10.2.3 Freigabeberechtigtes Personal in der Instandhaltung

Die Implementing Rule Continuing Airworthiness widmet dem freigabeberechtigten Personal in der Instandhaltung gleich drei Abschnitte: neben dem Part 145 (Instandhaltungsbetriebe) sind dies der EASA Part 66 (Freigabeberechtigtes Personal) sowie der EASA Part 147 (Anforderungen an Ausbildungsbetriebe).[9]

---

[9] Betriebe mit einer Zulassung des EASA Part 147er haben das Recht, Personal für behördlich anerkannte Instandhaltungsbetriebe zu schulen. Im Einzelnen dürfen diese Schulungsorganisationen: a) anerkannte Grundlagenausbildungen, b) anerkannte typenspezifische Ausbildungen und c) Prüfungen durchführen sowie d) Ausbildungszeugnisse ausstellen. Für weitere Informationen zum EASA Part 66 und 147 siehe graue Box in Abschn. 3.1.4.

Abb. 10.3 Ausbildungsanforderungen an Certifying Staff – Herstellung vs. Instandhaltung

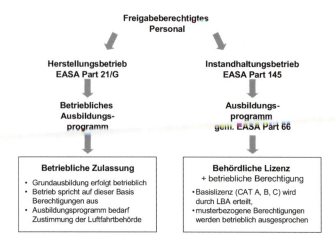

Die damit verbundene Detaillierungstiefe an sich bildet bereits einen wesentlichen, nicht aber den einzigen signifikanten Unterschied zum freigabeberechtigten Personal in der Herstellung. Denn aus dem Part 66 ergibt sich zudem die Notwendigkeit, dass freigabeberechtigtes Personal in der Instandhaltung über eine personenbezogene behördliche Anerkennung, die sogenannte **Aircraft-Maintenance-Licence (AML)**, verfügen muss. Diese Lizenz wird durch die nationale Luftfahrtbehörde (in Deutschland das LBA) ausgesprochen. Hierzu muss der Antragsteller die erforderliche Berufspraxis in einem 145er Instandhaltungsbetrieb und die theoretische Ausbildung in einem 147er-Betrieb nachweisen.

Die Vorgaben hinsichtlich der Qualifikationsanforderungen von freigabeberechtigtem Personal in der Instandhaltung unterscheidet sich somit erheblich in Art und Umfang gegenüber der Herstellung. In Abb. 10.3 sind diese graphisch dargestellt.

Die Freigabeumfänge, die auf Grundlage einer AML ausgesprochen werden, teilen sich gemäß EASA Part 66.A.1 in folgende Kategorien (CAT) auf:[10]

Category A: Line-Maintenance Certifying Mechanic Certifying Staff der Kategorie A ist berechtigt, Freigabebescheinigungen nach einfacher Line-Maintenance auszustellen. Mitarbeiter mit einer CAT A Berechtigung dürfen ausschließlich persönlich durchgeführte Instandhaltungsarbeiten freigeben. Der Berechtigungsumfang der CAT A Lizenz ist dabei Aufgaben (*Task*) orientiert. Dies bedeutet, dass der Freigabeberechtigte ausschließlich Instandhaltungsarbeiten (Flugzeug-)musterbezogen ausführen darf, die in seiner individuellen Task-Liste aufgeführt sind.

Category B1: Maintenance Certifying Technician – mechanical Eine CAT B1 Lizenz berechtigt den Inhaber zur Freigabe von Instandhaltungsarbeiten an der Luftfahrzeugstruktur,

---

[10] Zur Spezifikation des grundsätzlichen Berechtigungsumfangs der o. g. AML vgl. insbesondere IR Continuing Airworthiness – EASA Part 66.A.20 sowie GM 66.A.20 (a).

den Triebwerken sowie an mechanischen und elektrischen Systemen. Die Berechtigung umschließt zudem den Austausch einfacher Avionik-Austauschteile (*Replaceable Units*). Dies gilt sowohl für selbst ausgeführte Arbeiten wie auch für solche, die ein anderer Berechtigter vorgenommen hat. Eine CAT B1 Lizenz umschließt immer auch die entsprechende Unterkategorie A. Die AML CAT B1 wird ebenfalls musterbezogen erteilt.

Category B2: Maintenance Certifying Technician – Avionic Certifying Staff CAT B2 ist berechtigt zur Freigabe von Instandhaltungsarbeiten an der Avionik und an elektrischen Systemen, die durch den AML-Inhaber selbst oder durch einen anderen Berechtigten ausgeführt wurden. Die CAT B2 Lizenz beinhaltet nicht die CAT A Genehmigung. Um auch einfache mechanische Aufgaben ausführen und freigeben zu dürfen, ist eine Qualifizierung zur Freigabeberechtigung der Kategorie A erforderlich. Auch die CAT B2 Lizenz wird nur musterbezogen erteilt.

Category C: Base-Maintenance Certifying Engineer Eine Lizenz der Kategorie C berechtigt den Inhaber zur Ausstellung von Freigabebescheinigungen nach Base-Maintenance Arbeiten. Der CAT C Berechtigte darf Luftfahrzeuge in ihrer Gesamtheit für alle Gewerke und Systeme musterbezogen freigeben. Die Funktion des Base Maintenance Certifying Engineers besteht primär darin, sicherzustellen, dass alle erforderlichen Instandhaltungsarbeiten durchgeführt und durch entsprechend autorisiertes CAT B1 und B2 Personal bescheinigt bzw. freigegeben wurde. Die eigentliche Flugzeugfreigabe, die Ausstellung des Certificate of Release to Service bildet dann nur den formalen Abschluss des Instandhaltungsereignisses. Jedoch darf CAT C Personal Base-Maintenance-Ereignisse nur dann freigeben, wenn Mitarbeiter mit CAT B1 und B2 Lizenz als Unterstützungspersonal (Support Staff) die technische Durchführung geprüft und diese Prüfung bescheinigt haben. Ein CAT C Berechtigter darf diese Unterstützungsaufgaben und die Luftfahrzeugfreigabe in Personalunion wahrnehmen.

Die **Voraussetzungen für die Beantragung einer AML** werden in theoretisches Grundwissen und praktische Instandhaltungserfahrung unterschieden. Art und Umfang der erforderlichen Qualifikation hängen von den Vorkenntnissen und der angestrebten Freigabekategorie ab.

Für die Erlangung des geforderten theoretischen Wissens sind bis zu 17 Fachmodule zu durchlaufen. Diese Module sind im Anhang des EASA Part 66 spezifiziert und umfassen Themengebiete wie Aerodynamik, elektronische Instrumentensysteme, Luftfahrtgesetzgebung oder Strukturen und Systeme von Flugzeugen etc., ebenso wie beispielsweise Mathematik, Physik und Elektronik. Etwaige Vorkenntnisse werden angerechnet und können die Zahl der zu durchlaufenden Module reduzieren. Das Wissen der einzelnen Fachmodule ist durch Prüfungen bei einem zugelassenen Part 147-Ausbildungsbetrieb nachzuweisen.

Neben dem Fachwissen muss freigabeberechtigtes Instandhaltungspersonal die englische Sprache soweit beherrschen, um Verfahren und technische Dokumentation in Wort und Schrift zu verstehen.[11]

Die für eine AML nachzuweisende praktische Instandhaltungserfahrung ist in der Implementing Rule Continuing Airworthiness Part 66 – 66.A.30 geregelt und variiert in Abhängigkeit der Vorkenntnisse zwischen einem und fünf Jahren. Kriterien für die Anrechnung vorhandener Erfahrungen sind z. B. eine frühere technische Ausbildung, frühere Instandhaltungstätigkeiten an großen Flugzeugen, bisherige Aktivitäten in niedrigeren Freigabe-Kategorien oder Erfahrungen als Support Staff.

Eine CAT C Lizenz ist zudem mit einem technischen Hochschulabschluss zu erlangen, sofern der Antragsteller eine „repräsentative Auswahl aus Arbeiten"[12] im Rahmen der zivilen Luftfahrzeuginstandhaltung nachweisen kann.

Die Dokumentationsanforderungen an die Mitarbeiterqualifikationen für freigabeberechtigtes sowie unterstützendes Personal sind weitestgehend mit denen aus der Herstellung identisch und finden sich daher am Ende des (vorherigen) Abschn. 10.2.2.[13]

10.3 Qualifikation von Administrativ-Personal

10.3.1 Qualifikationsanforderungen an Führungskräfte

Führungskräfte tragen eine besondere betriebliche Verantwortung, weil sich deren Handeln nicht nur auf ihr unmittelbares Arbeitsumfeld auswirkt, sondern weil sie mit ihren Entscheidungen Einfluss auf einen großen Mitarbeiterkreis, oftmals über mehrere Hierarchieebenen, ausüben. Daher ist gerade beim Management ein angemessener fachlicher Sachverstand von besonderer Wichtigkeit. Dies gilt nicht nur aus ökonomischen Gründen. Auch das Luftrecht fordert von bestimmten Führungskräften eine angemessene Ausbildung sowie Kenntnisse, Hintergrundwissen und ausreichend Erfahrung in der luftfahrtindustriellen Entwicklung, Herstellung bzw. Instandhaltung. Hierzu zählt insbesondere grundlegendes Wissen der einschlägigen rechtlichen Grundlagen.[14]

Um zu zeigen, dass die Führungskräfte in der Lage sind, ihrer Verantwortung innerhalb eines luftfahrttechnischen Betriebs gerecht zu werden, müssen sie ihr Wissen persönlich gegenüber der zuständigen Luftfahrtbehörde unter Beweis stellen. Es wird also nicht nur nach Aktenlage entschieden, sondern üblicherweise auch auf Basis eines persönlichen Gesprächs und/oder Tests.

---

[11] vgl. IR Continuing Airworthiness EASA Part 66–66.A.20.
[12] IR Continuing Airworthiness EASA Part 66–66.A.30 (5).
[13] vgl. AMC 145.A.35 (j).
[14] vgl. IR Continuing Airworthiness EASA Part 145–145.A.30 sowie IR Certification EASA Part 21–21A.145 (c).

Zu den luftrechtlich relevanten Führungskräften zählt zunächst der Accountable Manager, also die gegenüber der zuständigen Behörde verantwortliche Führungskraft (i. d. R. Geschäftsführer oder Vorstand). Darüber hinaus müssen auch einige Manager der zweiten Ebene, (z. B. Produktionsleiter, Abteilungsleiter im Engineering, Leiter des Qualitätsmanagement) die o. g. Qualifikationsanforderungen erfüllen. Die Führungskräfte der zweiten Hierarchiestufe werden auch als Senior Persons oder Responsible Manager bezeichnet.

10.3.2 Qualifikationsanforderungen an ausführendes Administrativpersonal in der Herstellung und Instandhaltung

Neben dem Produktionspersonal führen auch Mitarbeiter in der Administration Tätigkeiten aus, die unmittelbaren Einfluss auf die Lufttüchtigkeit haben. Dies gilt in besonderem Maß für die Entwicklung (vgl. hierzu das folgende Kapitel), aber auch für Herstellung und Instandhaltung. Insoweit gibt es, neben ökonomischen Gründen, ebenso eine luftrechtliche Notwendigkeit, das Personal angemessen zu qualifizieren und zu berechtigen.

Aus luftrechtlicher Sicht ist der zu qualifizierende Personenkreis in der Herstellung und Instandhaltung vergleichsweise eng gehalten. Der Fokus liegt hier auf Mitarbeiter mit Planungsverantwortung sowie auf Personal mit Qualitätsmanagementaufgaben. Beide Gruppen nehmen mit ihrem Handeln mittelbaren Einfluss auf die Lufttüchtigkeit. Die Planungsfunktionen (z. B. Produktions-, Arbeits- oder Materialplaner sowie Personaldisponenten, Produktions- oder Planungsingenieure) bilden das Bindeglied zwischen Entwicklung und Produktion und nehmen mit ihrem Handeln wesentlichen Einfluss auf den Produktionsablauf. Darüber hinaus muss das Personal des Qualitätsmanagements angemessen qualifiziert sein, damit dieses ihrer Überwachungs- und Beratungsfunktion umfassend nachkommen kann.

Art und Umfang der administrativen Personalqualifizierung wird stets vom Genehmigungsumfang sowie von der Betriebsgröße und -art (Mitarbeiteranzahl, Schichtarbeit) bestimmt. Grundsätzlich jedoch müssen administrative Mitarbeiter in Herstellung und Instandhaltung in der Lage sein, die behördlichen (IR, AMC, GM) und flugzeugbezogenen (Approved Data) Vorgaben zu verstehen und in der Praxis richtig anzuwenden.[15] Dies schließt insbesondere das Vorhandensein eines Bewusstseins ein, dass eine Abweichung von den Vorgaben nicht zulässig ist und auch keine Änderungen an Approved Data vorgenommen werden dürfen. Administrative Mitarbeiter, die mit ihrem Handeln Einfluss

---

[15] Die relevanten Formulierungen der Implementing Rules Certification und Airworthiness sind eher vage formuliert: IR Continuing Airworthiness EASA Part 145–145.30 (e): „Der Betrieb muss die Befähigung des mit Instandhaltungsarbeiten, Verwaltungsaufgaben und/oder Qualitätskontrollen befassten Personals in Übereinstimmung mit einem Verfahren und Bestimmungen festlegen und überwachen, die von der zuständigen Behörde genehmigt sind." IR Certification EASA Part 21–21A.145 (c): „…die Mitarbeiter aller Ebenen ausreichende Befugnisse erhalten haben, um die ihnen übertragenen Pflichten wahrnehmen zu können…".

auf die Lufttüchtigkeit nehmen, müssen daher mindestens Kenntnisse auf den folgenden Gebieten aufweisen:

- Luftrecht (insbesondere EASA Part 145 bzw. Subpart 21/G),
- betriebliche Vorgabedokumentation (Betriebshandbuch, Verfahrensanweisungen oder Prozessdarstellungen),
- betriebliche Strukturen und Abläufe,
- Human Factors.

Üblicherweise erwarten die Luftaufsichtsbehörden auch für ausgewählte administrative Mitarbeitergruppen Qualifizierungspläne, aus denen hervorgeht, dass die Mitarbeiter sowohl über hinreichend theoretische Kenntnisse wie auch über ausreichend praktische Erfahrungen verfügen. Dabei muss die Qualifikation den spezifischen Anforderungen der jeweiligen Tätigkeit gerecht werden. Je größer das Unternehmen, umso mehr ist dabei angeraten, Stellenbeschreibungen für alle relevanten Tätigkeitsfelder innerhalb der Organisation zu erstellen.[16] Diese vereinfachen eine Qualifikationszuordnung (Trainingsmatrix) und verdeutlichen die betrieblichen Berechtigungsanforderungen.

10.4 Besonderheiten entwicklungsbetrieblicher Personalqualifikation

Die detailliertesten Anforderungen an die Qualifikation von Administrativpersonal werden im Entwicklungsbetrieb gestellt.[17] Da viele der betroffenen Mitarbeiter mit Entscheidungen konfrontiert werden, die unmittelbaren Einfluss auf die Lufttüchtigkeit der entwickelten Produkte nehmen, fordert die EASA das Vorhandensein eines ganzheitlichen **Aus- und Weiterbildungskonzept**s. Ein solches gilt als Teil des entwicklungsbetrieblichen Design Insurance Systems und unterliegt der Genehmigung und Überwachung durch die EASA.

Um den behördlichen Anforderungen zu genügen, muss aus dem Konzept erkennbar hervorgehen, dass der Auswahl des Personals sowie deren Aus- und Weiterbildung ein strukturiertes Verfahren zugrunde liegt (Trainingsmatrix). Dabei sollen nicht nur Wissen, sondern auch Hintergründe und Zusammenhänge vermittelt werden, um die Mitarbeiter in die Lage zu versetzen, die Aufgaben im Rahmen ihres Berechtigungsumfangs umfassend wahrzunehmen. Ein besonderes Augenmerk ist hierbei auf die Qualifizierung neuen Personals zu richten. Für diese Gruppe sind Mindeststandards zu definieren.

---

[16] vgl. auch AMC 145.A.30 (e).

[17] Alle Vorgaben zur entwicklungsbetrieblichen Personalqualifizierung sind unter IR Certification EASA Part 21–21A.243 (d) und dem zugehörigen Guidance Material geregelt.

10.4 Besonderheiten entwicklungsbetrieblicher Personalqualifikation

Um die Qualifikation auf hohem Niveau auch über den Zeitablauf sicherzustellen, muss es sich um ein „lebendes" Schulungs- und Ausbildungskonzept handeln, das in der Lage ist, sich den aktuellen Bedürfnissen und Veränderungen von Betrieb und Markt anzupassen.

Vergleichsweise präzise formuliert das Guidance Material den Personenkreis, der einer strukturierten Auswahl, Aus- und Weiterbildung unterliegen muss. Dieser umfasst sämtliches Personal, das im Betrieb Entscheidungen mit Auswirkungen auf die Lufttüchtigkeit und den Umweltschutz zu treffen hat. Neben der Geschäftsleitung und den technischen Führungskräften werden hierunter jene Mitarbeiter subsummiert, die:

- Klassifizierungsentscheidungen (major/minor) treffen,
- Zweitkontrollaktivitäten (Verifizierungen) durchführen,
- kleine Entwicklungen oder Reparaturen genehmigen oder
- für die Erstellung bzw. Herausgabe von entwicklungsbetrieblichen Dokumenten und Informationen verantwortlich sind.

Um diese Aufgaben vollumfänglich erfüllen zu können, müssen die handelnden Personen üblicherweise über ein **ingenieurswissenschaftliches Studium** oder eine vergleichbare Ausbildung verfügen. Diese hohe Eingangsvoraussetzung wird gefordert, um zu gewährleisten, dass Berechtigte die Zusammenhänge, Wechselwirkungen und Folgen ihres Handelns einschätzen können. Desweiteren ist vertiefendes luftfahrttechnisches Entwicklungs-Know-how erforderlich. Hierzu zählen im Allgemeinen mindestens Kenntnisse in den Bereichen:

- Bauvorschriften,
- Luftrecht (EASA Part 21 & Part 145),
- betriebliche Vorgabedokumentation,
- betriebliche Strukturen und Abläufe,
- Human Factors.

Wenn der Mitarbeiter am Ende des Qualifizierungsprozesses berechtigt wird, ist es nicht nur entscheidend, dass dieser alle Qualifikationsanforderungen erfüllt hat. Dem Mitarbeiter muss zudem sein individueller Berechtigungsumfang (*Scope of Authorization*) bekannt und bewusst sein. Nur so kann ausgeschlossen werden, dass dieser Aufgaben ausführt, für die er möglicherweise nicht hinreichend ausgebildet ist.

Im Übrigen muss der Betrieb über ein Aufzeichnungssystem für die Daten der Personalqualifikation verfügen.[18]

---

[18] Als Mindestumfang sind im GM No. 1 to 21A.243 (d) (3.3) folgende Informationen definiert: Name und Geburtstag, Ausbildung, Erfahrung und Trainings, Aufgabe/Position innerhalb des Entwicklungsbetriebs, Berechtigungsumfang, Ausstellungsdatum der Erstberechtigung sowie ggf. Ablauf der Gültigkeit, Identifikationsnummer der Berechtigung. Weitere Anforderungen an ein Aufzeichnungssystem für Personaldaten finden sich unter o. g. GM.

10.5 Spezielle Personalqualifizierungen und -berechtigungen

Neben den bisher dargestellten Qualifikationen und Berechtigungen muss das Personal vielfach auch ergänzend für besondere Aufgaben ausgebildet werden. Denn nur wenn die Mitarbeiter über die Fähigkeiten sowie über das Wissen und Bewusstsein für ihr gesamtes Tätigkeitsspektrum verfügen, sind sie in der Lage, ihre Arbeit vollumfänglich und in angemessener Qualität auszuführen.

Typische Tätigkeitsfelder, die im luftfahrttechnischen Bereich ergänzende Personalqualifizierungen und -berechtigungen erfordern, sind z. B. Doppelkontrollen, Support Staff Aufgaben, Flugzeugschleppen, Tankbegehungen, Boroskopien, Engine Run-Up's oder diverse Ground-Handling-Tätigkeiten.

Neben diesen sehr luftfahrtspezifischen Personalqualifizierungen müssen die Mitarbeiter auch in weniger branchengebundenen Fachgebieten qualifiziert und berechtigt werden. Beispiele hierfür sind Schweißarbeiten, Gabelstabler- und Werkskrannutzungen oder auch besondere Schulungen oder Einweisungen zur Bedienung von Fertigungseinrichtungen (z. B. elektrische Sägen, Öfen, Bohr- oder CNC-Maschinen).

Die Notwendigkeit einer vollumfänglichen Personalqualifizierung gilt nicht nur für Produktivpersonal. Auch administrative Mitarbeiter müssen neben ihrer Basisausbildung unter Umständen in speziellen Fachgebieten tiefergehend qualifiziert und berechtigt werden. Betroffen sind hiervon z. B. Lehr- oder, Auditierungstätigkeiten sowie ETOPS- und Doppelkontroll-/Verifizierungsaktivitäten. Darüber hinaus benötigen luftfahrttechnische Betriebe teilweise in besonderer Weise qualifizierte und berechtigte Führungskräfte, wie z. B. Strahlenschutz- oder Umweltverantwortliche (für die Überwachung von NDT- bzw. Lackier- oder Galvanikarbeiten).

Nun mag es befremdlich anmuten, wenn Mitarbeiter für offensichtlich einfache Aufgaben (z. B. Flugzeugschleppen oder Kranbewegungen) qualifiziert und berechtigt werden müssen. Die Erfahrung lehrt jedoch, dass alle Fehler, die im Bereich der menschlichen Vorstellungskraft liegen, auch geschehen. Daher lässt sich eine nachhaltige Fehlerminimierung nur dann erreichen, wenn die Mitarbeiter grundsätzlich und vollumfänglich in ihrem gesamten Aufgabengebiet qualifiziert wurden.

10.6 Human Factors

Der Terminus Human Factor ist ein Sammelbegriff für psychische, kognitive und soziale Einflussfaktoren, die zwischen menschlichen und technischen Systembestandteilen wirken. Im Fokus steht dabei das menschliche Leistungsvermögen mit allen Fähigkeiten und Grenzen, die Auswirkungen auf das Handeln im Verhältnis Mensch zu Mensch und Mensch zu Maschine haben. In der Luftfahrtindustrie werden unter Human Factors all jene Umstände subsummiert, die Einfluss auf das Arbeitsergebnis der in der Entwicklung, Herstellung oder Instandhaltung tätigen Personen nehmen.

10.6 Human Factors

Vor dem Hintergrund der immer stärkeren Verzahnung von Mensch und technischen Systemen einerseits sowie einer zunehmenden Aufgabenkomplexität andererseits gewinnt die Auseinandersetzung mit der menschlichen Leistungsfähigkeit eine stetig wachsende Rolle. Um die Folgen technischer und menschlicher Fehler zu reduzieren und so zu einer Verbesserung von Sicherheit und Leistungsfähigkeit der gesamten Organisation beizutragen, sollten Human Factors Aktivitäten darauf ausgerichtet sein:

- das Arbeitsumfeld auf die Bedürfnisse des Mitarbeiters auszurichten,
- die Aufgaben und Verantwortlichkeiten zwischen den Mitarbeitern untereinander wie auch zwischen Mensch und Maschine eindeutig und transparent zu verteilen und dabei zugleich
- die Risiken an den Schnittstellen zu identifizieren und für die Mitarbeiter in ihrem Arbeitsalltag sichtbar zu machen.

In der Luftfahrt hat die strukturierte Auseinandersetzung mit Human Factors in den 80er und 90er begonnen. Dabei richtete sich der Blickwinkel zunächst ausschließlich auf den Flugbetrieb. Erst einige Jahre später setzte sich die Erkenntnis durch, dass auch in der Entwicklung, Herstellung und Instandhaltung die Gefahr von Flugvorkommnissen und -unfällen durch ein geschärftes Bewusstsein hinsichtlich Human Factors reduziert werden kann.

Dies hat schließlich in der Einführung obligatorischer Human Factors Schulungen Niederschlag gefunden. Diese Trainings haben zum Ziel, die Erkenntnisse, die zum Verständnis von menschlichen Fehlern (**Human Errors**) beitragen, bei den handelnden Personen auf allen betrieblichen Ebenen zu thematisieren. Auf diese Weise werden zugleich mittelbare und unmittelbare Ursachen und Folgen von Human Errors aufgezeigt und damit eine sicherere und effektivere Arbeitsdurchführung ermöglicht. Abbildung 10.4 zeigt die 12 größten menschlichen Gefahren (**Dirty Dozen**), die eine fehlerhafte Arbeitsausführung zur Folge haben können.

Einen wichtigen Bestandteil in der Auseinandersetzung mit Human Factors spielt auch die betriebliche Fehlerkultur. Gerade in Unternehmen der Luftfahrtbranche muss ein Betriebsklima herrschen, in dem es erlaubt ist, Fehler offen anzusprechen und zu thematisieren, ohne dass auf Personen, die sich fehlerhaft verhalten haben, „mit Fingern gezeigt" wird.

Eine strafende Fehlerkultur beinhaltet das Risiko, dass Fehler verschwiegen und vertuscht, schlimmstenfalls wegen mangelnder Kommunikation sogar wiederholt werden.

Die EASA verlangt, dass die Auseinandersetzung mit den Belangen der Human Factors an den individuellen Bedürfnissen des Betriebs ausgerichtet ist. Ziel muss dabei sein, dass eine Betriebsorganisation existiert, die:[19]

---

[19] vgl. IR Continuing Airworthiness EASA Part 145–145.A.30 (e), 145.A.65 (b) sowie implizit GM 21A.3B (b).

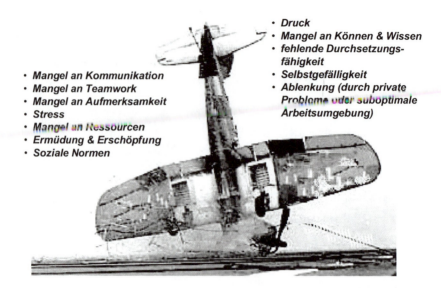

Abb. 10.4 Dirty Dozen

- dem menschlichen Leistungsvermögen, den Fähigkeiten und Grenzen Rechnung trägt,[20]
- über Strukturen im Rahmen der Arbeitsausführung verfügt, die in der Lage sind, menschliches Fehlverhalten (Human Errors) zu minimieren,
- über Trainings- bzw. Weiterbildungsstrukturen verfügt, die das Bewusstsein für das Themenfeld der Human Factors regelmäßig schärfen und so auch etwaige Schwächen in den zuvor genannten Mechanismen sichtbar machen.

Die Auseinandersetzung mit Human Factors ist nicht nur betriebsindividuell auszurichten. Diese muss sich auch an der jeweiligen Zielgruppe innerhalb des Betriebs orientieren. Ziel von Human Factors Trainings ist dabei die Schärfung des Mitarbeiterbewusstseins hinsichtlich der Grenzen menschlicher Leistungsfähigkeit. Zugleich soll auf diese Weise Wissen und Erfahrung der Trainingsteilnehmer gesammelt und zur Weiterentwicklung der betrieblichen Prozesse und Verfahren herangezogen werden.[21]

Die Schulungen sind verpflichtend für sämtliches Personal, das mit seinen Entscheidungen Einfluss auf die Lufttüchtigkeit von Produkten nimmt. Hierzu zählen Führungskräfte wie Geschäftsführer (Accountable Manager), Produktionsleiter, Schichtleiter sowie

---

[20] Wöhe (1993) weist im Übrigen daraufhin, dass in Produktionsbetrieben die heutzutage noch immer gängige Praxis, um 6 Uhr mit der Arbeit zu beginnen unter Human Factors Bedingungen suboptimal ist. Diese Regelung „impliziert, dass ein Arbeitnehmer, der acht Stunden Schlaf benötigt, unter Berücksichtigung der Wegzeiten zum Arbeitsplatz bereits gegen 21 Uhr zu Bett gehen muss. Nun führen aber die heutigen Lebensgewohnheiten durch Fernsehen, Rundfunk, Kino … [etc.] zu immer längerer Abendbeschäftigung", ebenda S. 266.

[21] vgl. AMC 145.A.30 (e).

administratives Personal wie Planer, Ingenieure, Personal des Qualitätsmanagements und das Produktionspersonal, insbesondere Support und Certifying Staff.

Im Hinblick auf die Schulungshäufigkeit setzt die EASA einen Zeitraum von etwa zwei Jahren an, soweit nicht besondere betriebliche oder außerbetriebliche Ereignisse oder Vorkommnisse eine höhere Trainingsintensität erfordern.

10.7 Continuation Training

Wörtlich ist Continuation Training allgemein als Folgeschulung zu übersetzen. Das Continuation Training[22] ist eine allgemeine zunächst nicht spezifizierte Folgeschulung in einem luftfahrttechnischen Themenfeld. Diese Trainings sind für die Entwicklung, Herstellung und Instandhaltung verpflichtend und sollen dazu dienen, die Mitarbeiter in Richtung der neuesten Erkenntnisse und Trends weiterzuentwickeln.[23] Der Inhalt derartiger Folgeschulungen kann von den Betrieben flexibel gestaltet werden und sollte sich an dessen individuellen Bedürfnissen und Notwendigkeiten ausrichten. Üblicherweise umfassen Continuation Trainings eine oder mehrere der folgenden Themengebiete:

- Neuerungen in den gesetzlichen Vorschriften,
- Änderungen und Weiterentwicklungen in den betrieblichen Strukturen, Arbeitsabläufen oder Vorgaben,
- Information über Produktentwicklungen und Innovationen im Zuge der einschlägigen Technologien,
- Human Factors Themen, die aufgrund betriebsinterner oder -externer Vorkommnisse eine tiefergehende Auseinandersetzung erfordern,
- Thematisierung von besonderen Prozess- und Verfahrensvorkommnissen, die Verbesserungspotenziale in sich bergen.

Eine wichtige Quelle für die Auswahl von Trainingsinhalt und -spektrum bieten neben dem Genehmigungsumfang, z. B. auch betriebliche Audit-Findings sowie aktuelle, branchentypische Quality-Highlights (z. B. 2008/2009 das Themenfeld *Fuel Tank Safety*). Der zeitliche Umfang der Continuation Trainings orientiert sich an den betrieblichen Bedarfen. Im Normalfall wird pro Mitarbeiter mit einem bis drei Tagen in einem Zwei-Jahreszeitraum kalkuliert.

In der Ausgestaltung der Trainings ist zu beachten, dass diese nicht nur die Weiterentwicklung des Personals zum Ziel haben. Continuation Schulungen sollen immer auch dazu dienen, Verbesserungen der Betriebsorganisation anzustoßen. Einen wichtigen Bestandteil der Schulungen bildet daher ein strukturiertes Vorgehen der Teilnehmerfeedback-Gewinnung. Die daraus hervorgegangenen Ergebnisse sind dann – üblicherweise über das Qualitätsmanagement – auf Eignung zu prüfen und ggf. in den betrieblichen Alltag zu überführen.

---

[22] In der betrieblichen Praxis oftmals auch kurz als „Conti"-Training bezeichnet.
[23] vgl. IR Continuing Airworthiness EASA Part 145–145.A.35 (d); EN 9110 6.2.2 (g).

Literatur

Deutsches Institut für Normung e. V.: *DIN EN 9100:2009-Qualitätsmanagementsysteme – Anforderungen an Organisationen der Luftfahrt, Raumfahrt und Verteidigung*. DIN EN 9100-2010-07, 2010

Deutsches Institut für Normung e. V.: *DIN EN 9110 Luft- und Raumfahrt; Qualitätsmanagement – Qualitätssicherungsmodelle für Instandhaltungsbetriebe*. Deutsche und Englische Fassung EN 9110-2005, 2007

Deutsches Institut für Normung e. V.: *DIN EN 9120 Luft- und Raumfahrt; Qualitätsmanagementsysteme – Anforderung für Händler und Lagerhalter*. Deutsche und Englische Fassung EN 9120-2005, 2007

European Comission: *Commission Regulation (EC) on the continuing airworthiness of aircraft and aeronautical products, parts and appliances, and on the approval of organisations and personnel involved in these tasks [Implementing Rule Continuing Airworthiness]*. No. 2042/2003, 2003

European Comission: *Commission Regulation (EC) laying down implementing rules for the airworthiness and environmental certification of aircraft and related products, parts and appliances, as well as for the certification of design and production organisations [Implementing Rule Certification]*. No. 1702/2003, 2003

European Aviation Safety Agency – EASA: *Acceptable Means of Compliance and Guidance Material to Part 21*. Decision of the Executive Director of the Agency NO. 2003/1/RM, 2003

European Aviation Safety Agency – EASA: *Acceptable Means of Compliance and Guidance Material to to Commission Regulation (EC) No 2042/2003*. Decision No. 2003/19/RM of the Executive Director of the Agency, 2003

European Aviation Safety Agency – EASA (2008): *Course Syllabus – Continuing Airworthiness Requirements (Commercial Air Transport) – Part-M (CAT)*. Revision 05.11.2008, 2003

Luftfahrt-Bundesamt: *Freigabeberechtigtes Personal für sonstiges Luftfahrtgerät und Teilen von Luftfahrtgerät (Teil-145 und LTB)*. LBA Rundschreiben Nr. 19-04/05-1, 2005

Wöhe, G.: *Einführung in die allgemeine Betriebswirtschaftslehre*. 18. Aufl., München, 1993

Qualitäts- und Safety-Management 11

Die außergewöhnlichen Qualitäts- und Sicherheitsanforderungen an luftfahrttechnische Betriebe geben dem Qualitätsmanagement eine besondere Bedeutung und machen hier eine ausführliche Auseinandersetzung unverzichtbar. Dazu wird zunächst auf die Grundlagen des Qualitätsmanagements eingegangen, bevor eine Überleitung zu Qualitätsmanagementsystemen erfolgt. Als erstes werden dort Zweck und Ziele solcher Systeme erläutert, bevor eine Beschreibung der zugehörigen Dokumentationsbestandteile vorgenommen wird. Zu letzteren zählt neben dem Betriebs- bzw. Managementhandbuch die operative Vorgabedokumentation in Form von Verfahrens- oder Prozessbeschreibungen sowie Anleitungen, Checklisten und anderen Hilfsdokumenten.

Einen weiteren Fokus bildet das Safety-Management in Unterkapitel 11.2, insbesondere deshalb, weil dieses in den letzten Jahren zunehmende Bedeutung innerhalb luftfahrttechnischer Betriebe gewonnen hat. Dazu wird zunächst der organisatorische Rahmen eines Safety-Management-Systems (SMS) dargestellt. Darauf aufbauend wird der zugehörige Prozess des Risikomanagements erklärt. Den Abschluss dieses Abschnitts bildet eine Auseinandersetzung mit der Safety-Wissensvermittlung und der Safety-Kultur.

Den dritten Schwerpunkt dieses Kapitels bildet die Überwachung. Hierzu findet in Unterkapitel 11.3 eine Auseinandersetzung mit der Auditierung statt. Zunächst werden die verschiedenen Audit-Arten erklärt, anschließend wird auf den Prozess der Auditierung eingegangen. In diesem Rahmen wird auf die Besonderheiten der internen Auditierung und die unterschiedlichen Formen der externen Betriebsüberwachung eingegangen. Als weiteres Überwachungsinstrument wird in Unterkapitel 11.4 auf interne Fehlermeldesysteme eingegangen, bei denen anders als bei der Auditierung hierarchisch nicht etwa ein Top-down-Ansatz, sondern eine Betriebsüberwachung durch die Mitarbeiter (buttom-up) erfolgt.

Das Kapitel schließt mit einer Darstellung der wesentlichen Aufgaben der Behördenbetreuung.

11.1 Qualitätsmanagementsysteme

11.1.1 Grundlagen des Qualitätsmanagements

Der Begriff Qualität ist etymologisch aus dem lateinischen Wort *qualitas* abgeleitet und ist wörtlich mit *Zustand* bzw. *Beschaffenheit* zu übersetzen. Im allgemeinen Sprachgebrauch geht die Bedeutung von Qualität jedoch hierüber hinaus. Qualität wird als ein Wertmaßstab angesehen, der sich als Verhältnisgröße darstellt zwischen der Beschaffenheit einer Leistung einerseits und den Bedürfnissen der Anspruchsgruppen andererseits. Qualität erfordert daher eine Übereinstimmung von Erwartungen und Eigenschaften, wobei das Maß der Synchronisation durch den Kunden definiert wird. Es ist somit primär der Kunde, der Qualität definiert.[1]

Der Erfolg und die Zukunftsfähigkeit eines Anbieters erfordert auf den heute vorherrschenden Käufermärkten jedoch ein Qualitätsverständnis, das über die Kundenbedürfnisse hinausgeht. In solchen wettbewerbsintensiven Branchen reicht es nicht aus, technische Standards oder Spezifikationen zu erfüllen sowie termingerecht und preiswert zu liefern. Der Anbieter muss sich bei der Qualität von seinen Wettbewerbern abheben, indem er ausgereifte Lösungen entwickelt, die nicht nur dem Kunden (z. B. Fluggesellschaften), sondern auch dessen Anspruchsgruppen (Passagiere) gerecht werden.

Qualität wird aber überdies nicht nur unmittelbar durch Kunden, sondern auch vom Gesetzgeber gefordert. So weist der Staat jedes Unternehmen unabhängig von Branchen dazu an, eine angemessene Produkt- und Leistungsqualität zu gewährleisten (z. B. Produkthaftungsgesetz, Nacherfüllungsansprüche). Darüber hinaus gelten weitere branchen- und produktspezifische Qualitätsanforderungen, die in Gesetzen, Verordnungen oder Erlassen ihren Niederschlag gefunden haben (z. B. Implementing Rules, ADs, Bauvorschriften).

Die Erbringung einer kontinuierlich hohen Produktqualität dient aber nicht nur der Kundenzufriedenheit. Eine Qualitätsfokussierung in der eigenen Wertschöpfung nutzt auch unmittelbar dem Anbieter einer Leistung selbst, insbesondere durch eine Reduzierung der Fehlerhäufigkeit. Dies schlägt sich dann c.p. in einer verbesserten Ertragslage nieder: während der Produktionsphase durch die Senkung von Nacharbeit, Zeitverlust, Schrott oder Material sowie nach Lieferung der Leistung durch Vermeidung von Imageschäden, Haftung aufgrund fehlender zugesicherter Eigenschaften oder Produkthaftung.

Um der Vielzahl der Bedürfnisse aller Anspruchsgruppen gerecht zu werden, müssen alle Qualitätsanforderungen zunächst eindeutig identifiziert werden, um deren Beurteilung und Messung zu ermöglichen. Tabelle 11.1 zeigt exemplarisch wesentliche Qualitätserwartungen an luftfahrttechnische Betriebe.

Nach Identifikation dieser Anforderungen muss deren Erfüllung im Wertschöpfungsprozess strukturiert umgesetzt und überwacht werden. Die dabei aufkommende Komple-

---

[1] vgl. DGQ (2006); 2-2.

Tab. 11.1 Qualitätserwartungen der Anspruchsgruppen. (In Anlehnung an Seghezzi (1996), S. 19)

Kunde	Öffentlichkeit	Anbieter
Funktion, Ausstattung	Sicherheit	Fehlerreduzierung
Vertrauen	Umweltschutz	Flexibilität (Rüstzeiten)
Sicherheit	Vertrauen	Produktionsfähigkeit
Lebensdauer		Produktkonformität
Zuverlässigkeit		
Verarbeitung		

xität wird durch den Einsatz eines Qualitätsmanagementsystems erheblich reduziert, weil es hilft, die anstehende Aufgabe zu strukturieren.

11.1.2 Zweck und Ziele von Qualitätsmanagementsystemen

Unter einem Qualitätsmanagementsystem (QM-System) versteht man ein betrieblich formal verankertes Organisations- und Ablaufkonzept, das die Qualitäts- und Wettbewerbsfähigkeit eines Unternehmens sicherstellen soll. In solchen Systemen ist nicht nur die gesamte Hierarchie einzubeziehen, es soll auch die Planung, Umsetzung und Kontrolle der Prozesse über die gesamte Wertschöpfungskette umfassen.

Die Notwendigkeit eines solchen qualitätsorientierten Regelwerks zur Gestaltung und Steuerung komplexer Organisationsstrukturen ist aus der Erkenntnis erwachsen, dass die unzureichende Prozessgestaltung eine der Hauptgründe für das Auftreten von Fehlern und Minderqualität darstellt.[2] Um also eine nachhaltige Kundenzufriedenheit und somit einen dauerhaften Markterfolg zu erzielen, müssen Betriebe über eine ganzheitliche Qualitätsstrategie verfügen.

In vielen Branchen ist das Vorhandensein eines strukturierten Qualitätsmanagements bereits Industriestandard. Beispielhaft seien hier der Automobilbau, die chemische Industrie oder eben die Luftfahrtbranche genannt. Während jedoch QM-Systeme bei den Automobilherstellern und deren Zulieferindustrie wesentlich im Rahmen „freiwilliger" Selbstverpflichtungen (über die ISO/TS Norm 16949 des Automobilbaus) Verbreitung gefunden haben, liegt die Ursache für deren Vorhandensein in der Luftfahrtindustrie primär in gesetzlichen Bestimmungen. Erst seit wenigen Jahren hat sich hier die Erkenntnis durchgesetzt, Qualitätsmanagementsysteme auch dort einzufordern, wo dies bisher nicht durch den Gesetzgeber vorgeschrieben war. Dabei rücken neben den sicherheitsrelevanten Anforderungen zunehmend auch kundenorientierte Elemente in den Fokus. Sichtbarstes Zeichen dieser Entwicklung ist die rasant zunehmende Verbreitung der EN 9100er Normenreihe seit deren Einführung im Jahr 2003.

---

[2] vgl. Brunner (2007), S. 15.

> **Gründe für die Implementierung von Qualitätsmanagementsystemen**
> - Reduzierung von Fehlerkosten sowie interner Reibungsverluste durch verbesserte Prozessbeherrschung
> - Kunden verzichten auf eigene Audits
> - Erfolgreiches Marketinginstrument
> - Steigerung der Produktqualität
> - Verbesserung der Kundenzufriedenheit
> - Festigung der Geschäftsbeziehung durch Intensivierung von Kundenvertrauen
>
> ⇒ **Verbesserung der Ertragslage und Ausbau der Marktpositionierung**

Ausgangspunkt für die Implementierung eines Qualitätsmanagementsystems bildet die schriftliche Formulierung einer Qualitätspolitik sowie daraus abgeleitete Qualitätsziele. In diesem Zuge trägt die Unternehmensleitung bei allen allgemein anerkannten QM-Systemen eine **nicht delegierbare Verantwortung** für die Qualitätsorientierung.[3] Das Management ist dabei nicht nur in das Qualitätsmanagement einzubinden; die oberste Leitung muss dieses uneingeschränkt vorleben. Dies entspringt dem Gedanken, dass sich Entscheidungen, die unmittelbar durch die Unternehmensführung angeordnet und nachhaltig überwacht werden, am wirkungsvollsten in der Organisation verankern lassen. Zeichnen sich die Qualitätsziele der obersten Leitung überdies durch Klarheit und Eindeutigkeit aus, so finden diese über die Unternehmenskultur und die Prozessgestaltung am ehesten auch Eingang in den betrieblichen Alltag.

Dies führt dann beim Mitarbeiter zu einer Verbesserung des Qualitätsbewusstseins. Denn ein strukturiertes Qualitätsmanagementsystem fordert und fördert eine stärkere Auseinandersetzung mit den betrieblichen Abläufen, Schnittstellen und Zuständigkeiten. Indem die Organisation transparent gemacht wird, erkennt der Mitarbeiter seinen Platz innerhalb der für ihn relevanten Prozesse wie auch innerhalb der gesamten Wertschöpfungskette. Dies wiederum verdeutlicht ihm den Wert seiner Arbeit und trägt so zu einer wachsenden Verantwortungsbereitschaft bei.

Neben dem Management und den Mitarbeitern, die ein QM-System umsetzen und mit Leben füllen, setzt sich ein solches Konzept aus weiteren Elementen zusammen, die in Summe die **kritischen Erfolgsfaktoren** darstellen[4]:

- *Prozesse*: Die Fähigkeiten des Managements und der Mitarbeiter sind dann wirkungslos, wenn kein Konzept für deren strukturierten Einsatz existiert. Qualitätsmanagementsysteme fordern daher immer auch die prozessuale Systematisierung der Leistungserbringung. Die Ablauforganisation muss dabei nicht nur physisch existieren, diese ist ebenso schriftlich zu fixieren. Prozessabfolgen müssen definiert sowie Schnittstellen und Wechselwirkungen zu vor- und nachgelagerten Prozessen beschrieben sein. Diese Pro-

---

[3] vgl. z. B. EN 9100er Normenreihe Kap. 5; IR Certification EASA Part 21–21A.145 (c), 21A.139 (b) (2); IR Continuing Airworthiness EASA Part 145–145.A.70 (a).

[4] vgl. Zolldonz (2002), S. 189 f., Brakhahn, Vogt (1996), S. 18f.

11.1 Qualitätsmanagementsysteme

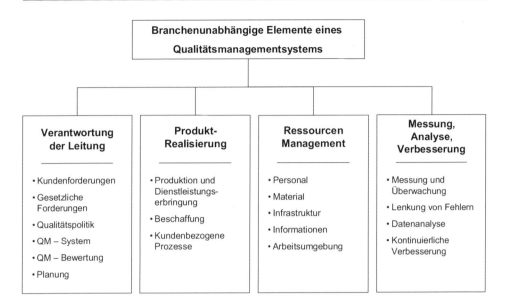

Abb. 11.1 Branchenunabhängige Elemente eines QM-System. (In Anlehnung an Zolldonz (2002), S. 257)

zessdokumentation muss einen Detaillierungsgrad aufweisen, der es ermöglicht, eine unter Qualitätsaspekten angemessene Durchführung und Steuerung der Leistungserbringung zu gewährleisten. Damit dies sichergestellt ist bzw. Prozessabweichungen vom Soll-Zustand identifiziert werden können, fordern QM-Systeme üblicherweise Mechanismen zu deren Überwachung, Messung und Analyse.

- *Ressourcen*: Im Zuge der Leistungserbringung muss stets sichergestellt sein, dass die dafür benötigten Ressourcen nicht nur vorhanden sind, sondern zum erforderlichen Zeitpunkt auch zur Verfügung stehen. Den Ressourcen werden neben materiellen Mitteln wie Personal, Material und Infrastruktur auch immaterielle Bestandteile, wie Informationen und Arbeitsumgebung zugerechnet.
- *Kunden* bzw. *Anforderer*: QM-Systeme sind darauf ausgerichtet, dass die Erfüllung der Qualitätsanforderungen des Kunden bzw. der Anspruchsgruppen stets im Fokus der Leistungserbringung steht. So stellt z. B. die Forderung nach Abnahmepunkten (Milestones) sicher, dass das geplante Ziel nicht aus den Augen gerät und Abweichungen vom geplanten Ergebnis zeitnah identifiziert werden.
- *Verbesserungen*: Einen integralen Baustein von QM-Systemen bildet die kritische Auseinandersetzung mit der eigenen Leistungsfähigkeit und Leistungserbringung. Das Streben nach ständiger Verbesserung kann wesentlich dazu beitragen, Verschwendung zu minimieren sowie den wachsenden Kundenanforderungen nach oder gar zuvorzukommen. QM-Systeme beinhalten daher immer auch einen fest in der Organisation verankerten Prozess der kontinuierlichen Verbesserung.

Während Abb. 11.1 einen Überblick über die Facetten eines typischen und branchenunabhängigen EN/ISO-Qualitätsmanagementsystems gibt, weisen luftfahrtindustrielle QM-Systeme einige Besonderheiten auf.

Typische Beispiele für Bestandteile luftfahrtindustrieller Qualitätsmanagementsysteme aus denen die starke Sicherheitsakzentuierung hervorgeht, sind:

Occurrence Reporting (145.A.60 bzw. 21A.165)[5]: ein solches System bindet den einzelnen Mitarbeiter explizit ein und soll zu einer konstruktiven Fehlerkultur beitragen. Durch ein derart breites Fundament kann es dazu beitragen, die Risiken von Mehrfachfehlern und Irrtümern durch Unaufmerksamkeit sowie die potenziellen Gefahren des begrenzten menschlichen Leistungsvermögens zu minimieren.

Konstruktionssicherungssystem (Design Assurance System – 21A.239): danach müssen Entwicklungsbetriebe über ein nachhaltiges System zur Überwachung und Kontrolle der Konstruktionen und Änderungen an solchen verfügen. Insbesondere muss sichergestellt sein, dass die einschlägigen Bestimmungen eingehalten werden können. Darüber hinaus muss der Entwicklungsbetrieb über Strukturen und Ressourcen verfügen, um die vollständige Einhaltung der Bauvorschriften in Form von Zweitkontrollen (Verification of Compliance) zu kontrollieren.

Koordination zwischen Entwicklung und Herstellung (PO/DO-Arrangement – 21A.4): die Zusammenarbeit zwischen einem Entwicklungs- und einem Herstellungsbetrieb muss der geordneten und dokumentierten Koordination unterliegen. Beide Vertragspartner verpflichten sich nicht nur im Rahmen der Herstellung, sondern über die gesamte Produktlebensdauer wechselseitig die reibungslose Weitergabe aller Erkenntnisse, die die fortdauernde Lufttüchtigkeit beeinflussen können, sicherzustellen.

11.1.3 Dokumentation eines Qualitätsmanagementsystems

Ein Qualitätsmanagementsystem kann nur dann nachhaltig und wirksam im Betrieb verankert werden, wenn dieses umfassend schriftlich festgehalten ist und die Mitarbeiter Zugang zur entsprechenden Dokumentation haben. Auch Einhaltungsnachweise gegenüber Behörden, Kunden oder Zertifizierern können nur dann überzeugend erbracht werden, wenn Aufbau, Struktur und Verantwortlichkeiten eindeutig und jederzeit nachvollziehbar fixiert sind.

Das ideale Qualitätsmanagementsystem muss daher sowohl zielgruppengerecht aufgebaut und formuliert sein, als auch den Forderungen der Regelwerke entsprechen und darüber hinaus den Ablauf der eigenen Geschäftsprozesse wiederspiegeln.

Unter zusätzlicher Berücksichtigung, dass sich Betriebe in Größe, Struktur, Art der Leistungserbringung und Kultur stark unterscheiden, erscheint es naheliegend, dass eine Standardisierung hinsichtlich der Dokumentation eines Qualitätsmanagementsystems kaum sinnvoll bzw. möglich ist. Aus diesem Grund ergeben sich aus den relevanten Regelwerken für luftfahrttechnische Betriebe wenig spezifische Vorgaben zur Gestaltung und

---

[5] vgl. hierzu auch Unterkap. 11.4 (Fehlermeldesysteme).

Abb. 11.2 Aufbau der Dokumentationsstruktur eines QM-Systems

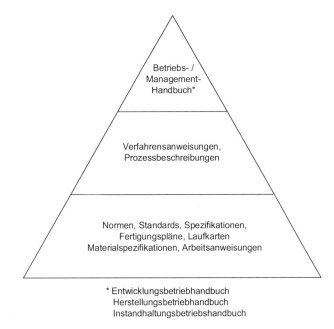

Struktur der Dokumentation eines QM-Systems. EASA und EN geben mit ihren Regelwerken lediglich vor, *was* Bestandteil einer QM-Dokumentation sein muss, nicht aber *wie* eine betriebliche Umsetzung zu erfolgen hat. Hinsichtlich des *was*, also den Dokumentationsanforderungen ist üblicherweise das Vorhandensein der folgenden Kernelemente vorgeschrieben:

- dokumentierte Qualitätsziele und Qualitätspolitik,
- ein Betriebs- bzw. QM-Handbuch (inkl. Vorgaben zum Inhalt),
- dokumentierte Verfahren oder Prozessbeschreibungen,
- Dokumente, die der Betrieb zur Sicherstellung der wirksamen Planung, Durchführung und Lenkung der Prozesse benötigt,
- Aufzeichnungen über die Erfüllung der aus den Regelwerken festgelegten Forderungen.

Hinsichtlich des Aufbaus der Dokumentation hat sich in der betrieblichen Praxis eine **hierarchisch pyramidale Struktur** durchgesetzt, deren Detaillierungsgrad nach unten zunimmt (vgl. hierzu Abb. 11.2). Die oberste Dokumentationsebene bildet das Betriebs- bzw. Managementhandbuch (*Exposition*). Dieses soll dem Leser einen Gesamtüberblick über das Unternehmen im Allgemeinen und das Qualitätsmanagementsystem im Speziellen geben. Dieser ersten Ebene nachgeordnet, finden sich Verfahrensanweisungen oder Prozessbeschreibungen, in denen die betrieblichen Abläufe detailliert mit den zugehörigen Verantwortlichkeiten festgelegt sind. Die unterste Dokumentationsebene bilden Formblätter, Prüfanweisungen, Checklisten oder sonstige Hilfsdokumente, die spezifisch das Vorgehen für einzelne Tätigkeiten, Aufgaben oder Arbeitsplätze regeln.

Tab. 11.2 Zielsetzungen einer QM Dokumentation. (In Anlehnung an Ebel (2001), S. 127)

Zielgruppe	Zielsetzung der QM Dokumentation
Angehörige des Unternehmens	Kenntnis der Zusammenhänge zwischen den Bereichen
	Information über Ziele und Visionen
	Transparenz der Abläufe herstellen
	Einarbeitungshilfe für neue Mitarbeiter
Kunden des Unternehmens	Vertrauen in Kompetenz und Qualitätsfähigkeit
	Umsetzung der Kundenanforderungen
	Vorgehen bei Reklamationen festlegen
Behörde/Zertifizierungsstelle	Nachweis der Normenerfüllung
	Festlegung von Verantwortlichkeiten und Reaktionen
	Zuordnung der Abläufe zu den Normenforderungen

Zwar lenkt die pyramidale Dokumentationsstruktur die Betriebsabläufe in formalistische Bahnen und reduziert die Flexibilität und Freiheitsgrade des einzelnen Mitarbeiters. Jedoch ist ein fest definiertes und strukturiertes Vorgehen unabdingbar für eine Bewältigung der betrieblichen Komplexität. Dies gilt in besonderem Maße für große Unternehmen, die durch eine außergewöhnliche Prozessvielfalt und zahllose innerbetriebliche Schnittstellen gekennzeichnet sind.

Die meisten Betriebe ergänzen die gesetzlichen oder normativen Forderungen um betriebsindividuelle Vorgaben. Deren Ursprung kann im eigenen Qualitätsanspruch begründet liegen, jedoch können diese Vorgaben auch das Resultat von internen Audit-Beanstandungen sowie Behörden- oder Kundenforderungen sein.

Bei allen Vorgaben gleich welchen Ursprungs besteht die Gefahr, dass die Menge und der Umfang an Beschreibungen über die Jahre ausufert. Dadurch ist die Dokumentation ggf. nicht mehr auf dem aktuellen Stand zu halten und es kann zu widersprüchlichen Mehrfachbeschreibungen kommen. In jedem Fall sinkt dann bei den Mitarbeitern die Akzeptanz des gesamten Systems.

Insoweit existiert üblicherweise ein Zielkonflikt hinsichtlich der unterschiedlichen Anforderungen aller Anspruchsgruppen (vgl. Tab. 11.2). Eine Lösungsfindung gestaltet sich in der betrieblichen Praxis regelmäßig schwierig und erfordert betriebsindividuelle Lösungen. In jedem Fall muss der Leser die Inhalte der Vorgaben verstehen können. Zudem müssen Mitarbeiter ihr Unternehmen und ihre Prozesse in der Dokumentation wiederfinden und sich mit den Inhalten der Dokumentation identifizieren können.[6]

Managementhandbuch Das Managementhandbuch (Betriebshandbuch, Exposition) bildet die oberste Dokumentationsstufe eines QM-Systems. Das Handbuch dient primär als Rahmen der gesamten Dokumentation und zeigt auf, wie die Organisation die Umsetzung der Normenforderungen sicherstellt. Es soll dem Leser einen zusammenfassenden

---

[6] vgl. Brakhahn (1996), S. 152.

Überblick über den Ist-Zustand des Betriebs und des QM-Systems geben. Das Handbuch ist somit eine **komprimierte Selbstdarstellung**, welches i.d. R folgende Kernbestandteile enthält:

- Darstellung der unternehmerischen Vision, Unternehmenspolitik und Qualitätsziele,
- Beschreibung der Aufbauorganisation und der Kernprozesse,
- grundsätzliche Verantwortlichkeiten (insbesondere der obersten Leitung),
- Festlegungen zur Verwaltung und Änderung des Managementhandbuchs,
- Referenzen auf weiterführende Dokumentation der zweiten Ebene.

Aufbau, Detaillierungsgrad und Format des Managementhandbuchs sind keinen festen Regeln unterworfen, sondern orientieren sich an den spezifischen Erfordernissen des Betriebs. Es muss jedoch eine auch für Außenstehende rasch nachvollziehbare Struktur aufweisen, stets dem aktuellen betrieblichen Ist-Zustand entsprechen und die Anforderungen der anzuwendenden Regelwerke berücksichtigen. Der **Umfang des Handbuchs** richtet sich vor allem nach der Komplexität des Systems bzw. der Anzahl der Dokumentationsstufen. Da dem Handbuch weitere Dokumentationsebenen mit Prozessbeschreibungen, Verfahrensanweisungen oder auch Arbeitsanweisungen untergeordnet sind, sollte dieses auf das Wesentliche beschränkt bleiben und weiterführende Dokumentation nur als Referenz einbeziehen. In diesem Fall ist ein Umfang von 50 DIN A4 Seiten üblicherweise ausreichend.[7]

Inhalt und Umfang des Handbuchs sind neben der betrieblichen Komplexität immer auch an den Zielgruppen auszurichten. Bei Erstellung und Pflege des Handbuchs ist zu berücksichtigen, dass dieses der Information für Mitarbeiter und Führungskräfte dient, zugleich aber auch eine Außendarstellung des Unternehmens ist und damit den spezifischen Anforderungen von Kunden, Behörden und Öffentlichkeit gerecht werden muss. Um diesen verschiedenen Anspruchsgruppen gerecht zu werden und ggf. auch um die Weitergabe vertraulicher Unternehmensinformationen gegenüber Geschäftspartnern und Wettbewerbern zu verhindern, verfügen einige Betriebe über zwei Handbücher – eines für interne und eines für externe Zwecke.

Besonderheiten luftfahrtindustrieller Management-Handbücher Die Erstellung und Pflege eines Betriebshandbuchs ist für luftfahrttechnische Betriebe vorgeschrieben. Gleiches gilt für Betriebe mit EN Zertifzierung der 9100er Reihe.

Im EASA-Raum ist das Handbuch Bestandteil der **Genehmigungsgrundlage** zugelassener 21/G, 21/J sowie 145er Betriebe, so dass Änderungen an diesem Dokument einer Zustimmung der Luftaufsichtsbehörde bedürfen. Jeder luftrechtlichen Zulassungsart liegen eigene, spezifische Anforderungen an das Betriebshandbuch zugrunde, wenngleich eine hohe Übereinstimmung erkennbar ist und Betriebe mit mehreren Zulassungen ihre Handbücher zusammenfassen dürfen. Gerade eine Verknüpfung des ISO/EN Handbuchs

---

[7] vgl. Brakhahn (1996), S. 153.

mit den luftrechtlichen Anforderungen der EASA ist in der Praxis gängiger Alltag. Ein möglicher Weg ist der Aufbau des Handbuchs entsprechend der EN 9100-Struktur mit einer Ergänzung eines weiteren Kapitels für die spezifischen luftrechtlichen Anforderungen des EASA Part 21/G, 21/J oder des Part 145 (vgl. folgende graue Box).

Es ist zulässig, einzelne Bausteine nicht unmittelbar im Handbuch auszuweisen, wenn dort auf den ausgegliederten Teil referenziert wird. Typisch ist eine solche Ausgliederung bei vertraulichen Informationen (z. B. personenbezogene Daten) oder wenn Daten einer hohen Änderungshäufigkeit unterliegen (z. B. Liste der Subcontractor).

Entsprechend den hier betrachteten luftrechtlichen Sichten wird unterschieden zwischen:

- Design Organisation Exposition (DOE) gem. 21A.243 für den Part 21/J,
- Production Organisation Exposition (POE) gem. 21A.143 für den Part 21/G,
- Maintenance Organisation Exposition (MOE) gem. 145.A.70 für den Part 145.

> **Exemplarischer Aufbau eines Management-Handbuchs nach EN 9100**
> (*kursiv zusätzlich luftrechtliche Elemente am Bsp. des EASA Part 21/G*)
> 1. Anwendungsbereich.
> 2. Aufbau des Handbuchs.
> 3. Organisation und Verantwortung.
> 4. Qualitätsmanagementsystem.
> 5. Verantwortung der obersten Leitung.
> 6. Management von Ressourcen (v. a. Personal, Betriebsmittel).
> 7. Produkt und Dienstleistungerbringung
>   Planung, Projekt- und Risikomanagement
>   Entwicklung
>   Beschaffung
>   Herstellung bzw. Dienstleistungserbringung
>   Mess- und Prüfmittel.
> 8. Messung, Analyse und Verbesserung.
> 9. *Luftrechtliche Anforderungen (nur für EASA Zulassungen notwendig)*
>   *Voraussetzungen (21A.133)*
>   *Ausstellung von Genehmigungen als Herstellungsbetrieb (21A.135)*
>   *Qualitätssysteme (21A.139)*
>   *Selbstdarstellung (21A.143– POE)*
>   *Anforderungen zur Genehmigung (21A.145)*
>   *Änderungen in Herstellungsbetrieben (21A.147, 21A.148)*
>   *Genehmigungen und deren Änderungen (21A.151, 21A.153)*
>   *Untersuchungen (21A.157)*
>   *Verstöße (21A.158)*
>   *Pflichten der Inhaber (21A.165).*

Verfahrens- und Prozessbeschreibungen Unterhalb des Betriebshandbuchs, in der **zweiten Dokumentationsebene**, sind die Verfahrensanweisungen und Prozessbeschreibungen angesiedelt. Während das Management- bzw. Betriebshandbuch einen zusammenfassenden Überblick über Aufbau- und Ablauforganisation sowie Verantwortlichkeiten gibt, werden auf der zweiten Ebene Prozess- und Verfahrensabläufe detailliert beschrieben. Auf dieser Dokumentationsstufe werden also die normativen Vorgaben der anzuwendenden Regelwerke (z. B. EASA-Verordnungen, ISO, EN, Umweltgesetze) als konkrete **Handlungsanweisungen** formuliert und so im Betrieb als verbindliche Vorschrift nachvollziehbar dokumentiert. Prozess- und Verfahrensbeschreibungen dienen jedoch nicht allein der Nachweiserbringung für die Normenerfüllung.

Die Dokumentation der Abläufe liegt auch im betrieblichen Eigeninteresse. Sie hilft, die Betriebsorganisation transparent zu machen und so den Mitarbeitern ihre Aufgaben in der Wertschöpfungskette aufzuzeigen. Ebel nennt als betriebsinterne **Aufgaben und Ziele** von Prozess- und Verfahrensbeschreibungen daher[8]:

- die Regelung abteilungsinterner sowie abteilungsübergreifender Geschäftsprozesse,
- die Festlegung von Verantwortlichkeiten für Prozesse, Prozessschritte und Tätigkeiten,
- die Bestimmung von Schnittstellen inklusive zugehöriger In- und Outputs.

In der Vergangenheit wurden Ablaufbeschreibungen primär in Form von Verfahrensanweisungen dokumentiert. Deren Aufbau ist meist einheitlich gegliedert nach Zweck, Herausgeber, Anwendungsbereich, Vorgehensweise, Zuständigkeiten, mitgeltende Unterlagen und Dokumentation sowie Änderungshinweise.

In vielen Betrieben geht der Trend jedoch inzwischen weg von ausschließlich textueller Dokumentation hin zu übersichtlichen Prozessvisualisierungen.[9] Eine mit Hilfe von Flussdiagrammen **visualisierte Vorgabedokumentation** verdeutlicht den Mitarbeitern ihre eigene Rolle innerhalb des Unternehmens, zeigt die Zusammenhänge zwischen den Prozessen auf und sorgt so für eine höhere Transparenz in der Wertschöpfungskette. Darüber hinaus kann diese Form der Darstellung sowohl neuen Mitarbeitern als auch externen Auditoren helfen, sich in der Betriebsorganisation und Vorgabedokumentation schneller zurecht zu finden. Ein weiterer Vorteil visualisierter Ablaufdarstellungen gegenüber klassischen Verfahrensanweisungen liegt wegen der höheren Transparenz in einer geringeren Gefahr redundanter Beschreibungen. Abbildung 11.3 zeigt die verschiedenen Dokumentationsebenen des prozessbasierten Qualitätsmanagementsystems IQ MOVE der Lufthansa Technik.[10]

Auf der **dritten und untersten Dokumentationsstufe** sind Arbeitsanweisungen angesiedelt. Diese Ebene beinhaltet unterstützende Dokumente, die ergänzende Informationen oder Durchführungserleichterungen für einzelne Tätigkeiten oder Arbeitsschritte bieten.

---

[8] vgl. Ebel (2001), S. 135.
[9] vgl. Brakhahn (1996), S. 57.
[10] Eine detaillierte Vorstellung dieses Systems findet sich bei Hinsch (2012).

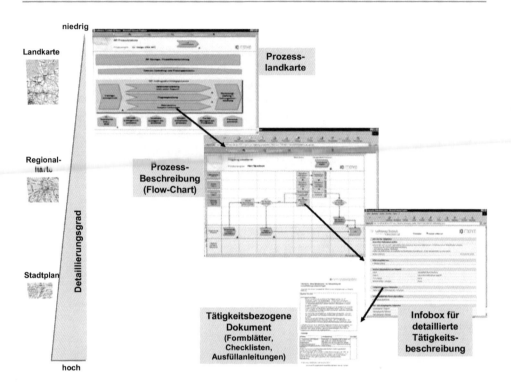

Abb. 11.3 Aufbau des prozessbasierten QM-Systems IQ MOVE der Lufthansa Technik

Hierbei handelt es sich beispielsweise um Arbeitsanweisungen, Checklisten, Formulare, Formblätter oder Prüfanweisungen. Derlei Dokumentation kommt im Betrieb dort zum Einsatz, wo standardisierte Vorgänge durchzuführen sind, die aber aufgrund der Durchführungskomplexität ohne zusätzliche Dokumentation nicht in der nötigen Qualität bewältigt werden können.

Auf Hilfsdokumente wird auch dort zurückgegriffen, wo Tätigkeiten oder Abläufe häufig nicht korrekt oder nicht vollständig ausgeführt werden, um so eine anforderungsgerechte Durchführung sicherzustellen. Der Einsatz von Dokumenten der dritten Ebene kann aber auch das Resultat gesetzlicher Vorgaben oder Kundenforderungen sein.

Besonderheiten luftfahrtindustrieller Prozess- und Verfahrensbeschreibungen Die EASA Verordnungen geben zwar keine Hinweise auf Form oder Detaillierungsgrad der Verfahrens- oder Prozessbeschreibungen, wohl aber auf die Prozessfelder, die schriftlich zu fixieren sind. So wird für Design- und Maintenance Organisationen in den zugehörigen AMC ergänzend zum eigentlichen Handbuch das Führen von Prozess- bzw. Verfahrensbeschreibungen angeraten.[11] Für Instandhaltungsbetriebe wird die Festlegung von über 50 Verfahren empfohlen.

> **Auszug angeratener Verfahrensbeschreibungen in der Instandhaltung**[12]
> - Lagerung, Kennzeichnung und Freigabe von Bauteilen und Material
> - Abnahme und Freigabe von Werkzeugen und Betriebsmitteln
> - Kalibrierung von Werkzeugen und Betriebsmitteln
> - Archivierung technischer Dokumente
> - Abarbeitung von Befunden im Zuge der Base-Maintenance
> - Flugzeugfreigabe (*Release to Service*)
> - Bearbeitung kritischer Teile und Systeme (*Critical Tasks*)
> - Umgang mit Pool- bzw. geliehenen Teilen in der Line Maintenance
> - Qualifizierung von Instandhaltungsberechtigte und freigabeberechtigtem Personal
> - Verfahren zu Human Factor Trainings.

Demgegenüber sind die Vorgaben für Entwicklungsbetriebe weniger spezifisch und beschränken sich auf Prozess- bzw. Verfahrensbeschreibungen in sechs Hauptkategorien (z. B. Klassifizierung von Änderung, Steuerung und Überwachung von Fremdvergaben, Konfigurationsmanagement, Aufzeichnungen).

Für Herstellbetriebe ergibt sich Notwendigkeit und Umfang der zu dokumentierenden Verfahren und Prozesse unmittelbar aus dem EASA Part 21/G Sektion 21A.139. Die betriebliche Praxis zeigt jedoch, dass neben den im EASA-Regelwerk explizit genannten Themenfeldern stets alle Kernprozesse der Wertschöpfungskette in Ablaufbeschreibungen dokumentiert sein sollten. Dies ist sogar zwingend erforderlich, wenn der Betrieb eine Zertifizierung der EN 9100er Reihe hält oder anstrebt.

11.2 Safety-Management-Systeme

11.2.1 Grundlagen des Safety-Managements

Beim Safety-Management handelt es sich um die strukturierte Auseinandersetzung mit sicherheitsrelevanten Risiken in luftfahrttechnischen Betrieben. Safety Management wird von der Grundidee getragen, Sicherheit als Führungsaufgabe zu verstehen, die gesamtbetrieblich zu verankern ist. Sicherheit soll systematisch in der Leistungserbringung berücksichtigt werden und dabei alle Mitarbeiter einbeziehen. Safety-Management hat in luft-

---
[11] vgl. AMC No. 1 to 21A.243 (a) bzw. AMC to 145.A.70 (a).
[12] vgl. AMC to 145.A.70 (a).

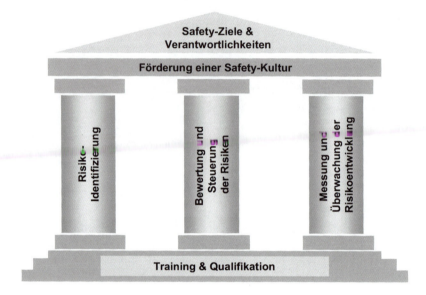

Abb. 11.4 Säulen des Safety-Managements

fahrttechnischen Betrieben in den letzten Jahren kontinuierlich an Bedeutung gewonnen und ist inzwischen Bestandteil der Luftfahrtgesetzgebung geworden.[13]

Die Anforderungen an die betriebliche Sicherheit sind in einem **Safety-Management-System (SMS)** umzusetzen. Bei einem solchen SMS handelt es sich um ein betrieblich formal verankertes Aufbau- und Ablaufkonzept, das die Sicherheit der in Verkehr gebrachten Produkte gewährleisten soll. Es hat zur Aufgabe, Sicherheitsrisiken zu identifizieren und diese mit Hilfe des Risikomanagements unter Kontrolle zu halten bzw. wo immer möglich zu eliminieren. Das System muss dabei in der Lage sein, sowohl latente Gefahren als auch die Kumulation geringer Risiken zu einer Produktgefährdung proaktiv zu verfolgen und zu behandeln.

Um die Nachhaltigkeit des SMS im Betrieb sicherzustellen, muss ein solches System jedoch nicht nur auf Basis dokumentierter Strukturen existieren, es muss vor allem in der täglichen Praxis Anwendung finden. Entscheidend ist insofern das gelebte Verhalten aller Mitarbeiter, insbesondere auch der Führungskräfte. Dies erfordert einerseits Ausbildung und Training sowie andererseits die systematische Entwicklung einer betrieblichen Safety-Kultur.

In Summe enthält ein SMS folgende **wesentliche Bestandteile** (vgl. auch Abb. 11.4)[14]:

- Safety-Ziele und Safety-Politik
    - Betriebliche Safety-Ziele und Management Committment
    - Safety Verantwortung der Betriebsleitung

---

[13] vgl. ICAO (2008); EASA – Annex 1 to OR.GEN.200; EN9100 Sektion 7.1.2.
[14] vgl. ICAO (2008); EASA – Annex 1 to OR.GEN.200; EN9100 Sektion 7.1.2.

- Emergency Response Planning
- Dokumentation des SMS (Safety Handbuch).
- Risikomanagement
  - Identifizierung von Risiken
  - Risiko-Bewertung und Risiko-Steuerung
  - Überwachung und Messung der betrieblichen Safety-Performance
  - Kontinuierliche Verbesserung des SMS.
- Safety-Kultur und Safety-Wissen
  - Training und Ausbildung
  - Entwicklung einer Safety-Kultur.

11.2.2 Organisatorischer Rahmen

11.2.2.1 Aufgaben des Managements

Das betriebliche Management muss ein SMS implemtieren und aufrechterhalten, das den spezifischen betrieblichen Anforderungen gerecht wird. Hierzu benötigt der luftfahrttechnische Betrieb zunächst eine nachvollziehbare und verständliche Safety-Politik sowie messbare Safety-Ziele, die den Rahmen für sämtliche Safety-Aktivitäten vorgeben.

Des Weiteren hat die Geschäftsführung sicherzustellen, dass ein Prozesssystem etabliert wird, das die strukturierte Identifizierung, Analyse, Bewertung und Steuerung der Gefahren ermöglicht. Für die Implementierung eines SMS muss der Betrieb über einen Einführungsplan verfügen (*SMS Implementation Plan*). Zudem ist es unverzichtbar, dass das Management für die Einrichtung und Aufrechterhaltung eines SMS die nötigen Ressourcen bereitstellt.

Nach der Implementierung ist es Aufgabe der betrieblichen Leitung, das SMS in regelmäßigen Abständen im Hinblick auf dessen Leistungsfähigkeit zu beurteilen. Diese Aufgabe fällt dem obligatorisch zu konstituierenden *Safety Review Board* zu, welches sich aus den wichtigsten Führungskräften zusammensetzt.[15] Abweichungen von der festgelegten Safety-Politik oder den Safety-Zielen müssen Korrekturmaßnahmen angewiesen und überwacht werden.

11.2.2.2 Safety-Verantwortlichkeit

Um zu verhindern, dass Zuständigkeiten wechselseitig zwischen Führungskräften oder Mitarbeitern hin und her geschoben werden, ist es wichtig, die Verantwortlichkeiten für das Safety-Management-System über alle Hierarchieebenen eindeutig festzugelegen. Es ist also nicht allein ausreichend, aus dem Top-Management einen SMS-Gesamtverantwortlichen zu benennen, der dann die erfolgreiche Implementierung und einen nachhaltigen Unterhalt des Systems sicherzustellen hat. Es sind weitere Führungskräfte und Mitarbeiter

---

[15] vgl. AMC 2 to OR.GEN.200 (a) (3) (3).

zu bestimmen, die dafür Sorge tragen, dass die Ziele des SMS auch auf operativer Betriebsebene verfolgt werden.[16]

Hierzu ist ein Safety-Manager zu benennen, der die Fäden für ein SMS zusammenhält und als Schnittstelle zwischen Management und Ausführungsebene fungiert. Es ist somit Aufgabe eines Safety-Managers das SMS im Tagesgeschäft zu steuern.

Vergleichbar mit den Anforderungen anderer Vorgaben und Normen (EASA Part 21 bzw. 145, ISO, EN) sind alle verantwortlichen Personen mit ihrem Aufgabengebiet innerhalb des SMS zu dokumentieren und im Betrieb bekannt zu machen.

11.2.2.3 Dokumentation der SMS-Strukturen

Sämtliche Safety-Strukturen und Vorgaben müssen dokumentiert werden, weil das geschriebene Wort am ehesten in der Lage ist, Verbindlichkeit und Nachhaltigkeit zu schaffen. Aus diesem Grund hat der Betrieb ein Safety-Management-System Handbuch (SMS-Manual) anzufertigen. Als eine Art Safety-Leitfaden für die Mitarbeiter ist dieses Manual innerhalb des Betriebs bekannt zu machen und leicht zugänglich aufzubewahren. Zugleich soll es Behörden, Kunden und Zertifizierungsstellen einen Überblick über das SMS verschaffen.

Das SMS-Manual enthält mindestens folgende Angaben:

- Safety Politik und Safety Ziele,
- Beschreibung der Safety relevanten Prozessstrukturen (oder Referenzen auf entsprechende Dokumente),
- Beschreibung der betrieblichen Safety-Aktivitäten sowie eine allgemeine Darstellung der Betriebsstätten,
- Organigramm(e) zur Verdeutlichung der betrieblichen Safety-Zuständigkeiten,
- namentlich benannte Safety-Verantwortliche einschließlich deren betrieblicher Funktion,
- Beschreibung der Reporting Strukturen.

Die Dokumentation des Safety-Management-Systems beschränkt sich jedoch nicht allein auf das SMS-Manual. Darüber hinaus müssen die Safety-Anforderungen in die existierenden Prozessbeschreibungen oder Verfahrensanweisungen sowie in die betrieblichen Checklisten, Ausfüllanleitungen, Fertigungsvorgaben etc. eingearbeitet werden.

Nicht zuletzt muss ein behördlich anerkannter luftfahrttechnischer Betrieb einen **Emergency-Response-Plan (ERP)** vorhalten. In diesem ist zu regeln, wie sich das Unternehmen bei schweren Abweichungen vom betrieblichen Normalzustand zu verhalten hat und durch welche Verfahren es auf den Normalzustand zurückgelangt.

---

[16] Für einen Teamleiter kann dies z. B. bedeuten, dass dieser (über die Stellenbeschreibung) dazu verpflichtet wird, neben dessen sonstigen Aufgaben halbjährlich die Risiken innerhalb des eigenen Aufgabengebiets/Teams zu identifizieren, zu bewerten und an den Safety-Manager zu melden. Zusätzlich kann er z. B. verpflichtet werden, seine Mitarbeiter regelmäßig über neueste Safety-Entwicklungen zu informieren.

11.2 Safety-Management-Systeme

Abb. 11.5 Risikomanagement als kontinuierlicher Prozess

11.2.3 Risikomanagement

Den Kern eines Safety-Management-Systems bildet die Identifizierung, Bewertung und Steuerung sowie die Überwachung sicherheitsrelevanter Gefahren.[17] Hierbei handelt es sich um das sog. Risikomanagement, das einen kontinuierlichen Prozess darstellt. (vgl. Abb. 11.5). In der betrieblichen Praxis wird dieser üblicherweise halbjährlich bis jährlich neu angestoßen. Für das operative Risikomanagement muss der Betrieb ein Steuerungsgremium (*Safety-Action Gruppe*) einrichten, das sich aus Mitarbeitern aller betrieblichen Ebenen zusammensetzt.[18]

11.2.3.1 Risikoidentifizierung

Am Anfang des Risikomanagement-Prozesses steht die strukturierte Identifizierung, Sammlung und Sortierung „(of) any existing or potential condition that can lead to injury, illness, or death to people; damage to or loss of a system, equipment, or property; or damage to the environment."[19] REICHMANN nennt die Identifizierung als wichtigsten Bestandteil des Gesamtprozesses, weil hier die Informationsbasis für alle weiteren Aktivitäten geschaffen wird.[20]

Um die Identifzierung und die Systematisierung der Risiken zu erleichtern, sind vorab inhaltlich ausgerichtete **Risikokategorien** (z. B. Marktentwicklungen, Zulieferer, Arbeitsausführung, Entwicklung) zu bilden. Auf dieser Basis erfolgt im Anschluss die eigentliche Inventur der sicherheitsrelevanten Gefahren. Diese ist sowohl gesamtbetrieblich vorzu-

---

[17] Ein Risikomanagement verlangt auch die EN 9100er Normenreihe in Kap. 7.1.2. Die Ausrichtung ist -anders als im Rahmen der EASA-Forderungen- aber nicht nur sicherheitsorientiert, sondern vor allem an eine Nichterfüllung der Kundenanforderungen angelehnt.
[18] vgl. AMC 2 to OR.GEN.200 (a) (3) (4).
[19] ICAO (2009).
[20] vgl. Reichmann (2001), S. 610.

nehmen als auch in jeder Abteilung und für alle Kernprozesse durchzuführen. Nur eine breite Basis macht es möglich, sämtliche interne und externe Einflussfaktoren zu identifizieren und ein vollständiges Bild der safety-relevanten Risiken zu gewinnen.

Im Anschluss an die Identifizierung sind zu den Risiken – unabhängig von deren Art und Umfang – Daten und Informationen zu sammeln, um die Grundlage für eine Risikoanalyse und Risikobewertung zu schaffen.

11.2.3.2 Risikoanalyse und -bewertung

Nachdem der Betrieb alle Safety-Risiken identifiziert hat, muss ein Prozess in Gang gesetzt werden, der die Analyse und Bewertung dieser Gefahren zum Ziel hat. Damit sollen die Risiken in ihrer Gefährlichkeit eingeordnet und eine zielgerichtete Bestimmung von Maßnahmen zur Risikohandhabung ermöglicht werden. Bei der Analyse sind insbesondere die Auswirkungen von Gefahren auf andere Unternehmensbereiche sowie die **Wechselwirkungen zwischen Einzelrisiken** zu berücksichtigen. Derartige Sachverhalte können weitaus größere Gefährdungspotenziale in sich bergen als dies bei einer singulären Betrachtung zunächst der Fall zu sein scheint.[21]

Ein besonderes Augenmerk ist in jedem Fall auf das potenzielle Schadensausmaß und die Eintrittswahrscheinlichkeit der einzelnen Risiken zu richten, weil diese Informationen am besten in der Lage sind, eine zusammenfassende Risikoeinschätzung zu geben.

Für die **Bewertung und Einordnung** können dazu quantitative oder qualitative Parameter herangezogen werden. In diesem Kontext wird bisweilen kritisch angemerkt, dass sich die Mehrzahl der Risiken nicht exakt bewerten, sondern bestenfalls ordinal einordnen lässt. Auch der Umstand, dass die Bewertung vielfach auf Basis einer subjektiven Wahrnehmung der verantwortlichen Mitarbeiter erfolgt, wird teilweise als Nachteil empfunden. Dem ist jedoch entgegenzuhalten, dass die Bewertungsparameter zumeist auch nur näherungsweise bekannt zu sein brauchen, um die Notwendigkeit sowie Art und Umfang von Gegensteuerungsmaßnahmen zu bestimmen. Zwar ist es wichtig, dass alle Risiken des Unternehmens mit den gleichen Maßstäben bzw. Mechanismen geordnet und bewertet werden, also eine einheitliche Einschätzung vorgenommen wird. Letztendlich ist jedoch vor allem entscheidend, dass den Risiko-Verantwortlichen die Dringlichkeit des Handlungsbedarfs und die Möglichkeit der Risikobeeinflussung durch aktives Zutun bekannt sind.

In der betrieblichen Praxis hat es sich als hilfreich erwiesen, die Safety-Risiken entsprechend Abb. 11.6 über eine **Risikomatrix** mit drei bis fünf Risikoclustern zu ordnen. Die Grenzen zwischen den Clustern werden auch als Risikoschwellen bezeichnet. Deren Über- bzw. Unterschreiten haben nicht nur die Zuweisung zu einem neuen Risikocluster zur Folge. Zugleich verändern sich die betriebliche Bedeutung des Risikos und die Dringlichkeit des Handlungsbedarfs.

---

[21] vgl. Reichmann (2001), S. 611.

Abb. 11.6 Risikomatrix

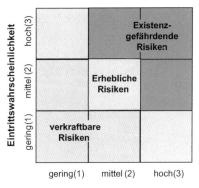

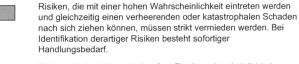

Risiken, die mit einer hohen Wahrscheinlichkeit eintreten werden und gleichzeitig einen verheerenden oder katastrophalen Schaden nach sich ziehen können, müssen strikt vermieden werden. Bei Identifikation derartiger Risiken besteht sofortiger Handlungsbedarf.

Risiken, die bei einer mittelgroßen Eintrittswahrscheinlichkeit einen erheblichen Schaden verursachen können, müssen kritisch beobachtet werden. Es besteht dringender Handlungsbedarf.

Risiken in diesem Bereich sind überwiegend geringe Risiken, die der Betrieb verkraften kann. Teilweise sind es Risiken, die im Rahmen des üblichen Geschäftsverkehrs getragen werden müssen. Hier besteht ggf. Handlungsbedarf.

11.2.3.3 Risikosteuerung

Nachdem die Risiken identifiziert, analysiert und bewertet wurden, erfolgt die Bestimmung von Maßnahmen zur Risikosteuerung. Ziel ist die **aktive Beeinflussung** von Gefahren im Sinne der betrieblichen Safety-Politik und der Safety-Ziele. Für die Risikohandhabung kommen grundsätzlich – einzeln oder im Mix – die folgenden Strategien in Frage[22]:

- *Risikovermeidung*: Hierbei wird das Handeln, welches das Risiko begründet, grundsätzlich unterlassen. Damit kann ein Betrieb der Gefahr aus dem Weg gehen, muss jedoch ebenso auf etwaige Chancen verzichten.
- *Risikoverminderung*: Mit Hilfe dieser Strategie sollen Risiken, durch eigene Steuerungsmaßnahmen auf ein akzeptables Maß reduziert werden.
- *Risikoüberwälzung*: Ziel einer Überwälzung ist es, das Risiko durch faktische oder vertragliche, in Teilen oder gänzlich an Dritte weiterzureichen (z. B. Kunde, Zulieferer oder Versicherer). Das Risiko bleibt somit bestehen, wechselt jedoch den Risikoträger.
- *Risikoakzeptanz*: Das Hinnehmen von Risiken beruht auf der Erkenntnis, dass sich bestimmte Gefahren nicht vermeiden und auch nicht reduzieren lassen oder dass die Kosten einer bewussten Risikosteuerung in keinem Verhältnis zum Nutzen stehen.

---

[22] vgl. Reichmann (2001) S. 614f.

Die jeweils gewählte Strategie zur Handhabung von Gefahren wird maßgeblich durch die individuelle Risikoneigung des betroffenen Unternehmens bestimmt. Luftfahrttechnische Betriebe sind aufgrund der möglichen Folgen ihres Handelns sowie aufgrund des gesetzlichen Rahmens sehr sicherheitsorientiert und in ihrem Verhalten daher als risikoavers einzustufen.

11.2.4 Safety-Überwachung

Die Wirksamkeit ergriffener Steuerungsmaßnahmen lässt sich nur dann objektiv und systematisch beurteilen, wenn die entsprechenden Aktivitäten umfassend und kontinuierlich kontrolliert und gemessen werden. Es ist also ein ständiger Soll-Ist-Abgleich zwischen den betrieblichen Safety-Zielen und der tatsächlichen Risiko-Situation nötig. Dafür müssen Bewertungsindikatoren wie zum Beispiel Kennzahlen existieren, die den Fortschritt der Zielerreichung anzeigen. Die dazu nötigen Informationen können z. B. Betriebsdaten, Befragungen oder Auditergebnisse liefern. Werden Abweichungen von den Zielen gemessen, sind Gegensteuerungsmaßnahmen zu entwickeln, anzuweisen und umzusetzen.

Die Überwachung soll dabei nicht nur auf die Entwicklung der sicherheitsrelevanten Risiken selbst ausgerichtet sein, sondern auch das eigentliche Safety-Management-System umschließen. Hierzu muss der Betrieb über einen dokumentierten Prozess verfügen, mit dem die Wirksamkeit des SMS kontrolliert und dessen kontinuierliche Verbesserung sowie die Einhaltung der behördlichen Safety-Vorgaben sichergestellt wird (*Compliance Monitoring*). In diesem muss beschrieben sein, wie Abweichungen, Schwachstellen oder Verbesserungspotenziale im Rahmen der laufenden Überwachung identifiziert und gesteuert werden. Dazu sind nach Erkennung von Systemschwächen Handlungsmaßnahmen abzuleiten und durch die betriebliche Führung anzuweisen. Um auch hier einen Kreislauf zu etablieren, ist die Umsetzung und Wirksamkeit der Maßnahmen zu beurteilen und an das Management zurückzumelden.

11.2.5 Förderung des Safety-Wissens und der Safety-Kultur

Allein die Formulierung betrieblicher Safety-Ziele sowie eine entsprechende Ausrichtung der Organisationsstrukturen sind für den nachhaltigen Erfolg eines Safety-Management-Systems nicht ausreichend. Der Safety-Gedanke muss in den Köpfen der Mitarbeiter verankert werden und als integraler Bestandteil Eingang in den betrieblichen Alltag finden. Dies gelingt am ehesten, wenn die Mitarbeiter ein Problembewusstsein für die betrieblichen Fehlerquellen und Gefahrenpotenziale entwickeln.

Um die Sicherheitsanforderungen und die Sicherheitskultur in angemessene Weise in den Betrieb zu tragen, müssen die eigenen Mitarbeiter daher unter Safety-Aspekten qualifiziert werden. Hierzu ist ein **Trainingskonzept** auszuarbeiten und zu implementieren. Wichtige Einzelbausteine können hier beispielsweise Human Factor Trainings oder *Lessons learned* Veranstaltungen sein.

Im betrieblichen Alltag kommt vielfach Kritik an Safety-Trainings auf, weil es Personalkapazität und die stets knappen finanziellen Mittel bindet. Langfristig jedoch machen sich derartige Investitionen immer bezahlt (*If you think safety training is expensive... Try an accident!*).[23] Eine systematische Personalqualifizierung trägt aus ökonomischer Perspektive zu einer Minimierung der Arbeitsfehler und damit zur Reduzierung von Fehlerkosten aufgrund unsachgemäßer Arbeitsdurchführung bei. Darüber hinaus kann Safety-Training aus rechtlicher Sicht die Enthaftung des ausführenden Personals und deren Führungskräfte erleichtern.

Die Etablierung eines angemessenen Safety-Niveaus ist dabei nicht von heute auf morgen und nicht alleine durch Trainings- und Qualifikationsmaßnahmen zu erreichen. Es muss eine **kontinuierliche Sensibilisierung** der Mitarbeiter für Safety orientiertes Verhalten erfolgen. Daher ist es wichtig, dass der Betrieb über wirkungsvolle Kommunikationsstrukturen verfügt, die nicht nur der Safety-Zielerreichung dienen, sondern auch dabei unterstützen, eine betriebliche Safety-Kultur zu entwickeln. Dies kann zum Beispiel gelingen, indem Safety relevante Themen in Teammeetings, Rundmails oder Mitarbeiterzeitungen behandelt werden. In jedem Fall sollte deutlich werden, dass das Top-Management eine entsprechende Auseinandersetzung fordert und fördert. Denn der Erfolg eines Safety-Management-Systems steht und fällt mit der Akzeptanz und dem Durchsetzungswillen des leitenden Personals: Sie müssen die Safety-Kultur vollumfänglich unterstützen, besser noch vorleben.[24]

11.3 Überwachung

Die Bewältigung der Prozess- und Schnittstellenkomplexität bei gleichzeitiger Berücksichtigung einer hohen Regelungsdichte ist eine der wesentlichen Herausforderungen luftfahrtindustrieller Betriebe. Um unter diesen Bedingungen eine nachhaltige Ablaufstabilität in der Wertschöpfung und letztlich ein angemessenes Sicherheitsniveau der Produkte zu gewährleisten, muss der Prozessfluss und das System zu dessen Beherrschung kontinuierlich überwacht werden.

In der betrieblichen Praxis erfolgt die Überwachung durch Auditierungen. Ein **Audit** (von lat. *audire*, d. h. hören) ist definiert als systematische, unabhängige Untersuchung, welche dazu dient, Tätigkeiten, Verfahren und Prozesse im Hinblick auf die Erfüllung von Anforderungen bzw. Vorgaben zu bewerten. Audits dienen demzufolge der Beurteilung, ob das QM-System im Betriebshandbuch hinreichend beschrieben ist und durch dieses die

---

[23] vgl. Hinsch, Olthoff, Sommer (2011) 347 ff.
[24] vgl. Hinsch, Olthoff, Sommer (2011) 347 ff.

Integration der anzuwendenden Normen in die Vorgabedokumentation (z. B. in Form von Prozess- und Verfahrensanweisungen) sichergestellt ist. Darüber hinaus wird in Audits geprüft, ob die dokumentierten Prozesse und Verfahren im Betrieb ordnungsgemäß und wirksam umgesetzt sind und Anwendung finden. Im Ergebnis muss dargelegt werden, dass die Prozesse stabil laufen und in der Lage sind, die betrieblichen Qualitätsziele zu erreichen. Zugleich lassen sich mit Hilfe von Auditierungen Schwachstellen identifizieren, Verbesserungspotenziale aufzeigen und zugehörige Umsetzungsmaßnahmen überwachen. Das Audit dient somit der Aufsicht und der Korrektur des gesamten QM-Systems.

Das Audit ist dabei nicht nur ein wesentliches Element des Qualitätsmanagements, sondern zugleich ein **Führungsinstrument**. So liefert das Audit dem Management Informationen über die Erreichung von Zielen und kann zugleich dazu eingesetzt werden, Ziele vorzugeben.[25] Desweiteren ist das Audit ein nützliches Instrument, die Aufmerksamkeit aller Beteiligten auf Qualitätsanforderungen zu lenken.

Die Durchführung der Audits erfolgt in Abhängigkeit des Audit-Typs durch eigenes Personal oder durch Externe. In jedem Fall muss die **Unabhängigkeit und Neutralität** der Auditoren sichergestellt sein, um möglichst objektive Audit-Ergebnisse zu erhalten. Bei Auditierungen durch Externe ist diese Forderung vergleichsweise leicht zu erfüllen. Bei internen Audits ist sicherzustellen, dass die Auditoren keine direkte Verantwortung im zu prüfenden Bereich tragen oder zu diesem in einer hierarchischen Abhängigkeit stehen.

Unverzichtbarer Bestandteil eines wirksamen Audit-Managements ist die Qualifikation der Auditoren. Die Prüfungen müssen von kundigem, erfahrenem und geschultem Personal durchgeführt werden. Üblicherweise ist die Anerkennung der Auditoren durch eine zertifizierte Institution (z. B. DGQ, TÜV, Germanischer Lloyd) erforderlich.

11.3.1 Arten der Auditierung

Abhängig von den Zielen eines Audits kann dieses unterschiedliche Schwerpunkte setzen. Aus diesem Grund werden drei wesentliche Auditarten unterschieden (s. auch Abb. 11.7):

- Systemaudit,
- Verfahrensaudit,
- Produktaudit.

Für die Auditierungspraxis hat sich jedoch gezeigt, dass die verschiedenen Auditarten nur selten in sauberer Abgrenzung durchgeführt werden können, so dass Überschneidungen entstehen. Aus den EASA-Verordnungen ergibt sich für die Betriebe eine Notwendigkeit zur Durchführung von Systemaudits.

---

[25] vgl. Kamiske (1999), S. 5.

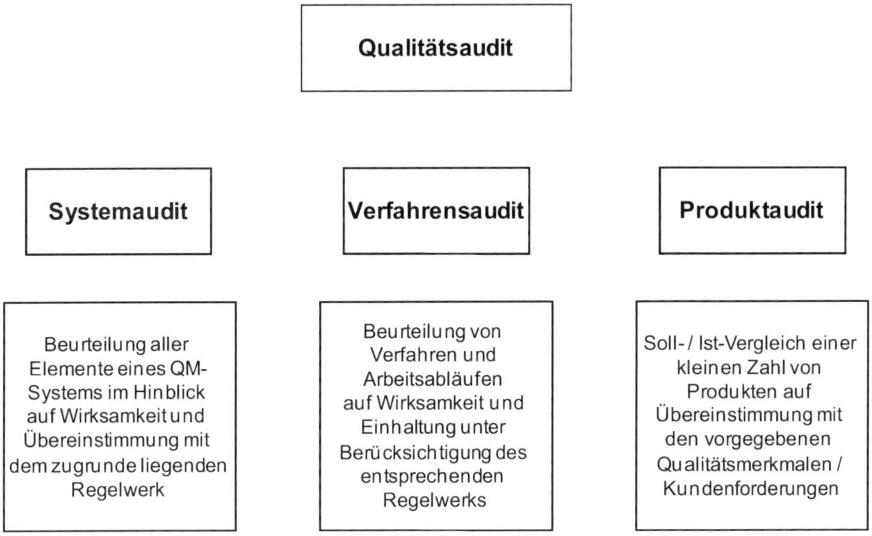

11.3 Überwachung

```
                    ┌─────────────────┐
                    │  Qualitätsaudit │
                    └─────────────────┘

  ┌──────────────┐    ┌──────────────────┐    ┌──────────────┐
  │  Systemaudit │    │  Verfahrensaudit │    │  Produktaudit│
  └──────────────┘    └──────────────────┘    └──────────────┘

  Beurteilung aller    Beurteilung von       Soll-/Ist-Vergleich einer
  Elemente eines QM-   Verfahren und         kleinen Zahl von
  Systems im Hinblick  Arbeitsabläufen       Produkten auf
  auf Wirksamkeit und  auf Wirksamkeit und   Übereinstimmung mit
  Übereinstimmung mit  Einhaltung unter      den vorgegebenen
  dem zugrunde liegenden Berücksichtigung des Qualitätsmerkmalen/
  Regelwerk            entsprechenden        Kundenforderungen
                       Regelwerks
```

Abb. 11.7 Auditformen

Das **Systemaudit** dient dazu, die Gesamtheit des betrieblichen Qualitätsmanagementsystems auf dessen Wirksamkeit und Funktionsfähigkeit zu überprüfen. Die Untersuchung beinhaltet einen Abgleich der Beschreibung des Qualitätsmanagementsystems auf Basis des Betriebshandbuchs sowie der Vorgabedokumentation (Verfahrens- und Prozessanweisungen etc.) mit den zugrunde liegenden Regelwerken (Gesetze, Verordnungen, Verträge, Joint Procedures, interne Vorgaben etc.). In einem Systemaudit wird die Vorgabedokumentation vor Ort stichprobenartig auf Einhaltung und Wirksamkeit geprüft. Beispiele für Systemaudits sind EN-Zertifizierungsaudits, EASA-/LBA-Überwachungsaudits oder Lieferantenaudits.

Das **Verfahrensaudit**, auch Prozessaudit genannt, dient dem Zweck, die Wirksamkeit von Prozessen, Prozessteilen, Verfahren oder auch einzelner Bausteine des QM-Systems zu beurteilen. Im Fokus der Verfahrensauditierung steht dabei nicht nur die Frage, inwieweit die betrachteten Wertschöpfungsbestandteile den anzuwendenden Vorgaben entsprechen, sondern auch, inwieweit die definierten Abläufe wirksam umgesetzt sind. Zugleich ist das Verfahrensaudit als Instrument zur Prozessverbesserung zu sehen und zu nutzen.[26]

Beispiele für Verfahrensaudits sind die Überprüfung des Freigabeprozesses, eine Bewertung der Leistungsfähigkeit des Occurrence Reportings oder die Nachvollziehbarkeit der Lieferantenbeurteilung.

Das **Produktaudit** dient der Untersuchung und Beurteilung von fertigen Produkten auf Übereinstimmung mit der technischen Spezifikation und den Kundenanforderungen. Den Mittelpunkt der Auditierung bildet hier die Produktqualität in Form von Design,

---
[26] vgl. Kamiske (1999), S. 8.

Funktion und Sicherheit. Neben den eigentlichen Produkteigenschaften wird ergänzend geprüft, ob die wesentlichen Fertigungsschritte wirksam, schlüssig und vollständig in die Wertschöpfungskette eingebettet sind. Das Produktaudit bezieht die Rahmenbedingungen der Leistungserbringung mit in die Untersuchung ein, indem z. B. Anforderungen an Lagerung, Kennzeichnung, Verpackung oder Dokumentation berücksichtigt werden. In der betrieblichen Praxis führen Kunden oftmals Produktaudits durch.

11.3.2 Interne Auditierung

Notwendigkeit und Verantwortung Aus dem EASA- sowie dem EN 9100er Regelwerk ergibt sich für luftfahrttechnische Betriebe die Notwendigkeit, eine unabhängige Stelle mit der laufenden Überwachung des eigenen Qualitätssystems zu betrauen.[27] Die Organisation muss dabei geeignete Methoden zur Überwachung und Messung der qualitätsrelevanten Prozesse anwenden. Hierfür bildet die interne Auditierung mit dessen strukturierter und unabhängiger Untersuchungssystematik einen wesentlichen Grundpfeiler. Mit Hilfe interner Audits wird geprüft, ob die dokumentierten Prozesse und Verfahren den Anforderungen entsprechen und ob diese in der betrieblichen Praxis gelebt werden. Zugleich kann der Betrieb mit deren Hilfe vorhandene Schwachstellen des QM-System selbst aufdecken und ggf. Verbesserungsmaßnahmen anregen und durchführen. Mit dem Audit hat die oberste Leitung des Betriebs ein Instrument an der Hand, das Informationen über die Wirksamkeit und die Leistungsfähigkeit ihres QM-Systems liefert. Zugleich bietet das interne Audit die Möglichkeit, Zielabweichungen zu erkennen.

Um die Bedeutung eines solchen Überwachungssystems zu unterstreichen und die Nachhaltigkeit zu erhöhen, sind die Ergebnisse der Überwachungsaktivitäten regelmäßig an die Geschäftsführung zu melden. Sowohl das EASA-Regelwerk als auch die EN-Vorgaben schreiben daher ein **Feedbackverfahren** an die Geschäftsleitung vor.[28] Werden die geplanten Ergebnisse nicht erreicht, sind Korrekturen und Nachbesserungsmaßnahmen zu ergreifen, um die Übereinstimmung mit den Vorgaben wiederherzustellen und so die System-, Prozess- oder Produktkonformität aufrechtzuerhalten.

Handelt es sich um Systemaudits, so weisen diese in der betrieblichen Praxis zumeist auch einen hohen Verfahrens- z. T. Produktauditcharakter auf, um den Abstraktionsgrad der Untersuchungen zu reduzieren.

Da die interne Überwachung mehrere, in Großunternehmen eine Vielzahl jährlicher Audits erfordert, werden diese inhaltlich auf Basis eines Audit-Programms und zeitlich nach einem festgelegten Auditjahresplan durchgeführt. Dieses Vorgehen strukturiert die

---

[27] vgl. IR Continuing Airworthiness EASA Part 145–145.A.65 (c) sowie IR Certification EASA Part 21–21A.139 (b) (2) und 21A.239 (a) sowie EN 9100er Reihe Kap. 5.5.2 i.V.m. 8.2.2.

[28] vgl. IR Continuing Airworthiness EASA Part 145–145.A.65 (c) (2); IR Certification EASA Part 21–21A.139 (b) (2) und 21A.239 (a) (3); EN 9100er-Reihe (2009) Kap. 5.5.2.

11.3 Überwachung

interne Überwachung und stellt sicher, dass regelmäßig alle relevanten Bestandteile der Wertschöpfungskette und des QM-Systems von Audits erfasst werden.

Die Durchführung interner Audits erfolgt in Großunternehmen durch eigenes Auditpersonal, mithin durch den Betrieb selbst. Auf externe Auditoren wird nur punktuell zurückgegriffen. Anders ist dies indes in Klein- und mittleren Betrieben, bei denen die Unterstützung durch externe Auditoren aus Kosten- und Know-how Gründen gängige Praxis ist. Hinzu kommt, dass Unternehmen dieser Größenordnung oftmals nur dann dem Grundsatz der Neutralität und Unabhängigkeit der Auditoren nachkommen können, wenn sie diese extern einkaufen.

In der Instandhaltung sind der Vergabe interner Auditierungen an Dritte jedoch enge Grenzen gesetzt. So müssen Instandhaltungsbetriebe[29]:

- mit mehr als 500 Instandhaltungsberechtigten grundsätzlich über eine eigene Organisation verfügen, die sich ausschließlich der Auditierung widmet.
- mit weniger als 500 Instandhaltungsberechtigten zwar die Audits durch eigenes Personal durchführen, die Aufgabe muss jedoch nicht konzentriert in einer Abteilung angesiedelt und die Auditoren müssen nicht allein für die Betriebsüberwachung zuständig sein. Dabei ist zu beachten, dass das Personal nicht die eigene Abteilung oder den eigenen Bereich auditieren darf und das Auditpersonal unter der Kontrolle des gesamtbetrieblichen Qualitätsmanagementbeauftragten steht.
- mit weniger als 10 Instandhaltungsberechtigten die interne Auditierung vollständig an anerkannte Fachkräfte übergeben, die nicht der eigenen Organisation angehören.

Audit-Planung Ausgangspunkt aller Audit-Aktivitäten bildet das **Auditprogramm**, welches die Audit-Basis definiert und somit vorgibt,

- wo (in welchen Bereichen),
- in welchen Intervallen und in welchem Umfang sowie
- mit welcher Audit-Art.

die Überwachung der Organisation oder der Zulieferer stattfindet. Im EASA-Regelwerk finden sich für Entwicklungs- und Herstellungsbetriebe keine spezifischen Angaben zur grundsätzlichen Intensität der Auditaktivitäten.

Grobe Anhaltspunkte zu Art und Umfang angemessener Auditaktivitäten sind indes den AMC zur Instandhaltung zu entnehmen.[30] Die dortigen Hinweise zum Auditprogramm können z. T. auch als Richtschnur für Entwicklungs- und Herstellungsbetriebe herangezogen werden:

---

[29] vgl. AMC 145.A.65 (c) (1) (11).
[30] vgl. AMC 145.A.65 (c) (1).

- Audits müssen einen Überblick über die Instandhaltungsprozesse für jede vom Betrieb angebotene Produktline (Bauteile, Triebwerke, Flugzeuginstandhaltung, zerstörungsfreie Prüfungen) ermöglichen.
- Audits sind auch in Nachtschichten durchzuführen, sofern die Organisation in einem solchen Rhythmus arbeitet.
- Es wird empfohlen, die Prozessaudits mit einem Produktaudit zu verbinden. Die Abläufe und die Erfüllung der Forderungen sollen auf Basis eines konkreten Instandhaltungsereignisses (Flugzeug, Triebwerk oder Bauteil) geprüft werden.
- Audit-Intervalle:
  - alle 12 Monate müssen die Prozesse jeder Produktlinie eines Instandhaltungsbetriebs auditiert werden,
  - alle 24 Monate sind alle anderen Part-145 relevanten Prozesse durch ein Audit zu prüfen,
  - die Auditierungsintervalle von Line-Maintenance-Stationen orientieren sich an deren flugbetrieblicher Bedeutung, dürfen aber 24 Monate nicht überschreiten.

Aufbauend auf dem Auditprogramm wird ein **Auditjahresplan** erstellt, der die spezifischen Auditaktivitäten im Betrachtungszeitraum festlegt. Dem Auditjahresplan ist somit zu entnehmen, welche Prozesse und Verfahren in welcher Organisationseinheit und zu welchem Zeitpunkt zu überprüfen sind. Durch eine solche übergreifende Jahresplanung wird sichergestellt, dass alle relevanten Bereiche bzw. Prozesse entsprechend den vorgeschriebenen Intervallen aus dem Auditprogramm auditiert werden.[31] Nicht selten sind Auditprogramm und Auditjahresplan gerade in kleinen und mittleren Unternehmen zu einem Dokument zusammengefasst. In vielen Betrieben wird der Auditjahresplan durch die Geschäftsleitung freigegeben.

Audit-Vorbereitung Vor einem konkreten Audit steht die Vorbereitung. Der Auditleiter muss dazu das anstehende Audit gemeinsam mit seinen Auditoren planen und das Vorgehen strukturieren. Hierzu ist ein **Audit-Plan** zu erstellen, der üblicherweise die folgenden Inhalte umfasst:

- Umfang und Ziele,
- Ablauf und Dauer,
- Ansprechpartner und Verantwortliche,
- prüfungsrelevante Dokumentation,
- anzuwendende Regelwerke.

Darüber hinaus sind die anwendbaren Werkzeuge und Methoden (Checklisten, Begehung, Interviews) zu bestimmen und die Ergebnisse früherer Audits zu berücksichtigen.

---

[31] vgl. Ebel (2001), S. 155.

Das Audit ist im Vorfeld dem betroffenen Bereich mitzuteilen und in einem **Vorbereitungsgespräch**, im Hinblick auf Art und Umfang, zu erläutern. Dieses Vorgehen bietet der auditierten Abteilung die Möglichkeit, sich optimal auf das Ereignis vorzubereiten. Zugleich ist es dem Auditor möglich, das eigene Wissen zu aktualisieren oder einen Einblick in die Spezifika der Abteilung zu erhalten.[32] Auch können beide Seiten das Vorbereitungsgespräch dazu nutzen, sich im Hinblick auf Personal-, Ressourcen- und Dokumentationsbedarfe abzustimmen, so dass auf diese Weise sichergestellt ist, dass diese zum Audit-Termin zur Verfügung stehen. Entsprechend sind bei der Terminierung des Audits abteilungsspezifische Bedürfnisse zu berücksichtigen, um Störungen in den betrieblichen Abläufen, die durch das Audit im ausgewählten Zeitraum entstehen können, zu vermeiden.

Bei internen Audits räumt ein Vorgespräch darüber hinaus den Verdacht der Bespitzelung oder Heimlichkeiten aus und wirkt akzeptanzsteigernd. Ein Vorab-Gespräch bietet dem Auditor die Möglichkeit, dem betroffenen Bereich den Nutzen des Audits zu verdeutlichen. Das interne Audit ist ein Instrument zur Identifizierung von Verbesserungspotenzialen und unterstützt so die Linienverantwortlichen bei der Wahrnehmung ihrer Aufgaben.

Audit-Durchführung Das Audit beginnt üblicherweise mit einem **Einführungsgespräch** (*Briefing*) des Auditors. In diesem Briefing werden nochmals der Ablauf und die Zielrichtung skizziert sowie ggf. kurzfristige Änderungen abgestimmt. Unter Umständen kann an die Ergebnisse oder Fragestellungen des vorangegangenen Audits angeknüpft werden. An dem Gespräch nehmen neben den operativ beteiligten Mitarbeitern auch die für den auditierten Bereich verantwortlichen Führungskräfte teil.In der Einführung sollte eine positive, vertrauensvolle Atmosphäre geschaffen werden, um die Auditierten für eine konstruktive Zusammenarbeit zu gewinnen und die Angst oder Nervosität vor der anstehenden Untersuchung auszuräumen.

Bei der eigentlichen Durchführung des Audits sind die Prozesse vor Ort durchzusprechen und mit dem Soll-Zustand der Vorgabedokumentation abzugleichen. Dabei ist es für die Ablaufanalyse angeraten, stets den konkreten Bezug zum Produkt herzustellen, indem die Auditierung an einem ausgewählten Bauteil, Triebwerk bzw. zugehöriger Dokumentation erfolgt. Dies erleichtert dem Auditierten das Erklären der Fragestellung. Zugleich verdeutlicht der Praxisbezug, dass das Audit kein Selbstzweck ist, sondern ein Baustein für die Inverkehrbringung lufttüchtiger Produkte.[33]

Anhand der Gesprächsentwicklung bestimmt der Auditor bedarfsorientiert Tiefe und Umfang der Untersuchung. Fallweise sind Nachweise in Form von Prüfplänen und -ergebnissen, Überprüfung von (Freigabe-) Bescheinigungen oder Protokollen heranzuziehen, um einen Abgleich mit dem Soll-Zustand festzustellen. Werden dabei Abweichungen identifiziert, so hängt das weitere Vorgehen von deren Art und Umfang ab. Nicht jede Abweichung ist eine formale Audit-**Beanstandung** (*Finding*). So reicht es bei zufälligen

---

[32] vgl. Ebel (2001), S. 155.
[33] vgl. AMC 145A.65 (c) (1) 5.

Abweichungen (Einzelfälle) üblicherweise aus, den Mitarbeiter vor Ort nochmals auf Einhaltung der Regularien und Vorgaben zu ermahnen. Demgegenüber müssen folgenschwere oder systematische Abweichungen vom Soll-Zustand in einem Protokoll mit objektiven Fakten dokumentiert werden. Bei Audit-Beanstandungen reicht es somit nicht aus, nur festzuhalten, dass eine Abweichung vorliegt. Es ist auch Ziel des Audits, mögliche Ursachen zu identifizieren und Maßnahmen zur Beseitigung der Schwachstellen anzuregen.

Das Audit kann nur dann erfolgreich verlaufen, wenn sich die auditierte Abteilung konstruktiv in die Untersuchung einbringt. Der Auditor muss daher über den gesamten Zeitraum eine **offene Gesprächsatmosphäre** aufrechterhalten und in der Lage sein, die betroffenen Mitarbeiter zum sachbezogenen Erzählen anzuregen. Neben einfachen und verständlichen Fragen, übt die Fragetechnik Einfluss auf die Antworten aus. Üblicherweise lassen sich mit offenen „W"-Fragen solide Ergebnisse erzielen, z. B.:

- Wie wird die Materialverfolgung ab dem Zeitpunkt der Materialausgabe sichergestellt?
- Wie wird gewährleistet, dass in jeder Schicht hinreichend Personal für die einzelnen Gewerke zur Verfügung steht?
- Welche Maßnahmen werden ergriffen, wenn Fehler in den Arbeitskarten identifiziert wurden?

Das Audit endet üblicherweise mit einem **Abschlussgespräch** (*De-Briefing*), in dem der Auditor seine Beobachtungen und Ergebnisse präsentiert. Dabei sollen auch durchaus positive Eindrücke hervorgehoben werden. Einen wesentlichen Bestandteil dieses Gesprächs nimmt jedoch die Thematisierung der Abweichungen ein, für deren Beseitigung ein weiteres Vorgehen abgestimmt wird.

Nachbereitung interner Audits Im Nachgang zum Audit werden die Ergebnisse der Untersuchung in einem **Auditbericht** dokumentiert. Um Übersichtlichkeit, Vollständigkeit und Auswertbarkeit zu gewährleisten, werden die Berichte in der betrieblichen Praxis meist auf Basis von Formularen erstellt. Der Bericht setzt sich üblicherweise aus den folgenden Inhalten zusammen:

- Basisinformationen (Durchführungszeitraum, Auditor, Beteiligte),
- Zusammenfassung des Audits/Audit-Inhalte,
- Abweichungen, Verbesserungspotenziale, Empfehlungen, Stärken,
- mögliche Korrekturmaßnahmen,
- Termine und Verantwortlichkeit für die Behebung der Abweichungen.

Die Erstellung dieses Berichts erfolgt durch den Auditor in Abstimmung mit dem verantwortlichen Leiter der auditierten Abteilung. Soweit bis dahin noch nicht geschehen, sind für die festgestellten Abweichungen Korrekturmaßnahmen mit Terminen und Verantwortlichkeiten zu definieren. Die Verantwortung für die Ursachenanalyse sowie für die Entwicklung und Umsetzung von Gegensteuerungsmaßnahmen obliegt den betroffenen

Abteilungen. Im Aufgabenbereich des Auditors ist indes die Überwachung der fristgerechten Umsetzung sowie ggf. eine Überprüfung der Wirksamkeit der Maßnahmen. Auch hat der Auditor zu prüfen, ob schwerwiegende Abweichungen ähnlich gelagert auch in anderen Betriebsteilen bestehen könnten.

Die Auditberichte sind – abhängig von der Betriebsgröße – einzeln oder in Form einer Managementzusammenfassung der Geschäftsleitung zu übermitteln. Üblicherweise sind die Rückmeldungen von der Geschäftsleitung zu unterschreiben.[34]

Um die Nachhaltigkeit der Überwachungsaktivitäten zu fördern, sind die entsprechenden Ergebnisse (z. B. Beanstandungen), regelmäßig (quartalsweise oder halbjährlich) übergreifend zu analysieren und an die Geschäftsleitung zu übermitteln. Erst durch eine solch **systematische Auswertung** können Beanstandungsschwerpunkte in einzelnen Betriebsbereichen oder organisationsübergreifend identifiziert, bewertet und Gegenmaßnahmen durch das Management angeordnet werden. In die periodisch zusammenfassenden Auswertungen sind dabei nicht nur die Ergebnisse der internen Auditierung einzubeziehen, sondern ebenso Occurrence Meldungen sowie Empfehlungen und Beanstandungen externer Audits.

11.3.3 Externe Auditierung

In der Luftfahrtindustrie spielen neben internen Audits auch externe Auditierungen eine bedeutende Rolle als Instrument der Betriebsüberwachung. Die externen Audits dienen entweder dazu, Kunden Einblick in das betriebliche Qualitätssystem zu gewähren oder selbst das QM-System eigener Lieferanten zu begutachten (*Second Party Audits*). Externe Audits können zudem durch Luftfahrtbehörden oder durch neutrale Dritte (z. B. Zertifizierungsinstitute) mit dem Ziel vorgenommen werden, den Betrieb im Hinblick auf die Einhaltung eines bestimmten Regelwerks zu prüfen. Am Ende eines solchen *Third Party Audits* steht üblicherweise die Erlangung oder Aufrechterhaltung einer Zulassung oder eines Zertifikats.

Kunden- bzw. Lieferanten sowie Behördenaudits Entwicklungs-, Herstellungs- und Instandhaltungsbetriebe müssen nicht nur selbst Überwachungen durchführen, sie werden auch von ihren Luftfahrtbehörden sowie von anderen luftfahrttechnischen Betrieben überwacht. Üblicherweise handelt es sich bei externen Auditierungen um Systemaudits, wobei sich die inhaltliche Schwerpunktlegung an der Art der Zusammenarbeit orientiert. Wesentliche Bestimmungsgröße ist die Art der Leistungserbringung, d. h. ob der luftfahrttechnische Betrieb für den spezifischen Kunden tätig ist als:

---

[34] Die Notwendigkeit auch die betroffenen Führungskräfte in die Überwachung einzubinden, ergibt sich aus IR Certification EASA Part 21–21A.239 (a) (3) für den Subpart J und 21A.139 (b) (2) für den Subpart G sowie IR Continuing Airworthiness EASA Part 145–Part 145: 145.A.65 (c) (2) für die Instandhaltung.

- Behördlich anerkannter Auftragnehmer für Überholungs- oder Herstellungsaktivitäten an kompletten Luftfahrzeugen, Triebwerken oder Bauteilen,
- Subcontractor i.S. einer verlängerten Werkbank,
- Dienstleister (z. B. Prüflabore oder Ingenieurbüros),
- Lieferant von Roh-, Hilfs- und Betriebsstoffen oder Halberzeugnissen,
- Lieferant nicht Luftfahrzeug-gebundener Produkte und Dienstleistungen.

Eine Sonderform der externen Auditierung bildet das Behördenaudit. Die Auditierung erfolgt hierbei durch Mitarbeiter der zuständigen Luftfahrtbehörde. Ein Behördenaudit ist Grundlage einer Zulassung als Entwicklungs-, Herstellungs- oder Instandhaltungsbetrieb. Auch nach einer erstmaligen Auditierung sind Wiederholungsuntersuchungen erforderlich, um sicherzustellen, dass der Betrieb die Genehmigungsanforderungen auch im Zeitablauf aufrecht hält. Die inhaltliche Ausrichtung des Audits orientiert sich dabei maßgeblich an der Art der Zulassung.

Externen Audits durch Kunden, z. T. aber auch Behörden insbesondere von Schwellenländern, hängt immer auch der nur schwer nachweisbare Makel der Industriespionage an. Gänzlich lässt sich das Risiko kaum unterbinden, weil jeder externe Auditor Einblick in Verfahrens- oder Prozessabläufe und teilweise Kopien der zugehörigen Dokumentation erhält. Formell handelt es sich um die Nachweisführung, die der Auditor zur Durchführung seiner Arbeit benötigt. Tatsächlich kann jedoch auch davon ausgegangen werden, dass derlei Informationen Wettbewerbern für deren Prozessverbesserung unmittelbar zugänglich gemacht werden. Für die Herausgabe eigener Vorgabedokumentation gilt daher der Vorsatz „Sowenig wie möglich, soviel wie nötig".

Zertifizierungsaudit (am Beispiel der EN 9100er Normenreihe) In Aufbau und Ablauf weisen interne und externe Auditierungen eine hohe Ähnlichkeit auf. In einem Zertifizierungsaudit werden in dem betroffenen Unternehmen die Existenz und Wirksamkeit des QM-Systems anhand eines bestimmten Qualitätsstandards überprüft. Kann das geforderte Qualitätsniveau nachgewiesen werden, wird im Anschluss an das Audit ein Zertifikat ausgestellt oder ein bestehendes verlängert. Beispiele für Zertifizierungsaudits in der Luftfahrtindustrie sind solche zur Erlangung eines Zertifikats nach EN 9100, EN 9110 oder EN 9120.[35]

Zertifizierungsaudits werden durch authentifizierte Unternehmen oder Organisationen angeboten (z. B. Germanischer Lloyd, TÜVs, Bureau Veritas). Die Auditabwicklung erfolgt durch akkreditierte Auditoren ensprechend dem in Abb. 11.8 dargestellten Auditverlauf. Der Auditumfang ist in der EN 9104[36] streng tabellarisch geregelt und richtet sich nach der

---

[35] Für weitere Informationen zur Zertifizierung nach der EN 9100er Normenreihe siehe auch Abschn. 3.2.
[36] vgl. EN 9104:003 (2011).

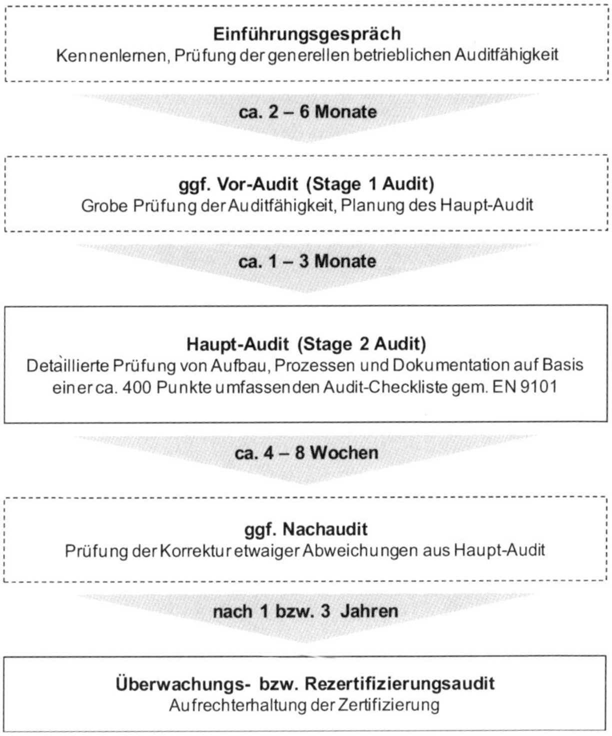

Abb. 11.8 Grober Ablauf des Auditprozesses in der EN 9100er Normenreihe

Einführungsgespräch
Kennenlernen, Prüfung der generellen betrieblichen Auditfähigkeit

ca. 2 – 6 Monate

ggf. Vor-Audit (Stage 1 Audit)
Grobe Prüfung der Auditfähigkeit, Planung des Haupt-Audit

ca. 1 – 3 Monate

Haupt-Audit (Stage 2 Audit)
Detaillierte Prüfung von Aufbau, Prozessen und Dokumentation auf Basis einer ca. 400 Punkte umfassenden Audit-Checkliste gem. EN 9101

ca. 4 – 8 Wochen

ggf. Nachaudit
Prüfung der Korrektur etwaiger Abweichungen aus Haupt-Audit

nach 1 bzw. 3 Jahren

Überwachungs- bzw. Rezertifizierungsaudit
Aufrechterhaltung der Zertifizierung

Anzahl der Mitarbeiter, der Anzahl der Unternehmensstandorte und der Auditart (Initiales Audit bzw. Überwachungs- oder Rezertifizierungsaudit).[37]

Da es sich bei einem Zertifizierungsaudits üblicherweise um Systemaudits handelt, ist es in einem ersten Schritt sinnvoll, dass der Betrieb sein QM-System in einem internen Audit einer Ist-Analyse unterzieht und mit den Anforderungen an das angestrebte Zertifikat abgleicht. Hierzu kann z. B. auf die Checkliste im Anhang A der EN 9101[38] mit rund 400 Check-Punkten oder auf einen Audit-Fragenkatalog der Zertifizierergesellschaft zurückgegriffen werden. Dieses interne Systemaudit sollte am Beginn der Zertifizierungsaktivitäten stehen. So kann der Betrieb selbst prüfen, ob dieser alle notwendigen Zertifizierungsvoraussetzungen wesentlich umgesetzt hat, wenn der externe Zertifizierungsprozess beginnt.

Sollten bedeutsame Defizite in der Aufbau- und Ablauforganisation vorliegen, können diese im einführenden Projektgespräch mit dem Auditor besprochen werden. Ein solches **Einführungsgespräch** (Kick-off) findet üblicherweise 3–6 Monate vor dem eigentlichen Audit statt. Es dient dem Kennenlernen der betrieblich Beteiligten und dem externen

---

[37] Für das Einholen von Angeboten bei Zertifizierungsgesellschaften bedeutet dies, dass sich Unterschiede in den Auditkosten nur durch verschiedene Tagessätze, nicht aber durch eine unterschiedliche Anzahl an Audittagen ergeben darf.

[38] vgl. EN 9101:2010 (2011), S. 29 ff. (Anhang A).

Auditor und ist mit einer sehr groben Einschätzung der Auditierungsfähigkeit verbunden. Der Betrieb hat so im Bedarfsfall hinreichend Zeit, das Qualitätsmanagementsystem auf die Bedürfnisse der (EN-) Vorgaben auszurichten.

Bei Erstzertifizierungen oder auf Wunsch des Betriebs ist ein eintägiges **Vor-Audit** durchzuführen. Diese auch als Stufe 1 (*Stage 1*) Audit bezeichnete Untersuchung dient dazu, den Umsetzungsgrad der jeweils anzuwendenden EN-Norm sowie insbesondere die Leistungsfähigkeit des QM-Systems zu prüfen. Damit soll die Auditfähigkeit für das Haupt-Audit festgestellt werden. Zugleich sind im Stufe 1 Audit der Ablauf und die Schwerpunkte des Haupt-Audits (*Stage 2*) zu planen.[39] Das Stufe 1 Audit sollte als Chance wahrgenommen werden, weil der Auditor Hinweise auf mögliche Abweichungen im Haupt-Audit geben wird. Zugleich lernt der Betrieb im Stufe 1 Audit den Auditor erstmals als Prüfer kennen und kann so beurteilen, welche Schwerpunkte er legt und wie er im Rahmen der Auditierung vorgeht.

Das **Haupt-Audit** (Stufe 2 Audit) beinhaltet die Überprüfung und Bewertung der Aufbau- und Ablauforganisation sowie der betrieblichen Dokumentation. Das Haupt-Audit findet vor Ort im Betrieb statt und nimmt etwa 80 % der gesamten Zertifizierungsaktivitäten in Anspruch.[40] EN Audits werden immer durch mindestens 2 Auditoren durchgeführt. Hierbei prüfen diese sämtliche Betriebsbereiche und Standorte unabhängig davon, ob diese Leistungen für die Luftfahrt erbringen. Als inhaltliche Orientierung dient den Auditoren die Audit-Checkliste der EN 9101 Anhang A.[41]

Wie jedes Audit schließt auch das Haupt-Audit mit einem Gespräch (De-Briefing) und der anschließenden Berichterstellung ab. Wurden durch den Auditor keine Non-Konformitäten (Beanstandungen) identifiziert, stellt die Zertifikatsgesellschaft in den Wochen nach dem Haupt-Audit die Zertifizierungsurkunde aus. Wurden im Zuge des Audits jedoch Abweichungen gefunden, die nicht die gesamte Qualitätsfähigkeit des Betriebs in Frage stellen, so können diese im Nachgang (bis 4 Wochen nach dem Audit) abgearbeitet werden. Kann der Auditor die Behebung der Beanstandung nicht über die Papierlage beurteilen, ist ein Nachaudit zur Bewertung der Korrekturmaßnahmen notwendig.

Zertifizierungen wie die der EN 9100er Normenreihe sind zeitlich begrenzt gültig. Für eine Aufrechterhaltung sind daher periodisch **Überwachungs- und Re-Zertifizierungsaudits** durchzuführen, in denen der Betrieb nachweisen muss, dass dieser die Anforderungen der Norm noch immer vollständig und wirksam umgesetzt hat. So sind EN 9100er Zertifizierungen z. B. durch ein jährliches Überwachungs- und alle drei Jahre durch ein Re-Zertifizierungsaudit aufrechtzuerhalten. Diese Nachprüfungen sind z. T. weniger intensiv und aufwendig als die Erstzertifizierung.[42]

---

[39] vgl. EN 9101:2010 (2011), Kap. 4.3.2, S. 22 ff.
[40] vgl. Brakhahn, Vogt (1996), S. 219.
[41] vgl. EN 9101:2010 (2011), S. 29 ff. (Anhang A).
[42] Auch hier sind die Zertifizierungsumfänge der EN 9104:003 (2011) zu entnehmen.

Abb. 11.9 Prozessschritte eines Occurence Reportings. (Vgl. Hinsch (2011), S. 70.)

11.4 Fehlermeldesysteme

Luftfahrtbetriebliche Herstellungs- und Instandhaltungsbetriebe müssen über ein internes Meldesystem (*Occurence Reporting*) verfügen, das sicherheitsrelevante Vorfälle erfasst und bewertet.[43] Hierzu muss der Betrieb über einen dokumentierten und gelebten Prozess verfügen (vgl. grob Abb. 11.9).

Schwere Vorfälle müssen nicht nur intern aufgenommen und analysiert, sondern auch an Behörden, Kunden sowie ggf. dem zuständigen Entwicklungsbetrieb gemeldet werden.

Ziel eines Occurrence Reporting ist die Identifizierung und Beseitigung von Faktoren, die die Flugsicherheit gefährden können. Zugleich soll ein solches System dazu beitragen, Lernkurveneffekte zu nutzen, um ähnliche Fehler von vornherein zu vermeiden. Eine kontinuierliche, übergeordnete Analyse aller Vorkommnisse erleichtert die Identifizierung von Fehlerschwerpunkten und Trends, so dass ein solches Störungsmeldesystem auch die Erkennung und Einleitung übergreifender Korrekturmaßnahmen fordert.

Um den Erfolg eines Occurrence Reportings zu gewährleisten, ist es notwendig, dass Aufbau und Struktur alle Mitarbeiter in der Lage versetzt, Vorfälle zu melden. Beispielhaft zeigt Abb. 11.10 eine intranetbasierte Eingabemaske.

Zugleich muss ein Occurrence Reporting Bestandteil der Unternehmenskultur werden, damit dieses auch „gelebt" wird. Hierzu muss der Betrieb über eine **Fehlerkultur** verfügen, die eigene Schwächen und Risiken als Verbesserungspotenzial wahrnimmt. Im

---

[43] Diese Forderung ergibt sich aus dem Subpart 21/G (21A.165 (e)) und dem Part 145 (145.A.60(b)) sowie der Luftverkehrsordnung § 5b.

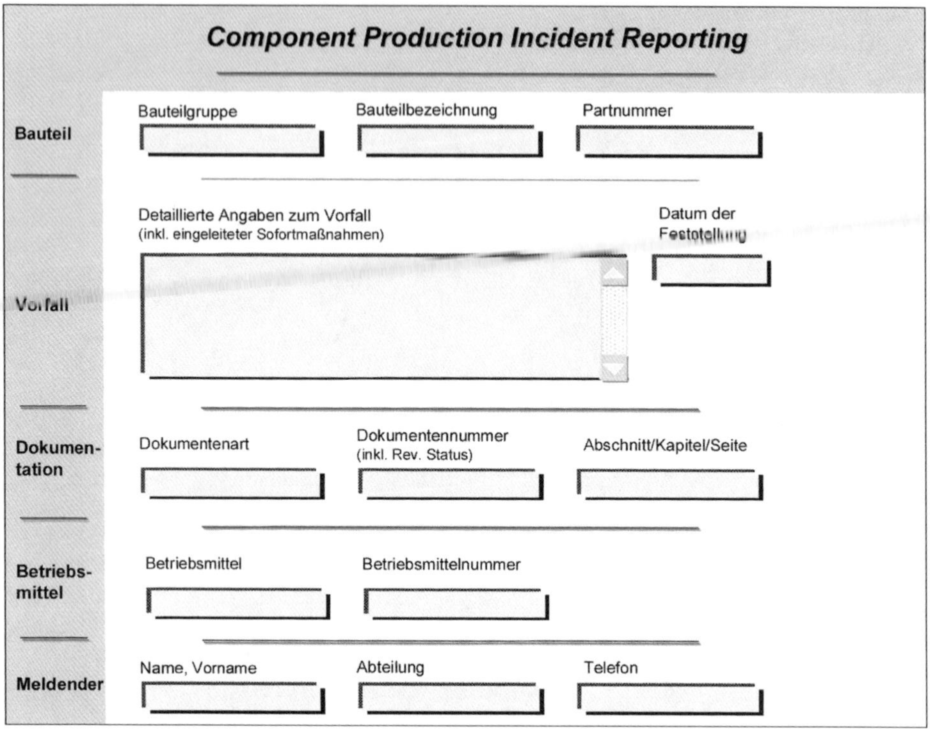

Abb. 11.10 Eingabemaske eines Occurence Reportings (Beispiel). (Vgl. Hinsch (2011), S. 71)

Idealfall wird daher nicht nur im Außenverhältnis, sondern auch intern eine Kultur des Organisationsverschuldens und nicht der individuellen Schuld praktiziert. Überschaubare Konsequenzen für die verursachenden Mitarbeiter können wesentlich dazu beitragen, Vertuschungen von Arbeitsfehlern, die zu einem späteren Zeitpunkt die Lufttüchtigkeit gefährden, zu minimieren. Für den Erfolg eines Störungsmeldesystems müssen insbesondere Cassandra-Effekte unterbunden werden: keinesfalls darf der Überbringer schlechter Nachrichten, der mit der Verursachung in keinem unmittelbaren Zusammenhang steht, die Konsequenzen tragen. Um dies auch den Mitarbeitern zu verdeutlichen, existieren in der betrieblichen Praxis oftmals weitgehend **anonymisierte oder unabhängige Reportingsysteme**, die auf diese Weise deutlich machen, dass der Meldende in Person meist nicht mehr als eine sekundäre Rolle für die Aufarbeitung des Vorfalls spielt.

Für die Akzeptanz eines Occurrence Reporting ist es erforderlich, dass den Mitarbeitern Ergebnisse von Occurrence-Meldungen zugänglich gemacht werden, damit diese erkennen, was ihre Meldungen ausgelöst oder bewirkt haben. Es muss mithin eine **Feedbackschleife** existieren. Nur so kann sichergestellt werden, dass das System dauerhaft als Teil der gesamten Fehlerkultur ernst genommen wird und die Mitarbeiter für eine ständige Unterstützung bei der Fehleridentifizierung gewonnen werden können.

Die Praxis zeigt, dass nicht alle Meldungen unmittelbar luftrechtliche Relevanz im Sinne der EASA-Vorgaben haben. Ein Occurrence Reporting unterscheidet daher grundsätzlich in interne und extern zu meldende Vorkommnisse. Letztere liegen vor, wenn Vorfälle identifiziert wurden, „die zu einem unsicheren Zustand geführt haben oder führen können, der die Flugsicherheit ernsthaft gefährdet."[44] In solchen Fällen ist die zuständige Behörde binnen 72 h über das Ereignis in Kenntnis zu setzen. Sofern es sich um einen Mustermangel handeln kann, muss ebenso der betroffene Entwicklungsbetrieb informiert werden. In der Instandhaltung ist darüber hinaus der Kunde zu benachrichtigen. Bei schweren Vorfällen ist ergänzend zur externen Meldung eine technische Untersuchung zum Ereignis einzuleiten. Beispiele für meldepflichtige Vorfälle sind:

- Schäden an Primär- oder Sekundärstruktur oder einem Triebwerk, die die Lufttüchtigkeit gefährden können (z. B. schwerwiegende Risse, Verformungen, Brüche, Korrosion),
- Schwerwiegende Leckagen (Hydraulik-Öl, Treibstoff, Heißluft), die Strukturschäden nach sich ziehen können,
- Mustermängel,
- Ausfall von Notfallsystemen,
- Nichtausführung von Lufttüchtigkeitsanweisungen,
- im Herstellungsbetrieb sind alle Vorfälle an freigegebenen Bauteilen meldepflichtig, denen eine Abweichung von den Entwicklungsvorgaben zugrunde liegt und eine Gefährdung für die Lufttüchtigkeit darstellen kann.

11.5 Behördenbetreuung

So wie jedes Unternehmen über Kundenansprechpartner verfügt, benötigen luftfahrttechnische Betriebe darüber hinaus eine Organisationseinheit, die den Kontakt zu den Luftfahrtbehörden hält. In der betrieblichen Praxis fällt dieses Tätigkeitsfeld üblicherweise dem Qualitätsmanagement zu. Zu den wesentlichen Aufgaben der Behördenbetreuung gehören die:

- Beantragung, Erweiterung und Aufrechterhaltung von Genehmigungsumfängen (Approvals),
- Vorbereitung, Begleitung und Nachbereitung von Behördenaudits,
- Vertretung der Unternehmensinteressen in Behördengremien.

Das Aufgabenspektrum der Behördenbetreuung ist durchaus mit dem eines Kundenbetreuers vergleichbar. Denn für beide besteht die wesentliche Aufgabe darin, die Anforderungen ihrer Anspruchsgruppe aufzunehmen und richtig zu interpretieren. Darüber hinaus übernehmen sowohl Behörden- wie auch Kundenbetreuer eine **kanalisierende Schnittstellenfunktion**, indem sie die innerbetriebliche Umsetzung der Anforderungen anstoßen, begleiten sowie Rückmeldung an die Behörde bzw. den Kunden geben.

---

[44] IR Continuing Airworthiness EASA Part 145–145.A.60 (a).

Die Behördenbetreuung ist umso aufwendiger je umfassender das Leistungsspektrum und je internationaler die Handelsbeziehungen eines luftfahrttechnischen Betriebs sind. Multinationale Konzerne wie z. B. Airbus oder Lufthansa Technik, die ihre Leistungen weltweit anbieten und in vielen Ländern zudem auch über eigene Produktionsstätten verfügen, haben eigene Organisationseinheiten für die Behördenbetreuung. Demgegenüber stehen kleine luftfahrttechnische Betriebe. Ein 21/G-Herstellungsbetrieb der z. B. ausschließlich für Airbus und die Lufthansa Technik in Hamburg Ventile herstellt, wird nur Kontakt zum LBA pflegen. Die mit der Behördenbetreuung verbundenen Aufgaben können dann vom Qualitätsmanager in Personalunion wahrgenommen werden.

Die Zusammenarbeit mit den Behörden unterscheidet sich je nach Land kulturell und organisatorisch, vor allem aber variieren die gesetzlichen Anforderungen. Eine Abstimmung ist gerade mit Nicht-EASA-Staaten erforderlich, damit die durchgeführten Arbeiten nicht nur von der EASA, sondern auch von den nationalen Luftaufsichtsbehörden des jeweiligen Kunden anerkannt werden.

Für die Anerkennung luftfahrttechnischer Betriebe bzw. deren Leistungserbringung durch Nicht-EASA-Staaten kommen grundsätzlich zwei Verfahren zur Anwendung, die durch die jeweilige Behörde festgelegt werden:

- Sollen Arbeiten an einem Luftfahrzeug durchgeführt werden, das in einem Nicht-EASA-Staat registriert ist, verlangen viele Luftaufsichtsbehörden eine uneingeschränkte Einhaltung ihrer nationalen Luftfahrtregelwerke. Eine offizielle (Teil-) Anerkennung von EASA-Zulassungen ist in diesem Fall nicht gegeben. Entsprechend wird in diesen Behördenaudits die Einhaltung des gesamten nationalen Regelwerks geprüft.
- Einige Staaten erkennen grundsätzlich die EASA-Betriebs- und Entwicklungszulassungen sowie EASA-Freigabe- und Konformitätsbescheinigungen an, fordern aber für ihr nationales Approval die Erfüllung ergänzender Anforderungen (z. B. an die Personalqualifikation, Anerkennung ausländischer Freigabezertifikate). Solche **Delta-Anforderungen** werden üblicherweise in einem sog. Behörden-Supplement zusammengefasst und sind bei der Auftragserfüllung neben den EASA-Forderungen zu berücksichtigen, wenn der Kunde eine Zulassung oder Freigabe unter der entsprechenden Behördengenehmigung wünscht. In Behördenaudits wird nur die **Einhaltung des Supplements** geprüft, da für die Einhaltung der übrigen Vorgaben die EASA verantwortlich ist. Da also eine Überwachungsredundanz vermieden wird, stellt das Supplement eine Erleichterung für Behörden und Luftfahrtbetriebe dar.

Literatur

Brakhahn, W.; Vogt, U.: *ISO 9000 für Dienstleister: Schnell und effektiv zum Zertifikat*. Landsberg, 1996

Brunner, F.J. (Hrsg.): *Qualitätsmanagement und Projektmanagement*. Braunschweig, Wiesbaden, 2007

Deutsche Gesellschaft für Qualität e. V. (DQG): *Prozessorientiertes Qualitätsmanagement I – Grundlagen und Dokumentation.* Lehrgangsunterlage Block QM, 3. Ausgabe, Frankfurt am Main, 2006

Deutsches Institut für Normung e. V.: *DIN EN 9100:2009-Qualitätsmanagementsysteme – Anforderungen an Organisationen der Luftfahrt, Raumfahrt und Verteidigung.* DIN EN 9100-2010-07, 2010

Deutsches Institut für Normung e. V.: *DIN EN 9101:2010 (Entwurf): Qualitätsmanagementsysteme – Audit-Anforderungen für Organisationen der Luftfahrt, Raumfahrt und Verteidigung.* Deutsche und Englische Fassung DIN EN 9101-2011-03, 2011

Deutsches Institut für Normung e. V.: *DIN EN 9104:003: Produktabbildung – Luft- und Raumfahrt – Qualitätsmanagementsysteme – Teil 003: Anforderungen an Schulung und Qualifikation von Auditoren für Qualitätsmanagementsysteme der Luft- und Raumfahrt (AQMS); Deutsche und Englische Fassung EN 9104-003:2010*

Deutsches Institut für Normung e. V.: *DIN EN 9110 Luft- und Raumfahrt; Qualitätsmanagement – Qualitätssicherungsmodelle für Instandhaltungsbetriebe.* Deutsche und Englische Fassung DIN EN 9110-2005, 2007

Deutsches Institut für Normung e. V.: *DIN EN 9120 Luft- und Raumfahrt; Qualitätsmanagementsysteme – Anforderung für Händler und Lagerhalter.* Deutsche und Englische Fassung EN 9120-2005, 2007

Ebel, B.: *Qualitätsmanagement.* Herne, Berlin, 2001

European Comission: *Commission Regulation (EC) on the continuing airworthiness of aircraft and aeronautical products, parts and appliances, and on the approval of organisations and personnel involved in these tasks [Implementing Rule Continuing Airworthiness].* No. 2042/2003, 2003

European Comission: *Commission Regulation (EC) laying down implementing rules for the airworthiness and environmental certification of aircraft and related products, parts and appliances, as well as for the certification of design and production organisations [Implementing Rule Certification].* No. 1702/2003, 2003

European Aviation Safety Agency – EASA: *Acceptable Means of Compliance and Guidance Material to Part 21.* Decision of the Executive Director of the Agency No. 2003/1/RM, 2003

European Aviation Safety Agency – EASA: *Acceptable Means of Compliance and Guidance Material to Commission Regulation (EC) No 2042/2003.* Decision No. 2003/19/RM of the Executive Director of the Agency, 2003

European Aviation Safety Agency – EASA: *Acceptable Means of Compliance and Guidance Material to Annex I Part Organisation Requirements (OR) Subpart General Requirements Section 1.* 2003

European Aviation Safety Agency – EASA: *Annex 1 to Implementing Regulation – Organisation Requirements (OR) Subpart General requirements Section 1.* 2008

Hinsch, M.: *Anonyme Fehlerreports und Analysesysteme – Nachhaltige Qualitätsverbesserung in der Luftfahrtbranche.* In Industriemanagement, Bd. 27, Nr. 4, Aug. 2011, S. 69–72

Hinsch, M.: *Die Leistungsfähigkeit prozessbasierter QM-Systeme in komplexen Organisationen am Beispiel der Lufthansa Technik AG.* In: Hinsch, M.; Olthoff, J.: Impulsgeber Luftfahrt – Industrial Leadership durch luftfahrtbetriebliche Aufbau- und Ablaufkonzepte (geplante Veröffentlichung Ende 2012)

Hinsch, M.; Olthoff, J.; Sommer, K.J.: *Luftfahrtbetriebliche Safety-Management-Systeme als Modell für die medizinische Qualitätsverbesserung.* In: Das Krankenhaus, Nr. 4, 201, S. 347–354

ICAO: *Safety Management Manual R2.* Document 9859, Montréal 2008

ICAO: *Framework for the State Safety Programme (SSP) – Appendix 1 to Chapter 8.* 2nd Edition, Montréal 2009

Kamiske, G. F.: *Qualitätsmanagement von A bis Z – Erläuterung moderner Begriffe des Qualitätsmanagements.* 3. Aufl., München und Wien, 1999

Reichmann, T.: *Controlling mit Kennzahlen und Managementberichten.* 6. Aufl., München 2001

Seghezzi, H.D.: *Integriertes Qualitätsmanagement.* München und Wien, 1996

Zolldonz, H.-D.: *Grundlagen des Qualitätsmanagements.* München, Wien, 2002

Anhang

Im Folgenden sind der EASA Part 21/G (Herstellungsbetriebe) und der Part 21/J (Entwicklungsbetriebe) der Implementing Rule Certification sowie der Part 145 (Instandhaltung) der Implementing Rule Continuing Airworthiness in der Originalfassung abgedruckt. Dem Leser soll damit ein Basiseinblick in die luftfahrtbetriebliche Gesetzeslage gegeben werden. Für rechtsverbindliche Angaben ist unbedingt auf die letztgültige Fassung zurückzugreifen (www.easa.eu). Zudem reichen diese Vorgaben in der betrieblichen Praxis nicht aus, weil dazu zusätzlich das Guidance Material und die AMC zu berücksichtigen sind.

EASA Part 21/G

Genehmigung als Herstellungsbetrieb

L 243/40 DE Amtsblatt der Europäischen Union 27.9.2003

Hauptabschnitt A

21 A.131 Umfang

Durch den vorliegenden Abschnitt

a) wird das Verfahren zur Ausstellung einer amtlichen Genehmigung für Herstellungsbetriebe vorgeschrieben, die die Konformität von Produkten, Bau- und Ausrüstungsteilen mit den einschlägigen Konstruktionsdaten nachgewiesen haben,
b) werden die Regeln bezüglich der Rechte und Pflichten von Antragstellern und Inhabern solcher Genehmigungen festgelegt.

21 A.133 Berechtigung

Jede natürliche oder juristische Person hat das Recht, gemäß dem vorliegenden Abschnitt einen Antrag auf Erteilung einer Genehmigung zu stellen. Zu diesem Zweck müssen die Antragsteller:

a) begründen, dass eine Genehmigung im Rahmen des vorliegenden Abschnitts für einen definierten Arbeitsumfang zweckmäßig ist, um die Konformität mit einer spezifischen Konstruktion nachzuweisen, und

b) eine Genehmigung dieser spezifischen Konstruktion erhalten oder beantragt haben oder

c) durch eine entsprechende Vereinbarung mit dem Antragsteller oder Inhaber einer Genehmigung für die spezifische Konstruktion eine befriedigende Koordination zwischen Herstellung und Entwicklung sichergestellt haben.

21 A.134 Beantragung

Anträge auf Genehmigung als Herstellungsbetrieb sind an die zuständige Behörde in einer Form und auf eine Weise gemäß deren Vorgaben zu richten und müssen einen Abriss der gemäß 21A.143 geforderten Angaben sowie die beantragten Genehmigungsbedingungen gemäß 21A.151 enthalten.

21 A.135 Ausstellung von Genehmigungen als Herstellungsbetrieb

Anspruch auf Genehmigung als Herstellungsbetrieb durch die zuständige Behörde haben Betriebe, die die Einhaltung der einschlägigen Anforderungen des vorliegenden Abschnitts nachgewiesen haben.

21 A.139 Qualitätssysteme

a) Der Herstellungsbetrieb muss nachweisen, ein Qualitätssystem eingeführt zu haben und unterhalten zu können. Das Qualitätssystem muss dokumentiert sein. Mit seiner Hilfe muss der betreffende Betrieb, um die Vorrechte gemäß 21A.163 in Anspruch nehmen zu dürfen, sicherstellen können, dass jedes von ihm oder von seinen Partnern hergestellte oder von Unterauftragnehmern bezogene Produkt, Bau- oder Ausrüstungsteil den einschlägigen Konstruktionsdaten entspricht und sich in einem betriebssicheren Zustand befindet.

b) Das Qualitätssystem muss umfassen:
  1. Verfahren, soweit im Umfang der Genehmigung erforderlich, für:
     i. die Kontrolle der Ausstellung, Genehmigung oder Änderung von Dokumenten,
     ii. Audits und Kontrollen zur Bewertung von Lieferanten und Unterauftragnehmern,
     iii. Kontrollen darüber, dass zugelieferte Produkte, Teile, Materialien und Ausrüstungen, darunter auch von den Abnehmern dieser Produkte zugelieferte fabrikneue oder gebrauchte Artikel, den einschlägigen Konstruktionsdaten entsprechen,

iv. Kennzeichnung und Verfolgbarkeit,
v. Herstellungsprozesse,
vi. Inspektionen und Prüfungen, auch Flugprüfungen im Rahmen der Herstellung,
vii. die Kalibrierung von Werkzeugen, Vorrichtungen und Prüfeinrichtungen,
viii. die Kontrolle über mangelhafte Teile,
ix. die Koordination der Lufttüchtigkeit mit dem Antragsteller oder Inhaber einer Gerätezulassung,
x. die Erstellung und Aufbewahrung von Aufzeichnungen,
xi. die Sachkunde und die Qualifikation der Mitarbeiter,
xii. die Ausstellung von Lufttüchtigkeitsdokumenten,
xiii. die Handhabung, Lagerung und Verpackung,
xiv. interne Qualitätsaudits und erforderliche Nachbesserungsmaßnahmen,
xv. die Durchführung von Arbeiten im Rahmen der Genehmigung außerhalb der zugelassenen Einrichtungen,
xvi. die Durchführung von Arbeiten nach Abschluss der Herstellung, jedoch vor der Auslieferung, zur Erhaltung des betriebssicheren Zustands des Luftfahrzeugs. Die Kontrollverfahren müssen spezifische Bestimmungen für kritische Teile enthalten,
2. eine unabhängige Funktion der Qualitätssicherung zur Überwachung der Einhaltung und der Angemessenheit der dokumentierten Verfahren des Qualitätssystems. Diese Überwachung muss Rückmeldungen an die in 21A.145(c)(2) angegebenen Personen oder Personengruppen und letztendlich an den Verantwortlichen gemäß 21A.145(c)(1) vorsehen, damit Nachbesserungsmaßnahmen im erforderlichen Umfang durchgeführt werden.

21 A.143 Selbstdarstellung

a) Der Betrieb hat der zuständigen Behörde eine Selbstdarstellung als Herstellungsbetrieb mit den folgenden Angaben vorzulegen:
1. eine von einem verantwortlichen Betriebsleiter unterzeichnete Bestätigung dafür, dass die Selbstdarstellung als Herstellungsbetrieb und alle zugehörigen Handbücher, die die Einhaltung des vorliegenden Abschnitts durch den zugelassenen Betrieb definieren, jederzeit eingehalten werden,
2. Titel und Namen der von der zuständigen Behörde gemäß 21A.145(c)(2) anerkannten Manager,
3. Pflichten und Aufgaben der Manager gemäß Anforderung in 21A.145(c)(2) und auch der Fragen, in denen sie im Namen des Betriebs direkt mit der zuständigen Behörde verhandeln dürfen,
4. eine Betriebsübersicht mit Angabe der zugehörigen Verantwortungsbereiche der Manager gemäß Anforderung in 21A.145(c)(1) un(2),
5. eine Liste der zulassungsbefugten Mitarbeiter gemäß 21A.145(d),
6. eine allgemeine Beschreibung der verfügbaren Arbeitskräfte,

7. eine allgemeine Beschreibung der Einrichtungen der Werkstätten an den Standorten, die jeweils im Zertifikat über die Genehmigung des Herstellungsbetriebs spezifiziert sind,
8. eine allgemeine Beschreibung des Arbeitsumfangs des Herstellungsbetriebs bezüglich des Umfangs der Genehmigung,
9. das Verfahren zur Bekanntgabe organisatorischer Änderungen an die zuständige Behörde,
10. das Verfahren bei Änderungen in der Selbstdarstellung des Herstellungsbetriebs,
11. eine Beschreibung des Qualitätssystems und der Verfahren gemäß Anforderung in 21A.139(b)(1),
12. eine Liste der Fremdunternehmen gemäß 21A.139(a).

b) Die Selbstdarstellung als Herstellungsbetrieb ist im jeweils erforderlichen Umfang so zu ergänzen, dass sie ständig eine aktuelle Beschreibung des Betriebs darstellt, und der zuständigen Behörde sind jeweils Kopien von Ergänzungen zuzuleiten.

21 A.145 Anforderungen zur Genehmigung

Der Herstellungsbetrieb muss auf der Basis der gemäß 21A.143 vorgelegten Informationen nachweisen, dass:

a) der bezüglich der allgemeinen Anforderungen zur Genehmigung über ausreichende Einrichtungen, Arbeitsbedingungen, Ausrüstung und Werkzeuge, Prozesse und zugehörige Materialien, Anzahl und Sachkunde seiner Mitarbeiter und eine allgemeine Organisation verfügt, um seine Verpflichtungen gemäß 21A.165 wahrnehmen zu können;

b) bezüglich aller notwendigen Daten zu Lufttüchtigkeit, Lärmentwicklung, Ablassen von Kraftstoff und Abgasemissionen:
  1. der Herstellungsbetrieb solche Daten von der Agentur und vom Inhaber oder Antragsteller der Muster- bzw. Gerätezulassung oder der eingeschränkten Musterzulassung erhalten hat, so dass er die Konformität mit den einschlägigen Konstruktionsdaten feststellen kann,
  2. der Herstellungsbetrieb durch ein eingeführtes Verfahren sicherstellen kann, dass die Daten zu Lufttüchtigkeit, Lärmentwicklung, Ablassen von Kraftstoff und Abgasemissionen richtig in seine Produktionsdaten übernommen werden,
  3. diese Daten ständig aktualisiert und allen Mitarbeitern verfügbar gemacht werden, die sie zur Erfüllung ihrer Aufgaben benötigen;

c) bezüglich der Führungskräfte und der Mitarbeiter:
  1. vom Herstellungsbetrieb ein Manager benannt wurde, der gegenüber der zuständigen Behörde verantwortlich ist. Dieser Manager muss innerhalb des Betriebs sicherzustellen haben, dass die gesamte Herstellung entsprechend den geforderten Standards erfolgt und dass der Herstellungsbetrieb ständig den Daten und Verfahren entspricht, die in der Selbstdarstellung gemäß 21A.143 angegeben wurden,
  2. vom Herstellungsbetrieb eine Person oder Personengruppe mit dem Umfang ihrer Befugnisse benannt wurde, die sicherzustellen hat, dass der Betrieb den Anforde-

rungen des vorliegenden Teils genügt. Diese Personen müssen der direkten Aufsicht des verantwortlichen Betriebsleiters gemäß Unterpunkt 1) unterstehen. Die benannten Personen müssen in der Lage sein, angemessene Kenntnisse, Ausbildungen und Erfahrungen nachzuweisen, um ihrer Verantwortung gerecht werden zu können,

3. die Mitarbeiter aller Ebenen ausreichende Befugnisse erhalten haben, um die ihnen übertragenen Pflichten wahrnehmen zu können, und dass bezüglich Fragen der Lufttüchtigkeit, der Lärmentwicklung, des Ablassens von Kraftstoff und Abgasemissionen eine vollständige und wirksame Koordination innerhalb des Herstellungsbetriebs besteht;

d) bezüglich der zulassungsbefugten Mitarbeiter, die vom Herstellungsbetrieb ermächtigt wurden, im Umfang oder entsprechend den Genehmigungsbedingungen die gemäß 21A.163 ausgestellten Dokumente zu unterzeichnen:

1. diese zulassungsbefugten Mitarbeiter über so ausreichende Kenntnisse, Ausbildungen (auch in anderen Funktionen innerhalb des Betriebs) und Erfahrungen verfügen, dass sie die ihnen übertragenen Pflichten wahrnehmen können,
2. der Herstellungsbetrieb über alle zulassungsbefugten Mitarbeiter Aufzeichnungen mit Angaben zum Umfang ihrer Zulassung führt,
3. zulassungsbefugte Mitarbeiter Unterlagen über den Umfang ihrer Zulassung erhalten haben.

21 A.147 Änderungen in zugelassenen Herstellungsbetrieben

a) Nach der Ausstellung einer Genehmigung als Herstellungsbetrieb müssen alle für den Nachweis der Konformität oder für die Lufttüchtigkeit und die Kenndaten der Lärmentwicklung, des Ablassens von Kraftstoff und der Abgasemissionen des Produkts, Bau- oder Ausrüstungsteils signifikanten Änderungen im zugelassenen Herstellungsbetrieb und besonders Änderungen im Qualitätssystem von der zuständigen Behörde zugelassen werden. Ein Antrag auf Erteilung einer Genehmigung ist schriftlich bei der zuständigen Behörde einzureichen, und der Betrieb hat vor der Durchführung der Änderung gegenüber der zuständigen Behörde nachzuweisen, dass er die Anforderungen des vorliegenden Abschnitts weiterhin einhalten wird.

b) Die zuständige Behörde hat die Bedingungen festzulegen, unter denen ein gemäß dem vorliegenden Abschnitt zugelassener Herstellungsbetrieb seinen Betrieb während solcher Änderungen aufrecht erhalten darf, soweit sie nicht auf Aussetzung der Genehmigung entscheidet.

21 A.148 Standortänderungen

Standortänderungen von Fertigungsstätten zugelassener Herstellungsbetriebe gelten als signifikant und unterliegen deshalb den Bedingungen von 21A.147.

21 A.149 Übertragbarkeit

Genehmigungen als Herstellungsbetrieb sind nicht übertragbar, außer aufgrund einer Änderung in den Besitzverhältnissen, die dann als signifikant im Sinne von 21A.147 gilt.

21 A.151 Genehmigungsbedingungen

In den Genehmigungsbedingungen sind der Arbeitsumfang und die Produkte und/oder die Kategorien von Bau- und Ausrüstungsteilen anzugeben, zu denen der Inhaber die Vorrechte gemäß 21A.163 wahrnehmen darf. Diese Bedingungen sind im Rahmen der Genehmigung als Herstellungsbetrieb zu stellen.

21 A.153 Änderungen von Genehmigungsbedingungen

Änderungen von Genehmigungsbedingungen müssen von der zuständigen Behörde zugelassen werden. Anträge auf Änderungen von Genehmigungsbedingungen sind in einer Form und auf eine Weise gemäß Vorgaben der zuständigen Behörde zu stellen. Der Antragsteller muss den einschlägigen Anforderungen des vorliegenden Abschnitts genügen.

21 A.157 Untersuchungen

Herstellungsbetriebe müssen es der zuständigen Behörde durch entsprechende Vereinbarungen ermöglichen, Untersuchungen, auch bei Partnern und Unterauftragnehmern, im erforderlichen Umfang durchzuführen, um erstmals oder fortlaufend die Einhaltung der einschlägigen Anforderungen des vorliegenden Abschnitts feststellen zu können.

21 A.158 Verstöße

a) Wenn objektiv nachgewiesen werden kann, dass ein Inhaber einer Genehmigung als Herstellungsbetrieb die einschlägigen Anforderungen des vorliegenden Teils nicht eingehalten hat, ist ein solcher Verstoß wie folgt zu klassifizieren:
  1. Verstöße der Stufe 1 sind Verstöße gegen Bestimmungen des vorliegenden Teils, die zu unkontrollierter Nichteinhaltung einschlägiger Konstruktionsdaten führen und die Sicherheit des Luftfahrzeugs beeinträchtigen können.
  2. Verstöße der Stufe 2 sind Verstöße gegen Bestimmungen des vorliegenden Teils, die nicht der Stufe 1 zugerechnet werden können.
b) Verstöße der Stufe 3 sind Verstöße, die objektiv nachweisbar Probleme verursachen können, die zu einer Nichteinhaltung gemäß Absatz a) führen können.
c) Nach Erhalt einer Mitteilung über Verstöße gemäß 21B.225:
  1. Bei Verstößen der Stufe 1 hat der Inhaber der Genehmigung als Herstellungsbetrieb gegenüber der zuständigen Behörde zu deren Zufriedenheit binnen 21 Arbeitstagen nach der schriftlichen Beanstandung des Verstoßes Nachbesserungsmaßnahmen nachzuweisen;
  2. Bei Verstößen der Stufe 2 muss die von der zuständigen Behörde gewährte Frist für die Durchführung von Abhilfemaßnahmen der Art des Verstoßes entsprechen, darf aber zunächst höchstens sechs Monate betragen. Unter bestimmten Umständen und in Abhängigkeit von der Art des Verstoßes kann die zuständige Behörde die sechsmonatige Frist vorbehaltlich eines zufriedenstellenden, mit der zuständigen Behörde zu vereinbarenden Plans mit Abhilfemaßnahmen verlängern;
  3. Verstöße der Stufe 3 erfordern keine sofortigen Maßnahmen seitens des Inhabers der Genehmigung als Herstellungsbetrieb.

d) Bei Verstößen der Stufen 1 bzw. 2 kann die Genehmigung als Herstellungsbetrieb gemäß 21B.245 ganz oder teilweise eingeschränkt, ausgesetzt oder widerrufen werden. Inhaber einer Genehmigung als Herstellungsbetrieb haben den Eingang eines Einschränkungs-, Aussetzungs- oder Widerrufsbescheids gegen diese Genehmigung zügig zu bestätigen.

21 A.159 Laufzeit und Fortdauer
a) Genehmigungen als Herstellungsbetrieb werden für unbegrenzte Dauer ausgestellt. Sie bleiben gültig, solange nicht:
   1. der Herstellungsbetrieb den Nachweis über Einhaltung der einschlägigen Anforderungen des vorliegenden Abschnitts unterlässt oder
   2. die zuständige Behörde durch den Inhaber oder einen seiner Partner oder Unterauftragnehmer an der Durchführung von Untersuchungen gemäß 21A.157 gehindert wird oder
   3. nachgewiesen werden kann, dass der Herstellungsbetrieb die Herstellung der Produkte, Bau- oder Ausrüstungsteile im Rahmen der Genehmigung nicht befriedigend kontrollieren kann oder
   4. der Herstellungsbetrieb gegen die Anforderungen gemäß 21A.133 verstößt,
   5. die Genehmigung zurückgegeben oder gemäß 21B.245 widerrufen wird.
b) Bei Rückgabe oder Widerruf ist die Genehmigung an die zuständige Behörde zurückzugeben.

21 A.163 Vorrechte
Im Rahmen einer gemäß 21A.135 erteilten Genehmigung dürfen Inhaber einer Genehmigung als Herstellungsbetrieb:

a) eine Herstellung gemäß dem vorliegenden Teil durchführen,
b) bei vollständigen Luftfahrzeugen gegen Vorlage einer Konformitätserklärung (EASA-Formblatt 52) für das Luftfahrzeug ohne weitere Nachweise ein Lufttüchtigkeitszeugnis gemäß 21A.174 ausstellen lassen,
c) bei sonstigen Produkten, Bau- oder Ausrüstungsteilen ohne weitere Nachweise offizielle Freigabebescheinigungen (EASA-Formblatt 1) gemäß 21A.307 ausstellen,
d) fabrikneue Luftfahrzeuge aus eigener Herstellung instand halten und bezüglich dieser Instandhaltung eine Freigabebescheinigung (EASA-Formblatt 53) ausstellen.

21 A.165 Pflichten der Inhaber
Inhaber einer Genehmigung als Herstellungsbetrieb haben:

a) sicherzustellen, dass die gemäß 21A.143 vorgelegte Selbstdarstellung als Herstellungsbetrieb und die ihr zugrunde liegenden Dokumente als grundlegende Arbeitsdokumente innerhalb des Betriebs verwendet werden,
b) den Herstellungsbetrieb in einem Zustand zu halten, in dem er den für die Genehmigung als Herstellungsbetrieb anerkannten Daten und Verfahren entspricht,

c) 1. zu jedem fertig gestellten Luftfahrzeug festzustellen, dass es der Musterbauart entspricht und sich in einem betriebssicheren Zustand befindet, bevor sie der zuständigen Behörde Konformitätserklärungen vorlegen, oder

2. zu sonstigen Produkten, Bau- oder Ausrüstungsteilen festzustellen, dass sie vollständig sind, den zugelassenen Konstruktionsdaten entsprechen und sich in einem betriebssicheren Zustand befinden, bevor sie zur Bescheinigung der Lufttüchtigkeit das EASA-Formblatt 1 ausstellen, und bei Motoren außerdem gemäß den vom Inhaber der betreffenden Musterzulassung vorgelegten Daten festzustellen, dass jeder fertig gestellte Motor den bei der Herstellung geltenden einschlägigen Emissionsanforderungen gemäß 21A.18(b) entspricht, um die Einhaltung der Emissionsanforderungen zertifizieren zu können, oder

3. zu sonstigen Produkten, Bau- oder Ausrüstungsteilen festzustellen, dass sie den einschlägigen Daten entsprechen, bevor das EASA-Formblatt 1 als Konformitätszertifikat ausgestellt wird,

d) Aufzeichnungen mit Angaben zu allen durchgeführten Arbeiten zu führen,

e) im Interesse der Sicherheit ein internes Störungsmeldesystem zur Erfassung und Bewertung von gemeldeten Vorkommnissen einzuführen und zu unterhalten, um Trends einer Verschlechterung erkennen oder Mängel beheben und meldepflichtige Vorkommnisse ermitteln zu können. In diesem System müssen auch eine Auswertung relevanter Informationen zu Vorkommnissen und die Weiterleitung zugehöriger Informationen vorgesehen sein,

f) 1. dem Inhaber der Muster- oder Gerätezulassung alle Fälle zu melden, in denen der Herstellungsbetrieb Produkte, Bau- oder Ausrüstungsteile freigegeben hat, an denen später Abweichungen gegenüber den einschlägigen Konstruktionsdaten festgestellt wurden, und durch Untersuchungen zusammen mit dem Inhaber der Muster- oder Gerätezulassung die Abweichungen zu ermitteln, die zu einem unsicheren Zustand führen können,

2. der Agentur und der zuständigen Behörde des Mitgliedstaats die gemäß Unterabsatz 1) ermittelten Abweichungen zu melden, die zu einem unsicheren Zustand führen können. Solche Meldungen sind in einer Form abzugeben, die den Vorgaben der Agentur unter 21A.3(b)(2) entspricht oder zu der die Zustimmung der zuständigen Behörde des Mitgliedstaats vorliegt,

3. bei Mitwirkung als Lieferant für einen anderen Herstellungsbetrieb auch diesem anderen Betrieb alle Fälle zu melden, in denen der Inhaber der Genehmigung als Herstellungsbetrieb Produkte, Bau- oder Ausrüstungsteile an diesen Betrieb freigegeben und daran später mögliche Abweichungen gegenüber den einschlägigen Konstruktionsdaten festgestellt hat,

g) den Inhaber der Muster- oder Gerätezulassung bei der Durchführung aller Maßnahmen an den hergestellten Produkten, Bau- oder Ausrüstungsteilen zur Aufrechterhaltung der Lufttüchtigkeit zu unterstützen, h) ein Archivierungssystem einzurichten, das durch entsprechende Anforderungen an die eigenen Partner, Lieferanten und Unterauftragnehmer die Aufbewahrung der Daten sicherstellt, durch die die Konformität der Produkte, Bau- oder Ausrüstungsteile nachgewiesen wurde. Solche Daten sind der zuständigen Behörde zur Verfügung zu halten und so aufzubewahren, dass die zur Sicherung der fortdauernden Lufttüchtigkeit der Produkte, Bau- oder Ausrüstungsteile erforderlichen Informationen jederzeit vorgelegt werden können,

h. festzustellen, falls der Inhaber im Rahmen seiner Genehmigung eine Freigabebescheinigung ausstellt, dass jedes fertig gestellte Luftfahrzeug im notwendigen Umfang gewartet wurde und sich in einem betriebssicheren Zustand befindet, bevor das Zertifikat ausgestellt wird.

EASA Part 21/J

Genehmigung als Entwicklungsbetrieb

L 243/40 DE Amtsblatt der Europäischen Union 27.9.2003

Hauptabschnitt A

21 A.231 Umfang
Durch den vorliegenden Abschnitt werden das Verfahren für die Genehmigung als Entwicklungsbetrieb vorgeschrieben und Regeln bezüglich der Rechte und Pflichten von Antragstellern und Inhabern solcher Genehmigungen festgelegt.

21 A.233 Berechtigung
Jede natürliche oder juristische Person ist berechtigt, Anträge auf Erteilung von Genehmigungen im Rahmen des vorliegenden Abschnitts zu stellen:

a) gemäß 21A.14, 21A.112B, 21A.432B oder 21A.602B oder
b) zur Genehmigung von geringfügigen Änderungen oder geringfügigen Reparaturen bei Bedarf zur Wahrnehmung der Vorrechte gemäß 21A.263.

21 A.234 Beantragung
Anträge auf Genehmigung als Entwicklungsbetrieb sind in einer Form und auf eine Weise gemäß Vorgaben der Agentur und unter Beifügung eines Abrisses der gemäß 21A.243 vorgeschriebenen Angaben der beantragten Genehmigungsbedingungen gemäß 21A.251 zu stellen.

21 A.235 Ausstellung von Genehmigungen als Entwicklungsbetrieb
Anspruch auf Genehmigung als Entwicklungsbetrieb durch die Agentur haben Betriebe, die die Einhaltung der einschlägigen Anforderungen im Rahmen des vorliegenden Abschnitts nachgewiesen haben.

21 A.239 Konstruktionssicherungssysteme

a) Der betreffende Entwicklungsbetrieb muss nachweisen, dass er ein Konstruktionssicherungssystem zur Kontrolle und Überwachung der Konstruktion und von Konstruktionsänderungen an Produkten, Bau- und Ausrüstungsteilen, für die der Antrag gelten soll, eingerichtet hat und unterhalten kann. Dieses Konstruktionssicherungssystem muss den Betrieb in die Lage versetzen:
   1. sicherzustellen, dass die Konstruktion der Produkte, Bau- und Ausrüstungsteile oder Konstruktionsänderungen daran der einschlägigen Basis der Musterzulassung und den Umweltschutzanforderungen genügen;
   2. seine Pflichten gemäß den folgenden Bestimmungen ausreichend wahrzunehmen:
      i. den einschlägigen Bestimmungen des vorliegenden Teils und
      ii. den Bedingungen der ausgestellten Genehmigung gemäß 21A.251;
   3. die Einhaltung und die Angemessenheit der dokumentierten Systemverfahren unabhängig zu überwachen. Diese Überwachung muss Rückmeldungen an eine Person oder Personengruppe vorsehen, die für Nachbesserungsmaßnahmen verantwortlich ist.
b) Zum Konstruktionssicherungssystem muss eine unabhängige Kontrolle der Einhaltungsnachweise gehören, auf deren Basis der Betrieb der Agentur Einhaltungserklärungen und die zugehörige Dokumentation vorlegt.
c) Der Entwicklungsbetrieb muss spezifizieren, auf welche Weise die Annehmbarkeit der entwickelten Bau- oder Ausrüstungsteile oder der von Partnern oder Unterauftragnehmern durchgeführten Aufgaben im Konstruktionssicherungssystem nach Verfahren geprüft wird, zu denen schriftliche Anweisungen vorliegen.

21 A.243 Daten

a) Der Entwicklungsbetrieb hat der Agentur ein Handbuch vorzulegen, in dem direkt oder durch Verweis der Betrieb, die relevanten Verfahren und die zu entwickelnden Produkte oder Änderungen an Produkten beschrieben werden.
b) Wenn Bau- oder Ausrüstungsteile oder Änderungen an Produkten von Partnerbetrieben oder Unterauftragnehmern entwickelt werden, muss das Handbuch eine Erklärung darüber, wie der Entwicklungsbetrieb in der Lage sein kann, zu allen Bau- und Ausrüstungsteilen die gemäß 21A.239(b) vorgeschriebene Einhaltungszusicherung abzugeben, und direkt oder durch Verweis Beschreibungen und Informationen zu den Entwicklungstätigkeiten und den Betrieben solcher Partner oder Unterauftragnehmer so weit enthalten, dass er diese Zusicherung abgeben kann.
c) Das Handbuch ist nach Bedarf so weit zu ergänzen, dass es stets eine aktuelle Beschreibung des Betriebs darstellt. Der Agentur sind Kopien aller Ergänzungen vorzulegen.
d) Der Entwicklungsbetrieb hat eine Erklärung zu den Qualifikationen und Erfahrungen der Geschäftsleitung und aller sonstigen Personen vorzulegen, die im Betrieb Entscheidungen mit Auswirkungen auf die Lufttüchtigkeit und den Umweltschutz treffen dürfen.

21 A.245 Genehmigungsvoraussetzungen

Der Entwicklungsbetrieb muss durch die gemäß 21A.243 vorgelegten Informationen neben der Einhaltung von 21A.239 nachweisen, dass:

a) die Mitarbeiter in allen technischen Abteilungen ausreichend zahlreich und erfahren sind und entsprechende Befugnisse erhalten haben, um die ihnen zugewiesenen Aufgaben wahrnehmen zu können, und dass diese sowie die Räumlichkeiten, Einrichtungen und Hilfsmittel es den Mitarbeitern absehbar ermöglichen, die Zielvorgaben der Lufttüchtigkeit, der Lärmentwicklung, des Ablassens von Kraftstoff und der Abgasemissionen für das Produkt zu erreichen,
b) zwischen den Abteilungen und innerhalb der Abteilungen eine vollständige und wirksame Zusammenarbeit bezüglich der Lufttüchtigkeit und Umweltschutzfragen besteht.

21 A.247 Änderungen in Konstruktionssicherungssystemen

Nach der Ausstellung einer Genehmigung als Entwicklungsbetrieb muss jede Änderung im Konstruktionssicherungssystem, die sich signifikant auf den Nachweis der Konformität oder auf die Lufttüchtigkeit oder die Umweltverträglichkeit der Produkte auswirkt, von der Agentur zugelassen werden. Anträge auf Genehmigung sind der Agentur schriftlich vorzulegen, und der Entwicklungsbetrieb muss gegenüber der Agentur durch Vorlage der vorgesehenen Änderungen im Handbuch, und vor der Einführung der Änderung, nachweisen, dass er nach der Einführung weiterhin die Voraussetzungen gemäß dem vorliegenden Abschnitt erfüllen wird.

21 A.249 Übertragbarkeit

Genehmigungen als Entwicklungsbetrieb sind nicht übertragbar, es sei denn aufgrund einer Änderung in den Besitzverhältnissen, die dann als signifikant im Sinne von 21A.247 anzusehen ist.

21 A.251 Genehmigungsbedingungen

Die Genehmigungsbedingungen müssen die Typen der Entwicklungsarbeiten, die Kategorien der Produkte, Bau- und Ausrüstungsteile, für die dem Entwicklungsbetrieb die Genehmigung erteilt wurde, und die Funktionen und Pflichten angeben, die der betreffende Betrieb bezüglich der Lufttüchtigkeit und der Kenndaten der Lärmentwicklung, des Ablassens von Kraftstoff und der Abgasemissionen der Produkte wahrnehmen darf. Zur Genehmigung als Entwicklungsbetrieb für Musterzulassungen oder ETSO-Zulassungen für Hilfstriebwerke (APU) müssen die Genehmigungsbedingungen außerdem die Liste der Produkte oder APUs enthalten. Diese Bedingungen sind als Teil einer Genehmigung als Entwicklungsbetrieb vorzuschreiben.

21 A.253 Änderungen von Genehmigungsbedingungen

Änderungen von Genehmigungsbedingungen müssen jeweils von der Agentur zugelassen werden. Anträge auf Änderung von Genehmigungsbedingungen sind in einer Form und auf eine Weise gemäß Vorgaben der Agentur zu stellen. Der betreffende Entwicklungsbetrieb muss die einschlägigen Anforderungen des vorliegenden Abschnitts einhalten.

21 A.257 Untersuchungen

a) Entwicklungsbetriebe müssen es der Agentur durch entsprechende Vereinbarungen ermöglichen, Untersuchungen, auch bei Partnern und Unterauftragnehmern, im notwendigen Umfang durchzuführen, um die Einhaltung bzw. weitere Einhaltung der einschlägigen Anforderungen des vorliegenden Abschnitts feststellen zu können.

b) Entwicklungsbetriebe müssen der Agentur Prüfungen von Berichten und Inspektionen sowie die Durchführung oder Teilnahme an Flug- und Bodenprüfungen im notwendigen Umfang gestatten, um die Gültigkeit der von den Antragstellern gemäß 21A.239(b) vorgelegten Einhaltungszusicherungen überprüfen zu können.

21 A.258 Verstöße

a) Wenn objektiv nachgewiesen werden kann, dass ein Inhaber einer Genehmigung als Entwicklungsbetrieb die einschlägigen Anforderungen des vorliegenden Teils nicht eingehalten hat, ist ein solcher Verstoß wie folgt zu klassifizieren:
   1. Verstöße der Stufe 1 sind Verstöße gegen Bestimmungen des vorliegenden Teils, die zu unkontrollierter Nichteinhaltung einschlägiger Anforderungen führen und die Sicherheit des Luftfahrzeugs beeinträchtigen können.
   2. Verstöße der Stufe 2 sind Verstöße gegen Bestimmungen des vorliegenden Teils, die nicht der Stufe 1 zugerechnet werden können.

b) Verstöße der Stufe 3 sind Verstöße, die objektiv nachweisbar Probleme verursachen können, die zu einer Nichteinhaltung gemäß Absatz a) führen können.

c) Nach Erhalt einer Mitteilung über Verstöße gemäß den von der Agentur festgelegten Verwaltungsverfahren gilt:
   1. Bei Verstößen der Stufe 1 hat der Inhaber als Entwicklungsbetrieb gegenüber der Agentur zu deren Zufriedenheit binnen 21 Arbeitstagen nach der schriftlichen Beanstandung des Verstoßes Nachbesserungsmaßnahmen nachzuweisen.
   2. Bei Verstößen der Stufe 2 muss die von der zuständigen Behörde gewährte Frist für die Durchführung von Abhilfemaßnahmen der Art des Verstoßes entsprechen, darf aber zunächst höchstens sechs Monate betragen. Unter bestimmten Umständen und in Abhängigkeit von der Art des Verstoßes kann die zuständige Behörde die sechsmonatige Frist vorbehaltlich eines zufriedenstellenden, mit der zuständigen Behörde zu vereinbarenden Plans mit Abhilfemaßnahmen verlängern.
   3. Verstöße der Stufe 3 erfordern keine sofortigen Maßnahmen seitens des Inhabers der Genehmigung als Entwicklungsbetrieb.

d) Bei Verstößen der Stufen 1 oder 2 kann die Genehmigung als Entwicklungsbetrieb in Übereinstimmung mit den anzuwendenden Verwaltungsverfahren der Agentur teilweise oder vollständig ausgesetzt oder widerrufen werden. Inhaber einer Genehmigung als Entwicklungsbetrieb haben den Eingang eines Aussetzungs- oder Widerrufsbescheids gegen diese Genehmigung zügig zu bestätigen.

21 A.259 Laufzeit und Fortdauer

a) Genehmigungen als Entwicklungsbetrieb werden für unbegrenzte Dauer ausgestellt. Sie behalten ihre Gültigkeit, solange nicht:
   1. der Entwicklungsbetrieb den Nachweis über Einhaltung der einschlägigen Anforderungen des vorliegenden Abschnitts unterlässt oder
   2. die Agentur durch den Inhaber der Genehmigung oder einen seiner Partner oder Unterauftragnehmer an der Durchführung von Untersuchungen gemäß 21A.257 gehindert wird oder
   3. Anzeichen dafür vorliegen, dass das Konstruktionssicherungssystem befriedigende Kontrollen und die Überwachung der Konstruktion von Produkten oder der Änderungen daran im Rahmen der Genehmigung nicht mehr gewährleisten kann oder
   4. die Genehmigung in Übereinstimmung mit den anzuwendenden Verwaltungsverfahren der Agentur zurückgegeben oder widerrufen wurde.
b) Bei Rückgabe oder Widerruf ist die Genehmigung an die Agentur zurückzugeben.

21 A.263 Vorrechte

a) Inhaber einer Genehmigung als Entwicklungsbetrieb sind berechtigt, Entwicklungstätigkeiten im Rahmen des vorliegenden Teils und jeweils im Umfang der Genehmigung durchzuführen.
b) Vorbehaltlich 21A.257(b) legt der Antragsteller Einhaltungsdokumente zu folgenden Zwecken vor:
   1. Erlangung einer Musterzulassung oder einer Genehmigung für eine erhebliche Änderung gegenüber einer Musterbauart
   oder
   2. Erlangung einer ergänzenden Musterzulassung,
   3. Erlangung einer ETSO-Zulassung gemäß 21A.602(b)(1),
   4. Erlangung einer Entwicklungsgenehmigung für erhebliche Reparaturen; diese werden von der Agentur ohne weitere Prüfung anerkannt.
c) Inhaber einer Genehmigung als Entwicklungsbetrieb sind berechtigt, im Rahmen ihrer Genehmigungsbedingungen und entsprechend den relevanten Verfahren ihres Konstruktionssicherungssystems:
   1. Änderungen gegenüber einer Musterbauart und Reparaturen als „erheblich" oder „geringfügig" einzustufen,
   2. geringfügige Änderungen gegenüber einer Musterbauart und geringfügige Reparaturen zu genehmigen,
   3. Informationen oder Anweisungen mit der folgenden Angabe herauszugeben: „Der technische Inhalt dieses Dokuments ist aufgrund von DOA Nr. [EASA]. J. [xyz] zugelassen.",

4. redaktionelle Änderungen im Flughandbuch zum betreffenden Luftfahrzeug zu genehmigen und solche Änderungen mit der folgenden Angabe herauszugeben: „Änderung Nr. xx an AFM Ref. yyy, zugelassen aufgrund DOA Nr. [EASA].J.[xyz].",
5. erhebliche Reparaturverfahren an Produkten freizugeben, zu denen sie selbst Inhaber der Musterzulassung oder der ergänzenden Musterzulassung sind.

21 A.265 Pflichten der Inhaber

Inhaber einer Genehmigung als Entwicklungsbetrieb haben:

a) das Handbuch in Übereinstimmung dem Konstruktionssicherungssystem zu halten;
b) sicherzustellen, dass dieses Handbuch als grundlegendes Arbeitsdokument im Betrieb verwendet wird;
c) festzustellen, dass Produktkonstruktionen oder Änderungen bzw. Reparaturen daran den einschlägigen Anforderungen genügen und keine Gefährdung der Sicherheit darstellen;
d) der Agentur, außer zu geringfügigen Änderungen oder Reparaturen, die im Rahmen der Vorrechte gemäß 21A.263 zugelassen sind, Erklärungen und zugehörige Nachweise über die Einhaltung von Unterabsatz c) vorzulegen;
e) der Agentur Informationen oder Anweisungen zu erforderlichen Maßnahmen gemäß 21A.3B zuzuleiten.

EASA Part 145

Genehmigung als Instandhaltungsbetrieb

28.11.2003 DE Amtsblatt der Europäischen Union L 315/49

Hauptabschnitt A

145. A.10 Geltungsbereich
In diesem Abschnitt werden die Bestimmungen festgelegt, die ein Betrieb für die Berechtigung zur Erteilung und die Aufrechterhaltung von Genehmigungen für die Instandhaltung von Luftfahrzeugen und deren Komponenten erfüllen muss.

145. A.15 Antrag
Ein Antrag auf Erteilung oder auf Änderung einer Genehmigung muss bei der zuständigen Behörde in einer von dieser Behörde festgelegten Art und Weise eingereicht werden.

145. A.20 Umfang der Genehmigung

Der Betrieb muss den Arbeitsumfang benennen, der gemäß seinem Handbuch als Gegenstand seiner Genehmigung gilt (Anlage II zu diesem Teil enthält eine Auflistung aller Klassen und Berechtigungen).

145. A.25 Anforderungen an die Betriebsstätte

Der Betrieb muss gewährleisten, dass

a) die für alle geplanten Arbeiten geforderten Betriebsstätten zur Verfügung stehen, die insbesondere Schutz vor Wettereinflüssen bieten. Spezialwerkstätten und Arbeitsbereiche müssen so abgeteilt sein, dass Umwelt- und Arbeitsplatzverunreinigungen weitgehend ausgeschlossen sind.
   1. Hallen zur Verfügung stehen, um ein Luftfahrzeug für die geplante „Base Maintenance" darin unterzubringen.
   2. Für die Instandhaltung von Komponenten müssen die dafür vorgesehenen Werkstätten groß genug sein, um die Komponenten für die geplante Instandhaltung unterzubringen.
b) Es müssen Büroräume vorhanden sein für die unter Buchstabe (a) aufgeführten geplanten Arbeiten sowie für das freigabeberechtigte Personal, so dass die zugewiesenen Aufgaben in einer Weise ausgeführt werden können, die zu angemessenen Normen für die Instandhaltung von Luftfahrzeugen beiträgt.
c) Die Arbeitsumgebung, einschließlich der Luftfahrzeug-Hallen, der Werkstätten für Komponenten und der Büroräume muss für die Durchführung der jeweiligen Arbeiten geeignet sein und insbesondere den besonderen Anforderungen entsprechen. Soweit nicht durch die besondere Arbeitsplatzgestaltung bedingt, darf die Arbeitsumgebung die Leistungsfähigkeit des Personals nicht beeinträchtigen:
   1. Die Temperaturen müssen es dem Personal ohne Beeinträchtigungen ermöglichen, die erforderlichen Arbeiten ohne übermäßige Beeinträchtigung durchzuführen.
   2. Staubanteile und andere Luftverschmutzungen müssen so gering wie möglich gehalten werden und dürfen im Arbeitsbereich nicht auf ein Maß ansteigen, dass eine sichtbare Verschmutzung der Oberfläche des Luftfahrzeugs oder der Komponente verursacht wird. Wo Staubanteile und/oder andere Luftverschmutzungen eine sichtbare Oberflächenverschmutzung verursachen, müssen alle empfindlichen Systeme dicht abgedeckt werden, bis annehmbare Bedingungen wieder hergestellt sind.
   3. Die Beleuchtung muss so beschaffen sein, dass Inspektions- und Wartungsaufgaben wirksam durchgeführt werden können.
   4. Der Lärmpegel darf das Personal nicht von der Durchführung der Inspektionsaufgaben ablenken. Wo es nicht möglich ist, die Ursache des Lärms zu beeinflussen, muss solches Personal mit den notwendigen Ausrüstungen ausgestattet werden, die übermäßigen Lärm, der sie während ihrer Inspektionsaufgaben ablenkt, dämpfen.
   5. Wo eine besondere Instandhaltungsaufgabe besondere Umgebungsbedingungen erfordert, die sich von den vorgenannten Bedingungen unterscheiden, müssen sol-

che Bedingungen beachtet werden. Besondere Bedingungen sind in den Angaben zur Instandhaltung aufgeführt.
6. Die Arbeitsumgebung für „Line Maintenance" muss so beschaffen sein, dass die jeweilige Instandhaltungs- oder Inspektionsaufgabe ohne übermäßige Ablenkung durchgeführt werden kann. Wenn die Arbeitsumgebung sich in einem unannehmbaren Maß Im Hinblick auf Temperatur, Feuchtigkeit, Hagel, Eis, Schnee, Wind, Beleuchtung, Staub und/oder andere Luftverschmutzungen verschlechtert, müssen die jeweiligen Instandhaltungs- oder Inspektionsarbeiten ausgesetzt werden, bis annehmbare Bedingungen wieder hergestellt sind.

d) Für Teile, Ausrüstung, Werkzeuge und Material müssen sichere Lagerungsmöglichkeiten vorhanden sein. Die Lagerungsbedingungen müssen so gestaltet sein, dass die Trennung von verwendbaren Teilen und Material von nicht verwendbaren Luftfahrzeugteilen, Material, Ausrüstungen und Werkzeugen gewährleistet ist. Die Lagerungsbedingungen müssen mit den Anweisungen des Herstellers übereinstimmen, so dass keine Zustandsverschlechterung und Beschädigung an den gelagerten Teilen entstehen kann. Der Zugang zu den Lagerungseinrichtungen ist auf berechtigtes Personal beschränkt.

145. A.30 Anforderungen an das Personal

a) Der Betrieb muss einen verantwortlichen Betriebsleiter benennen, der mit der Ermächtigung des Unternehmers ausgestattet ist, um sicherzustellen, dass die vom Kunden angeforderte Instandhaltung finanziert und gemäß dem in diesem Teil geforderten Standard ausgeführt werden kann. Der verantwortliche Betriebsleiter muss:
1. sicherstellen, dass alle notwendigen Mittel für die Durchführung der Instandhaltung in Übereinstimmung mit 145.A.65(b) und gemäß der Genehmigung des Betriebes vorhanden sind,
2. die Sicherheits- und Qualitätsstrategie gemäß 145.A.65(a) gewährleisten,
3. nachweisen, dass er grundlegende Kenntnisse über diesen Teil besitzt.

b) Der Betrieb muss eine Person oder eine Gruppe von Personen benennen, die im Rahmen ihrer Pflichten gewährleisten, dass der Betrieb die Forderungen dieses Teils erfüllt. Solche Person(en) muss (müssen) dem verantwortlichen Betriebsleiter unterstellt sein.
1. Die benannte Person oder die benannten Personen müssen die Leitungsstruktur des Instandhaltungsbetriebs vertreten, und sie sind für alle in diesem Teil dargestellten Aufgaben zuständig.
2. Die benannte Person oder die benannten Personen sind namentlich festzulegen, und ihre Zeugnisse müssen der zuständigen Behörde in einer von dieser festgelegten Art und Weise vorgelegt werden.
3. Die benannte Person oder die benannten Personen müssen angemessene Kenntnisse, Hintergrundwissen und ausreichend Erfahrung in der Instandhaltung von Luftfahrzeugen und Komponenten haben und anwendungsbereite Kenntnisse dieses Teils nachweisen können.
4. Anhand von Verfahren muss klar erkennbar sein, wer eine bestimmte Person im Fall einer längeren Abwesenheit der genannten Person vertritt.

c) Der gemäß Buchstabe (a) verantwortliche Betriebsleiter muss eine Person bestimmen, die mit der Überwachung der Qualitätskontrolle einschließlich des in 145.A.65(c) geforderten Rückmeldesystems beauftragt wird. Die benannte Person muss direkten Zugang zum verantwortlichen Betriebsleiter haben, so dass dieser in ausreichendem Maße über die Qualitätssicherung und Nachweisführung informiert ist.

d) Der Betrieb muss eine Arbeitszeitplanung für die Instandhaltung haben, aus der hervorgeht, dass er über ausreichend Personal zur Planung, Durchführung, Überwachung, Prüfung und Qualitätssicherung in Übereinstimmung mit der Genehmigung verfügt. Zusätzlich muss der Betrieb über ein Verfahren verfügen, um die beabsichtigte Durchführung von Arbeiten nochmals zu bewerten, wenn die Anzahl der für eine bestimmte Arbeitsschicht oder einen bestimmten Arbeitszeitraum zur Verfügung stehenden Personen geringer als geplant ist.

e) Der Betrieb muss die Befähigung des mit Instandhaltungsarbeiten, Verwaltungsaufgaben und/oder Qualitätskontrollen befassten Personals in Übereinstimmung mit einem Verfahren und Bestimmungen festlegen und überwachen, die von der zuständigen Behörde genehmigt sind. Zusätzlich zu der für die Arbeitsaufgabe erforderlichen Sachkenntnis muss die Befähigung das Wissen um die Bedeutung menschlicher Faktoren und des menschlichen Leistungsvermögens einschließen, das der Funktion der Person in dem Betrieb entspricht. „Menschliche Faktoren" stehen für Prinzipien, die für den Flugzeugbau, die Zulassung, die Schulung, den Betrieb und die Instandhaltung in der Luftfahrt gelten und die auf eine sichere Wechselbeziehung zwischen menschlichen und anderen Systembestandteilen bei angemessener Berücksichtigung der menschlichen Leistung abzielen. „Menschliches Leistungsvermögen" sind menschliche Fähigkeiten und Grenzen, die sich auf Sicherheit und Leistung von Vorgängen in der Luftfahrt auswirken.

f) Der Betrieb muss gewährleisten, dass Personal, das zerstörungsfreie Prüfungen zur Aufrechterhaltung der Lufttüchtigkeit an Luftfahrzeugstrukturen oder -bauteilen durchführt und/oder überwacht, in ausreichendem Maße zu einer solchen zerstörungsfreien Prüfung in Übereinstimmung mit dem von der Agentur anerkannten europäischen oder einem gleichwertigen Standard befähigt ist. Personal, das andere spezialisierte Aufgaben durchführt, muss eine angemessene Qualifikation in Übereinstimmung mit offiziell anerkannten Standards besitzen. Abweichend von diesem Absatz kann das in den Absätzen (g) und (h)(1) und (h)(2) vorgeschriebene Personal, das nach Teil-66 in der Kategorie B1 qualifiziert ist, Prüfungen mittels Farbeindringverfahren durchführen und/oder überwachen.

g) Sofern unter Buchstabe (j) nichts anderes angegeben ist, müssen Betriebe, die Luftfahrzeuge instand halten, über entsprechendes freigabeberechtigtes Personal mit einer Musterberechtigung der Kategorien B1 und B2 für die Freigabe gemäß Teil-66 und 145.A.35 verfügen. Zusätzlich können solche Betriebe auch auf freigabeberechtigtes Personal mit entsprechender aufgabenbezogener Ausbildung der Kategorie A gemäß Teil-66 und 145.A.35 zurückgreifen, um kleinere geplante „Line Maintenance"- Arbeiten und einfache Mängelbehebung durchzuführen. Die Verfügbarkeit dieses freigabeberechtigten

Personals der Kategorie A ist kein Ersatz für das erforderliche freigabeberechtigte Personal der Kategorie B1 und B2 nach Teil-66, um das freigabeberechtigte Personal der Kategorie A zu unterstützen. Jedoch muss das Personal der Kategorie B1 und B2 nach Teil-66 bei kleineren „Line Maintenance"-Arbeiten oder einfacher Mängelbehebung nicht immer an der „Line Station" anwesend sein.

h) Sofern unter Buchstabe (j) nichts anderes bestimmt ist, müssen Betriebe, die Luftfahrzeuge instand halten:
1. im Fall von „Base Maintenance" an großen Luftfahrzeugen über qualifiziertes freigabeberechtigtes Personal der Kategorie C gemäß Teil-66 und 145.A.35 verfügen; zusätzlich muss der Betrieb über ausreichend qualifiziertes freigabeberechtigtes Personal der Kategorien B1 und B2 gemäß Teil-66 und 145.A.35 verfügen, das das freigabeberechtigte Personal der Kategorie C unterstützt.
   i. Unterstützungspersonal der Kategorien B1 und B2 hat sicherzustellen, dass alle zugehörigen Aufgaben oder Inspektionen entsprechend dem geforderten Standard durchgeführt worden sind, bevor das freigabeberechtigte Personal der Kategorie C die Freigabebescheinigung ausstellt.
   ii. Der Betrieb hat eine Liste über das Unterstützungspersonal der Kategorien B1 und B2 zu führen.
   iii. Das freigabeberechtigte Personal der Kategorie C hat sicherzustellen, dass die Bestimmungen von Absatz (i) erfüllt sind und alle vom Kunden angeforderten Arbeiten im Rahmen der besonderen „Base Maintenance"-Prüfung oder des Arbeitsumfangs durchgeführt wurden, und es muss ebenfalls die Auswirkungen nicht ausgeführter Arbeiten entweder in Bezug auf deren erforderliche Durchführung oder die mit dem Betreiber zu vereinbarende Verschiebung der Arbeiten auf eine andere vorgeschriebene Kontrolle oder ein Wartungsintervall einschätzen.
2. Im Fall von „Base Maintenance" an anderen als großen Luftfahrzeugen muss entweder:
   i. ausreichend qualifiziertes für das Luftfahrzeugmuster freigabeberechtigtes Personal der Kategorien B1 und B2 gemäß Teil-66 und 145.A.35 vorhanden sein oder
   ii. ausreichend qualifiziertes für das Luftfahrzeugmuster freigabeberechtigtes Personal der Kategorie C vorhanden sein, das von dem in Absatz (1) beschriebenen B1- und B2-Personal unterstützt wird.

i) Zur Freigabe von Komponenten berechtigtes Personal hat die Anforderungen von Teil-66 zu erfüllen.

j) Abweichend von den Buchstaben (g) und (h) darf der Betrieb auf freigabeberechtigtes Personal zurückgreifen, das gemäß den folgenden Bestimmungen qualifiziert ist:
1. In Betriebsstätten außerhalb des Hoheitsgebiets der Europäischen Gemeinschaft kann freigabeberechtigtes Personal gemäß den nationalen Luftfahrtvorschriften des Staates qualifiziert sein, in dem die Betriebsstätte registriert ist, sofern die in Anlage IV des vorliegenden Teils aufgeführten Voraussetzungen erfüllt sind.

2. Für „Line Maintenance" in einer „Line Station" eines Betriebes außerhalb des Hoheitsgebiets der Gemeinschaft kann freigabeberechtigtes Personal in Übereinstimmung mit den nationalen Luftfahrtvorschriften des Staates qualifiziert sein, in dem der Betrieb registriert ist, sofern die in Anlage IV des vorliegenden Teils aufgeführten Voraussetzungen erfüllt sind.
3. Im Fall einer Lufttüchtigkeitsanweisung, die wiederholte Vorflugkontrollen vorschreibt und ausdrücklich bestimmt, dass die Flugbesatzung eine solche Anweisung durchführen kann, kann der Betrieb dem verantwortlichen Luftfahrzeugführer und/oder dem Flugingenieur eine begrenzte Freigabeberechtigung auf der Grundlage ihrer Lizenz als Flugbesatzungsmitglied erteilen. Jedoch muss der Betrieb die Durchführung einer ausreichenden praktischen Schulung sicherstellen, so dass ein solcher verantwortlicher Luftfahrzeugführer oder ein solcher Flugingenieur die Lufttüchtigkeitsanweisung gemäß dem geforderten Standard erfüllen kann.
4. Wenn ein Luftfahrzeug fern von einem Instandhaltungsstandort eingesetzt ist, kann der Betrieb dem verantwortlichen Luftfahrzeugführer oder dem Flugingenieur auf der Grundlage der gültigen Flugbesatzungslizenz eine begrenzte Freigabeberechtigung erteilen, wenn er sich davon überzeugt hat, dass eine ausreichende praktische Schulung durchgeführt worden ist, so dass der verantwortliche Luftfahrzeugführer oder der Flugingenieur die vorgeschriebene Aufgabe gemäß dem geforderten Standard ausführen kann. Die Bestimmungen dieses Absatzes müssen in einem Handbuchverfahren aufgeführt sein.
5. In den folgenden unvorhergesehenen Fällen, in denen ein Luftfahrzeug an einem anderen Ort als dem Hauptstandort außer Betrieb gesetzt ist und kein entsprechendes freigabeberechtigtes Personal zur Verfügung steht, kann der mit der Instandhaltungsaufgabe beauftragte Betrieb eine einmalige Ausnahmegenehmigung für die Freigabe an folgende Personen erteilen:
   i. einen seiner Beschäftigten, der entsprechende Musterberechtigungen für Luftfahrzeuge mit ähnlicher Technologie, Bauweise oder Ausrüstungen besitzt, oder
   ii. Personen mit mindestens fünf Jahren Instandhaltungserfahrung, die eine gültige ICAO-Lizenz für die Instandhaltung von Luftfahrzeugen mit einer Berechtigung für das Muster besitzt, für das die Freigabe erteilt werden soll, sofern sich an dem betreffenden Ort kein gemäß diesem Teil zugelassener Betrieb befindet und der beauftragte Betrieb Nachweise über die Erfahrung und die Lizenz dieser Person in den Akten aufbewahrt. Alle in diesem Unterabsatz genannten Fälle müssen der zuständigen Behörde innerhalb von sieben Tagen nach Ausstellung einer solchen Freigabeberechtigung mitgeteilt werden. Der Betrieb, der die einmalige Ausnahmegenehmigung erteilt, muss sicherstellen, dass solche Instandhaltungsarbeiten, die die Flugsicherheit beeinflussen könnten, nochmals von einem ordnungsgemäß genehmigten Betrieb geprüft werden.

145. A.35 Freigabeberechtigtes Personal und Unterstützungspersonal der Kategorien B1 und B2

a) Zusätzlich zu den entsprechenden Anforderungen in 145.A.30(g) und (h) hat der Betrieb zu gewährleisten, dass das freigabeberechtigte Personal und Unterstützungspersonal der Kategorien B1 und B2 angemessene Kenntnisse des relevanten Luftfahrzeugs und/oder der Komponenten, die instand gehalten werden sollen, sowie der zugehörigen betrieblichen Verfahren besitzt. Im Fall von freigabeberechtigtem Personal muss diese Bestimmung erfüllt sein, bevor die Freigabeberechtigung erteilt oder neu ausgestellt wird. „Unterstützungspersonal der Kategorien B1 und B2" ist das Personal der Kategorien B1 und B2 im Umfeld des „Base Maintenance", das nicht unbedingt eine Berechtigung zur Erteilung von Freigabebescheinigungen hat. „Relevantes Luftfahrzeug und/oder Komponenten" sind die Luftfahrzeuge oder Komponenten, die in der jeweiligen Freigabeberechtigung aufgeführt sind. „Freigabeberechtigung" ist die Berechtigung, die dem Freigabepersonal von dem Betrieb mit der Maßgabe erteilt wird, dass das betreffende Personal innerhalb der in der Berechtigung angeführten Grenzen Freigabebescheinigungen im Auftrag des anerkannten Betriebes unterzeichnen darf.

b) Mit Ausnahme der unter 145.A.30(j) genannten Fälle darf der Betrieb eine Freigabeberechtigung nur für freigabeberechtigtes Personal in Verbindung mit den Kategorien oder Unterkategorien und Musterberechtigungen ausstellen, die in der Lizenz für die Instandhaltung von Luftfahrzeugen gemäß Teil-66 aufgeführt sind, sofern die Lizenz über die gesamte Gültigkeitsdauer der Berechtigung besteht und das freigabeberechtigte Personal die Bestimmungen von Teil-66 erfüllt.

c) Der Betrieb hat sicherzustellen, dass sämtliches freigabeberechtigtes Personal und Unterstützungspersonal der Kategorien B1 und B2 mindestens sechs Monate innerhalb eines aufeinander folgenden Zeitraums von zwei Jahren Erfahrungen in der tatsächlichen relevanten Instandhaltung von Luftfahrzeugen oder Komponenten erworben hat. Im Sinne dieses Absatzes bedeutet „Erfahrungen in der tatsächlichen relevanten Instandhaltung von Luftfahrzeugen oder Komponenten", dass die Person im Rahmen der Instandhaltung von Luftfahrzeugen oder Komponenten entweder die mit einer Freigabeberechtigung verbundenen Rechte ausgeübt oder tatsächlich Instandhaltungsarbeiten an wenigstens einem der Systeme des Luftfahrzeugmusters ausgeführt hat, das in der betreffenden Freigabeberechtigung aufgeführt ist.

d) Der Betrieb hat sicherzustellen, dass sämtliches freigabeberechtigtes Personal und die Unterstützungskräfte der Kategorien B1 und B2 innerhalb eines Zeitraums von zwei Jahren ausreichend weitergebildet werden, so dass dieses Personal aktuelle Kenntnisse der einschlägigen Technologie, der betrieblichen Verfahren und der menschlichen Faktoren besitzt.

e) Der Betrieb hat für freigabeberechtigtes Personal und Unterstützungspersonal der Kategorien B1 und B2 einen Weiterbildungsplan unter Berücksichtigung eines Verfahrens zur Sicherstellung der Erfüllung der einschlägigen Bestimmungen in 145.A.35 sowie ein Verfahren zur Gewährleistung der Übereinstimmung mit Teil-66 zu erstellen.

f) Mit Ausnahme der in 145.A.30(j)(5) genannten unvorhergesehenen Fälle muss der Betrieb künftiges freigabeberechtigtes Personal hinsichtlich seiner Befähigung, Qualifikation und Tauglichkeit für die Pflichten bei der Freigabe in Übereinstimmung mit einem im Handbuch festgelegten Verfahren beurteilen, bevor eine Freigabeberechtigung nach diesem Teil erteilt oder neu erteilt werden soll.

g) Werden die Bestimmungen der Absätze (a), (b), (d), (f) und gegebenenfalls von Absatz (c) von dem freigabeberechtigten Personal erfüllt, hat der Betrieb eine Freigabeberechtigung zu erteilen, aus der Umfang und Einschränkungen der Berechtigung eindeutig hervorgehen. Die fortdauernde Gültigkeit der Freigabeberechtigung ist abhängig von der andauernden Erfüllung der Absätze (a), (b), (d) und gegebenenfalls des Absatzes (c).

h) Die Freigabeberechtigung muss so beschaffen sein, dass der Umfang der Berechtigung für das freigabeberechtigte Personal und andere befugte Personen, die diese Berechtigung prüfen müssen, klar ersichtlich ist. Werden Kodes zur Festlegung des Umfangs verwendet, hat der Betrieb umgehend eine Erklärung der Kodes zur Verfügung zu stellen. „Berechtigte Person" bezeichnet die Amtspersonen der zuständigen Behörden, der Agentur und des Mitgliedstaates, der für die Überwachung des instand zu haltenden Luftfahrzeugs oder der Komponente zuständig ist.

i) Die für die Qualitätskontrolle zuständige Person ist ebenfalls im Auftrag des Betriebes für die Erteilung von Freigabeberechtigungen für das Freigabepersonal zuständig. Diese Person darf andere Personen benennen, die Freigabeberechtigungen gemäß einem im Instandhaltungsbetriebshandbuch festgelegten Verfahren erteilen oder widerrufen.

j) Der Betrieb hat ein Verzeichnis des freigabeberechtigten Personals und des Unterstützungspersonals der Kategorien B1 und B2 zu führen. Dieses Personalverzeichnis hat zu beinhalten:
  1. Angaben zu Lizenzen für die Instandhaltung von Luftfahrzeugen gemäß Teil-66,
  2. alle relevanten durchgeführten Schulungsmaßnahmen,
  3. den Umfang der gegebenenfalls erteilten Freigabeberechtigungen und
  4. Angaben zu Personal mit eingeschränkten Berechtigungen oder einmaligen Ausnahmegenehmigungen. Der Betrieb hat die Liste über einen Zeitraum von mindestens zwei Jahren aufzubewahren, nachdem das freigabeberechtigte Personal oder das Unterstützungspersonal der Kategorien B1 oder B2 seine Beschäftigung bei dem Betrieb beendet hat oder nachdem die Berechtigung zurückgenommen worden ist. Darüber hinaus hat der Instandhaltungsbetrieb auf Anfrage freigabeberechtigtem Personal beim Verlassen des Betriebes eine Kopie der Eintragungen auszuhändigen. Freigabeberechtigtem Personal ist auf Anforderung Einsicht in die vorstehend genannten Personalunterlagen zu gewähren.

k) Der Betrieb hat dem freigabeberechtigten Personal eine Kopie der Freigabeberechtigung entweder in schriftlicher oder in elektronischer Form zur Verfügung zu stellen.

l) Das freigabeberechtigte Personal hat den ermächtigten Personen seine Freigabeberechtigung innerhalb von 24 Stunden vorzulegen.

m) Das Mindestalter für freigabeberechtigtes Personal und für Hilfspersonal der Kategorien B1 und B2 beträgt 21 Jahre.

145. A.40 Ausrüstung, Werkzeuge und Material

a) Der Betrieb muss die notwendige Ausrüstung, die notwendigen Werkzeuge und das notwendige Material für die Durchführung des genehmigten Arbeitsumfangs zur Verfügung haben und verwenden.
   1. Wenn der Hersteller ein besonderes Werkzeug oder eine besondere Ausrüstung vorschreibt, hat der Betrieb dieses Werkzeug oder diese Ausrüstung zu verwenden, es sei denn, die Verwendung anderer Werkzeuge oder Ausrüstungen wird durch die im Handbuch angegebenen Verfahren von der zuständigen Behörde gestattet.
   2. Ausrüstungen und Werkzeuge müssen auf Dauer zur Verfügung stehen, es sei denn, ein Werkzeug oder eine Ausrüstung wird so selten verwendet, dass seine permanente Verfügbarkeit nicht erforderlich ist. Solche Fälle müssen in einem Verfahren des Instandhaltungshandbuch genauer aufgeführt werden.
   3. Ein Betrieb, dem die Genehmigung für „Base Maintenance" erteilt wurde, muss über genügend Zugangsausrüstungen und Inspektions- oder Andockplattformen verfügen, so dass das Luftfahrzeug ordnungsgemäß kontrolliert werden kann.
b) Der Betrieb hat sicherzustellen, dass alle Werkzeuge, Ausrüstungen und insbesondere Prüfgerät nach einem offiziell anerkannten Standard kontrolliert und kalibriert werden und die Häufigkeit die Wahrung von Betriebstüchtigkeit und Genauigkeit gewährleistet. Der Betrieb hat Aufzeichnungen zu solchen Kalibrierungen und zur Rückverfolgbarkeit des verwendeten Eichmaßes zu führen.

145. A.42 Abnahme von Komponenten

a) Alle Komponenten müssen klassifiziert und ordnungsgemäß in die folgenden Kategorien eingeteilt werden:
   1. Komponenten in einem zufrieden stellenden Zustand, die entsprechend dem „EASA-Formular-1" oder einem gleichwertigen Dokument freigegeben und gemäß Teil 21 Unterabschnitt Q gekennzeichnet wurden,
   2. nicht betriebstüchtige Komponenten, die in Übereinstimmung mit dem vorliegenden Abschnitt gewartet werden müssen,
   3. als nicht wiederverwendbar eingestufte Komponenten, die gemäß 145.A.42(d) klassifiziert werden.
   4. genormte Komponenten, die in einem Luftfahrzeug, einem Flugmotor, einem Propeller oder einem anderen Luftfahrzeugbauteil verwendet werden, wenn sie im bebilderten Teilekatalog des Herstellers und/oder in den Instandhaltungsunterlagen aufgeführt sind.
   5. Rohmaterial und Verbrauchsmaterial, das im Verlauf der Instandhaltung verwendet wird, wenn der Betrieb sich überzeugt hat, dass das Material die erforderliche Spezifikation erfüllt und seine Herkunft in angemessener Weise nachvollziehbar ist. Sämtliches Material ist mit einem Beleg zu versehen, der sich eindeutig auf das jeweilige Material bezieht und der eine Erklärung hinsichtlich seiner Übereinstimmung mit einer Spezifikation sowie einen Hinweis auf die Herstellungs- und Bezugsquelle enthält.

b) Vor dem Einbau einer Komponente hat der Betrieb sicherzustellen, dass die betreffende Komponente für den Einbau geeignet ist, sofern verschiedene Änderungsbedingungen oder Standards einer Lufttüchtigkeitsanweisung anwendbar sein können.
c) Der Betrieb kann eine begrenzte Anzahl von Komponenten, die im Verlauf der anstehenden Arbeiten zu verwenden sind, in seinen eigenen Einrichtungen anfertigen, wenn das Handbuch Verfahren dafür ausweist.
d) Komponenten, die ihre zugelassene Lebensdauer erreicht haben oder mit einem nicht reparierbaren Mangel behaftet sind, müssen als Ausschuss ausgewiesen werden, und sie dürfen nicht mehr in das System für die Materialzufuhr eingehen, es sei denn, dass die zugelassene Lebensdauer verlängert oder eine Lösung zu ihrer Reparatur gemäß Teil-21 genehmigt wurde.

145. A.45 Instandhaltungsunterlagen

a) Der Betrieb muss bei der Durchführung der Instandhaltung, einschließlich Änderungen und Reparaturen, über aktuelle anwendbare Instandhaltungsunterlagen verfügen und diese anwenden. „Anwendbar" bedeutet relevant für alle Flugzeuge, Komponenten oder Verfahren, die in der Übersicht über Genehmigungskategorien in der Genehmigung des Betriebes und in zugehörigen Listen über Befähigungen angegeben sind. Im Fall von Instandhaltungsunterlagen, die von einem Betreiber oder einem Kunden zur Verfügung gestellt werden, muss der Betrieb solche Daten bei den Arbeiten einhalten, mit Ausnahme der Notwendigkeit der Erfüllung der Bestimmungen in 145.A.55(c).
b) Für die Zwecke dieses Teils sind die anwendbaren Instandhaltungsunterlagen:
   1. alle anzuwendenden Anforderungen, Verfahren, betrieblichen Anweisungen oder Informationen, die von der für die Überwachung des Luftfahrzeugs oder der Komponente verantwortlichen Behörde herausgegeben wurden,
   2. jede anzuwendende Lufttüchtigkeitsanweisung, die von der für die Überwachung des Luftfahrzeugs oder der Komponente verantwortlichen Behörde herausgegeben wurde,
   3. Anweisungen zur Aufrechterhaltung der Lufttüchtigkeit, die von Inhabern einer Musterzulassung, Inhabern einer Ergänzung zur Musterzulassung und von anderen Betrieben herausgegeben wurden, die gemäß Teil-21 zur Veröffentlichung solcher Angaben verpflichtet sind, und im Falle von Luftfahrzeugen oder Komponenten aus Drittländern die von der für die Überwachung des Luftfahrzeugs oder der Komponente verantwortlichen Behörde vorgeschriebenen Lufttüchtigkeitsangaben,
   4. alle anzuwendenden Standards, einschließlich, jedoch nicht beschränkt auf Standards zur fachgerechten Instandhaltung, die die Agentur als gute Instandhaltungsnormen anerkannt hat,
   5. alle anzuwendenden Daten, die in Übereinstimmung mit Absatz (d) herausgegeben wurden.
c) Der Betrieb muss Verfahren festlegen, wonach sichergestellt ist, dass gegebenenfalls ungenaue, unvollständige oder unklare Verfahren, Praktiken, Daten oder

Instandhaltungsanweisungen, die in den vom Instandhaltungspersonal verwendeten Instandhaltungsangaben enthalten sind, aufgezeichnet und dem Verfasser der Instandhaltungsangaben mitgeteilt werden.

d) Der Betrieb darf Instandhaltungsanweisungen nur in Übereinstimmung mit einem im Instandhaltungsbetriebshandbuch enthaltenen Verfahren ändern. Hinsichtlich solcher Änderungen hat der Betrieb den Nachweis zu erbringen, dass sie zu gleichen oder verbesserten Instandhaltungsstandards führen, und er muss den Inhaber der Musterzulassung von solchen Änderungen in Kenntnis setzen. Für die Zwecke dieses Absatzes sind Instandhaltungsanweisungen Anweisungen zur Art und Weise der Durchführung der betreffenden Instandhaltungsaufgabe. Davon ausgenommen ist die ingenieurtechnische Planung von Reparaturen und Änderungen.

e) Der Betrieb hat für alle relevanten Betriebsteile gemeinsame Arbeitskarten oder ein Arbeitsblattsystem bereitzustellen. Zusätzlich muss der Betrieb die in den Absätzen (b) und (d) enthaltenen Daten sorgfältig auf eine solche Arbeitskarte oder ein solches Arbeitsblatt übertragen oder einen genauen Bezug zu der/den jeweiligen in den Instandhaltungsunterlagen enthaltenen Instandhaltungsaufgabe(n) herstellen. Arbeitskarten und Arbeitsblätter können elektronisch erstellt und in einer Datenbank gespeichert werden, wenn sie sowohl angemessen gegen Änderung durch nicht befugte Personen geschützt als auch in Form einer Sicherheitskopie der Datenbank gespeichert sind, die innerhalb von 24 Stunden nach einem Eintrag in die elektronische Hauptdatenbank zu aktualisieren ist. Komplexe Instandhaltungsaufgaben müssen auf Arbeitskarten oder Arbeitsblättern festgehalten und in deutlich getrennte Abschnitte eingeteilt werden, um die Nachvollziehbarkeit der Durchführung der gesamten Instandhaltungsaufgabe zu gewährleisten. Wenn der Betrieb für einen Luftfahrzeugbetreiber eine Instandhaltungsleistung durchführt, der die Verwendung seiner Arbeitskarten oder seines Arbeitsblattsystems fordert, sind solche Arbeitskarten oder ein solches Arbeitsblattsystem zu verwenden. In diesem Fall muss der Betrieb ein Verfahren erstellen, um zu gewährleisten, dass die Arbeitskarten oder Arbeitsblätter des Luftfahrzeugbetreibers korrekt ausgefüllt werden.

f) Der Betrieb muss sicherstellen, dass alle geltenden Instandhaltungsangaben jederzeit zur Verfügung stehen, wenn diese vom Instandhaltungspersonal benötigt werden.

g) Der Betrieb muss ein Verfahren festlegen, um zu gewährleisten, dass die von ihm kontrollierten Instandhaltungsangaben aktualisiert werden. Wenn ein Betreiber/Kunde Instandhaltungsangaben kontrolliert und zur Verfügung stellt, muss der Betrieb den Nachweis erbringen können, dass entweder eine schriftliche Bestätigung vom Betreiber/Kunden vorliegt, wonach alle Instandhaltungsangaben auf dem neuesten Stand sind, oder Arbeitsaufträge vorliegen, aus denen der Änderungsstand der zu verwendenden Instandhaltungsangaben ersichtlich bzw. dieser auf einer Änderungsliste für Instandhaltungsangaben des Betreibers/Kunden enthalten ist.

145. A.47 Produktionsplanung

a) Der Betrieb muss über ein System verfügen, das der Menge und der Komplexität der Arbeiten entspricht, um die Verfügbarkeit sämtlichen erforderlichen Personals, sämtlicher erforderlicher Werkzeuge, Ausrüstungen, Material, Instandhaltungsunterlagen und Einrichtungen so zu planen, dass die Wartungsarbeiten sicher vollendet werden können.

b) Bei der Planung der Instandhaltungsaufgaben und der Einteilung der Schichten müssen die Grenzen menschlichen Leistungsvermögens berücksichtigt werden.

c) Wenn es erforderlich ist, die Weiterführung oder die Vollendung von Instandhaltungsarbeiten wegen eines Schicht oder Personalwechsels zu übergeben, müssen die relevanten Informationen zwischen dem sich ablösenden Personal ausgetauscht werden.

145. A.50 Instandhaltungsbescheinigung

a) Eine Freigabebescheinigung darf im Namen des Betriebs von dem entsprechenden freigabeberechtigten Personal erst ausgestellt werden, wenn es geprüft hat, dass alle verlangten Wartungsarbeiten ordnungsgemäß vom Betrieb gemäß den in 145.A.70 vorgeschriebenen Verfahren unter Berücksichtigung der in 145.A.45 aufgeführten Instandhaltungsangaben durchgeführt worden sind und keine bekannten Tatbestände der Nichterfüllung vorliegen, die die Flugsicherheit ernsthaft gefährden.

b) Eine Freigabebescheinigung muss vor dem Flug nach Vollendung aller Instandhaltungsarbeiten ausgestellt werden.

c) Neue Mängel oder unvollständige Instandhaltungsarbeiten müssen im Verlauf der obigen Instandhaltungsarbeiten dem Luftfahrzeugbetreiber mitgeteilt werden, um dessen Zustimmung zur Behebung solcher Mängel oder zur Vollendung der fehlenden Elemente des Auftrags für die Instandhaltungsarbeit einzuholen. Sollte der Luftfahrzeugbetreiber ablehnen, dass solche Instandhaltungsarbeiten gemäß diesem Absatz durchgeführt werden, gilt Absatz (e).

d) Eine Freigabebescheinigung muss nach Vollendung von Instandhaltungsarbeiten an einer Komponente ausgestellt werden, so lange die Komponente aus dem Luftfahrzeug ausgebaut ist. Die Freigabebescheinigung oder das Lufttüchtigkeits-Etikett („airworthiness approval tag"), die als „EASA-Formular-1" in Anlage I zu diesem Teil enthalten sind, stellen die Freigabebescheinigung für die Komponente dar. Wenn ein Betrieb eine Komponente für den eigenen Gebrauch instand hält, ist je nach den im Handbuch festgelegten internen Freigabeverfahren unter Umständen kein „EASA-Formular-1" erforderlich.

e) Abweichend von den Bestimmungen in Absatz (a) kann der Betrieb eine Freigabebescheinigung im Rahmen der genehmigten Einschränkungen des Luftfahrzeugs ausstellen, wenn er nicht in der Lage ist, die gesamte geforderte Instandhaltung zu vollenden. Der Betrieb muss einen solchen Tatbestand vor Ausstellung einer solchen Bescheinigung in der Freigabebescheinigung für das Luftfahrzeug vermerken.

f) Abweichend von den Bestimmungen in Absatz (a) und 145.A.42 gilt, wenn das Luftfahrzeug an einem Ort außer Betrieb gesetzt ist, der nicht Standort der „Line Maintenance" oder der „Base Maintenance" ist, weil eine Komponente mit einer einschlägigen Freigabebescheinigung nicht zur Verfügung steht, dass es zwischenzeitlich gestattet ist, den Einbau einer Komponente ohne einschlägige Freigabebescheinigung für höchstens 30 Flugstunden vorzunehmen oder bis das Luftfahrzeug als nächstes Ziel den Standort der „Line Maintenance" oder der „Base Maintenance" erreicht, wobei der frühere Zeitpunkt maßgeblich und vorausgesetzt ist, dass der Luftfahrzeugbetreiber seine Zustimmung erteilt und die genannte Komponente über eine einschlägige Freigabebescheinigung verfügt, die ansonsten allen anzuwendenden Instandhaltungs- und Betriebsvorschriften entspricht. Solche Komponenten müssen innerhalb der oben angegebenen Frist entfernt werden, sofern nicht zwischenzeitlich gemäß Buchstabe (a) und 145.A.42 eine entsprechende Freigabebescheinigung erteilt worden ist.

145. A.55 Instandhaltungsaufzeichnungen

a) Der Betrieb muss alle Einzelheiten der durchgeführten Instandhaltungsarbeiten aufzeichnen. Der Betrieb muss mindestens die für die Erbringung des Nachweises notwendigen Aufzeichnungen aufbewahren, dass alle Anforderungen, einschließlich der Freigabedokumente des Unterauftragnehmers, für die Ausstellung der Freigabebescheinigung erfüllt wurden.

b) Der Betrieb muss dem Luftfahrzeugbetreiber eine Kopie jeder Freigabebescheinigung zusammen mit einer Kopie aller genehmigten Reparatur-/Änderungsunterlagen übergeben, die für die durchgeführten Reparaturen/Änderungen verwendet worden sind.

c) Der Betrieb muss eine Kopie aller Instandhaltungsaufzeichnungen und aller zugehörigen Instandhaltungsangaben für einen Zeitraum von zwei Jahren aufbewahren, gerechnet von dem Tag, an dem das Luftfahrzeug oder das Luftfahrzeugbauteil, an dem gearbeitet wurde, von dem Betrieb freigegeben wurde.
   1. Aufzeichnungen gemäß diesem Absatz müssen vor Brand, Überschwemmung und Diebstahl geschützt aufbewahrt werden.
   2. Elektronisch erstellte Sicherheitsdisketten, Sicherheitsbänder usw. müssen an einem anderen Ort als die Arbeitsdisketten, -bänder usw. aufbewahrt werden, und zwar in einer Umgebung, die die Aufbewahrung in einem guten Zustand ermöglicht.
   3. Wenn ein nach diesem Teil genehmigter Betrieb seine Tätigkeit beendet, müssen alle Instandhaltungsaufzeichnungen, die sich über die letzten zwei Jahre erstrecken, dem letzten Eigentümer oder Kunden des betreffenden Luftfahrzeugs oder der Komponente übergeben oder, wie von der zuständigen Behörde vorgeschrieben, aufbewahrt werden.

145. A.60 Meldung besonderer Ereignisse

a) Der Betrieb muss die zuständige Behörde, den Eintragungsstaat und den für die Entwicklung des Luftfahrzeugs oder der Komponente verantwortlichen Betrieb in Kenntnis setzen, wenn er an einem Luftfahrzeug oder an einer Komponente Vorkommnisse feststellt, die zu einem unsicheren Zustand geführt haben oder führen können, der die Flugsicherheit ernsthaft gefährdet.

b) Der Betrieb muss ein innerbetriebliches Ereignismeldesystem gemäß den Bestimmungen seines Handbuchs einrichten, um die Sammlung und Bewertung von Berichten, einschließlich der Einschätzung und Gewinnung von Informationen über gemäß Buchstabe (a) zu meldende Ereignissen zu ermöglichen. Dieses Meldeverfahren muss ungünstige Entwicklungen aufzeigen, und es muss ergriffene oder zu ergreifende Abhilfemaßnahmen im Fall von Mängeln und die Prüfung aller einschlägigen Informationen im Zusammenhang mit solchen Vorkommnissen und ein Verfahren zur Bekanntgabe der Informationen, wie gegebenenfalls erforderlich
c) Der Betrieb muss solche Berichte in einer von der Agentur festgelegten Art und Weise erarbeiten und sicherstellen, dass diese alle sachdienlichen Informationen über den Zustand und die dem Betrieb bekannten Auswertungsergebnisse enthalten.
d) Wird ein Betrieb von einem gewerbsmäßigen Betreiber für die Durchführung von Instandhaltungsarbeiten vertraglich gebunden, so muss der Betrieb solche das Luftfahrzeug oder die Komponente des Betreibers beeinträchtigenden Zustände auch dem Betreiber melden.
e) Der Betrieb muss solche Berichte umgehend, in jedem Fall aber innerhalb einer Frist von 72 Stunden nach Feststellung des in dem Bericht dargestellten Zustandes erstellen und vorlegen.

145. A.65 Sicherheits- und Qualitätsstrategie, Instandhaltungsverfahren und Qualitätssicherungssystem

a) Der Betrieb muss eine Sicherheits- und Qualitätssicherungsstrategie erarbeiten, die in das Handbuch unter 145.A.70 aufzunehmen sind.
b) Der Betrieb muss unter Berücksichtigung menschlicher Faktoren und des menschlichen Leistungsvermögens mit der zuständigen Behörde vereinbarte Verfahren festlegen, um gute Instandhaltungspraktiken und die Erfüllung der Bestimmungen dieses Teils sicherzustellen, einschließlich eines klaren Arbeitsauftrags oder -vertrags, so dass das betreffende Luftfahrzeug und die betreffenden Komponenten gemäß 145.A.50 für den Betrieb freigegeben werden können.
  1. Die Instandhaltungsverfahren gemäß diesem Absatz gelten für 145.A.25 bis 145.A.95.
  2. Die von dem Betrieb gemäß diesem Absatz festgelegten oder festzulegenden Instandhaltungsverfahren müssen alle Aspekte der Durchführung der Instandhaltungstätigkeit abdecken, einschließlich der Bereitstellung und Überwachung spezialisierter Dienstleistungen, und sie müssen die Bedingungen festlegen, unter denen der Betrieb zu arbeiten beabsichtigt.
  3. Hinsichtlich der „Line Maintenance" und der „Base Maintenance" von Luftfahrzeugen muss der Betrieb Verfahren festlegen, um das Risiko von Mehrfachfehlern und Irrtümern durch Unaufmerksamkeit bei kritischen Systemen so gering wie möglich zu halten. Bei einer Instandhaltungsaufgabe, in deren Verlauf mehrere Komponenten desselben Typs in mehr als ein System desselben Luftfahrzeugs im Rahmen einer bestimmten Instandhaltungsprüfung einzubauen bzw. auszubauen sind, muss der Betrieb sicherstellen, dass nicht ein und dieselbe Person mit der Durchführung

und der Inspektion der Arbeiten beauftragt wird. Wenn jedoch nur eine Person zur Durchführung dieser Aufgaben zur Verfügung steht, ist in die Arbeitskarte oder das Arbeitsblatt zusätzlich die erneute Inspektion der Arbeiten dieser Person nach Abschluss der Arbeiten aufzunehmen.
  4. Es müssen Instandhaltungsverfahren festgelegt werden, um sicherzustellen, dass die Beschädigungen bewertet und Änderungen und Reparaturen unter Verwendung von Unterlagen durchgeführt werden, die von der Agentur oder einem nach Teil 21 anerkannten Entwicklungsbetrieb, wie jeweils zutreffend, genehmigt sind.
c) Der Betrieb muss ein Qualitätssystem mit folgendem Inhalt einrichten:
  1. unabhängige Prüfungen, um die Einhaltung der geforderten Standards für das Luftfahrzeug/das Luftfahrzeugbauteil und die Angemessenheit der Verfahren zu überwachen, so dass sichergestellt ist, dass sich diese Verfahren auf bewährte Instandhaltungspraktiken und lufttüchtige Luftfahrzeuge und Luftfahrzeugbauteile stützen. In den kleinsten Betrieben können die unabhängigen Prüfungen als Teil des Qualitätssystems an einen anderen, gemäß diesem Teil genehmigten Betrieb oder an eine Person mit angemessenem technischen Wissen und nachgewiesener zufrieden stellender Prüferfahrung vergeben werden; und
  2. ein System des Informationsrückflusses über Qualitätsfragen an die in 145.A.30(b) angegebene Person oder die Gruppe von Personen und schließlich an den verantwortlichen Betriebsleiter, so dass sichergestellt ist, dass geeignete und rechtzeitige Abhilfemaßnahmen als Reaktion auf Meldungen aus den gemäß Absatz (1) durchzuführenden unabhängigen Prüfungen ergriffen werden.

145. A.70 Instandhaltungsbetriebshandbuch

a) Das „Instandhaltungsbetriebshandbuch" setzt sich aus einem oder mehreren Dokumenten mit Angaben zum Arbeitsumfang, der Gegenstand der Genehmigung ist, und zur Art und Weise, in der der Betrieb diesen Teil erfüllen wird, zusammen. Der Betrieb muss der zuständigen Behörde ein Instandhaltungsbetriebshandbuch mit den nachfolgenden Informationen vorlegen:
  1. eine von dem verantwortlichen Betriebsleiter unterzeichnete Bestätigung, wonach das Instandhaltungshandbuch des Betriebes und alle zugehörigen Handbücher die Erfüllung der Anforderungen dieses Teils festlegen und der Betrieb diesen jederzeit nachkommen wird. Wenn der verantwortliche Betriebsleiter nicht gleichzeitig Generaldirektor des Betriebes ist, ist die Bestätigung vom Generaldirektor gegenzuzeichnen;
  2. die Sicherheits- und Qualitätsstrategie des Betriebes gemäß 145.A.65;
  3. Titel und Namen von unter 145.A.30(b) ernannten Personen;
  4. die Pflichten und Zuständigkeiten von Personen gemäß 145.A.30(b) einschließlich der Angelegenheiten, in denen sie unmittelbar mit der zuständigen Behörde im Namen des Betriebs verhandeln können;
  5. ein Organigramm, aus dem die Verknüpfungen zwischen den Zuständigkeitsbereichen der gemäß 145.A.(30)(b) ernannten Personen hervorgehen;

6. eine Liste des freigabeberechtigten Personals und des Unterstützungspersonals der Kategorien B1 und B2;
7. allgemeine Angaben zur Personalkapazität;
8. eine allgemeine Beschreibung der Betriebsstätten, die sich unter jeder der in der Genehmigungsurkunde des Betriebes aufgeführten Anschriften befinden;
9. Angaben zu dem unter die Genehmigung fallenden Arbeitsbereich des Betriebes;
10. das Verfahren gemäß 145.A.85 zur Meldung von Änderungen bei dem Instandhaltungsbetrieb;
11. das Verfahren zur Änderung des Instandhaltungsbetriebshandbuchs des Betriebes;
12. die Verfahren und das Qualitätssystem des Betriebes unter 145.A.25 bis 145.A.90;
13. gegebenenfalls eine Liste der gewerbsmäßigen Betreiber, für die der Betrieb die Instandhaltung von Luftfahrzeugen durchführt;
14. gegebenenfalls eine Liste von Unterauftragnehmern gemäß 145.A.75(b);
15. gegebenenfalls eine Liste der „Line Stations" gemäß 145.A.(d);
16. gegebenenfalls eine Liste von Vertragsbetrieben.

b) Das Handbuch ist entsprechend dem neuesten Stand der Beschreibung des Betriebes zu ändern. Das Handbuch und jede spätere Änderung muss von der zuständigen Behörde genehmigt werden.

c) Unbeschadet der Bestimmungen in Absatz (b) können kleinere Änderungen am Handbuch durch ein Handbuchverfahren (im Folgenden als indirekte Genehmigung bezeichnet) genehmigt werden.

145. A.75 Rechte des Betriebs

Gemäß dem Handbuch ist der Betrieb zur Ausführung folgender Aufgaben berechtigt:

a) Luftfahrzeuge und/oder Luftfahrzeugbauteile, auf die sich seine Genehmigung erstreckt, an den in der Genehmigungsurkunde und im Handbuch angegebenen Standorten instand zu halten;

b) die Instandhaltung eines Luftfahrzeugs oder einer Komponente, auf die sich seine Genehmigung erstreckt, an einen anderen Betrieb zu vergeben, der im Rahmen des Qualitätssystems des Betriebs tätig ist; letzteres bezieht sich auf Arbeiten von einem nicht zur Durchführung von Instandhaltungsarbeiten unter diesem Teil ausreichend berechtigten Betrieb und ist beschränkt auf den Arbeitsumfang gemäß den unter 145.A.65(b) aufgeführten Verfahren; dieser Arbeitsumfang beinhaltet nicht die „Base Maintenance"-Prüfung eines Luftfahrzeugs oder eine vollständige Prüfung von Instandhaltungsarbeiten in einer Werkstatt oder die Überholung eines Flugmotors oder einer Flugmotorbaugruppe;

c) Instandhaltung der Luftfahrzeuge oder der Teile, auf die sich seine Genehmigung erstreckt, an jedem beliebigen Ort, soweit sich die Notwendigkeit für diese Instandhaltung aus dem Umstand ergibt, dass die Luftfahrzeuge nicht einsatzfähig sind, oder aus der Durchführung gelegentlicher „Line Maintenance" zu den im Handbuch angegebenen Bedingungen;

d) Instandhaltung von Luftfahrzeugen und/oder Teilen, auf die sich seine Genehmigung erstreckt, an einem für die Durchführung von „Line Maintenance" bezeichneten Standort, der für einfache Instandhaltungsarbeiten geeignet ist, sofern diese Tätigkeiten und Standortlisten im Instandhaltungsbetriebshandbuch enthalten sind;

e) Ausstellung von Freigabebescheinigungen nach Abschluss der Instandhaltungsarbeiten gemäß 145.A.50.

145. A.80 Einschränkungen für den Betrieb

Der Betrieb darf Luftfahrzeuge und/oder Luftfahrzeugbauteile, auf die sich seine Genehmigung erstreckt, nur instand halten, wenn alle erforderlichen Einrichtungen, Ausrüstungen, Werkzeuge, Materialien, Instandhaltungsangaben und das freigabeberechtigte Personal verfügbar sind.

145. A.85 Änderungen beim genehmigten Betrieb

Der Instandhaltungsbetrieb muss der zuständigen Behörde jeden Vorschlag zur Durchführung einer der folgenden Änderungen mitteilen, bevor solche Änderungen vollzogen werden, damit die zuständige Behörde die fortlaufende Erfüllung der Bestimmungen dieses Teils feststellen kann und, wenn erforderlich, die Genehmigungsurkunde ändern kann; eine Ausnahme bilden Änderungsvorschläge des Personals, die dem Management nicht im Voraus bekannt sind, bei denen zum frühest möglichen Zeitpunkt eine Mitteilung zu erfolgen hat:

1. der Name des Betriebs;
2. der Hauptstandort des Betriebs;
3. weitere Standorte des Betriebs;
4. der verantwortliche Betriebsleiter;
5. gemäß 145.A.30(b) ernannte Personen;
6. die Einrichtungen, Ausrüstungen, Werkzeuge, Materialien, Verfahren, Arbeiten und freigabeberechtigtes Personal, soweit für die Genehmigung von Bedeutung.

145. A.90 Fortdauer der Gültigkeit

a) Genehmigungen werden für einen unbegrenzten Zeitraum erteilt. Ihre weitere Gültigkeit ist abhängig von folgenden Faktoren:
  1. Der Betrieb erfüllt die Bestimmungen dieses Teils unter Berücksichtigung der Bestimmungen zum Umgang mit Verstößen gemäß 145.B.40, und
  2. die zuständige Behörde erhält Zugang zum Betrieb, um die fortgesetzte Einhaltung dieses Teils festzustellen, und
  3. die Urkunde wird nicht zurückgegeben oder widerrufen.

b) Bei Rückgabe oder Widerruf ist die Urkunde an die zuständige Behörde zurückzugeben.

145.A.95 Verstöße

a) Als Verstoß der Stufe 1 („Level-1-Finding") ist jede erhebliche Nichterfüllung der Anforderungen von Teil-145 zu betrachten, die eine Herabsetzung des Sicherheitsstandards des Luftfahrzeugs und eine ernsthafte Gefährdung der Flugsicherheit darstellt.

b) Als Verstoß der Stufe 2 („Level-2-Finding") ist jede Nichterfüllung der Anforderungen von Teil-145 zu betrachten, die zu einer Herabsetzung des Sicherheitsstandards des Luftfahrzeugs und möglicherweise zur Gefährdung der Flugsicherheit führen könnte.

c) Nach Erhalt einer Mitteilung über Beanstandungen gemäß 145.B.50 muss der Inhaber der Genehmigung als Instandhaltungsbetrieb einen Plan mit Abhilfemaßnahmen festlegen und innerhalb einer mit der Behörde zu vereinbarenden Frist die Durchführung der Abhilfemaßnahmen zur Zufriedenheit der zuständigen Behörde nachweisen.

Sachverzeichnis

A
Ablaufplan, 83
ACARS, 210
Acceptable Means of Compliance, 16, 22
Acceptance Test Procedure, 99
Accountable Manager, 30, 163, 197, 275
AD *Siehe* Airworthiness Directive, 128
Advisory Circular, 22
Advisory Circular Joint, 22
Aircraft Maintenance Licence, 272
    CAT A, 272
    CAT B, 30, 272
    CAT C, 217, 273
Aircraft on Ground, 212
Aircraft Statement of Conformity, 154
Airworthiness Directive, 55, 108, 128, 145, 216
Airworthiness Directives Publishing Tool, 129
Alternative Method of Compliance, 132
AMC *Siehe* Acceptable Means of Compliance, 22
AMOC *Siehe* Alternative Method of Compliance, 132
AOG *Siehe* Aircraft on Ground, 212
Applicable Design Data, 80
Approved Data, 18, 80, 102, 136, 137, 141, 151, 256, 268
    Herstellung, 63
    Maintenance, 143, 195, 216, 221
APU Health Monitoring, 123
A-Rating, 29
Arbeitsanweisungen, 293
Arbeitsauftrag, 205
Arbeitskarten, 136, 141, 205, 226
    Bescheinigung, 140
Arbeitskartensystem, 32, 136
Arbeitspaket, 82, 136, 205

Arbeitsschritt, 137, 254
Arbeitsumgebung, 146, 150
Arbeitsvorbereitung, 204
Archivierung
    Herstellung, 191
    Instandhaltung, 32, 226
    Mitarbeiterdaten, 270
Assembly, 161
Audit, 303
    Beanstandung, 309, 311
    Durchführung, 309
    extern, 311
    Findings *Siehe* Audit-Beanstandung, 309
    intern, 306
    Intervalle, 308
    Jahresplan, 306, 308
    Nachbereitung, 310
    Programm, 307
    Umfang, 307
    Vorgespräch, 309
Auditarten
    Produktaudit, 305
    Systemaudit, 305
    Verfahrensaudit, 305
Auditierung *Siehe* Audit, 304
Aufrechterhaltung der Lufttüchtigkeit, 33, 34, 55, 64, 107
Auftragsvergabe, 231
Austauschbarkeit, 99, 105

B
BASA-IPA Abkommen, 42
Base Maintenance, 198, 213
    Abarbeitung, 215
    Ablauf, 214

Base Maintenance
　Flugzeugabgabe, 218
　Flugzeugannahme, 215
　Flugzeugeinrüstung, 215
　Vorbereitung, 214
Basic Regulation, 14
Bauaufsicht, 182
Bauplatz, 178
Bauteile
　Begleitdokumentation, 248
　Entwicklung, 96, 187
　Konstruktion, 98
　Nachweisführung, 101
　Qualifizierung, 98, 101
　Risikoeinstufung, 97
　Spezifikation, 97
　Zulassung, 101
Bauteilinstandhaltung, 203, 219
　Ablauf, 221
　Avionik, 219
　Freigabezertifikat, 221
　Mechanik, 219
　Verschrottung, 221
Bauvorschriften, 20, 59, 69, 76, 91, 97, 102, 277
Befundbereich, 201
Befundklassifizierung, 201
Behördenbetreuung, 317
Behördengenehmigung, 18, 147
Beistellmaterial, 243
Bescheinigung über die Prüfung der Lufttüchtigkeit, 35
Betriebsanweisungen, 62, 64, 79
Betriebshandbuch, 19, 33, 48, 290, 291
Betriebsleiter, 30
Betriebsmittel, 140, 146, 151
　Ausgabestelle, 151
　persönliche, 151
　Verlust, 151
Betriebsstätte, 149
Betriebsvorschriften, 69
Black Label Unit, 102
Bodentests, 181, 183
Bogus Parts *Siehe* Suspected unapproved Parts, 248
B-Rating, 29, 223

C

Cabin Logbook, 210
Certificate of Conformity *Siehe* CofC, 158
Certificate of Release to Service, 153, 156, 213, 217

Certification Program *Siehe* Musterprüfprogramm, 49
Certification Specification *Siehe* Bauvorschriften, 20
Certifying Staff *Siehe* Freigabeberechtigtes Personal, 30
Closed-Loop Verfahren, 222
CMM, 29, 144
CofC, 152, 154, 173, 240
Completion Center, 184
Compliance Record List, 76
Compliance Verification, 49, 50
Component Defect Monitoring, 123
Component Reliability Monitoring, 123
Condition Monitoring, 119
Continuation Training, 281
Continuing Airworthiness Management Organisation, 33
Continuing Airworthiness *Siehe* Aufrechterhaltung der Lufttüchtigkeit, 33
C-Rating, 29
CRS *Siehe* Certificate of Release to Service, 217

D

Declaration of Compliance, 54
Deferred Items *Siehe* Zurückstellung von Beanstandungen, 204
Design Approval (FAA), 43
Design Assurance Systen *Siehe* Konstruktionssicherungssystem, 50
Design Organisation Exposition, 292
Design Organization *Siehe* Entwicklungsbetrieb, 17
Design Review, 56, 62, 84, 85
Designated Representitives (FAA), 42
Design-Spezifikation, 55
Dirty Dozen, 279
Dockfertigung, 179
D-Rating, 29

E

EASA, 5
　Part 145, 28
　Part 147, 31
　Part 66, 30, 31, 271, 274
　Part-M, 33, 107
　Regelwerk, 13
　Subpart, 15, 42
　Subpart 21/G, 23, 159
　Subpart 21/J, 17

EASA Form 1, 153, 156, 173, 221, 225, 240
Eigenprüfverfahren, 145
Einstufung (von Entwicklungen) *Siehe* Klassifizierung, 54
Emergency AD, 129
Emergeny Response Plan, 298
EN 9100er Reihe *Siehe* Europäische Luftfahrtnormen, 38
Endlinie *Siehe* Final Assembly Line, 180
Engine Manual, 144, 225
Engine Run-Up, 226
Engineering, 204, 230, 232, 243, 246
Engineering Order, 145, 204
Entwicklung, 17, 47
 erheblich (major), 54
 kleine (minor), 54, 91
Entwicklungsbetrieb, 17, 201
Entwicklungsmanagement, 80
Entwicklungsprojekt, 81
ETSO Bauteile, 103
Europäische Luftfahrtnormen, 36, 167, 293, 312
Evaluation Program, 77
Exposition *Siehe* Betriebshandbuch, 289

F
FAA, 10, 11, 43, 248
FAA Form 8130-3, 156, 240
FAI *Siehe* First Article Inspection, 174
FAR, 42, 44, 102
Federal Aviation Regulations *Siehe* Bauvorschriften, 22
Fehlerhafte Produkte *Siehe* Nonkonforme Produkte, 246
Fehlerkultur, 279, 315
Fertigungsreihenfolge, 179
Final Assembly Line, 180
Finding *Siehe* Audit Finding, 200
Finding *Siehe* Non Routine Beanstandung, 200
First Article Inspection, 174, 256
Fit-Check, 189
Fließfertigung, 178
Flugzeugherstellung, 175
Flugzeuglackierung, 198, 213, 216
FMEA, 101
freigabeberechtigtes Personal, 30, 148, 153, 216
 Herstellung, 269
 Instandhaltung, 272
Freigabebescheinigung, 152, 153, 190, 240, 258
Fremdpersonal, 148, 260

Fremdvergabe, 250
 Entwicklungsleistung, 258
Funktionskontrolle, 212, 215, 221

G
Genehmigungsumfang, 29, 145, 152
Genehmigungsvoraussetzungen, 19, 48, 162, 196, 198
General Description, 69
Gerätekennblatt, 69
Geräte-Pooling, 221
Grenzwertüberschreitungen, 125, 128
Ground Handling, 205
Guidance Material, 16

H
Handlager, 243
Hard Time Limits, 119, 225
Hard Time Maintenance, 119
Heavy Maintenance *Siehe* Base Maintenance, 198
Herstellanweisungen *Siehe* Approved Design Data, 63
Herstellerbekanntmachungen, 118, 132
Herstellung, 23, 159
Herstellungsvorgaben, 62
Homebase, 203, 208
Human Errors, 279
Human Factors, 32, 139, 207, 268, 277, 278

I
ICAO, 9
Illustrated Parts Catalog, 145
Implementing Rule, 14, 17
Implementing Rule Certification, 23
Implementing Rule Continuing Airworthiness, 28, 29
Incoming Inspection *Siehe* Wareneingangsprüfung, 256
Industry Guide to Product Certification, 44
Industry Steering Committee, 110
Instandhaltung, 28, 194
 Ablaufstörungen, 207
 Arbeitsfortschritt, 207
 Arbeitsvorbereitung, 204
 Backshops, 203
 Bauteile *Siehe* Bauteilinstandhaltung, 219

Instandhaltung
  Beanstandung, 221
  Ground Support Equipment, 203
  Instandsetzung, 194
  nicht planbar *Siehe* Non Routine, 194
  Non-Routine, 200, 207, 212
  Planbar *Siehe* Routine, 194
  Produktionssteuerung, 206
  Qualitätskontrollen, 216
  Routine, 199
  Support Shops, 219
  Überholung, 194
  Wartung, 194
Instandhaltungsaufgaben *Siehe* Maintenance Task, 114
Instandhaltungsbetrieb,
  Aufbau, 202
Instandhaltungsdokumentation, 31, 117, 195, 217
Instandhaltungsprogramm, 108–110, 115, 118, 120
Instandhaltungsvorgaben, 62, 64, 137, 213

J
JAA *Siehe* Joint Aviation Authorities, 7
JAR *Siehe* Joint Aviation Regulations, 7
JAR *Siehe* Joint Aviation Requirements, 7
Job Card *Siehe* Arbeitskarte, 137
Joint Aviation Authorities, 7
Joint Aviation Regulations *Siehe* Bauvorschriften, 22
Joint Aviation Requirements, 7, 42

K
Kabinenkontrolle, 181
Kalenderzeitintervalle, 120
Kalibrierung, 151
Kennzeichnung, 151, 236, 239, 242, 244, 246, 248, 250
Klassifizierung von Entwicklungen,
  erheblich (major), 66
  klein (minor), 66
Kommissionierung, 244
Konfigurationsmanagement, 100
Konformitätsbescheinigung *Siehe* CofC, 240
Konservierung, 225, 237, 242
Konstruktionssicherungssystem, 19, 48, 49, 51, 288

L
Lagerhaltung, 147, 241
Lagerungsanforderungen, 241, 242
Lagerzeitbeschränkungen, 242
Laufzeitverfolgung, 120
LBA, 8, 23, 258
Leiharbeitnehmer *Siehe* Fremdpersonal, 260
Lieferanten
  Auswahl, 230
  Beurteilung, 231, 233, 234
  Fragebogen, 232
  Freigabe, 231, 233
  Monitoring *Siehe* Überwachung, 235
  Überwachung, 233, 249, 252, 254, 255, 257
Liegezeit, 206
Life limited Parts, 221, 247
Line Maintenance, 198, 208
  Ramp/Hangar, 209, 212
  Terminal, 209, 210
Line Maintenance Control Center, 202, 209
Luft BO, 69
Luftfahrt-Bundesamt, 119
Luftfahrt-Bundesamt *Siehe* LBA, 8
Lufttüchtigkeitsanweisung *Siehe* Airworthiness Directive, 55
Lufttüchtigkeitsprüfung, 35

M
Maintenance Control Center, 200, 206
Maintenance Management, 107
Maintenance Organisation Exposition, 292
Maintenance Planning Document, 113
Maintenance Program Proposal, 112
Maintenance Program *Siehe* Instandhaltungsprogramm, 110
Maintenance Records *Siehe* Archivierung (Instandhaltung), 226
Maintenance Task, 114, 120, 121
Maintenance Working Group, 111
Maintenance-Organisation, 29
Maintenance-Review-Board-Report, 110
Major Changes *Siehe* Entwicklungen (erhebliche), 91
Major Repair Approval *Siehe* Zulassung (Reparatur), 95
Managementhandbuch *Siehe* Betriebshandbuch, 289

Sachverzeichnis

Material
    Ausgabe, 243, 244
    Begleitdokumentation, 237, 240, 248
    Begleitschein, 239, 244
    Bereitstellung, 243
    Handling, 243
    Verfolgung, 235
    Verschrottung, 247
Means of Compliance *Siehe* MoC, 71
Meldesystem *Siehe* Occurrence Reporting, 315
menschliches Leistungsvermögen *Siehe* Human Factors, 207
Minimum Equipment List, 145, 212
Minor Changes *Siehe* Entwicklungen (kleine), 91
Minor Repair Approval *Siehe* Zulassung (Reparatur), 95
MoC, 70, 98, 101
Modifikation, 145, 198, 213, 216
Motoreninstandhaltung, 203, 223
    Assembly, 225
    Aufrüstarbeiten, 225
    Dissambly, 224
    Module, 224
    Testlauf, 225
    Zerlegungsintervalle, 225
Movingline Single Aisle, 179
MPD *Siehe* Maintenance Planning Document, 114
MRB-Report *Siehe* Maintenance-Review-Board-Report, 110
MSG-3, 113
MTBF, 101
Musterbauart, 62
Musterprüfleitstelle, 53–55, 65, 66, 70, 92, 102
Musterprüfprogramm, 49, 54, 65, 68
Musterzulassung, 52, 67, 77, 80, 102, 190
    Änderungen, 52
    Ergänzende, 49, 53
    Musterprüfbericht, 79
    Musterunterlagen, 78
    Prozess, 66, 68, 76, 79
    Übereinstimmungserklärung, 78
    Verpflichtungserklärungen, 79

N
Nachvollziehbarkeit *Siehe* Rückverfolgbarkeit, 63
Nachweisführung, 49, 54, 64, 69, 71, 91, 93, 98
    Aufgaben der MPL, 76
    Compliance Document, 73, 102
    Quellnachweis, 73
    Quellnachweise, 101
    Verifizierung, 74
Nachweismethode *Siehe* MoC, 71
Nachzertifizierung, 190
Narrowbodies, 185
NDT *Siehe* Non-Destructive Testing, 220
Non-Destructive Testing, 203, 220, 224
nonkonforme Produkte *Siehe*, 246
Normteile, 31, 158

O
Occurrence Reporting, 25, 32, 34, 288
OEM, 161, 168, 173
Offene Lager *Siehe* Handlager, 243
Office of Airworthiness *Siehe* Musterprüfleitstelle, 53
On Condition Maintenance, 119, 120
On-the-Job-Training, 267
On-Wing, 223
Original Equipment Manufacturer\t OEM, 161
Outstation, 203, 212

P
Partnership for Safety Plan, 44
Personalberechtigung, 268
Personalqualifikation, 265
    21/J Personal, 276
    Administration, 275
    Berechtigungsumfang, 261
    Freigabeberechtigtes Personal, 272
    Führungskräfte, 274
    spezielle, 278
    Trainingsmatrix, 276
PMA Parts, 105
PO/DO Arrangement, 27, 165, 288
PPS, 169, 170
Production Organisation Exposition, 292
Production Planning *Siehe* Arbeitsvorbereitung, 204
Production Unit, 102
Produktionsplanung, 32, 168, 169
Produktionssteuerung, 170
Project Specific Certification Plan (FAA), 44

Projekt
 Ablauf, 84
 De-Briefing, 87
 Management, 81
 Matrix Struktur, 87
 Meilensteine, 83
 Planung, 82
 reine Struktur, 89
 Steuerung, 84
 Strukturen, 87
 Vorbereitung, 82
Propeller Instandhaltung *Siehe* Motoreninstandhaltung, 223
Prozessbeschreibungen, 291, 293
Prüfanweisung *Siehe* Test Procedure, 63

Q
QEC *Siehe* Quick Engine Change, 225
Qualification Test Plan, 61
Qualification Test Report, 102
Qualifikationskonzept, 268, 276
Qualifikationssystem, 266
Qualifizierungskonzept, 270
Qualitätskontrollen, 173
Qualitätsmanagementsystem, 37, 232
Qualitätspolitik, 286
Qualitätssicherung, 173
Qualitätssystem, 24, 51, 147, 162, 232, 252, 255, 258
Qualitätsziele, 286
Quick Engine Change Kit, 225

R
Red Label Unit, 102
Reliability Management, 122, 124
Reliability Monitoring, 108
Reliability Report, 126
Repair Station (FAA), 45
Reparaturentwicklung, 92
Reparaturzulassung, 53
Revisionshistory, 57
Revisionsstand, 64, 69
Risikomanagement, 299
Router *Siehe* Arbeitskarte, 137
RTCA, 61, 97, 102
Rückverfolgbarkeit, 63, 74, 147, 236, 239, 240, 246

S
Safety Information Bulletins, 132
Safety Management, 295
Safety-Kultur, 302
Safety-Management-System, 296
Sampling Programme, 123
SB *Siehe* Service Bulletin, 132
Schadensbeschreibung, 201
Schalen, 175
Service Bulletin, 132, 145, 216
Service Information Letter, 133
Service Letter, 133
Service Partner, 181
serviceable, 147
Serviceable Limits, 119
Showing of Compliance *Siehe* Nachweisführung, 71
Sichtprüfung, 212, 239, 243
Spare Parts, 223
Spec. *Siehe* Design-Specification, 55
Sperrlager, 240, 245
Spezifikation, 230, 247
Standard Parts *Siehe* Normteile, 31
Standard Practices, 144
STC *Siehe* Musterzulassung, 190
Structure Repair Manual, 29, 144
Subcontracting *Siehe* Fremdvergabe, 250
Support Staff, 30, 146, 148, 216
Suspected unapproved Parts, 248

T
Taktrate, 179
Task-orientierte Instandhaltung, 113, 120
TCCA 24-0078, 156
Technical Logbook, 201, 210
technische Dokumente, 141, 147
Test Procedure, 63
Testflug, 182, 183, 218, 226
Tonne (Rumpf), 176
TOP-Voraussetzungen, 145, 163, 170, 196, 206, 217
Tracebility *Siehe* Rückverfolgbarkeit, 236
Triebwerkinstandhaltung *Siehe* Motoreninstandhaltung, 223
Troubleshooting, 201, 211
Type Certificate *Siehe* Musterzulassung, 52
Type Definition Documents *Siehe* Musterzulassung/Musterunterlagen, 78

Type Design Definition Documents, 62
Type Investigation Program *Siehe* Musterprüfprogramm, 49
Überwachung, 303

U

Umsetzungsanweisungen, 63, 65, 145
Umweltvorschriften, 54, 69
Unapproved Parts Notifications, 248
unserviceable Tag, 221, 244, 245
Unterstützungspersonal *Siehe* Support Staff, 217

V

Verfahrensanweisungen, 291, 293
Verifizierung (Entwicklung), 65
Verkehrszulassung, 23, 69
verlängerte Werkbank, 254
VIP-Flugzeuge, 184
Vollmachten, 231
Vorgabedokumentation, 143, 147, 164, 261, 270, 304

W

Warenannahme, 233, 236–238
Warenausgangsprüfung, 242
Wareneingang, 237, 238
Wareneingangsnummer, 237
Wareneingangsprüfung, 173, 237, 238, 240, 256
Warenklärung, 240
Widebodies, 185
Wiring Diagram Manual, 144
Work Order *Siehe* Arbeitsauftrag, 205
Workpackage *Siehe* Arbeitspaket, 205

Z

Zerlegungsgrad, 198
zerstörungsfreie Materialprüfung *Siehe* Non-Destructive Testing, 220
Zertifzierungsaudit, 312
Zulassung *Siehe* Musterzulassung, 53
Zulassungsprogramm *Siehe* Musterprüfprogramm, 68
Zulassungsprozess (Reparaturen), 93
Zulassungsprozess (vereinfacht), 91
Zulassungsprozess *Siehe* Musterzulassung (Prozess), 79
Zulieferer, 39, 146, 161, 167, 168, 170, 181, 254, 257
Zurückstellung von Beanstandungen, 208, 212
Zweitkontrollen, 140, 142, 173

Printed by Printforce, the Netherlands